Anthropogene Ausbreitung von Pflanzen, ihren Pathogenen und Parasiten

Thomas Miedaner

Anthropogene Ausbreitung von Pflanzen, ihren Pathogenen und Parasiten

 Springer Spektrum

Thomas Miedaner
Landessaatzuchtanstalt
Universität Hohenheim
Stuttgart, Deutschland

ISBN 978-3-662-69714-6   ISBN 978-3-662-69715-3   (eBook)
https://doi.org/10.1007/978-3-662-69715-3

Die Deutsche Nationalbibliothek verzeichnet diese Publikation in der Deutschen Nationalbibliografie; detaillierte bibliografische Daten sind im Internet über https://portal.dnb.de abrufbar.

Einbandabbildungen: Kartoffelfeld, Mais: Thomas Miedaner, Kartoffelkäfer: Hans Peter Maurer, Univ. Hohenheim

Planung/Lektorat: Stefanie Wolf
Springer Spektrum ist ein Imprint der eingetragenen Gesellschaft Springer-Verlag GmbH, DE und ist ein Teil von Springer Nature.
Die Anschrift der Gesellschaft ist: Heidelberger Platz 3, 14197 Berlin, Germany

Wenn Sie dieses Produkt entsorgen, geben Sie das Papier bitte zum Recycling.

Vorwort

Als die ersten Siedler in Nordamerika ihre Schiffe verließen, hatten sie nicht nur ihre Kulturpflanzen und Nutztiere dabei, sondern auch Schadpilze, Ratten und Mäuse, Kornkäfer und Unkräuter. Später kamen dann viele andere Pflanzenkrankheiten und -schädlinge, die aus Europa bekannt waren, hinterher. Und das ging nicht nur in Nordamerika so, sondern auch in den gemäßigten Zonen Südamerikas, den Hochländern Afrikas und den Küstenregionen Australiens.

Aber das war nur eine späte Folge der Geschichte. Menschen sind von Anfang an gewandert. Als Jäger und Sammler war das ihre Daseinsform, aber auch die sesshaften Bauern mussten immer wieder ihre Dörfer aufgeben oder verlegen. Dabei nahmen sie ihre Kulturpflanzen und Nutztiere mit. So kamen Weizen, Gerste, Roggen, Hafer, aber auch Erbsen, Linsen und Lein aus der Levante, den heutigen Anrainerstaaten des östlichen Mittelmeers, nach Europa und sehr viel später Weizen und Gerste nach China. Die menschengemachte Reise der Kulturpflanzen wurde schon oft in Büchern in verschiedensten Aspekten beschrieben: als Überblick [1, 2] in archäologischer Hinsicht [3] und als Teil der Menschheitsgeschichte [4]. Völlig neue Impulse erhielt die Wanderung mit der Entdeckung Amerikas und der restlichen Welt durch die Europäer [5].

Neu an diesem Buch ist der Fokus auf Pflanzenkrankheiten und Parasiten, die, meist unbemerkt, bei den menschlichen Tätigkeiten immer mitgereist sind. Ihre Spuren können wir heute mit modernen DNS-Analysemethoden entdecken, ihre Herkunft klären und ihre weltweite Verbreitung verfolgen.

Neue Pflanzenkrankheiten führten oft zu Hunger, wenn sie Nahrungspflanzen in großem Stil vernichteten. Dies geschah 1845–49 durch die katastrophale Kraut- und Knollenfäule der Kartoffel in Irland, durch zwei neu eingeführte Pilzkrankheiten der Weinrebe und die Reblaus im 19. Jahrhundert und durch den 1917–18 nach Europa eingeschleppten Kartoffelkäfer, alle aus Nordamerika kommend. Die anderen Kartoffelkrankheiten wurden aus Südamerika, die meisten Maiskrankheiten aus Mexiko eingeführt.

Auch in jüngerer Zeit beeinflussten Pflanzenkrankheiten die Ernährung ganzer Landstriche. Ob es der Kaffeerost in Mittelamerika war (2012–13), der Gelbrost in

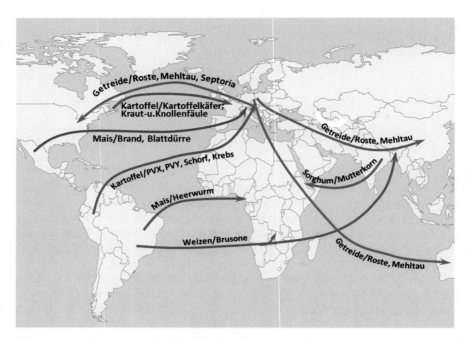

Abb. 1 Beispiele für verheerende Pflanzenkrankheiten und Parasiten, die aus fremden Kontinenten eingeschleppt wurden und in diesem Buch behandelt werden

Äthiopien (2013) oder die Tropische Rasse 4 eines *Fusarium*-Pilzes, der als Panamakrankheit den Anbau der Bananen weltweit gefährdet und von einer kleinen Insel im Fiji-Archipel stammt.

Wenn es quer über Kontinente geht (Abb. 1), hat immer der Mensch seine Hand im Spiel. Sei es durch wandernde Bauern in der Frühzeit, Händler auf der Seidenstraße oder den Ex- und Import von landwirtschaftlichen Produkten heute. Durch die moderne Globalisierung findet, je nach Transportmittel, in wenigen Stunden, Tagen oder Wochen ein Austausch zwischen Kontinenten statt, die zuvor Jahrmillionen getrennt waren. Und dieser Austausch verläuft nicht immer unbemerkt und friedlich, wie dieses Buch zeigt.

Die eingeschleppten Erreger haben in der Regel in der neuen Umgebung keine Feinde und können sich deshalb ungehindert ausbreiten und erhebliche Schäden anrichten. Dies gilt nicht nur für Krankheitserreger, sondern auch für invasive Pflanzen. Haben sie einmal Fuß gefasst, verbreiten sie sich weiter, häufig sogar weltweit. Das Mutterkorn der Sorghum-Hirse eroberte von Indien ausgehend die Welt in weniger als drei Jahren, weil es mit dem Saatgut weitergeschleppt wurde, der Heerwurm aus Südamerika eroberte in zwei Jahren ganz Sub-Sahara Afrika. Dies zeigt, wie wichtig Kontrollen und Quarantänemaßnahmen sind. Bei den riesigen Tonnagen, die heute durch die Luft und über die Weltmeere transportiert werden, ist das nur stichprobenweise möglich und deshalb verbreiten sich immer noch neue Krankheitserreger, Parasiten und fremde Pflanzen [6] ungehindert und gefährden unsere Umwelt und die Ernten. Beispiele sind die Brusone-Krankheit bei Weizen (Weizenbrand) oder der Maiswurzelbohrer.

Aber auch die seit alters her bekannten Krankheiten beschäftigen uns immer wieder aufs Neue. Ihre Einfallswege und die Zusammensetzung ihrer Populationen können wir heute mit DNS-Analysen feststellen, selbst wenn die Migration schon von Tausenden von Jahren stattfand. Dies gilt für Menschen [7, 8], genauso wie für Krankheitserreger. Von letzteren handelt dieses Buch und es ist immer eine menschengemachte Einwanderung, anthropogen eben, von altgriechisch ánthrōpos „Mensch" mit dem Verbalstamm gen- „entstehen" [9].

Thomas Miedaner

Literatur

1. Miedaner T (2014) Kulturpflanzen. Springer, Berlin
2. Seidel W (2012) Die Weltgeschichte der Pflanzen, 2. Aufl. Eichborn, S 560
3. Shennan S (2018) The first farmers of Europe. An evolutionary perspective. Cambridge University Press, S 254
4. Diamond JJ (2017) Guns, germs & steel. A short history of everybody for the last 13,000 years. Vintage, London, S 580
5. Mann CC (2013) Kolumbus' Erbe: Wie Menschen, Tiere, Pflanzen die Ozeane überquerten und die Welt von heute schufen. Rowohlt
6. Kegel B (2001) Die Ameise als Tramp. Von biologischen Invasionen. Dumont, S 512
7. Cavalli-Sforza LL (2001) Gene, Völker und Sprachen – Die biologischen Grundlagen unserer Zivilisation. dtv, München
8. Krause J, Trappe T (2019) Die Reise unserer Gene: Eine Geschichte über uns und unsere Vorfahren. Propyläen, S 288
9. WIKIPEDIA: Anthropogen. https://de.wikipedia.org/wiki/Anthropogen

Inhaltsverzeichnis

Wir sind alle Einwanderer

Molekulare Analysen zeigen den Ursprung von Menschen, Pflanzen, Pathogenen und Parasiten

Nahezu alle Pflanzen, die wir heute auf unseren Feldern anbauen und die uns ernähren, stammen nicht aus Deutschland oder Mitteleuropa. Die einzigen Ausnahmen sind Rüben, Raps und einzelne Futtergräser. Die anderen Kulturpflanzen wurden seit Beginn der Landwirtschaft von unterschiedlichen Gesellschaften zu unterschiedlichen Zeiten als Kulturform hierhergebracht. So stammen etwa die verschiedenen Weizenarten, Gerste, Linsen, Erbsen und Lein aus Südwest-Asien, Hirse und Hanf kamen Jahrtausende später aus China. Roggen und Hafer wurden erst um 800 v. u. Z. im nördlichen Europa als Kulturpflanzen entdeckt, ursprünglich stammen auch sie aus Südwest-Asien. Früher wanderten die Gesellschaften mit „Sack und Pack" und natürlich mit ihren gängigen Nutzpflanzen. Mit den Entdeckungs- und Eroberungsfahrten im 16. Jahrhundert wurden Mais, Paprika, Tomaten, Bohnen, Kürbis, Tabak, Sonnenblumen und Kartoffeln aus Amerika eingeführt. Heute verfrachten wir landwirtschaftliche Güter in unglaublichen Mengen rund um die Welt. So prägte die Migration (von lat. *migrare* „wandern") von Kulturpflanzen, ihren Pathogenen und Parasiten seit Beginn der Landwirtschaft unsere Welt.

Wir sind alle Einwanderer

Migration gehört auch von Anfang an zur Geschichte unserer Gattung Mensch; nur so konnte sie mindestens zweimal, von Afrika ausgehend, die ganze Welt besiedeln: als *Homo erectus* vor etwa 1,9 Mio. Jahren und als *Homo sapiens* vor ca. 100.000 Jahren, wobei letzterer mehrere Auswanderungswellen erlebte. Diese menschheitsbestimmenden Wanderungen kamen mit der Besiedlung Europas und Australiens vor 40–50.000 Jahren zu einem vorläufigen Ende. Jetzt waren vier von fünf Kontinenten von Menschen besiedelt. Abgeschlossen waren sie aber erst mit

© Der/die Autor(en), exklusiv lizenziert an Springer-Verlag GmbH, DE, ein Teil von Springer Nature 2024

T. Miedaner, *Anthropogene Ausbreitung von Pflanzen, ihren Pathogenen und Parasiten*, https://doi.org/10.1007/978-3-662-69715-3_1

der Besiedlung Nord- und Südamerikas vor rund 16.000 Jahren, manche sagen sogar erst um 1200 n. u. Z. mit der Besiedlung Neuseelands.

Ein großer Einschnitt in der Menschheitsgeschichte begann vor etwa 12.000 Jahren mit der Entwicklung der Landwirtschaft, zuerst des Ackerbaus, kurz darauf auch der Viehzucht. Diese erfolgte in einigen wenigen Weltregionen (s. Kap. 2), die dafür optimale Voraussetzungen besaßen: ein geeignetes Klima, das Vorhandensein großfrüchtiger Wildpflanzen und domestizierbarer Wildtiere und einen zusätzlichen Anstoß, der durch Wetterumschwünge, religiöse Riten oder das allmähliche Versiegen anderer Nahrungsquellen bedingt sein konnte. Mit der Entwicklung der Landwirtschaft und der Möglichkeit, Nahrung längerfristig zu speichern, wuchsen die ackerbautreibenden Völker an und ein wichtiger Anlass für Migration war gegeben: die Suche nach neuem, fruchtbarem Land, denn die ersten Ackerbauern hatten keine Vorstellung davon, wie sie das Land über viele Jahrzehnte fruchtbar halten konnten. Deshalb mussten sie weiterziehen. Ein zweiter Grund könnte das Überhandnehmen von Pathogenen und Parasiten gewesen sein. Viele schädliche Pilze und Insekten reichern sich bei permanentem Anbau derselben Kulturpflanzen im Boden an und machen dann zunehmend Schäden. Das kann durch eine regelmäßige Brache, also unbebautes Land, verzögert, aber nicht verhindert werden.

Europäer bestehen bis heute aus drei großen Gruppen, die zu unterschiedlichen Zeiten durch Migration ankamen (Abb. 1.1) [1]. Da waren zunächst die Jäger und Sammler, die sich bis in die Eiszeit zurückverfolgen lassen. Vor etwa 7500 Jahren kamen die ersten Bauern vom Nahen Osten über die Türkei nach Europa, die hier Ackerbau und Viehzucht einführten. Und vor etwa 5000 Jahren kam schließlich eine (wahrscheinlich kriegerische) Gruppe aus den weiten Steppen Eurasiens, die Jamnaja [2]. Seit Beginn der Bronzezeit hat sich die europäische Bevölkerung konstituiert und es kam von außen nicht mehr viel dazu [3]. Die drei Bevölkerungsgruppen haben sich in unterschiedlichen Anteilen in unserem modernen Genom erhalten (Abb. 1.1). So haben die heutigen Sardinier einen viel höheren Anteil jungsteinzeitlicher Bauern als die Norweger, deren Genom zu mehr als der Hälfte aus Jamnaja-Anteil besteht, während die Weißrussen den kleinsten Anteil jungsteinzeitlicher Bauern besitzen. Und woher wir das so genau wissen? Durch DNS-Analysen uralter menschlicher Skelette aus verschiedenen Regionen und Zeithorizonten und den Vergleich mit heutigen Genomen. Es lassen sich im Innern der Knochen noch Reste alter DNS finden, die uns genau sagen können, wie verwandt unterschiedliche Bevölkerungsgruppen untereinander und mit uns heute sind.

Wir können heute die Wanderungen der Menschen, ihrer Nutzpflanzen und deren Feinde, die unweigerlich mitwanderten, nicht nur durch archäologische Funde, sondern auch durch molekulare Untersuchungen belegen. In der DNS jedes Einzelnen steckt eine große Menge an Information, die vor allem über Verwandtschaftsbeziehungen Auskunft gibt. So war es lange umstritten, ob die Verbreitung der Landwirtschaft aus dem „Fruchtbaren Halbmond" nach Europa durch ein wanderndes Volk bewirkt wurde oder durch kulturellen Austausch, indem die Stämme der Jäger und Sammler allmählich das nachmachten, was ihre neuen Nachbarn

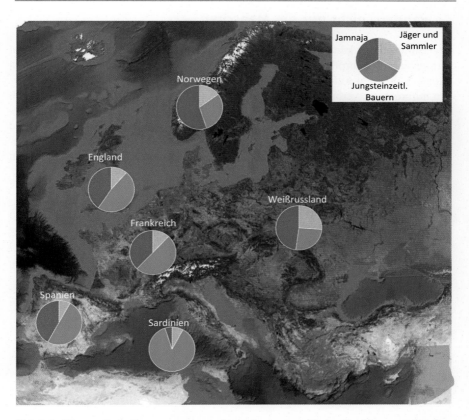

Abb. 1.1 Die genetische Zusammensetzung der modernen europäischen Bevölkerung anhand von DNS-Analysen; die orangene Fläche zeigt die ursprüngliche Herkunft der Jamnaja (Karte [4], Daten [5, 6])

ihnen vorlebten. Durch Verwandtschaftsanalysen jahrtausendealter Skelette können wir heute zweifelsfrei zeigen, dass ersteres der Fall war [7]. Das ackerbautreibende Volk, das ab 5500 v. u. Z. nach Mitteleuropa vordrang, hatte ein ziemlich homogenes Genom und vor allem unterscheidet es sich sehr stark von den damals vorhandenen europäischen Jägern und Sammlern [8]. Schon nach verhältnismäßig kurzer Zeit dominierten sie den Genpool der Regionen, die sie besiedelten. So gesehen sind wir Europäer alle Einwanderer [9] und dies war zwar eine der ersten nachweisbaren, aber bei weitem nicht die letzte Migration von Fremden nach Europa.

Es wandern nicht nur die Menschen

Die Einwanderer kamen aber nicht mit leeren Händen. Sie brachten jedes Mal ihre eigenen Kulturpflanzen und ihre Techniken des Anbaus mit, die für Europa damals völlig neu waren. Und jedes Mal, wenn die Einwanderer neue Kulturpflanzen mitbrachten, verbreiteten sich auch deren Parasiten und Pathogene. Denn auch Pflanzen werden krank und bei Kulturpflanzen kann eine solche Krankheit verheerende Ausmaße haben, wenn dadurch die Ernte gefährdet wird. Hunger und Elend waren bis ins 20. Jahrhundert hinein die Folge. Die DNS-Analysen der Populationen von Parasiten und Pathogenen (s. Box) lassen Rückschlüsse auf ihre Herkunft, die ungefähre Zeit ihrer Entstehung und die Wege ihrer Verbreitung zu.

Definitionen
Erreger von Krankheiten bezeichnen wir als

- **Pathogene,** wenn es Mikroorganismen sind, vor allem Viren, Bakterien und Pilze
- **Parasiten,** wenn es vielzellige Organismen sind, etwa Insekten, Milben, Fadenwürmer, Mäuse.

Epidemie, zeitlich und örtlich begrenzte Vermehrung von Pathogenen/Parasiten.
Population ist eine Fortpflanzungsgemeinschaft, d. h. Individuen derselben Art, die sich zur selben Zeit am selben Ort befinden und sich miteinander fortpflanzen.

Das lässt sich vielleicht am einprägsamsten am Erreger der menschlichen Pest, dem Bakterium *Yersinia pestis* zeigen. Aus schriftlichen Quellen vermutete man schon lange, dass diese schreckliche Geißel, die zwischen 1346 und 1353 in manchen Regionen Europas bis zu 60 % der Menschen tötete, aus dem Osten kam. Denn die erste schriftliche Erwähnung dieser Pestepidemie stammt aus dem Jahr 1346, als die Mongolen die Stadt Caffa auf der Krim belagerten und es zu einem Pestausbruch kam [10]. Inzwischen fand man in Kirgisistan Pesttote aus den Jahren 1338–39. Eine Sequenzierung des aus den Toten gewonnenen Genoms des Pesterregers zeigte, dass der Stamm damals der Vorfahr der meisten heute noch existierenden Gruppen von Pestbakterien ist. Das Gebiet, in dem die Friedhöfe lagen, befindet sich direkt an der Seidenstraße, einer der großen Handelsrouten im Mittelalter, die die Migration nicht nur von Waren, sondern natürlich auch von Menschen und Pathogenen ermöglichten. Dies zeigt uns das Beispiel der Pest überdeutlich. Als Grabbeigaben der Pesttoten fand man nämlich Perlen aus dem Indischen Ozean, Korallen aus dem Mittelmeer, Geldstücke aus Iran, Afghanistan, Kasachstan – alles hunderte bis tausende von Kilometern vom Fundort entfernt und Beweis für die Wanderung und Kontakte von Menschen des 14. Jahrhunderts über weite Entfernungen [11]. Doch dies war nur die erste Pestepidemie, die historisch klar nachweisbar ist. Es gab schon frühere Pestzüge, wie von älteren Skelettfunden bekannt ist. So breitete sich eine frühe Form des Pestbakteriums bereits vor etwa 4800 Jahren mit der Migration der Jamnaja aus der kaspisch-pontischen Steppe von Zentralasien nach Europa aus [12] (s. Kap. 3).

Spurensuche in der DNS – Wie wir Migration heute nachweisen können

Durch die Analyse der DNS oder gleich ganzer Genome lassen sich heute noch Rückschlüsse auf die Wanderungen von Menschen, Pathogenen und Parasiten schließen. Wir werden im Buch noch auf viele solcher Hinweise stoßen. Hier geht es zunächst um die Prinzipien, mit denen man Migration nachweisen kann.

Bei der DNS-Analyse gibt es heute mehrere Möglichkeiten, ihre Information zu nutzen. Bei Organismen, die schon sehr gut untersucht sind, dazu gehört der Mensch, aber auch verschiedene Nutzpflanzen, wie etwa Gerste und Mais, kann man direkt die Zusammensetzung vieler Gene untersuchen. Jedes Gen ist eine bestimmte Abfolge von 600 bis 2500 Basenpaaren, die meist zur Bildung eines Proteins führt [13]. Und diese Basenpaare kann man einzeln ermitteln (sequenzieren) und zwischen verschiedenen Individuen vergleichen. Bei eineiigen Zwillingen sind praktisch alle Basenpaare eines Gens gleich, bei Geschwistern derselben Eltern werden sich schon deutlich mehr Abweichungen finden, bei Halbgeschwistern, bei denen ein Elternteil unterschiedlich ist, noch mehr. Da Gene sich je nach ihrer Funktion unterschiedlich schnell verändern, also eine unterschiedliche Mutationshäufigkeit haben, sind die Analysen umso zuverlässiger, je mehr Gene man untersucht. Dann „mittelt" sich der Zufall, mit dem die Veränderungen der DNS geschehen, weg und es gibt klare Aussagen. Um einen Verbrecher anhand einer DNS-Probe, die am Tatort zurückgeblieben ist, dingfest zu machen, genügt schon die Abfolge weniger Gene, will man aber die Struktur menschlicher Gruppen untersuchen, gibt erst die Analyse von mindestens 100 Genen einen guten Anhaltspunkt. Heute hat man jedoch sogenannte Chips zur Verfügung, die die Analyse von Tausenden von Genen in einem Arbeitsgang ermöglichen („Gen-Chips").

Gen	Funktioneller Abschnitt der Desoxyribonukleinsäure (DNS).
Genom (Erbgut)	Gesamtheit der DNS eines Organismus.
Genotyp	Gesamtheit der Gene eines Organismus.

Häufig kennt man jedoch die Zusammensetzung der Gene von Organismen gar nicht so genau, d. h. man weiß nicht, welche Basenabschnitte genau zu welchem Gen gehören und welche Funktion das Gen hat. Das ist wie, wenn ein Nicht-Chinese ein chinesisches Buch in Händen erhält. Er sieht zwar klar abgegrenzte Zeichen und kann durch die Punkte erkennen, wann ein neuer Satz beginnt, aber er weiß nicht, was die Zeichen bedeuten, geschweige denn der ganze Satz. Deshalb ist es einfacher, mit DNS-Markern (s. Box „Erklärungen" am Ende des Kapitels) zu arbeiten. Dies sind anonyme DNS-Abschnitte, die man mit bestimmten Methoden eindeutig nachweisen kann und deren Lage im Genom bekannt ist. Es gibt verschiedene Typen solcher Marker, die modernsten sind Einzelnukleotid-Polymorphismen (SNPs, single-nucleotide polymorphism).

SNPs sind Punktmutationen, also Veränderungen von einzelnen Basenpaaren in einem DNS-Strang (Abb. 1.2). In jedem Genom gibt es Millionen solcher SNPs. Weil sie so häufig vorkommen, können sie dazu benutzt werden, Unterschiede zwischen Individuen festzustellen. In je mehr SNPs sie sich unterscheiden, umso weniger sind sie miteinander verwandt. Außerdem haben diese winzigen Veränderungen den Vorteil, dass sie meist außerhalb von Genen liegen und damit nicht der Auslese unterliegen, sondern sich mit einer konstanten Mutationshäufigkeit zufällig ändern. Dies kann man sich zu Nutze machen, um

- Verwandtschaftsbeziehungen aufzuklären
- die Herkunftsregion eines Organismus abzuschätzen
- eine zeitliche Abschätzung der Trennung vom gemeinsamen Vorfahr vorzunehmen

Durch moderne molekulare Methoden kann man SNPs nahezu automatisch auf Chips analysieren, gängige Größen solcher Chips lassen 20.000 oder 50.000 SNPs in einem Ansatz auslesen. Damit kann man sehr gute Analysen machen. Eine noch höhere Auflösung erreicht man mit Chips, die 600.000 SNPs enthalten, wie bei Mais, oder gar zwei Millionen SNPs wie bei Rindern.

Verwandtschaftsbeziehungen

DNS ist die Basis der Vererbung allen Lebens. Eltern geben ihre DNS jeweils zur Hälfte an ihre Nachkommen weiter. Mit jeder Generation ändert sich die Abfolge der Basen ein wenig durch Mutation, also zufällige Veränderungen der DNS. Wir rechnen heute bei jeder Fortpflanzung im Durchschnitt mit 1–2 Mutationen je Chromosom. Deshalb lassen sich aus der Kenntnis der DNS Verwandtschaften ableiten. Je ähnlicher die DNS zweier Individuen, umso näher sind sie verwandt. Die Abb. 1.2 zeigt das Prinzip.

Hier geht es um fünf Arten, von denen eine sehr kurze DNS-Sequenz dargestellt ist. Zur Ermittlung der genetischen Distanz werden die Sequenzunterschiede gezählt. Dabei unterscheiden sich A und B sowie C und D weniger voneinander als etwa A von D, am meisten Unterschiede gibt es jeweils zu E. Aus diesen Unterschieden kann man dann die Verwandtschaftsbeziehungen errechnen. Unter der Annahme einer konstanten Mutationsrate lässt sich auch abschätzen, wann sich die fünf Arten von einem gemeinsamen Vorfahr abtrennten. Solche Sequenzunterschiede können beispielsweise durch eine geographische Trennung

Sequenzunterschiede (SNPs):

```
A : AAGTCCAGGCCATCGGACCTACTA ...
B : AAGTGCAGGCCATCGGACGTACTA ...
C : AAGTGCATGCTATCTGCCTTACTA ...
D : GAGTGCAAGCCATCTGCCATAGTC ...
E : CAGTTCACGCAATCTGGCATATTC ...
```

Genetische Distanz: **Verwandtschaftsbeziehungen:**

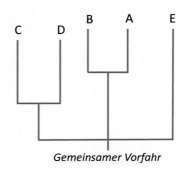

	A	B	C	D	E
A	–	2	6	8	9
B		–	6	8	9
C			–	4	8
D				–	6
E					–

Gemeinsamer Vorfahr

Abb. 1.2 Einfaches Beispiel, wie man aus Sequenzunterschieden in der DNS die genetische Distanz ermittelt und daraus Verwandtschaftsbeziehungen konstruiert [14]; die genetische Distanz ist proportional zu der Anzahl von Unterschieden

einer einheitlichen Art entstehen. Die einzelnen getrennten Subpopulationen verändern sich dann unabhängig voneinander. Je länger die Trennung her ist, umso mehr Änderungen reichern sich im Genom an.

Wo ist der Ursprung?

Ist ein neuer Schadpilz nur ein einziges Mal im Fruchtbaren Halbmond entstanden, dann sollte die DNS aller Nachkommen dieses Schadpilzes Ähnlichkeiten mit der Ursprungspopulation haben. Da es früher sehr lange dauerte bis der Pilz andere Regionen oder gar Kontinente besiedelte, werden diese Ähnlichkeiten immer geringer, je weiter sich der Schadpilz von seinem Ursprung entfernte. Wenn umgekehrt durch Touristen ein Schadpilz von Brasilien nach Afrika eingeflogen wird, dann wird sich die DNS der Pilze beider Kontinente genau entsprechen. So lässt sich bei modernen Migrationen die Herkunft des Organismus durch den Vergleich seiner DNS mit anderen Individuen derselben Art, aber unterschiedlicher Herkunft, ziemlich genau bestimmen. Den Ursprung vermutet man in der Region, wo die größten genetischen Unterschiede (Diversität) bestehen. Dies ist ein Prinzip, das bereits der große russische Botaniker N.I. Vavilov in den 1920er

Jahren aufstellte. Er entdeckte auf seinen zahlreichen Forschungsreisen, dass in bestimmten geografischen Regionen eine ungewöhnlich große Mannigfaltigkeit an Wildformen von Kulturpflanzen zu finden ist. Diese Regionen vermutete er als Ursprungsgebiete und das hat sich auch häufig bestätigt (s. Kap. 2). In der Folge wurde diese Erkenntnis verallgemeinert und sie gilt heute prinzipiell für alle Organismen. Sehr schön lässt sich das beispielsweise am AIDS-auslösenden HI-Virus zeigen, dessen Ursprung bekannt ist (Abb. 1.3). Es entstand Anfang des 20. Jahrhunderts in Zentralafrika, genauer im Südosten und Süden Kameruns durch eine Übertragung vom Schimpansen auf den Menschen [15]. Zwischen 1909 und 1930 wurde es nach Kinshasa, der Hauptstadt der Demokratischen Republik Kongo verbreitet, wo es zu einer ersten Epidemie kam. Dann erreichte es innerhalb von 20 Jahren auch benachbarte Städte. Dabei wuchs die Viruspopulation, analog dem Wachstum der dortigen Städte, exponentiell. Seine Wachstumsrate hat sich nach 1960 fast verdreifacht, was durch die Einführung des Virus in die Hochrisikogruppen der Prostituierten und Drogensüchtigen erklärt wird. Seitdem hat sich das Virus unbemerkt in der Bevölkerung ausgebreitet. Die ersten Fälle einer Infektion außerhalb Afrikas wurden 1981 bei einer Gruppe junger homosexueller Männer in den USA gemeldet, 1986 wurde das Virus erstmals als Humanes Immundefizienz-Virus (HIV) bezeichnet.

Der Ursprung und die hohe Vermehrungsrate des Erregers in West- und Zentralafrika führte zu einer bemerkenswert großen genetischen Vielfalt, die dort heute noch zu finden ist (Abb. 1.3). Nur dort kommen alle neun Subtypen des Virus vor. Diese Subtypen können jetzt als epidemiologische Marker verwendet werden, die

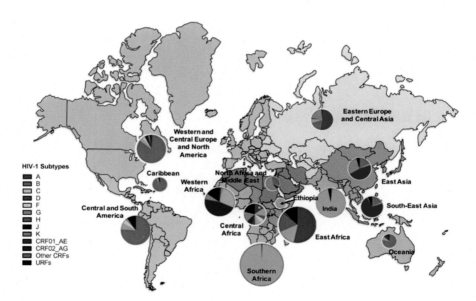

Abb. 1.3 Darstellung der Subtypen von HIV-1 [16]. So detailliert lassen sich Strukturen innerhalb von Krankheitserregern mit DNS-Analysen aufspüren

die Verbreitung der Krankheit rund um die Welt zeigen. Dabei fällt auf, dass zum Beispiel in Südafrika (und Indien) praktisch nur Subtyp C vorkommt, während in Ostafrika und Osteuropa Subtyp A die häufigste Variante ist. In ganz Amerika, West- und Mitteleuropa und Australien ist dagegen Subtyp B vorherrschend, in Ostasien hat sich eine Rekombinante durchgesetzt. Die Ursachen für diese unterschiedlichen Subtypen in verschiedenen Weltregionen können mehrere Ursachen haben: 1) Es kann Zufall sein, je nachdem welchen Subtyp der erste Überträger in sich hatte (genetische Drift, s. nächster Abschnitt); 2) die verschiedenen Subtypen können in unterschiedlichen Weltgegenden unterschiedlich gut an das Klima oder die Bevölkerung angepasst sein und sich dort unterschiedlich stark vermehren. An diesem Beispiel sehen wir, dass sich tatsächlich die größte Diversität des Virus im Ursprungsgebiet findet. Durch die weltweite Verbreitung spaltet sich die Ursprungspopulation auf und diversifiziert sich.

Wann geschah ein Ereignis?

Da sich SNPs rein zufällig ändern, ist ihre Mutationsrate immer gleich hoch und man kann damit eine „molekulare Uhr" erstellen. In je mehr SNPs sich verschiedene Individuen unterscheiden, umso länger liegt die gemeinsame Abstammung zurück. Wenn man nun weiß, dass eine Mutation bezogen auf beliebige 20 Nukleotide einmal in einer Million Jahre stattfindet [17], dann kann man anhand der Zahl der Unterschiede errechnen, wann sich zwei Arten voneinander getrennt haben. Berücksichtigt man mehr Nukleotide, dann wird der Zeitraum kürzer und die Uhr feiner. Insgesamt geht man davon aus, dass die Mutationsrate konstant im Bereich von 0,2 % bis 1 % pro 1 Million Jahre liegt.

Wie verändern sich Populationen?

Natürliche Organismen kommen als Populationen vor, d. h. als mehr oder weniger diverse Gemeinschaft derselben Art. So könnte man alle Rostsporen auf einem Weizenfeld als Population betrachten. Wie groß die genetische Diversität einer Population ist, hängt vor allem von ihrem Vermehrungsverhalten ab. Kann sich die Population regelmäßig sexuell fortpflanzen, wie etwa der Roggen-Schwarzrost bei uns, dann ist sie weitaus vielfältiger als wenn das nicht möglich ist, wie etwa beim europäischen Weizen-Gelbrost (Abb. 1.4).

Beim Gelbrost finden sich auf den meisten Weizenfeldern nur zwei, drei verschiedene Rassen. Es handelt sich um eine rein asexuelle Vermehrung. Die Sporen einer Rasse sind dann alle genetisch identisch, also Klone. Veränderungen gibt es nur durch einzelne spontane (Punkt-)Mutationen. Beim Roggen-Schwarzrost stellt dagegen fast jede Spore einen anderen Genotypen dar, weil sie durch häufige sexuelle Vermehrung (Rekombination) entstanden sind, die jedes Mal zu einer zufälligen Durchmischung des Erbgutes führt.

Gelbrost: Schwarzrost:

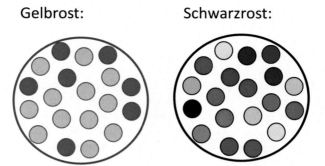

Abb. 1.4 Diversität von Gelbrost bei Weizen und Schwarzrost bei Roggen (Modell)

Die wichtigsten Getreidepathogene Gelbrost, Schwarzrost, Braunrost und Echter Mehltau (Abb. 1.5) sind heute weltweit überall zu finden, wo Getreide angebaut wird. Dies war jedoch nicht immer so. Sie haben ein eindeutiges Herkunftsgebiet und wurden ausschließlich durch menschliches Zutun über alle Kontinente verbreitet.

Roste bei Getreide
Die Rostpilze (*Puccinia* spp.) sind eine weitverzweigte Gattung von Pilzen, die fast alle Pflanzen befallen, rund 6000 Arten sind bekannt. Auch alle Getreidearten werden von Rosten befallen, bei Weizen gibt es den Gelbrost, Schwarzrost und Braunrost. Sie sind alle auf grünes Gewebe zur Vermehrung angewiesen und haben ähnliche Entwicklungszyklen, die zu den kompliziertesten im Pilzreich gehören. Damit verbunden ist ein Wirtswechsel vom Getreide (Sommerwirt), auf dem nur asexuelle Vermehrung stattfindet, zu einer völlig anderen Pflanze, häufig der Berberitze (Winterwirt), auf der die sexuelle Vermehrung vollzogen wird. Während der Schwarzrost diesen Zyklus jedes Jahr durchführt, kommen Gelb- und Braunrost bei uns auch ohne sexuelle Vermehrung aus. Gelb- und Braunrost befallen vorzugsweise die Blätter, in seltenen Fällen auch die Ähren, Schwarzrost die Blätter und vor allem die Stängel. Die Sommersporen sind sehr leicht und können weit mit dem Wind verbreitet werden, beispielsweise auch über die Alpen. Sie schädigen das Getreide durch eine vorzeitige Zerstörung des befallenen Organs, verringern die Photosynthese, entziehen dem Wirt Nährstoffe und bringen den Stoffwechsel zum Zusammenbruch. Weltweit führen Roste jeweils zu etwa 5 % Ertragsverlust, bei Epidemien unter besonders günstigen Bedingungen können es aber auch 40–100 % sein.

Sehen wir uns die mögliche Entwicklung einer Population an. Die Ausgangspopulation des Schwarzrostes auf einer Wildpflanze ist genetisch sehr unterschiedlich (divers), fast jede Spore hat einen anderen Genotyp (Abb. 1.6). Wenn diese

Abb. 1.5 Wichtige Getreidekrankheiten (im Uhrzeigersinn): Gelbrost auf Triticale, Schwarzrost auf Weizen, Echter Mehltau auf Weizen, Braunrost auf Roggen

Abb. 1.6 Vorgänge
innerhalb einer Population
(Modell)

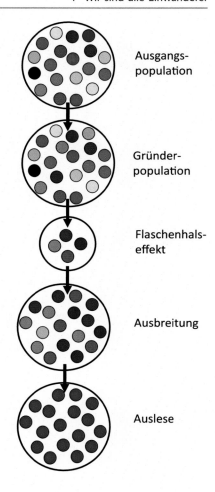

Ausgangs-
population

Gründer-
population

Flaschenhals-
effekt

Ausbreitung

Auslese

Population in die kultivierten Felder des Weizens einwandert, wird sie genetisch
eingeschränkt, denn nicht alle Pilzgenotypen (s. Box oben) können unter den neuen
Bedingungen wachsen. Diese sogenannte Gründerpopulation hat damit eine geringere Diversität als die Ausgangspopulation. Wird ein Teil der Gründerpopulation
durch Migration in eine andere Region oder gar auf einen fremden Kontinent versetzt, dann kommt in der Regel nur ein kleiner Teil der Population mit. Dies
nennt man Flaschenhalseffekt und dessen Auswirkung heißt genetische Zufallsdrift, weil es rein zufällig ist, welche Genotypen mitkommen und welche nicht.
Selbst wenn sich die Population in der neuen Region gut vermehren und ausbreiten
kann, bleibt ihre genetische Diversität beschränkter als die der Gründerpopulation.
Auch wenn neue Mutationen stattfinden, wird sich eine größere genetische Breite
erst nach sehr, sehr langer Zeit wieder einstellen. Dabei kann aber die Diversität
der Ausgangspopulation nie wieder erreicht werden. Wenn jetzt eine neue Sorte
angebaut wird, die ein Resistenzgen gegen den Schwarzrost hat, dann würde der

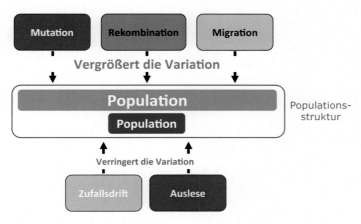

Abb. 1.7 Faktoren, die die Diversität einer Population ausmachen

Pilz dadurch ausgerottet. Allerdings kann eine Mutante entstehen oder ausgelesen werden, die in der Lage ist, trotz des Resistenzgens auf der neuen Sorte zu wachsen. Durch Auslese (Selektion) vereinheitlicht sich die Population noch mehr, im Extremfall bleibt nur ein Pilzgenotyp übrig. Deshalb kann man durch Schätzung der genetischen Variation innerhalb verschiedener Populationen desselben Pilzes, aber unterschiedlicher Herkunft, auf deren Geschichte schließen.

Damit haben wir bereits die meisten Faktoren kennengelernt, die eine Population genetisch beeinflussen. Mutation, Rekombination und Migration vergrößern die genetische Variation, die Zufallsdrift und die Auslese verkleinern sie (Abb. 1.7). Noch ein paar Worte zu den einzelnen Faktoren.

Mutationen sind selten und geschehen zufällig. Trotzdem spielen sie für Pathogene und Parasiten eine große Rolle, da deren Populationen riesengroß sind. Man hat ausgerechnet, dass auf einem Weizenfeld mit einer anfälligen Sorte 10^{10} Mehltau-Sporen per Hektar entstehen. Wenn die Mutationsrate 10^6 beträgt, dann gibt es auf dem Feld 10^4 Mutanten. Selbst wenn davon 99 % negativ für den Erreger sind, bleiben pro Hektar immer noch 100 positive Mutanten übrig. Da Mehltau rund 6000 Gene besitzt, finden sich also theoretisch auf nur 60 ha für jedes Gen eine positive Mutante. In Wirklichkeit sind ein paar mehr Hektar nötig. Da aber erfolgreiche Weizensorten auf Zehntausenden von Hektar angebaut werden, gibt es genügend Möglichkeiten für den Erreger, sich allein durch Mutation an neue Verhältnisse anzupassen.

Hinzu kommt, dass der Mehltau sich zur Reife des Weizens sexuell vermehrt (Rekombination) und dadurch unzählige neue Kombinationen von Genotypen entstehen. Auch werden die Sporen leicht durch den Wind verweht (Migration), wodurch positive Mutanten, die in Frankreich entstehen, in kurzer Zeit in Deutschland ankommen können und damit die genetische Variation der deutschen Population erhöhen. Bei einer so großen Population wie beim Mehltau spielt

Abb. 1.8 Selektion einer Pathogenpopulation durch Anbau einer Sorte mit einem neuen Resistenzgen (virulent=infektiös, avirulent=nicht-infektiös)

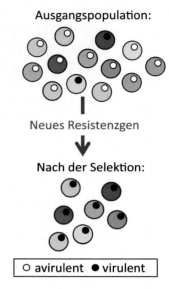

Ausgangspopulation:

Neues Resistenzgen

Nach der Selektion:

○ avirulent ● virulent

die Zufallsdrift dann kaum noch eine Rolle mehr. Die ist nur bei sehr kleinen Populationen bedeutend.

Bleibt noch als letzter Faktor, der Populationen prägt, die Auslese (Selektion). Sie kann durch einzelne Resistenzgene in den Wirtspflanzen oder auch durch einzelne Pilzbekämpfungsmittel (Fungizide) stattfinden. Auch hier hilft den Pathogenen die riesige Populationsgröße. Wenn ein Züchter ein neues Resistenzgen in seine Sorte einbringt, dann ist diese gegen die Pathogenpopulation zunächst resistent; sie kann nicht befallen werden. Das Pathogen bezeichnet man dann als „avirulent". Durch Selektion oder eine neue Mutation kann sich aber über kurz oder lang eine Variante des Mehltaus finden, die trotz des neuen Gens zum Befall führen kann, das Pathogen wird „virulent", also infektiös (schwarzer Punkt, Abb. 1.8).

Echter Mehltau bei Getreide
Der echte Mehltaupilz ähnelt in vielem den Rosten, so kann auch er sich nur auf grünem, lebenden Gewebe vermehren und seine Sporen werden ebenfalls weit durch den Wind verbreitet. Er hat aber einen einfacheren Entwicklungszyklus. Während des Sommers vermehrt er sich ebenfalls asexuell; wenn die Getreidepflanzen anfangen zu reifen, macht er auf dem infizierten Blatt ein sexuelles Stadium (Perithezien), das auf den Pflanzenresten überwintert und im Frühjahr neu infizieren kann. Auch die Ertragsschädigungen sind ähnlich wie bei den Rosten. Er schätzt allerdings kühl-feuchtes Wetter, während die Roste durch Wärme gefördert werden.

Dann greift die Auslese an, die schon Charles Darwin als bestimmenden Faktor der Evolution erkannte. Es wird großflächig nur die Variante überleben, die trotz des neuen Resistenzgens die Sorte infizieren kann. Die Population ist dann, bezogen auf dieses eine Gen, sehr einheitlich. Man kann es auch andersherum sagen: Das Resistenzgen als Selektionsfaktor führte zu einem extremen Flaschenhalseffekt. Da er sich aber nur auf ein einziges Gen bezieht, bleibt das restliche Genom der Population nach wie vor vielfältig (farbig).

Von der Jungsteinzeit bis heute

Die Wissenschaft von der Analyse des Genoms von Populationen nennt man Populationsgenomik. Aufgrund der beschriebenen Gesetzmäßigkeiten ermöglicht sie bei der Analyse von vielen, weltweit verbreiteten Populationen die oben genannten Schlussfolgerungen, die sich dann auch auf historische Ereignisse beziehen können.

Und genau diese spannende Geschichte erzählt dieses Buch mit dem Schwerpunkt auf der gemäßigten Klimazone. Es zeigt detailliert, wie die Kulturpflanzen und ihre Parasiten und Pathogene nach Europa kamen, wie sie von hier aus im 16. Jahrhundert von den europäischen Kolonisten in die ganze Welt verbreitet wurden und welche Konsequenzen das hatte. Umgekehrt kamen mit der Einführung neuer Kulturpflanzen aus Amerika früher oder später auch die Pilze und Schädlinge hinterher. Und dieses Problem hat sich heute noch vielfach verschärft. Durch den weltumspannenden Flug- und Schiffsverkehr, durch globalen Handel und die touristische Erschließung der ganzen Welt können die Pathogene und Parasiten in wenigen Stunden aus Asien oder Amerika hier vor unserer Tür stehen. Die rasche Verbreitung von SARS-Cov2 hat das überdeutlich gezeigt. Und deshalb kämpfen wir heute gegen den Maiswurzelbohrer aus den USA, gegen eine Kartoffelkrankheit, die schon im 19. Jahrhundert aus den USA hierher transportiert wurde, während Anfang des 20. Jahrhunderts ein gefährlicher Maisschädling aus Europa, der Maiszünsler, ganz Nordamerika eroberte. Und noch ist kein Ende fremder Invasoren abzusehen. Während die ehemals fremden Nutzpflanzen uns heute ernähren, gefährden die eingeschleppten Pathogene und Parasiten in immer stärkerem Maße unsere Ernten.

In den folgenden Kapiteln werden wir fünf Wendepunkte der Geschichte unserer Landwirtschaft näher betrachten, die erhebliche Spuren im Inventar unserer Kulturpflanzen und den dazugehörigen Pathogenen und Parasiten hinterließen:

- Entwicklung der Landwirtschaft in SW-Asien (8–10.000 v. u. Z.) und Vordringen nach Europa (ab 5000 v. u. Z.)
  Kultivierung von Wildpflanzen und Expansion vom Fruchtbaren Halbmond bis nach Nordeuropa
- Eindringen der Jamnaja-Kultur nach Mitteleuropa (ab 3000 v. u. Z.)

Das Steppenvolk der Jamnaja bringt Hirse und Hanf nach Mitteleuropa, später folgen Roggen und Hafer, das Mutterkorn wird zum Schädling; Weizen und Gerste erreichen erstmals China
- Eroberung Germaniens durch die Römer (1.–3. Jahrhundert n. u. Z.)
  Die Römer bringen Obstbäume und die Rebe, vielerlei Kräuter und Gemüse, aber auch Vorratsschädlinge
- Kolumbischer Austausch (ab 1492) und Kolonialismus
  Mais, Kartoffeln, Tomaten, Kürbis, Sonnenblumen und Paprika kommen aus Amerika, europäische Siedler bringen ihre Kulturpflanzen bis an den Rand der Welt, die Tropengier verbreitete Bananen, Kakao, Kaffee und Tee weltweit und dazu die jeweiligen Pathogene und Parasiten
- Globalisierung (ab dem 19./20. Jahrhundert)
  Die Globalisierung nimmt Fahrt auf und die Erreger von Pflanzenkrankheiten verbreiten sich endgültig über die ganze Welt

Um die Ausmaße dieser menschengemachten Migration zu verdeutlichen, beschäftigen wir uns mit zahlreichen Pathosystemen, d. h. Wirt-Pilz- bzw. Wirt-Insekt-Wechselwirkungen (Tab. 1.1). Dabei kommen nur die wenigsten Schaderreger aus Europa, die meisten aus SW-Asien oder Amerika, woher auch die meisten unserer Kulturpflanzen stammen. Es gibt Pilze und Parasiten, die hochspezialisiert sind und jeweils nur eine Wirtsart befallen und umgekehrt solche, die Hunderte von Wirten schädigen können. Dazwischen liegen solche, die schwerpunktmäßig eine Gruppe verwandter Wirte infizieren, etwa alle Getreide. Einige Wirtspflanzen haben einen solch speziellen Organismus, dass sie jeweils spezifische Pilze oder Insekten beherbergen, die nur sie oder nahe Verwandte infizieren können, etwa die Kartoffel oder die Weinrebe.

Eine wichtige Eigenschaft von Pathogenen und Parasiten, die wesentlich mit ihrer natürlichen Verbreitung zusammenhängt, ist ihre Lebensweise und die Beschaffenheit ihrer Sporen. Dabei gibt es zahlreiche Möglichkeiten:

- Bodenbürtig: Die Pilze leben entweder dauerhaft im Boden und/oder überdauern im Boden auf Ernteresten. Dabei ist zunächst eine weitere Verbreitung nur über Maschinen, Arbeitsgeräte, Kleidung, Winderosion möglich. Beispiele sind die Reblaus oder der Erreger der Panamakrankheit der Banane.
  Entfernung: wenige Meter
- Wasserbürtig: Diese Erreger leben nicht im Wasser, brauchen aber tropfbar flüssiges Wasser, um zu keimen oder zu infizieren. Paradebeispiel ist der Erreger der Kraut- und Knollenfäule *Phytophthora infestans*.
  Entfernung: wenige Meter, bei Regen/Sturm: einige Kilometer
- Windbürtig: Die Sporen sind so leicht, dass sie vom Wind verbreitet werden. Dies gilt für Echten Mehltau, Roste.
  Entfernung: bis zu mehrere 1000 km
- Samenbürtig: Die Erreger sitzen entweder im Samen (*Fusarium*, Kornkäfer), haften außen an der Samenschale (Roste) oder befinden sich im Saatgut (Mutterkorn). In jedem Fall werden sie mit Saatgut verbreitet.

Tab. 1.1 Pilze und Insekten, die in diesem Buch ausführlich behandelt werden; grün = (inzwischen) einheimische, orange = tropische Schaderreger

Krankheit/Insekt	Hauptwirt(e)	Lateinischer Name	Herkunft
Pilze:			
Roste	Sehr viele	*Puccinia* spp.*	SW-Asien
Fusariosen	Getreide	*Fusarium graminearum**	Weltweit
Echter Mehltau	Getreide	*Blumeria graminis**	SW-Asien
Septoria-Blattbräune	Weizen	*Mycosphaerella graminicola**	SW-Asien
Rhynchosporium-Blattflecken	Gerste	*Rhynchosporium commune*	Skandinavien
Mutterkorn	Getreide, Sorghum	*Claviceps purpurea, C. africana*	Eurasien Indien
Maisbeulenbrand	Mais	*Ustilago maydis**	Mexiko
Turcicum-Blattflecken	Mais	*Setosphaeria turcica*	Mexiko
Brusone	Weizen	*Magnaporthe oryzae*triticum*	Brasilien
Wurzelhals- und Stängelfäule Weizenbrand	Raps	*Phoma lingam*	Europa
Kraut-/Knollenfäule	Kartoffel	*Phytophthora infestans*	Anden
Kartoffelkrebs	Kartoffel	*Synchytrium endobioticum*	Anden
Kartoffelschorf	Kartoffel	*Spongospora subterranea*	Anden
Panamakrankheit	Banane	*Fusarium oxysporum*	SO-Asien
Schw. Sigatoka	Banane	*Pseudocercospora fijiensis*	SO-Asien
Kaffeerost	Kaffee	*Hemileia vastatrix*	O-Afrika
Echter Mehltau	Weinrebe	*Uncinula necator*	Nordamerika
Falscher Mehltau	Weinrebe	*Plasmopara viticola*	Nordamerika
Insekten:			
Kornkäfer	Getreide	*Sitophilus granarius*	SW-Asien
Kartoffelkäfer	Kartoffel	*Leptinotarsa decemlineata*	Nordamerika
Maiszünsler	Mais	*Ostinia nubilalis*	Europa
Maiswurzelbohrer	Mais	*Diabrotica virgifera virgifera*	Nordamerika
Reblaus	Rebe	*Daktulosphaira vitifoliae*	Nordamerika
Heerwurm	Sehr viele	*Spodoptera frugiperda*	Brasilien

* Zählt zu den 10 wichtigsten Schadpilzen der Welt [18]

Entfernung: Weltweit

Ähnliches gilt für Insekten. Der flugunfähige Kornkäfer kann nur mit infiziertem Saatgut verbreitet werden, trotzdem (oder gerade deswegen) kommt er heute weltweit vor. Der Maiswurzelbohrer kann bis zu 20 km am Tag fliegen, wenn er von Winden getragen wird, auch noch viel weiter. Aber auch Insekten reisen heutzutage oft in der Fracht von Schiffen, Lkws oder der Bahn und vergrößern so ihr Befallsgebiet enorm.

Alle genannten Pilze und Insekten haben gemeinsam, dass sie während der Infektion ihre Wirte auf vielerlei Weise schädigen. In der Regel kommt es zu Ertragseinbußen und/oder zu Verlusten an Qualität oder Nährwert. Deshalb ist es wichtig, Bekämpfungsstrategien für jedes einzelne Pathosystem auszuarbeiten.

Erklärungen

Allele	Varianten eines Gens, die sich durch Sequenzunterschiede charakterisieren; sie können direkte Auswirkungen auf das Aussehen haben
DNS-Marker, auch molekulare Marker	eindeutig identifizierbare, kurze DNS-Abschnitte, deren Ort im Genom meist bekannt ist
(Effektive) Populationsgröße	Zahl der Mitglieder einer Population, die sich fortpflanzen und ihre Gene an die Nachkommen weitergeben können
Flaschenhalseffekt	starke genetische Verarmung durch die Reduzierung der Populationsgröße durch Migration (Gründereffekt), aber auch durch Umweltveränderungen, Krankheiten etc.
Genetische Variation (genet. Diversität)	Ausmaß der Unterschiede von Merkmalen bzw. der DNS zwischen verschiedenen Individuen innerhalb einer Population/Art. Je größer die genetische Variation, desto besser kann sich eine Population durch Auslese an veränderte Bedingungen anpassen
Migranten, Anzahl	Anzahl der ein- und abwandernden Individuen einer Population; je höher die Anzahl Migranten zwischen zwei Population, umso gründlicher ist ihre genetische Durchmischung

Nukleotiddiversität	durchschnittliche Anzahl der Nukleotidunterschiede pro Stelle zwischen zwei DNS-Sequenzen; je höher die Nukleotiddiversität zwischen Individuen, desto genetisch vielfältiger ist eine Population
Phylogenetisch	Bestimmung von Verwandtschaftsgraden zwischen verschiedenen Arten oder zwischen Individuen einer Population durch DNS-Marker oder DNS-Sequenzen
Population	Gesamtheit aller Individuen einer Art, die sich zur gleichen Zeit in einer bestimmten Region aufhalten und sich miteinander fortpflanzen können
Populationsgenetik, Populationsgenomik	untersucht genetische Variation innerhalb und zwischen Populationen und die evolutionären Kräfte, die deren Variation beeinflussen
Sequenz(ierung)	Abfolge der Nukleotide in einer DNS-Probe/einem Gen; deren Bestimmung nennt man Sequenzierung

Literatur

1. Schreg R (2015) Europäische Gesellschaften beruhen auf Migration – Ein kurzer Blick in lange Zeiträume. https://archaeologik.blogspot.com/2015/10/europaische-gesellschaften-beruhen-auf.html. Zugegriffen: 11. Dez. 2023
2. Haak W, Lazaridis I, Patterson N, Rohland N, Mallick S, Llamas B et al (2015) Massive migration from the steppe was a source for Indo-European languages in Europe. Nature 522(7555):207–211. https://doi.org/10.1038/nature14317
3. Brandt G, Haak W, Adler CJ et al (2013) Ancient DNA reveals key stages in the formation of central European mitochondrial genetic diversity. Science 342:257–261
4. Karte: WIKIMEDIA COMMONS: Koyos – made with NASA World Wind., public domain. https://commons.wikimedia.org/w/index.php?curid=5887708. Zugegriffen: 11. Dez. 2023
5. Curry A (2019) Wer waren die ersten Europäer? https://www.nationalgeographic.de/wissenschaft/2019/07/wer-waren-die-ersten-europaeer. Zugegriffen: 11. Dez. 2023
6. Günther T, Jakobsson M (2016) Genes mirror migrations and cultures in prehistoric Europe – a population genomic perspective. Curr Opin Genet Develop 41:115–123
7. Skoglund P, Malmström H, Raghavan M, Storå J, Hall P, Willerslev E, Jakobsson M (2012) Origins and genetic legacy of Neolithic farmers and hunter-gatherers in Europe. Science 336(6080):466–469.
8. Diezemann N (2016) Auf der Balkanroute des Neolithikums: Wolfram Schier über die Verbreitung von Ackerbau und Viehzucht. Migration. Wanderungsbewegungen vom Altertum bis in die Gegenwart. https://migration.hypotheses.org/287. Zugegriffen: 11. Dez. 2023

9. Lang-Lendorff A (2016) „Vor 10.000 Jahren waren die Europäer schwarz" – Johannes Krause im Gespräch. Migration. Wanderungsbewegungen vom Altertum bis in die Gegenwart. https:// migration.hypotheses.org/350. Zugegriffen: 11. Dez. 2023

10. Callaway E (2022) Der Schwarze Tod kam aus Kirgisistan. Spektrum Geschichte 6:48–53

11. Callaway E (2022)

12. Max Planck Institute of Geoanthropology (2017) Pest erreichte schon in der Steinzeit Mitteleuropa und Teile Deutschlands. https://www.eurekalert.org/news-releases/806324?language= german. Zugegriffen: 11. Dez. 2023

13. Pflanzenforschung.de (o. J.) Gen. Aufbau. https://www.pflanzenforschung.de/de/pflanzenw issen/lexikon-a-z/gen-aufbau-197#:~:text=Die%20Gesamtheit%20aller%20Gene%20eine s,Zeichen%27%20des%20genetischen%20Codes%20darstellen. Zugegriffen: 11. Dez. 2023

14. Nach einer Idee von: Lohrer HD (2022) Durchführung molekular-phylogenetischer Analysen. In: Einführung in die BIOinformatik. Springer Spektrum, Berlin. https://doi.org/10.1007/978-3-662-65295-4_6

15. Junqueira DM, de Matos Almeida SE (2016) HIV-1 subtype B: traces of a pandemic. Virology 495:173–184

16. Gartner MJ, Roche M, Churchill MJ, Gorry PR, Flynn JK (2020) Understanding the mechanisms driving the spread of subtype C HIV-1. EBioMedicine 53:102.682. Open access

17. Cavalli-Sforza LL (2001) Gene, Völker und Sprachen – Die biologischen Grundlagen unserer Zivilisation. dtv, München

18. Dean R, Van Kan JA, Pretorius ZA et al (2012) The Top 10 fungal pathogens in molecular plant pathology. Mol Plant Pathol 13(4):414–430.

2

Vorderasien und andere Hotspots der Domestikation

Die Landwirtschaft und ihre Verbreitung

Die Anfänge

Vor etwa 12.000 Jahren begannen die Menschen im „Fruchtbaren Halbmond" Ackerbau zu betreiben. Damit bezeichnet man seit Anfang des 20. Jahrhunderts [1] die Region der heutigen Levante, das ist die Mittelmeerküste von Israel, Palästina und Syrien, sowie die südöstliche Türkei und das Zagrosgebiet im heutigen Irak und Iran („Zwei-Stromgebiet") (Abb. 2.1). Dieses Gebiet kennt man heute auch als Südwest (SW)-Asien.

> **Zeitangaben in diesem Buch**
> Die alte Zeitrechnung vor/nach Christus (v. Chr./n. Chr.) wird hier durch das konfessionsneutrale vor/nach unserer Zeitrechnung (v. u. Z./n. u. Z.) ersetzt, bezeichnet aber dasselbe. In Abweichung von der Fachliteratur wird das englische BP *(before present)* umgerechnet auf v. u. Z. durch Abziehen von 2000 Jahren.

In dieser Region begann man schon weit vor der Kultivierung der Pflanzen mit der Nutzung der dortigen Wildpflanzen (Tab. 2.1). Heute zeigt sich immer deutlicher, dass die Entwicklung des Pflanzenbaus eine sehr lange Vorlaufzeit hatte. Deshalb wird der ursprünglich von Gordon Childe 1936 geprägte Begriff der „jungstein-zeitlichen Revolution" [3] nicht mehr verwendet, es war eher ein sehr langsamer Übergang als ein plötzlicher Umbruch.

Das zeigen neue Funde aus Ohalo II, einer Siedlung von Jägern und Samm-lern in der Nähe des See Genezareth im heutigen Israel, die auf ein Alter von 21.000 Jahren v. u. Z. (s. Box) geschätzt wird [4]. Dort fanden sich Körner von wildem Emmer, Wildgerste und Wildhafer in großer Menge. Sie machten rund 25,7 % der essbaren annuellen Pflanzen aus, der größere Teil von 74,1 % bestand aus anderen Gräsern, die nie kultiviert wurden, darunter *Aegilops-, Bromus-* und

© Der/die Autor(en), exklusiv lizenziert an Springer-Verlag GmbH, DE, ein Teil von Springer Nature 2024
T. Miedaner, *Anthropogene Ausbreitung von Pflanzen, ihren Pathogenen und Parasiten*, https://doi.org/10.1007/978-3-662-69715-3_2

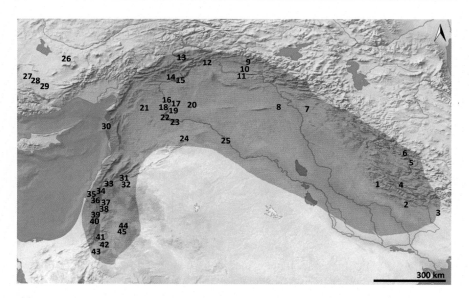

Abb. 2.1 Der sogenannte „Fruchtbare Halbmond" (grau) mit den wichtigsten jungpaläolithischen und akeramischen jungsteinzeitlichen Grabungsstatten [2] (Bezeichnung der Fundstellen (Zahlen) siehe Referenzen)

Tab. 2.1 Nutzung von (Wild-)Pflanzen in SW-Asien in den jeweiligen Kulturperioden, zur Kalibration (cal.) s. Box; J&S = Jäger und Sammler [5, 6]

Wirtschaftsweise	Zeitraum (v. u. Z. cal.)
J&S: Erster Nachweis des Sammelns von Wildweizen und Wildgerste	21.000
J&S: Erste permanente Siedlungen	13.000–11.000
J&S: Jahreszeitl. Mobilität	11.000–10.000
J&S: Jahreszeitl. Mobilität + permanente Siedlungen	10.000–9500
Früheste Zeichen von Kultivierung vor der Domestikation	9500–8700
Erste Anzeichen der Domestikation (Getreide)	8700–8200
Dramatisches Wachstum der Dörfer	8200–7500

Hordeum-Arten. Leguminosen waren mit den vier Arten Platterbsen, Linsen, Erbsen, Bohnen *(Vicia)* nur sehr spärlich vertreten (0,2 %), allerdings repräsentieren sie Arten, die später kultiviert werden sollten.

Weiterhin fanden sich 13 Pflanzen, die als Vorläufer von heutigen Unkräutern angesehen werden können. Die Ähren der Getreidearten sollen bereits zu etwa einem Drittel erste Kultivierungszeichen gezeigt haben (Abb. 2.2), während in ungestörten Wildpopulationen der Anteil weit unter 10 % liegt. Das wesentliche Zeichen der Kultivierung ist eine feste Spindel im Gegensatz zur brüchigen Spindel des Wildtyps, die sich dadurch selbst aussät. Archäologisch beweisen kann man das aus der Abbruchkante des Ährchens (Abb. 2.2).

Kalibriert oder nicht?
Bei der Radiokarbonmethode misst man den Zerfall bestimmter Isotope des Kohlenstoffs zur Zeitbestimmung. Da die Rate der ^{14}C-Produktion in der Atmosphäre über die Jahrtausende nicht konstant ist, müssen die Angaben anhand anderer Methoden korrigiert (=kalibriert) werden. Dies bezeichnet man als *cal. (calibrated)* hinter der Zeitbezeichnung.

Außerdem konnten die Forschenden nachweisen, dass die Getreidekörner zur Nahrungszubereitung bereits gemahlen wurden, wie Spuren an Steinklingen und an einem Mahlstein zeigten. Aus diesen Indizien schließen die Autoren, dass es hier bereits zu einer Art von primitivem, kleinräumigem Anbau kam, der aber nicht fortgesetzt wurde – ein erster Versuch sozusagen. Solche Versuche werden heute als erste Stufe der Domestikation angesehen. Trotzdem sammelten die dortigen Menschen zusätzlich noch 140 andere essbare Pflanzenarten.

Bis vor kurzem blieb unklar, wie die Menschen damals das gemahlene Getreide verzehrten. Die einfachste Möglichkeit ist, daraus einen Brei herzustellen, so wie es in bäuerlichen Haushalten bis ins frühe 20. Jahrhundert hinein üblich war. Jetzt fanden sich aber erste Anzeichen des Brotbackens bei der natufischen Kultur (s. Box) [8].

Abb. 2.2 Abbruchkante des Wildtyps (links) und des Kulturtyps (rechts) der Gerste, die in Ohalu II gefunden wurde [7]

1mm

BOX: Zeitalter in SW-Asien

Zeitalter	Zeitraum (v. u. Z. cal.)
Epipaläolithikum:	12.000–9500
Kebarien	
Natufien	
Khiamien	
Präkeramische Jungsteinzeit:	9500–6400
PPNA *(Pre-Pottery Neolithic A)*	9500–8800
PPNB *(Pre-Pottery Neolithic B)*	8800–7000
PPNC ((Pre-Pottery Neolithic C, Levante)	7000–6400

WIKIPEDIA: Präkamisches Neolithikum A

Ab dem 10. Jahrtausend v. u. Z. mehren sich die Anzeichen, dass sich die Menschen intensiver mit den Wildpflanzen beschäftigten, die sogenannte „Kultivierung vor der Domestikation" *(pre-domestication cultivation)*. Dabei werden heute bei rund 12 Ausgrabungsstätten in Israel, Palästina, Jordanien, Syrien und der Türkei mehrere Anzeichen eines frühen Anbaus gefunden. Dazu gehören eine Verringerung der Menge gesammelter Wildpflanzen, die Einfuhr von (wilden) Kulturpflanzen aus anderen Orten, Funde von (heute) typischem Unkraut und Ungräsern, größere Körner, das Vorkommen von Getreide in Siedlungen, in deren Umgebung es nicht wild wächst und schließlich die Größe der Funde. Wo das Getreide pfund- oder gar kiloweise gefunden wird, erscheint eine Kultivierung, vielleicht in Form eines einfachen Gartenbaus, schon wahrscheinlicher. Allerdings zeigen diese Funde noch keine Anzeichen von durchgehender Domestikation. Dies lässt sich bei Getreide schön an der Abbruchstelle der Ährchen von der Spindel zeigen, an der sich Wild- und Kulturtyp unterscheiden (s. Abb. 2.2).

Solche neuen Erkenntnisse führten dazu, dass die Domestikation heute nicht mehr als ein einziger, gewaltiger Sprung nach vorne angesehen wird, sondern als ein dynamisches Mehrstufenmodell [9], das sich allmählich entwickelte (Tab. 2.2). Die Phase 3 dauerte rund 1300 Jahre. Bis zu den ersten Anzeichen einer wirklichen Kultivierung von Wildpflanzen (Domestikation) ging es dann relativ rasch. Die allerfrühesten Funde von domestiziertem Einkorn stammen aus mehreren Fundstellen in der nördlichen Levante (Nevali Cori, Cafer Höyük) und datieren auf etwa 8500 v. u. Z. [10] Die Anteile von kultiviertem Einkorn waren damals aber noch sehr gering.

Alle Fundstellen zusammengenommen kultivierten die Menschen während der nächsten 500 Jahre drei Getreidearten (Einkorn, Emmer, Gerste), die Stärke (Kohlenhydrate) brachten, einige Eiweißpflanzen (Erbsen, Linsen, Linsenwicke, Platterbse, Kichererbsen) und Lein, der durch seine Samen Fett lieferte und dazu

Tab. 2.2 Die Phasen der Entstehung der Landwirtschaft nach dem dynamischen Mehrstufenmodell [11]

Stufe	Beschreibung
1	Sammlung von Wildpflanzen, große genetische Variation innerhalb der gesammelten Arten
2	Erstmals werden geringe Anteile von Pflanzen mit Domestikationsmerkmalen gefunden
3	Systematische Kultivierung von Wildpflanzen (pre-domestication cultivation), einfache Bodenbearbeitung, erste Unkräuter
4	Beginn der Landwirtschaft mit allmählicher Ersetzung der Wildpflanzen durch ihre domestizierten Nachkommen

noch Fasern. Sie nennt man deshalb auch „Gründerpflanzen". Die Ursachen für diese Entwicklung des Ackerbaus mit planmäßiger Aussaat, Bodenbearbeitung und gezielter Ernte sind bis heute umstritten. Diskutiert werden häufig drei Gründe, die sich aber nicht gegenseitig ausschließen: klimatische Veränderungen, versiegende Nahrungsquellen, soziale/religiöse Gründe. Klar ist, dass sich das Klima in der Nacheiszeit (ab ca. 13.000 v. u. Z.) änderte, dadurch kann es durchaus zum Versiegen von Nahrungsquellen gekommen sein. Ein Beispiel sind die Gazellenbestände in SW-Asien, die zuvor einen Großteil der Ernährung der Jäger und Sammler in diesem Gebiet ausmachten. Jared Diamond [12] weist aber mit Recht darauf hin, dass so etwas nicht der alleinige Grund gewesen sein kann, denn die Entwicklung der Landwirtschaft erstreckte sich über Jahrtausende, plötzlicher Hunger kann da nicht der Auslöser gewesen sein. Er sieht eher eine multikausale Erklärung in der Form, dass die Jäger und Sammler ganz allmählich anfingen, sich mit Ackerbau zu beschäftigen und dann durch ihren Erfolg schließlich dazu verdammt waren, weiterzumachen, weil sie die steigende Bevölkerungszahl sonst nicht mehr satt bekamen.

Sicher ist jedenfalls, dass die Menschen schon lange bevor sie anfingen, Pflanzenbau zu betreiben, sesshaft waren (s. Tab. 2.1). Dafür steht die Kultur der frühen Natufien (13.000–11.000 v. u. Z.). Sie hatte bereits dauerhafte Siedlungen mit Vorratsspeichern, in denen das gesammelte Wildgetreide aufbewahrt wurde. Dies konnte der französische Zooarchäologe Thomas Cucchi und Kollegen anhand der Untersuchung einer zeitlichen Abfolge von Hausmaus-Skeletten in der Levante zeigen [13]. Er konnte auch nachweisen, dass innerhalb des Natufiens immer wieder Phasen der einsetzenden Sesshaftigkeit mit solchen einer jahreszeitlichen Mobilität der Menschen einhergingen (s. Tab. 2.1). Die Gründe könnten im Versiegen von Nahrungsquellen liegen.

Dies zeigt, dass der Unterschied zwischen den beiden Lebensformen Jäger und Sammler/Bauer nicht absolut ist, sondern ein fließender. Auch als bereits Kulturpflanzen angebaut wurden, sammelten die Menschen immer noch ergänzende Nahrungsquellen in ihrer Umgebung. Und umgekehrt waren die notwendigen Techniken zur Verarbeitung der Produkte schon längst gegeben, bevor der erste Acker bestellt wurde, wie die Funde von Ohalo II zeigten. Auch die Natufier in der Levante hatten schon Mahlgruben in Gestein eingearbeitet, waren also zumindest teilweise sesshaft. In einer ihrer Siedlungen im NO Jordaniens wurden die bisher ältesten Brotreste gefunden, 14.400 Jahre alt [14], und Überreste fermentierten Getreides stammen aus 13.000 v. u. Z. aus der Reakefet-Höhle (Israel) und werden als Nachweis für die Bierherstellung angesehen [15]. Dies bedeutet, dass viele Kulturtechniken der Nahrungserzeugung schon bekannt waren, bevor überhaupt mit dem Ackerbau begonnen wurde. Dies war nur möglich, weil im „Fruchtbaren Halbmond" zahlreiche wilde Pflanzen vorhanden waren, die große Samen bildeten und in so großer Zahl vorkamen, dass es sich überhaupt lohnte, diese zu sammeln. Dies war damals in Mitteleuropa beispielsweise nicht der Fall.

In SW-Asien kommen heute noch Wildweizen und Wildgerste in Beständen vor, die je nach Landschaft und Niederschlag durchaus den Anblick kleiner Felder bieten (Abb. 2.3). Sie wuchsen überall dort, wo es keinen Wald gab und eine zunehmende Trockenheit nach der Eiszeit sie förderte. So war es nicht verwunderlich, dass schon die Menschen von Ohalu II auf die Idee kamen, diese Gräser zu ernten und die Körner zu verarbeiten. Es ist auch denkbar, dass sie Gebiete, in denen die Getreidebestände natürlicherweise vorkamen, regelmäßig aufsuchten und vielleicht sogar konkurrierende Pflanzen entfernten. Wir kennen das von den australischen Ureinwohnern, die nie Landwirtschaft betrieben und trotzdem von Fall zu Fall die Landschaft pflegten, oft durch gezieltes Feuerlegen, um nach dem Brand bestimmte Pflanzen, die sie als Nahrung bevorzugten, zu fördern.

Die nächste Stufe war es dann in SW-Asien, tatsächlich nicht nur die Pflanzen zu ernten, sondern auch den Boden zu bearbeiten und sie gezielt auszusäen. Das setzte Kenntnisse des Wachstumszyklus und der Niederschlagsverteilung voraus sowie den Willen, sesshaft zu werden oder zu bleiben (Abb. 2.4).

Archäologische Funde deuten schon länger darauf hin, dass die Phase der Inkulturnahme (Domestikation) Tausende von Jahren dauerte. Dies zeigt beispielsweise die archäobotanische Untersuchung einer Siedlung im heutigen Iran [18]. Die Überreste stammen aus einer 2200jährigen Besiedlung, die den Übergang genau an der zeitlichen Grenze von Jägern und Sammlern zu Ackerbauern (10.000–7.800 v. u. Z. *cal.*) markiert. Dabei fanden sich zunächst nur die wilden Vorfahren der Gerste, von Einkorn und Emmer sowie von Linse und Platterbse sowie mehrere Anzeichen einer Kultivierung vor der Domestikation. Im Lauf der Zeit vergrößerte sich der Anteil von wilden Weizenarten von 10 % auf 20 % und am Ende der Sequenz (um 7800 v. u. Z. *cal.*) erscheint erstmals Kulturemmer. Diese Funde aus der östlichen Hälfte des Fruchtbaren Halbmonds lassen vermuten, dass es in dieser Region mehrere, unabhängige Versuche zur Kultivierung gab [19], denn die iranischen Funde stammen aus derselben Zeit wie diejenigen aus Israel. Auch in anderen Siedlungen dauerte es Jahrtausende, bis die domestizierte Form des Getreides überwog (Abb. 2.5).

Abb. 2.3 Wildgerste in Israel (a) kleiner Bestand, vergesellschaftet mit anderen Pflanzen, (b) in drei Reifestadien (grün, gelbgrün, gelb) mit einer Einmischung von wildem Hafer [16]

Abb. 2.4 Zeitleiste zur Domestikation der Gründerpflanzen. Zahlen stellen die Zeit in tausend Jahren v. u. Z. dar [17]

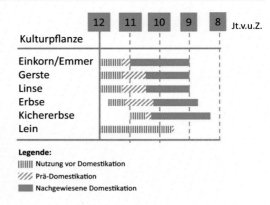

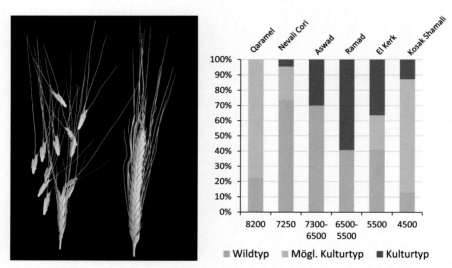

Abb. 2.5 Wild- neben Kultur-Einkorn (links) [22], Anteile von Wild- und Kulturtypen der jeweiligen Getreidearten in Fundstellen unterschiedlichen Alters (rechts [23]); alle Angaben v. u. Z.

Selbst 4500 Jahre v.u.Z. gab es immer noch einen kleinen Anteil von Wildge-treide oder „halbwilden" Pflanzen in den archäologischen Funden. Für Genetiker ist es nicht einfach zu begreifen, warum es so lange dauerte. Nach Schätzungen müssten eigentlich nach spätestens 200 Jahren der Domestikation alle wesentli-chen Merkmale fixiert sein, vielleicht sogar schon nach 20–30 Jahren [20]. Denn die wesentlichen Eigenschaften, die wilde von kultivierten Pflanzen trennen, wer-den oft nur durch wenige Gene vererbt, wie bei der Gerste gezeigt (siehe Box [21]).

BOX: Genetische Basis der Domestikation
Wildpflanzen unterscheiden sich von Kulturpflanzen. Genetische Untersu-chungen zeigen, dass dieser Unterschied nur durch einige wenige Gene verursacht wird.

Kultureigenschaften der Gerste [21]

Eigenschaft	Gen(e)
Spindelfestigkeit	*Bt1, Bt2*
Fertilität der Nebenährchen	*Vrs1, intc, Vrs4*
Freidreschend (nackt)	*Nud*

Der wichtigste Unterschied ist, dass bei Wildgerste die Spindel zerbricht und die Ährchen auf den Boden fallen (spindelbrüchig), während die Kul-turgerste eine zähe Spindel hat (spindelfest). Weitere Gene vergrößern die Fruchtbarkeit der Ähre. So werden die bei der Wildpflanze unfruchtbaren Nebenährchen fertil und es bilden sich sechsreihige Ähren, die je Seite drei Körner ausbilden, während die Wildgerste nur ein Korn je Seite besitzt. Ein-fach vererbt ist auch der Verlust der festen Spelze (freidreschend, nackt). Komplexer wird die Korngröße vererbt, sie beruht auf vielen Genen.

Und die können durch gezielte Selektion bei den Selbstbefruchtern, die die frühen Gründerpflanzen alle darstellten, innerhalb weniger Jahre fixiert werden. Dass das nicht geschah, ist eigentlich nur dadurch zu erklären, dass die Menschen über lange Zeiträume hinweg immer noch dieselben Pflanzen in ihrer wilden Form gesammelt haben und diese wieder mit ausgesät haben (Abb. 2.5), sodass es in Bezug auf die Kultivierungseigenschaften jedes Jahr wieder zu Rückschlägen kam.

Oder es kam gelegentlich durch ungünstiges Wetter zu starken Verlusten bis hin zu Totalverlusten, die dann durch neue Wildsammlungen wieder ausgegli-chen wurden. Durch Hitze, Trockenheit oder Schädlinge können Pflanzenbestände zusammenbrechen und keinen Ertrag mehr bringen. Dann mussten die Bauern wieder Wildpflanzen sammeln und von vorne mit der Kultivierung beginnen. Sicherlich war der sehr einfache Ackerbau damals von häufigen Rückschlägen heimgesucht.

Eine andere Erklärungsmöglichkeit hängt mit der Erntetechnik zusammen. Wenn die frühen Bauern mit ihren Steinsicheln das Getreide bereits unreif geerntet haben, dann wäre der Selektionsdruck auf spindelfeste Formen weitaus geringer und es würden dann Formen mit brüchiger Spindel, die wir als Wildtyp interpretieren, gleichermaßen mitgeerntet und sich in der Population halten. Dafür spricht, dass die Bestände von Wildgetreide ungleichmäßig reifen (s. Abb. 2.3), sodass es eine Zeitersparnis bedeutet, wenn alle Ähren zum gleichen Zeitpunkt abgeschnitten und in der Sonne nachgetrocknet werden.

Die frühe Phase der Landwirtschaft endete mit deren Etablierung. Ab dem 9. Jahrtausend v. u. Z. finden sich große Siedlungen mit engen Wohnquartieren, die auf eine große Bevölkerungsdichte hinweisen. Das konnte nur durch die Kultivierung von Pflanzen und der Aufbewahrung des Erntegutes in großen Speichern Erfolg haben. Sie sind das sichtbare Zeichen einer voll entwickelten Landwirtschaft mit einer bis dahin einmaligen Produktionsökonomie. Denn inzwischen waren auch Tierarten dazugekommen, vor allem Schafe und Ziegen. Unter Umständen waren die Gesellschaften damals bereits an ihre ökologischen Grenzen gestoßen und verbrauchten mehr Ressourcen als die unmittelbare Umgebung liefern konnte. Es war jetzt keine Umkehr zur früheren Wirtschaftsweise mehr möglich und der Zeitpunkt gekommen, neue Landschaften zu besiedeln [24].

Feinde von Anfang an

Als die Menschen in SW-Asien anfingen, Getreide zu kultivieren, d. h. es in Feldern gezielt auszusäen, es durch Hacken von Konkurrenz zu befreien und später auch noch mit Mist oder Fäkalien zu düngen, fanden die Pathogene und Parasiten, die sich schon zuvor auf dem Wildgetreide angesiedelt hatten, ideale Bedingungen vor. Die Landwirtschaft bot ihnen Bestände mit größerer Einheitlichkeit, höheren Pflanzendichten und nur wenigen Pflanzenarten auf einer Fläche. So konnten sie sich deutlich besser und schneller vermehren und ausbreiten und viel größere Schäden anrichten als in der Wildnis, wo die Wirte nur in kleineren, voneinander entfernten Beständen vorkommen. Dadurch bekamen sie im ständigen Kampf mit dem Wirt die Oberhand, d. h. sie konnten aufgrund ihrer größeren Zahl schneller Abwehrmaßnahmen gegen die Widerstandsfähigkeit (Resistenz) der Wirte entwickeln. Und das ist das Problem, das wir heute in unserer intensiven Landwirtschaft immer noch haben. So zeigen Untersuchungen von türkischer Wildgerste, dass deren Mehltaupopulationen deutlich weniger komplex sind als diejenigen von unseren modernen Gerstenfeldern [25]. Aber auch schon vor 10.000 Jahren fühlten sich die Pilze und Parasiten auf den kultivierten Feldern wohl und die Menschen hatten damals keine Möglichkeiten sie zu bekämpfen. Noch die Griechen und Römer standen Jahrtausende später den Rostpilzen, die ihre Ernten von Fall zu Fall zerstörten, ratlos gegenüber und versuchten, sie mit Prozessionen und Bittgebeten zu vertreiben.

Tab. 2.3 Schadpilze von wilden Getreide- und Gräserarten im Fruchtbaren Halbmond [26–29]

Wildgetreide	Krankheit	Pathogene
Wildgerste *(Hordeum spontaneum)*	Echter Mehltau Braunrost Netzfleckenkrankheit Blattfleckenkrankheit	*Blumeria graminis* *Puccinia hordei* *Pyrenophora teres* *Septoria passerini*
Wildgerste *(H. bulbosum)*	Schwarzrost	*P. graminis*
Wildemmer *(Triticum dicoccoides)*	Echter Mehltau Braunrost Gelbrost Schwarzrost	*Blumeria graminis* *P. triticina* *P. striiformis* *P. graminis*
Wildhafer *(Avena sterilis)*	Kronenrost	*P. coronata*
Wildgräser *(Aegilops, Agropyron, Triticum* spp.)	Echter Mehltau Braunrost, Gelbrost, Schwarzrost	*B. graminis,* *Puccinia* spp.
Wildgerste *(H. murinum)* Quecke *(Agropyron repens)*	Ramularia-Blattflecken	*Ramularia collo-cygni*

Schon in ihren jeweiligen Ursprungsgebieten waren die Pflanzen also dem Angriff von Pathogenen und Parasiten ausgesetzt, dies kann man besonders deutlich machen, wenn man die Vorläufer unserer Getreidearten untersucht, also Wildgerste, wilde Weizenformen, Wildgräser (Tab. 2.2). Denn deren Krankheiten gehen auf Pathogene zurück, die sich Jahrtausende mit ihrem Wirt auseinandergesetzt haben (Koevolution) (Tab. 2.3).

So gibt es in SW-Asien auf den Blättern der Wildgetreide mehrere Rostarten und den Echten Mehltau. Aber auch heute geläufige Krankheiten, wie Septoria-Blattflecken, Netzflecken oder Ramularia-Blattflecken wurden gefunden.

Freilich könnten diese Krankheitserreger auch von modernen Getreidebeständen aus sekundär die Wildformen besiedelt haben, denn Wild- und Kulturformen wachsen beispielsweise in Israel und Syrien direkt nebeneinander. Allerdings gibt es noch einen Indizienstrang, der zeigt, dass dies nicht der Fall ist: In vielen dieser Wildgetreide finden sich Krankheitsresistenzen gegen die genannten Erreger. So wurden in israelischer Wildgerste zahlreiche neue Resistenzgene gegen Echten Mehltau entdeckt, die in mühevoller Kleinarbeit von Wissenschaftlern der TU München in Kulturgerste übertragen wurden [30]. Dabei fanden sich in 42 Wildgerstenherkünften sage und schreibe 56 verschiedene Resistenzgene, von denen nur zwei Gene bereits bekannt waren. Die anderen waren entweder völlig neu oder stellten neue Varianten (Allele) eines bekannten Resistenzgens *(Mla)* dar. Diese Resistenzen haben sich in einem ständigen Wettkampf zwischen Wirt und Pathogen im Rahmen der Koevolution durch Mutation neu gebildet (Abb. 2.6).

Erwirbt der Wirt durch Mutation ein neues Resistenzgen, gegen das das Pathogen nichts ausrichten kann, dann ist es avirulent, es kann den Wirt nicht befallen. Wenn sich die neue Resistenz weiter verbreitet, dann übt das einen Selektionsdruck auf das Pathogen aus, das auf den Wirt angewiesen ist, um sich zu vermehren. Wird es durch Mutation virulent, dann entsteht eine neue Rasse, der vormals resistente

Abb. 2.6 Schematische
Darstellung der Koevolution
zwischen Wirt (Pflanze, grün)
und Pathogen (orange), ein
evolutionärer
Wettlauf (avirulent = nicht
infektiös, virulent =
infektiös)

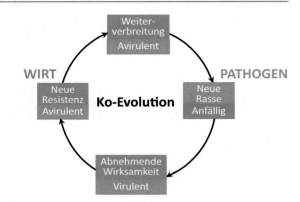

Wirt wird jetzt anfällig. Mit zunehmender Verbreitung der neuen Rasse nimmt die
Wirksamkeit der Resistenz ab, die Virulenz des Pathogens setzt sich durch. Durch
den Befall wird der Wirt angeregt, durch Mutation ein leicht verändertes Resistenzgen zu bilden, er wird dadurch erneut resistent und das Pathogen avirulent,
der Zyklus beginnt von Neuem. So reichern sich über die Jahrtausende in einem
natürlichen System immer neue Resistenzgene in der Pflanze an, während das
Pathogen immer wieder neue Angriffspunkte entwickelt. Dies gilt für alle Krankheiten, bei denen die Resistenz durch einzelne Gene vererbt wird, wie etwa beim
Echten Mehltau oder den Rosten des Getreides.

Koevolution
Evolutionärer Prozess mit wechselseitiger Anpassung zweier nicht-
verwandter Arten, die miteinander interagieren. Bestes Beispiel ist die
Anpassung von Insekten an den Bau der Blüten, die sie bestäuben. Oder
die Entwicklung von Resistenzen beim Wirt mit steigender Virulenz des
Pathogens. Es besteht in jedem Fall ein starker Selektionsdruck.

Aegilops- und wilde Weizen *(Triticum)*-Arten sind ein reiches Reservoir für neue
Resistenzgene gegen Echten Mehltau, verschiedene Roste, aber auch tierische
Schaderreger wie den Getreidezystennematoden, den Wurzelgallennematoden, die
Hessenmücke und die grüne Getreideblattlaus *(Schizaphis graminum)* [31]. Dies
sind deutliche Hinweise auf eine uralte Koevolution. Ein weiterer Hinweis ist,
dass die Roste ihren Zwischenwirt, auf dem sie zwingend ihre sexuelle Vermehrung machen müssen, auch im Fruchtbaren Halbmond finden. Sie müssen
das tun, um dort die trockene Sommerzeit zu überstehen, in der keine grünen
Getreidepflanzen mehr zu finden sind. Und ohne grüne Pflanzen können sie nicht
überleben (biotrophe Lebensweise). Deshalb machen sie haltbare Sporen, die den
Sommer überdauern und bei einsetzendem Regen ganz bestimmte Pflanzen besiedeln, wie Berberitze oder Milchstern-Arten beim Schwarzrost bzw. Wiesenraute
beim Braunrost. Kürzlich fand sich sogar eine neue Variante des Braunrostes auf

einer wilden *Aegilops*-Art, die als Ursprung eines der Weizengenome gilt. Diese Variante könnte der Vorläufer des modernen Weizenbraunrostes sein [32]. Damit hätte der Braunrost dann die komplexe Evolution des modernen Weizens nachvollzogen, der aus der Kreuzung von Kulturemmer mit einer Wildart, *Aegilops tauschii,* entstand.

Eine bisher einmalige Entdeckung machten Stewart und Robertson 1968 als sie mit einer speziellen Klebetechnik einige Tonscherben der Ausgrabung von Jarmo näher untersuchten [33]. Über lange Zeit hinweg, wurde Ton mit Getreidespelzen „gemagert", um ihn besser verarbeiten zu können. Dabei fanden sie bei mikroskopischer Untersuchung einwandfrei erhaltene Sporen zweier Pilze, die heute noch Getreideschädlinge sind: Schwarzrost und *Helminthosporium sativum* (heute *Bipolaris sorokiniana*). Letzterer verursacht Keimlingskrankheiten, Wurzelfäule und Blattflecken bei vielen Getreidearten, einschließlich Gerste und Emmer, die beide auch in Jarmo gefunden wurden. Er ist weltweit verbreitet, kommt aber eher in warmen trockenen Gegenden vor [34].

Aufregend daran ist, dass die Keramik von Jarmo auf das 8. Jahrtausend v. u. Z. *cal.* datiert wird [35]. Die Siedlung selbst ist viel älter und gehört zu den ältesten Siedlungen mit nachgewiesener Landwirtschaft überhaupt. Damit ist gezeigt, dass schon die allerfrühesten Bauern mit manchen Pilzkrankheiten zu kämpfen hatten. Und Schwarzrost ist besonders penetrant, weil er oft erst nach der Blüte kommt und erhebliche Schäden machen kann, die bis zum vollständigen Verlust gehen. Das heißt für eine Ackerbau-Gesellschaft dann unweigerlich Hunger. Denn die Menschen konnten das damals nicht ausgleichen, die Vorratshaltung reichte höchstens bis zur nächsten Ernte, viel mehr Überschüsse waren nicht da, zumal wenn die Bevölkerung anwuchs.

Eine zweite Entdeckung ähnlicher Art machte Kislev auf einem Vorratskrug aus Tel Batash/Israel, der auf eine Zeit von 1400–1200 v. u. Z. datiert wird [36]. Dabei waren die Sporenlager, keimende Sporen und Myzelreste von Schwarzrost auf den Spelzen von Weizen einwandfrei erhalten.

Historische Quellen zu Pflanzenkrankheiten …

Alle historischen Quellen zu diesem Thema sind höchst unzuverlässig, da die Menschen damals die Ursachen von Pflanzenkrankheiten nicht einmal ahnen konnten und deshalb immer mit Umschreibungen hantierten, die heute kaum noch einer Krankheit zuzuordnen sind. Hinzu kommen Ungenauigkeiten bei der Übersetzung der alten Schriften.

Eine Tontafel aus dem sumerischen Nippur (um 1700 v. u. Z.) beschreibt eine Rotfärbung von nassem Korn [37], auf einer anderen Tontafel heißt es: „An dem Tag da sich das Feld begrünt, richte dein Gebet an die Göttin der Feldmäuse und allen Ungeziefers, auf dass sie deine Felder verschone. Verjage die geflügelten Diebe, die Vögel." [38]

Ein Amulett aus einem kleinen Tempel in Ischaly, dem antiken Neribtum, in Mesopotamien, das auf 1900–1700 v. u. Z. datiert wird, erwähnt ein spezielles Wort für anormal aussehende Getreidekörner [39]. Auch die Assyrer kannten natürlich Getreidekrankheiten. Nach einer modernen Interpretation nannten sie den Rost „safranartiges in der Ernte" und den Brand entweder „rostgefärbtes oder grünspaniges" (für *Tilletia tritici*) bzw. „schwarzes Ding in der Ernte" (für *Ustilago tritici*).

Pflanzenkrankheiten werden auch öfter im Alten Testament der Bibel in den Büchern, die im 6. bis 4. Jahrhundert v. u. Z. entstanden sind, erwähnt.

- „Ein armer Mann, der die Geringen bedrückt, ist wie ein Mehltau, der die Frucht verdirbt". *Sprüche 28,3* [40]
- „Ich schickte euch Mehltau und Getreidebrand. Ich ließ eure Gärten und Weinberge vertrocknen…" Spruch Jahwes. *Amos 4,9* [41]
  alternative Übersetzung: „Ich plagte euch mit dürrer Zeit und mit Brandkorn …"; *Amos 4,9* [42]
- „Wenn eine Hungersnot im Land ausbricht, wenn die Pest wütet, wenn das Getreide durch Brand- oder Rostpilze, Heuschrecken oder andere Schädlinge vernichtet wird …" *1Kön 8,37; 2Chr 6,28* [43]
- „… dass, wenn einer zum Kornhaufen kam, der zwanzig Maß haben sollte, so waren kaum zehn da; kam er zur Kelter und meinte fünfzig Eimer zu schöpfen, so waren kaum zwanzig da. Denn ich plagte euch mit Dürre, Brandkorn und Hagel in all eurer Arbeit; dennoch kehrtet ihr euch nicht zu mir, spricht der HERR." *Haggai 2, 16–17* [44]
  In der engl. Übersetzung: „I smote you with blasting and with mildew and with hail …"

Natürlich verbergen sich hinter den erwähnten Krankheiten nicht unbedingt dieselben, die wir heute darunter verstehen. Das zeigen schon die unterschiedlichen Bibelübersetzungen, die dasselbe Wort mal mit Dürre und mal mit Mehltau übersetzen. Richtig ist, dass beides zu Blattvergilbungen führt. Das englische *mildew* bezeichnete von den Zeiten Shakespeares bis in die Mitte des 19. Jahrhundert nicht den Mehltau, sondern den Rost [45] und „Dürre und Brandkorn" erscheint in der englischen Bibelausgabe als *blasting and mildew,* wobei man unter *blasting* heute das vorzeitige Gelbwerden eines Pflanzenteils versteht. Dies kann allerdings auch durch einen heißen und trockenen Wind aus der Arabischen Wüste *(chamsin)* verursacht sein, der meist im April oder Mai auftritt. Selbst die Heuschrecken sind andernorts als Raupen übersetzt.

Auf jeden Fall können wir aus den Bibelstellen schließen, dass einige Pilzkrankheiten, Mäuse und Insekten damals schon ein großes Problem waren und das Zitat von dem „kleinen" Propheten Haggai gibt sogar ungefähre Ertragsverluste von 50–60 % an. Kein Zufall ist auch, dass in Zusammenhang mit den Krankheiten „Hunger" erwähnt wird, denn das war die unweigerliche Konsequenz, wenn es zu so starken Ertragsverlusten kam. Auf jeden Fall wissen wir, dass die

Roste, Brande und Mehltau uralte Pilze sind, die schon auf den Wildpflanzen des Getreides vorkommen und es von Anfang an besiedeln konnten.

… und die moderne Molekularbiologie

Auch mit modernen molekularbiologischen Methoden können wir heute nachweisen, dass einige der in der Tabelle genannten Erreger ihren Ursprung im Fruchtbaren Halbmond hatten, also genau dort, wo auch die ersten Ackerbauern siedelten. Dabei müssen die Forschenden Proben (Isolate) des Erregers aus der ganzen Welt sammeln, diese molekularbiologisch analysieren oder gleich deren ganzes Genom sequenzieren, und dann nach dem Grad der Diversität und Verwandtschaftsverhältnissen zwischen den verschiedenen Isolaten suchen (s. Kap. 1). Ähnlich wie bei den Kulturpflanzen nimmt man die Region mit der höchsten genetischen Diversität als Ursprungsregion an, weil hier die Population genügend Zeit hatte, Varianten zu entwickeln, von denen dann in der Regel nur einzelne sich in andere Gebiete verbreiten. Wenn man dabei auch die Diversität des Erregers auf der dazu gehörigen Wildpflanze untersucht, kann man mit modernen statistischen Methoden sogar den Zeitrahmen ableiten, wann die Erreger zwischen den wilden und kultivierten Pflanzen begannen, sich zu unterscheiden. Dabei untersucht man Sequenzen in neutralen, also keine Gene enthaltenden, Bereichen des Genoms, weil diese nicht der Selektion unterliegen. Dann kann man davon ausgehen, dass pro Zeiteinheit eine bestimmte Anzahl von Sequenzunterschieden durch zufällige Mutationen auftreten (Molekulare Uhr). Je mehr Sequenzunterschiede man zwischen zwei Isolaten findet, umso länger ist der Zeitpunkt vergangen, zu dem sie sich von einem gemeinsamen Ahnen abspalteten. Wenn man beispielsweise Isolate desselben Erregers aus Israel, der Türkei und Deutschland untersucht und feststellt, dass zwischen dem Isolat aus Israel und dem aus der Türkei deutlich weniger Unterschiede bestehen als zwischen dem aus Israel und Deutschland, dann kann man daraus schließen, dass der Weg von Israel über die Türkei nach Deutschland ging. Wenn zusätzlich bei der Untersuchung mehrerer Isolate aus denselben Ländern zwischen den Isolaten aus Israel mehr Vielfalt herrscht als zwischen denen aus Deutschland, kann man, vereinfacht gesagt, daraus schließen, dass der Ursprung des Erregers in Israel lag. Aus der tatsächlichen Anzahl der Sequenzunterschiede lässt sich die Zeit berechnen, wann sich die türkischen und deutschen Isolate von dem letzten gemeinsamen Vorfahren in Israel abspalteten. Soweit die Theorie.

Ein schönes praktisches Beispiel dafür ist der Erreger der **Septoria-Blattdürre (Zymoseptoria tritici)**. In einer weltweiten Studie fand sich die höchste genetische Vielfalt in Israel [46]. Weitere Studien fanden einen Vorläufer auf Wildgräsern im Nordwesten Irans. Die Trennung zwischen dieser Gras-infizierenden Art und der Weizen-infizierenden Art erfolgte vor 10.000 bis 12.000 Jahren, also genau zur Zeit der Entstehung der frühen Kulturweizenformen Einkorn und Emmer. Außerdem entwickelte diese Pilzart in jener Zeit eine hochgradige Wirtsspezifität, sodass sie heute neben Weizen nur noch in begrenztem Umfang andere Gräser oder Getreidearten infizieren kann [47]. Der Erreger hat sich also von einem breiten Wirtsspektrum ausgehend auf Weizen spezialisiert, weil es ihm dort so gut erging. Die Ausbreitung des Weizenanbaus in alle gemäßigten Regionen der Welt machten den Pilz zu einem sich schnell entwickelnden Erreger mit einzigartigen Evolutionsmustern [48]. Genauso folgte der Echte Mehltau, der bereits in Israel und Syrien die Wildgetreidearten infizierte, der Ausbreitung der Landwirtschaft und wurde zu einem weltweit verbreiteten Erreger, der hochgradig auf seinen jeweiligen Getreidewirt spezialisiert ist [49].

Migration nach Europa

Die Entwicklung der Landwirtschaft führte dazu, dass in SW-Asien mehr Menschen von derselben Fläche ernährt werden konnten, sie legten Vorräte an, um gut über die Trockenzeit zu kommen, die Körner hatten eine hohe Kaloriendichte. Sie konnten als gekochter Brei auch von Kranken, Alten und Kindern leicht aufgenommen werden. Dadurch verbesserte sich die Ernährung und die Geburtenrate nahm deutlich zu. Während wir aus völkerkundlichen Studien wissen, dass die Frauen von Jägern und Sammlern in der Regel nur alle vier Jahre ein Kind bekommen, sind die Abstände bei erfolgreichen Ackerbauern deutlich kleiner. Dies hängt auch damit zusammen, dass Ackerbau mit den damaligen Mitteln eine körperlich sehr anstrengende Tätigkeit war und die Kinder von früh an nicht nur willkommene, sondern notwendige Hilfskräfte waren. Dies wurde bei uns noch im 18. Jahrhundert als Argument gegen die Einführung der allgemeinen Schulpflicht angeführt.

Bei den damaligen primitiven Methoden des Ackerbaus konnte man die Fruchtbarkeit des Bodens nicht über lange Zeit erhalten. Zusammen mit dem Bevölkerungsdruck durch hohe Geburtenraten waren deshalb die frühen Bauerngesellschaften recht mobil. Wenn die Böden erschöpft waren und kaum noch Ertrag lieferten, mussten sie einfach weiterziehen, um neue fruchtbare Flächen zu finden. Dabei haben sie sicherlich zunächst ihre Siedlung behalten und ihren Radius erweitert, längere Wege in Kauf genommen. Wenn das aber nicht mehr ausreichte, mussten sie ihr Dorf verlegen. Es haben sich auch kleinere Gruppen, wahrscheinlich familienweise, abgespalten und ein neues Dorf in einiger Entfernung etabliert. Weitere Gründe, wegzuziehen, können eine zu starke Verunkrautung der Äcker sein, die dann nicht mehr viel Ertrag liefern, oder das regelmäßige Auftreten von Pathogenen. Der einfache Ackerbau ist deshalb über Jahrtausende höchst expansiv zu denken und das lässt sich auch archäologisch gut erfassen.

Die Wanderung der ersten Ackerbauern vom Fruchtbaren Halbmond nach Europa ist besonders gut untersucht und wir können die Route ziemlich genau nachverfolgen (Abb. 2.7).

Auch genetisch ist diese Wanderungsbewegung inzwischen sehr intensiv erforscht. Jahrzehntelang gab es eine intensive Diskussion darüber, ob Ackerbau und Viehzucht kulturell weitergegeben wurden und sich die europäischen

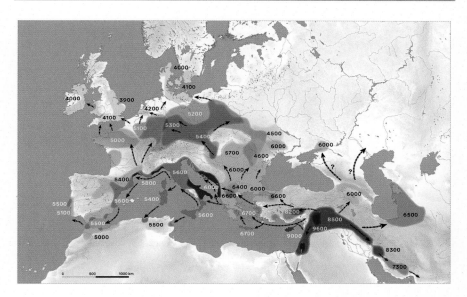

Abb. 2.7 Verbreitung der Landwirtschaft aus Südwestasien nach archäologischen Befunden [50]

Jäger und Sammler quasi durch die fortschrittlicheren Nachbarn zur Landwirtschaft „bekehren" ließen oder ob das ganze System durch ein wanderndes Volk
von Ackerbauern von der Levante aus nach Europa verbreitet wurde. Diese Frage
ist durch moderne DNS-Untersuchungen (Paläogenomik) von Skeletten aus unterschiedlichen Gegenden und Zeithorizonten inzwischen eindeutig geklärt: Es war
ein genetisch einheitliches Volk, das die Landwirtschaft nach Europa brachte und
das sich genetisch grundlegend von der Population der europäischen Jäger und
Sammler unterschied, weshalb man die Genomanteile der anatolischen Bauern
in den jungsteinzeitlichen Bevölkerungen Europas als Maß für die Einführung
der Landwirtschaft nehmen kann (Abb. 2.8) [51]. Die Übereinstimmung beider Karten zeigt sehr gut, wie sich Ergebnisse aus der genomischen Forschung
und archäologische Befunde gegenseitig stützen können.

Dabei ist auch klar, dass sich das Volk, das die Landwirtschaft verbreitete,
vom Fruchtbaren Halbmond zuerst nach Zypern und nach Anatolien verbreitete
und dann den Sprung über die Ägäis machte. Aus den DNS-Untersuchungen geht
hervor, dass die ägäischen Bauern eine große Verwandtschaft zu den zentralana-
tolischen Bauern und denjenigen der südlichen Levante hatten. Dies lässt eine
gemeinsame Abstammung vermuten. Allerdings unterscheiden sie sich genetisch
von den Bauern des östlichen Fruchtbaren Halbmonds (Iran, Irak), was wiederum
auf eine unabhängige Kultivierung in diesem Bereich hindeutet. Innerhalb Ana-
toliens findet sich auch nach dem Übergang zur Landwirtschaft eine genetische
Kontinuität zwischen den Bewohnern vor. Dies weist auf eine eigene landwirtschaftliche Tradition ohne größere Wanderungsbewegungen hin. Entweder die

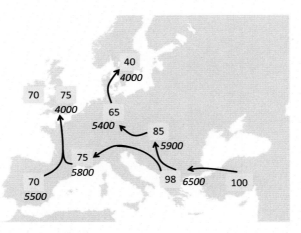

Abb. 2.8 Genomanteile der anatolischen Bauern in verschiedenen Bevölkerungen Europas; die Zahlen sind ungefähre Zeitangaben der Einführung der Landwirtschaft (v. u. Z.) in der jeweiligen Region [52]

Menschen dort haben die Landwirtschaft unabhängig entwickelt oder sie haben diese neue Technologie von der Levante durch kulturellen Austausch übernommen.

Die Genvariante, die die helle Haut der heutigen Europäer bewirkt, war übrigens schon bei den jungsteinzeitlichen Anatoliern praktisch fixiert und fand sich auch bei den ägäischen Bauern in einer erheblichen Häufigkeit [53]. Beide Volksgruppen hatten eine genetische Ähnlichkeit von 98 %.

Vom Balkan ausgehend erreichte die Landwirtschaft Europa im Wesentlichen auf zwei Routen (Abb. 2.7, 2.8 2.6): über die Mittelmeerküsten bis nach Spanien und Portugal bzw. entlang der Donau nach Mittel- und später auch nach Nordeuropa. Das Volk, das schließlich über das Donaugebiet die Landwirtschaft nach Ost- und Mitteleuropa brachte, ist genetisch eindeutig von den dort ansässigen Jägern und Sammlern zu unterscheiden. Es wird von den Archäologen mit der Kultur der Linearbandkeramiker identifiziert, nach der Verzierung ihrer Töpfe benannt. Sie zeigten zumindest zu Beginn eine sehr einheitliche Tradition und durchmischten sich in Mitteleuropa mit den einheimischen Jägern und Sammlern anfangs nur zu einem kleinen Anteil von geschätzten 2–7 % [54]. In dieser Veröffentlichung wird aus den genetischen Daten auch eine schrittweise Verbreitung der Ackerbauern abgeleitet, die sich langsam von Nordwest-Anatolien und Nordgriechenland über den Balkan und das Donaugebiet bis nach Österreich und Deutschland ausbreiteten. Dies stimmt auch mit den archäologischen Befunden überein. Es dauerte rund 1100 Jahre, bis sich Ackerbau und Viehzucht vom nördlichen Griechenland über das Donautal bis nach Mitteleuropa durchgesetzt hatte [55]. Dabei vermischten sich die mitteleuropäischen Bauern dann doch allmählich mit den ansässigen Jägern und Sammlern. Um 5400 v. u. Z. fand sich schon ein Anteil von deren Genom bei mitteleuropäischen Bauern von etwa 35 %.

Es dauerte noch weitere 1400 Jahre, bis sich von Norddeutschland kommend auch im südlichen Skandinavien Bauern verbreiteten (Abb. 2.7). Erst um 4000 v. u. Z. konnten ackerbauende Gruppen dort ihre Wirtschaftsweise einführen [56]. Dies deutet darauf hin, dass die Ernährungsbasis der Gruppen in Nordeuropa so lange so gut war, dass sie ohne Ackerbau auskamen. Sie lebten, ähnlich wie in Portugal, hauptsächlich aus dem Meer, von Muscheln, Fischen, Schnecken, und ergänzten das Nahrungsangebot durch Wild, Pilze, Nüsse und Früchte aus den Wäldern. Die neuen skandinavischen Bauern werden archäologisch mit den Trichterbecherleuten gleichgesetzt. Sie hatten genetisch immer noch rund 40 % ihres Genoms aus der Levante [57]. Der Rest besteht aus dem Genom der skandinavischen Jäger und Sammler und nicht aus demjenigen der westlichen Jäger und Sammler wie im restlichen Europa. Interessanterweise lebten hier die Jäger und Sammler und die neuen Ackerbauern rund tausend Jahre gemeinsam im selben Gebiet [58].

Die zweite Route ging vom Balkan immer die Mittelmeerküste entlang (Abb. 2.7, 2.8), über Italien, Südfrankreich, Iberien bis zur Atlantikküste. Etwa gleichzeitig wie in Mitteleuropa etablierte sich in Iberien eine Landwirtschaft. Die Kultur wird von den Archäologen mit den Kardialkeramikern identifiziert. Ihre Menschen hatten damals noch zu rund 70 % das Genom der anatolischen Bauern. Ziemlich dieselben Anteile finden sich auf den Britischen Inseln und auf Irland, wo es allerdings noch einmal 1500 Jahre dauerte, bis sich die Landwirtschaft dort durchgesetzt hatte [59]. Aufgrund der genetischen Ähnlichkeit der Bevölkerung muss die Besiedlung der Insel entweder aus Iberien oder Südfrankreich erfolgt sein.

Die Pflanzen und Tiere, die die Bandkeramiker nach Mitteleuropa brachten, entsprachen genau den Gründerpflanzen in der Levante; nur Platterbsen und Kichererbsen fehlten. Bei den Tieren gab es Ziegen, Schafe, Rinder und Schweine, die jeweils alle in SW-Asien gezähmt wurden. Diese Ausbreitung der kompletten Landwirtschaft nach Mitteleuropa vor rund 7000 Jahren führte zu einer gewaltigen Veränderung der Vegetation. Die frühen Bauern mussten in den riesigen Wäldern erst Lichtungen roden, um überhaupt Platz für ihre Äcker und Wiesen zu bekommen.

Allerdings mussten sich auch die Kulturpflanzen ändern. Denn in Mitteleuropa herrschen andere Witterungsbedingungen als in der Levante. Das beginnt schon mit den längeren Tagen im Sommer. Für eine Anpassung sind bei Weizen und Gerste mehrere Regulatorgene verantwortlich (z. B. *Ppd*, *VRN*). Diese variieren die Blühzeitpunkte und den Zeitpunkt, wenn die Ährenbildung beginnt. Diese Gene besitzen in den Getreidepopulationen viele Varianten und durch die Verbringung nach Europa wurden durch natürliche Auslese die jetzt benötigten Varianten bevorzugt. Dasselbe gilt für Gene, die die Dormanz der neu gebildeten Körner erhöhen, sodass sie in den feuchten europäischen Sommern nicht gleich beim ersten Regen oder sogar noch auf der Ähre auskeimen. Dieser Anpassungsprozess dauert umso länger, je weiter die Landwirtschaft nördlich verbracht wurde. Das könnte auch ein Grund sein, warum es so lange dauerte, bis sich der Pflanzenbau von den Ufern der Donau bis ins südliche Schweden verbreitete. Er war dort anfangs nicht lukrativ genug, die Pflanzen brachten zu wenig Ertrag, ihre Anpassung an die neuen Umweltbedingungen war noch nicht ausreichend vollzogen.

Durch die Rodung des Waldes veränderten die ersten Bauern auch die Landschaft so, dass sich die lichthungrigen Getreide wohlfühlten. Sie können nicht unter dichten Bäumen wachsen, da sie ursprünglich aus einer Steppenlandschaft stammten. Dadurch fühlten sich aber auch die Pathogene und Parasiten aus SW-Asien auf den Ackerkulturen wohl. Dabei mussten sich diese ebenfalls erst an die neue Umgebung anpassen, an kühlere Temperaturen und geringere Sonneneinstrahlung beispielsweise. Aber Pathogenpopulationen sind anpassungsfähig genug, das sehen wir gerade heute im Rahmen des Klimawandels und das galt auch damals schon. Nach einigen Generationen kamen sie sicher auch mit den neuen Bedingungen klar und verrichteten ihr schlimmes Werk. Sie hatten jetzt den zusätzlichen Vorteil, dass sie die Zeit ohne Wirt, also vor allem den Hochsommer in unseren Breiten, auf den Stoppeln und Pflanzenresten überdauern (nekrotrophe Pathogene) oder auf ausgefallenem Getreide oder Unkräutern (biotrophe Pathogene) überleben konnten. Um die damaligen harten Winter mussten sie sich nicht kümmern, da die Bandkeramiker nur Sommerkulturen anbauten. Das dürfte vor allem dazu geführt haben, dass die samenbürtigen Krankheiten sich gut etablieren konnten, sie überdauerten einfach auf dem Erntegut. Viele Pilze überleben aber auch auf Stroh- oder Stoppelresten auf oder im Boden, wo sie durch hohe Schneedecken vor dem Erfrieren geschützt waren.

Irgendwann kamen aber auch die biotrophen Erreger, die nur von grünen Pflanzen leben können. Sie werden vom Wind übertragen und können so in einer Vegetationsperiode Hunderte bis Tausende von Kilometern zurücklegen, vor allem wenn sie in höhere Luftströmungen getrieben werden. Wissenschaftler des Max-Planck-Institutes für Chemie und der Universität Mainz fanden mittels DNS-Analyse in jedem beliebigen Kubikmeter Luft, den sie analysierten, zwischen 1000 und 10.000 Pilzsporen [60]. Und darunter waren auch Echte Mehltau- und Rostpilze, die von Anfang an unsere Kulturpflanzen begleiteten. Sie überdauern den Winter durch ihr sexuelles Stadium. Dabei werden etwa bei Echtem Mehltau widerstandsfähige, schwarzgefärbte Strukturen (Perithezien) gebildet, in denen die Sporen vor dem UV-Licht geschützt sind und auch tiefe Temperaturen überstehen, bei Rosten sind es spezielle, ebenfalls tiefschwarze Wintersporen.

Mit den genannten Kulturarten kamen aber nicht nur die Schadpilze, die bereits in der Ursprungsregion die Pflanzen besiedelt hatten, nach Europa, sondern es bildeten sich hier auch neue Pathogene. Für den Erreger der Rhynchosporium-Blattflecken der Gerste (*Rhynchosporium commune*) ist dies belegt. Der Pilz lebte ursprünglich in Skandinavien auf einer Wildpflanze, schaffte dann aber recht kurz nach der Einführung der Gerste den Sprung auf die neue Wirtspflanze, die ihm großartige Möglichkeiten der Verbreitung bot (s. Kap. 6).

Auch Vorratsschädlinge und Fliegen begleiteten die Ackerbauern

Während es kaum archäologische Funde von prähistorischen Krankheitserregern gibt, sieht es bei Insekten anders aus, vor allem bei Käfern mit einem steifen vorderen Flügelpaar, den Elytren. Diese Flügeldecken können bei trockenem Klima und genauer Betrachtung noch Tausende von Jahren später in archäologischen Stätten gefunden werden. Auch eine Feuchterhaltung und Verkohlung von Insektenresten ist möglich. Dabei ist aber zu berücksichtigen, dass in der Vergangenheit nicht alle archäologischen Stätten so gründlich untersucht worden sind, dass auch die Flügeldecken von Insekten systematisch entdeckt wurden. Außerdem ist es unwahrscheinlich, dass Weichkörperschädlinge wie Motten, die eine große Bedeutung als Vorratsschädlinge haben können, unter unseren eher feuchten Bedingungen fossile Spuren hinterlassen, da sie nur in ausgetrocknetem Zustand gefunden werden.

Vorratsschädlinge wurden am häufigsten in archäologischen Fundstellen nachgewiesen. Als frühester Fund gilt ein Kornkäfer in Israel aus dem präkeramischen Neolithikum C (PPNC, s. Tab. 2.4). Wir können davon ausgehen, dass diese Vorratsschädlinge mit der Einführung der Landwirtschaft einhergingen oder kurz danach erstmals auftraten. Die Lagerung von landwirtschaftlichen Produkten ist eine Grundvoraussetzung für eine Agrargesellschaft, da die meisten Feldfrüchte nur ein- oder zweimal im Jahr geerntet werden können. Die ältesten Belege für zweckmäßige Lagereinrichtungen stammen aus dem 11.000 Jahre alten Dhra' in Jordanien (PPNA), wo große Mengen an Wildgetreide gefunden wurden. Dies fällt in die Zeit vor der Domestikation von Pflanzen in dieser Region [61]. Umfassende Lagereinrichtungen in Form von hohen, weißen, fassförmigen Türmen wurden im späten 6. Jahrtausend v. u. Z. in der südlichen Levante gefunden [62].

Die in Tab. 2.4 genannten Insekten spiegeln die Ausbreitung des Ackerbaus perfekt wider, da sie entweder gar nicht fliegen oder keine größeren Entfernungen

Tab. 2.4 Früheste Funde von Vorratsschädlingen in der Jungsteinzeit [63]

Fundort	Region/Land	Zeit (*cal.* v. u. Z.)	Periode
Kornkäfer (*Sitophilus granarius*)			
Atlit-Yam	Israel	6200	PPNC
Haçilar	Asiat. Türkei	6400	
Dispilio	Griechenland	5700	Mittl. Jungsteinzeit
Plaussig u. a.	Deutschland	5250	Linearbandkeramik
Göttingen	Deutschland	4935–4800	Linearbandkeramik
Schwarzer Getreidenager (*Tenebroides mauritanicus*)			
Plaussig	Deutschland	5250	Linearbandkeramik
Erkelenz-Kückhoven	Deutschland	5057	Linearbandkeramik

überwinden können. Die meisten von ihnen überlebten zudem die früher sehr strengen mitteleuropäischen Winter im Freien nicht, sondern konnten nur in geschützten Bereichen, wie eben Lagerhäusern oder Silos, überleben.

Der Kornkäfer *(Sitophilus granarius)* ernährt sich von Weizen-, Gersten-, Roggen- und Haferkörnern (Abb. 2.9). Übrigens entwickelt er sich genauso gut in Körnern alter Getreidearten (Einkorn, Emmer, Dinkel) und Hartweizen [64]. Seinen Ursprung hat der Käfer im Fruchtbaren Halbmond, vermutlich in den Nestern von Nagetieren [65]. Von dort gelangte der Käfer offenbar in Getreidespeicher, wo ideale Bedingungen für die Vermehrung herrschen: trocken, warm und voller Getreide.

Da der Rüsselkäfer nicht fliegen kann, ist er bei seiner Verbreitung völlig auf den menschlichen Handel angewiesen. Daher ist der Käfer ein perfektes Beispiel für die Folgen der Domestikation von Pflanzen durch den Menschen, der Migration und des Handels. Neben den in Tab. 2.4 genannten sehr frühen Funden gibt es Aufzeichnungen aus mehreren ägyptischen Pharaonengräbern (2900–2150 v. u. Z.) und Ställen in Amarna aus der Mitte des 14. Jahrhunderts v. u. Z. Auf sumerischen Keilschrifttafeln wird ein getreidefressendes Insekt erwähnt, bei dem es sich um den Kornkäfer gehandelt haben könnte. In Nordeuropa wurde dieser Käfer mehrmals in der Linearbandkeramik gefunden. Offenbar kam er schon mit dem ersten Getreide nach Mitteleuropa.

Abb. 2.9 Modell eines Kornkäfers an einem Weizenkorn [66] und ein Eindruck von der Häufigkeit mit dem Kornkäfer in einer Weizenpartie auftreten können und dann enorme Schäden machen [67]

Danach sind keine Funde mehr über Vorratsschädlinge berichtet, bis sehr viel später, als römische Siedlungen gegründet wurden, der Kornkäfer von Santorin/ Italien bis York/England nachgewiesen wurde [68]. Dabei sind Fälle mit sehr starkem Befall berichtet, wo ein großer Teil der Körner Bohrlöcher trugen. Der Käfer verbreitete sich in der Folgezeit schließlich mit dem gehandelten Getreide über die ganze Welt (s. Kap. 6) und gilt heute als „Weltbürger" (kosmopolitisch). In entwickelten Ländern verursacht er relativ geringe Verluste von 2–5 % der geernteten Körner, in weniger entwickelten Ländern jedoch bis zu 50 %.

Der Kornkäfer und seine Bekämpfung
Der Kornkäfer ist das am meisten gefürchtete Insekt überall dort, wo Getreide gelagert wird. Er befällt alle Getreidearten, aber auch Buchweizen, Eicheln und Nudeln. Die gesamte Entwicklung des Käfers erfolgt innerhalb des Getreidekorns. Nachdem die Käfer das Korn verlassen haben, erfolgt die Paarung und fünf Tage später die Ablage von rund 100 Eiern, ein Ei je Korn. Das Bohrloch wird danach mit einem Propfen verschlossen. Eine Bekämpfung ist chemisch möglich, wegen der Gefährlichkeit der Insektizide muss dies aber ein professioneller Schädlingsbekämpfer durchführen. Es gibt auch Schlupfwespen, die die Larven und Puppen in den Körnern parasitieren und gleichzeitig gegen andere Vorratsschädlinge helfen. Außerdem sollte man durch möglichste Sauberkeit und Monitoring einem Befall vorbeugen bzw. ihn frühzeitig erkennen.

Andere Vorratsschädlinge wurden gelegentlich bereits in der Linearbandkeramik gefunden, wie der Buckel- oder Kugelkäfer *(Gibbium psylloides)* und der Messingkäfer *(Niptus hololeucus)* in Eythra bei Leipzig, um 5250 cal. v. u. Z. [69]. Beide Käfer ernähren sich von allen möglichen tierischen und pflanzlichen Rückständen, und Getreidespeicher und Bäckereien bieten einen perfekten Lebensraum für sie. Während der Messingkäfer eine flugunfähige, eher wärmeliebende Art ist, ist der Buckelkäfer kältetoleranter und kann lange Zeit ohne Nahrungszufuhr überleben. Beide haben einen ähnlichen Fossilnachweis wie der Kornkäfer und sind aus ägyptischen Gräbern, römischen Funden aus York/Schottland, Leister/England und dem Rheinland sowie aus mittelalterlichen Fundstätten bekannt. Auch diese Käfer gelten heute als kosmopolitisch, weil sie vom Menschen mit Getreide über den ganzen Erdball verschleppt wurden.

Auch der Schwarze Getreidenager *(Tenebroides mauritanicus)* wurde bereits in Lagerstätten der Linearbandkeramik gefunden (Tab. 2.4). Es wird angenommen, dass er aus Afrika und/oder Südeuropa stammt, er weist ähnliche Fossilienfunde wie die anderen Vorratsschädlinge auf. Heute ist er ein kosmopolitischer und weit verbreiteter Schädling in Lagerhäusern und Getreidespeichern, der sehr zerstörerisch ist und sich leicht mit befallenem Getreide verbreitet.

Auch Parasiten von Hülsenfrüchten wurden schon in frühen Phasen der europäischen Landwirtschaft beobachtet [70]. Die ersten Samen mit Bohrlöchern, die darauf hindeuten, dass sich die Larven verpuppt haben und geschlüpft sind, kommen aus Jordanien und der Türkei von Erbsen (*Pisum* spp.) im 6. und 7. Jahrtausend v. u. Z. In Europa stammt der erste Nachweis aus Spanien (4800–4300 v. u. Z.), wo zwei Samen von Ackerbohnen *(Vicia faba)* mit Bohrlöchern gefunden wurden. Während diese Altwelt-Bohne im Mittelmeerraum während des Chalkolithikums (Kupferzeit) eine wichtige Kulturpflanze blieb und weitere Samen mit Bohrlöchern in Portugal und Italien gefunden wurden, stammen die frühesten Funde mit Bohrlöchern in Mitteleuropa erst aus der späten Bronzezeit in Deutschland (Zitz) und der Schweiz (Zug).

In Zürich wurden in der Grabungsstelle „Parkhaus Opéra" mitten in der Innenstadt in einer Schicht von ca. 3160 v. u. Z. unter fast 15.000 Insektenfragmenten 8 Elytren des Erbsenkäfers *(Bruchus pisorum)* nachgewiesen [71]. Das ist ein wärmeliebendes Insekt, das die Pflanzen bereits während der Blütezeit befällt und seine Eier in den unreifen Schoten ablegt. Je nach Witterung entwickeln sie sich entweder bereits auf dem Feld oder werden mit der Ernte eingefahren und überwintern im Saatgut. Verwandte Schädlinge *(B. atomarius, B. loti)* wurden auch während der früheren Jungsteinzeit in Runnymede/UK gefunden. Ähnlich wie bei den anderen Insekten wird das Vorkommen von *Bruchus*-Arten in der Bronze- und Eisenzeit immer häufiger.

Zusammenfassend lässt sich sagen, dass mehrere Insektenarten von ihren natürlichen Lebensräumen wie Vogel- oder Nagetiernestern, Bauten sozialer Insekten oder Holz in Getreidespeicher umzogen, wo sie zu Beginn der Landwirtschaft ideale Temperaturbedingungen und Nahrung im Überfluss vorfanden. Da sie an warme Bedingungen angepasst und viele von ihnen flugunfähig sind, waren sie darauf angewiesen, durch menschliche Wanderungen und Getreidehandel verbreitet zu werden. Sie sind somit einzigartige Zeugen für die Auswirkungen von Pflanzenanbau und Landwirtschaft auf die Verbreitung von Pflanzenparasiten.

Dazu kamen die Mäuse

Die Westliche Hausmaus *(Mus musculus domesticus)* ist, wie die Insekten, ein perfektes Beispiel für einen Schädling, der erst durch die Landwirtschaft in Vorderasien groß geworden ist und sich zusammen mit den Bauern über die ganze Welt ausgebreitet hat. Gleichzeitig vermuten Archäozoologen, dass mit der erfolgreichen Verbreitung der Hausmäuse auch die Zähmung der Katze einhergeht, die während des Aufstiegs der jungzeitlichen Landwirtschaft stattfand [72]. Die heutige Hauskatze stimmt nämlich von der afrikanischen Wild- oder Falbkatze *(Felis silvestris lybica)* ab, deren natürliches Verbreitungsgebiet bis nach SW-Asien reicht. Aber das gehört nicht mehr zu unserem Thema.

Die Hausmaus schädigt nicht die Pflanzen auf dem Feld, sondern schleicht sich in Vorratskammern und -silos, frisst dort das Getreide und verunreinigt es mit ihren Köteln. Ihre Vermehrungsrate ist beeindruckend. Bei guter Ernährung kann ein Weibchen vier- bis sechsmal pro Jahr gebären und bringt vier bis acht Junge auf die Welt. Diese werden nach rund vier Wochen wieder geschlechtsreif. So kann ein einziges Mäusepaar mit seinen Nachkommen (theoretisch) rund 2000 neue Mäuse produzieren [73].

Die Hausmaus stammt ursprünglich aus dem nördlichen Indien (Abb. 2.10). Von dort verbreitete sie sich in das Zagrosgebiet, in dem auch frühe Landwirtschaft betrieben wurde, die ältesten fossilen Funde sind aber mit 38.000–13.000 cal. v. u. Z. deutlich älter [74]. Bereits in den ältesten sesshaften Lagern der Jäger und Sammler in der nördlichen und südlichen Levante finden sich Hausmäuse, ebenso wie in den frühen natufischen Siedlungen von 'Ain Mallaha zwischen 12.500 und 11.000 cal. v. u. Z. und der späteren Siedlung Mureybet (10.000 cal. v. u. Z.). Dabei konnten israelisch-französische Forscher zeigen, dass sich hier die Hausmäuse schon vor Beginn der Landwirtschaft niederließen [75]. Sie sind im Vergleich mit ihren Verwandten in der Levante *(M. macedonicus, M. spicilegus)* nur konkurrenzfähig, wenn sie dauerhafte menschliche Siedlungen vorfinden, deren Vorratsspeicher und Abfallhalden ihnen ein bekömmliches Auskommen verschaffen. Als während des späten Natufiens die Menschen wieder mobiler wurden und zumindest jahreszeitliche Wanderungen unternahmen, verschwanden die Hausmäuse aus dem Fundmaterial und dominierten erst wieder über ihre wilden Verwandten mit dem Aufkommen von länger dauernden Siedlungen im End-Natufien. Als dann die Landwirtschaft in der Jungsteinzeit vor ca. 12.000 Jahren endgültig begann, finden sich in den Siedlungsresten nur noch Hausmäuse, keine „wilden" Mäuse mehr. Sie hatten hier eine Nische, die sie perfekt besetzen konnten.

Von der Levante ausgehend verbreitete sich die Westliche Hausmaus zwischen 8500 und 6500 cal. v. u. Z. landeinwärts zum Oberen Euphrattal (Çafer Höyük), dem südlichen Zagrosgebiet (Ganj Dareh) und nach Anatolien (Çatalhöyük) [77].

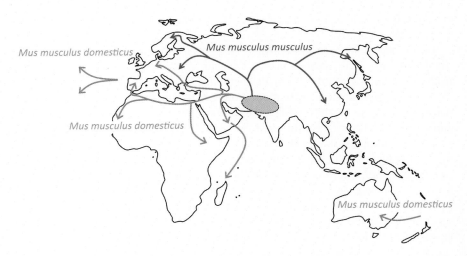

Abb. 2.10 Die Herkunft der Hausmaus (blaue Fläche) und die Verbreitung ihrer beiden Unterarten über die Welt [76]

Als sich die Landwirtschaft nach Zypern ausbreitete, was mit dem Dorf von Klimonas zwischen 9000 und 8600 cal. v. u. Z. (PPNA) belegt ist, fanden sich auch hier Reste der Hausmaus, auch wenn es nur ein einziger Backenzahn war [78]. Aber das ist ein Hinweis darauf, dass die Hausmaus mit den Menschen und ihrer neuen Wirtschaftsweise über das Meer kam, denn auf Zypern gibt es eine ganz andere wilde Mausart *(M. cypriacus)*. Die Funde häufen sich dann in einer jüngeren Fundschicht, die auf 6000 cal. v. u. Z. datiert wird, in der die Hausmäuse überall dort auftauchen, wo es landwirtschaftliche Siedlungen gab. Dies belegt den Zusammenhang zwischen dauerhaften menschlichen Siedlungen und dem Vorkommen der Hausmaus. Hatten sie schon zuvor das gesammelte Wildgetreide gefressen, so fanden sie nun in den Speichern, die mit den neuen landwirtschaftlichen Erzeugnissen in viel größerer Menge gefüllt waren, eine ideale Nische, die noch dazu vor Witterung geschützt war. Nur hier konnten sie sich gegen die wilden Verwandten durchsetzen.

Interessant ist, dass sich die Westliche Hausmaus in dieser Zeit nicht mit der Landwirtschaft weiter nach Griechenland, über den Balkan oder die Donauregion verbreitete. Dies könnte daran liegen, dass die damaligen jungsteinzeitlichen Siedlungen nur klein waren und nicht über gemeinsame Speichermöglichkeiten verfügten. Erst viel später, in der Bronzezeit (zwischen 2521 und 1864 cal. v. u. Z.), findet sich die Hausmaus dann in der östlichen Ägäis, auf Kreta und Santorin. Sie kam wohl über die maritimen Handelsrouten auf Schiffen mit Getreidelieferungen.

Eine nahe Verwandte, die Östliche Hausmaus *(Mus musculus musculus)*, die ebenfalls aus Indien stammte, wanderte in den östlichen Iran ein, und erreichte am Ende der Jungsteinzeit das südöstliche Europa (Abb. 2.10). Sie kam wahrscheinlich über den Kaukasus und die Pontischen Steppen und ist seit der späten Jungsteinzeit in Rumänien (4627–4413 cal. v. u. Z.) und Serbien belegt [79]. Sie erreichte Belgien gegen 4000 v. u. Z. [80] Noch heute findet sie sich vor allem in Ost- und Nordeuropa.

Das Vorkommen der Westlichen Hausmaus in allen PPNA- und PPNB-Siedlungen im Zagrosgebiet, in der Levante, Anatolien und auf Zypern belegt nach Meinung des französischen Paläozoologen Thomas Cucchi den eindeutigen Zusammenhang mit dem Aufkommen dauerhafter menschlicher Siedlungen und der Verbreitung der Landwirtschaft [81]. Die Westliche Hausmaus wurde damals zum hochspezialisierten Kulturfolger des Menschen. Sie erreichte Westeuropa aber erst später mit phönizischen Handelsschiffen. Um 1000 v. u. Z. wurde sie zuerst in Spanien gefunden. Um die Zeitenwende kam die Westliche Hausmaus mit Schiffen auf die Britischen Inseln und hat ihr Verbreitungsgebiet noch später bis nach Mitteleuropa ausgedehnt [82].

Rund 2500 Jahre später hat sich die Hausmaus dann mit den portugiesischen und spanischen Seefahrern als menschlicher Kulturfolger in die ganze Welt ausgebreitet und sich überall über die Getreidespeicher hergemacht.

Das Aufkommen der Potyviren

Potyviren kommen heute weltweit vor, werden durch Blattläuse verbreitet und verursachen in vielen Kulturpflanzen, darunter auch in der Kartoffel, erhebliche Schäden. Ähnlich wie viele andere Krankheitserreger hinterlassen auch Viren keine archäologischen Überreste. Sie können zwar aus konservierten Pflanzenexemplaren geborgen werden, aber das maximale Alter liegt derzeit nur bei etwa 1000 Jahren [83].

Die Entstehung der Potyviren kann heute mit molekularen Markern und genomischen Sequenzen genauer untersucht werden. Durch die Kalibrierung der Nukleotidunterschiede von Potyviren verschiedener Kontinente mit historischen Ereignissen ist eine grobe Datierung ihrer Geschichte auf der Grundlage von durchschnittlichen Mutationsraten möglich (s. Kap. 1). Die allerersten Potyviren entstanden vor 15.000–30.000 Jahren in eurasischen Gräsern wie Quecke *(Agropyron)*, Gerste *(Hordeum)* oder Weidelgräsern *(Lolium)* [84]. Bei der DNS-Analyse der heute existierenden Potyviren ergab sich ein Datum von etwa 4600 ± 400 v. u. Z., zu dem die Potyviren begannen, sich auszubreiten und zu differenzieren [85]. Dies geschah etwa zur gleichen Zeit, als sich die Landwirtschaft außerhalb ihres Ursprungszentrums in SW-Asien entwickelte. Da Potyviren nur von Blattläusen und bis zu einem gewissen Grad auch durch Saatgut übertragen werden, ist es sehr wahrscheinlich, dass die pflanzensaugenden Blattläuse die ersten Potyviren von Unkräutern auf die Felder der Bauern übertragen haben. Das Auftreten größerer Bestände von relativ einheitlichen Kulturpflanzen förderte dann die biologische Artbildung (Speziation) der Potyviren und führte dazu, dass heute praktisch jede Kulturpflanze von diesen Viren befallen wird. Ihre Bedeutung kann gar nicht überschätzt werden, sie haben einen Anteil von mehr als 30 % an allen anerkannten Virusarten. Wenn wir von einem ersten Auftreten der Potyviren in Südwestasien ausgehen, könnten sie zusammen mit den Nutzpflanzen nach Europa und weiter nach Osten, nach Indien, China und schließlich Japan auf den traditionellen Handelsrouten, die später „Seidenstraße" oder „Gewürzroute" genannt wurden, transportiert worden sein. Wie bei vielen anderen Krankheitserregern trug der weltweite Seehandel in hohem Maße zu ihrem Erfolg als Krankheitserreger bei.

Obwohl jeder Kontinent außerhalb Eurasiens auch seine eigenen einheimischen Potyviren auf Wildpflanzen hat, zeigten molekulare Analysen, dass die Potyviren von Kulturpflanzen in außereuropäischen Gebieten stets von außerhalb kamen [86]. So sind beispielsweise aus Australien 38 Potyvirus-Arten bekannt, von denen 20 weltweit verbreitet (kosmopolitisch) sind. Die rein australischen Vertreter dieser Viren sind genetisch viel einheitlicher als die entsprechenden weltweiten Viruspopulationen . Höchstwahrscheinlich handelt es sich bei Letzteren um Einwanderer, die in den letzten 200 Jahren nach Australien gebracht wurden. Im Gegensatz dazu befallen die 18 nur in Australien vorkommenden (endemischen) Arten mehr Wirte, es sind hauptsächlich Wildpflanzen, nur zwei von ihnen konnten bisher auf Nutzpflanzen gefunden werden.

Zwei Ungräser (noch) ohne Bedeutung: Roggen und Hafer

Und dann gibt es noch Kulturpflanzen, die eindeutig aus SW-Asien stammen, aber dort gar nicht dauerhaft angebaut wurden. Man findet sie in archäologischen Funden aus der Gegend nur in winzigen Beimengungen, oft nur einzelne Körner, was zu der Vermutung führte, dass die entsprechenden Roggen und Hafer zuerst als Ungräser in die Felder fanden.

Roggen *(Secale cereale)* wurde in SW-Asien bereits in der Mittelsteinzeit gesammelt und vermutlich schon in der frühen Jungsteinzeit versuchsweise angebaut (PPNA), doch sind archäologische Funde danach rar und umstritten. Der mutmaßliche Vorfahr des Kulturroggens, S. *cereale* ssp. *vavilovii* (Abb. 2.11) kommt in einem großen Gebiet in der Türkei, Armenien, Aserbeidschan, Georgien, und dem NW-Iran vor [87].

Roggen wächst in der Türkei, in der Levante und im Iran heute noch in den Feldern als sogenannte Primitivform, die eigentlich Ungras in Weizen und Gerste darstellt. Er hat sich die guten Bedingungen, die die Bauern ihren Kulturpflanzen angedeihen ließen, zunutze gemacht. Bereits damals hatte der Unkrautroggen

Abb. 2.11 Die Wildform des Kulturroggens, S. *cereale* spp. *vavilovii,* aus der Türkei in einem Herbar, gesammelt auf 1720 m Meereshöhe [88]

wohl durch natürliche Selektion Domestikationsmerkmale entwickelt, wie einen festen Kornsitz in Teilen der Ähre, relativ große Körner und eine Abstimmung der Wachstumszeit auf die Wirtsgetreide. Auch die arabische Bedeutung des Wortes Roggen lautet genauso, nämlich „Unkraut im Weizen". Aus dieser Bedeutung leitet sich auch ein Übersetzungsfehler Martin Luthers ab, denn das Gleichnis Jesu vom „Unkraut unter dem Weizen" (Matthäus 13, 24–30) meinte in Wirklichkeit wahrscheinlich Roggen.

Interessant ist in diesem Zusammenhang ein wissenschaftlicher Bericht aus Georgien, einer sehr alten landwirtschaftlichen Region [89]. Hier wurde traditionell Kulturroggen vom Tiefland bis ins Hochgebirge in Höhenlagen von 2300 m angebaut, was für seine enorme Kälte- und Frosttoleranz spricht. Gleichzeitig gibt es aber in Georgien auch mehrere wilde und halbwilde Roggenformen. So kommt ein wilder Verwandter des Kulturroggens (*S. cereale* ssp. *anatolicum*) und eine Unterart des Bergroggens (*S. strictum* ssp. *kuprijanovii*) in der Hochwaldzone und auf subalpinen Lagen bis 2300 m vor, während der wilde Waldroggen *(S. sylvestre)* im Tiefland auf Sandböden bis zu den Dünen des Schwarzen Meeres wächst. Außerdem wird in Georgien noch ein weiterer Verwandter des Kulturroggens, *S. cereale* ssp. *segetale,* und sein vermutlicher wilder Vorfahr *S. cereale* ssp. *vavilovii* gefunden. Damit sind wir hier in einem (sekundären) Diversitätszentrum mit insgesamt sechs Roggenformen. Da alle Unterarten des Kulturroggens *(Secale cereale)* sich miteinander kreuzen können, ist schwer auszumachen, welches seine eigentliche Stammart ist und diese Frage beschäftigt Botaniker bis heute. Interessant in unserem Zusammenhang ist, dass Kulturroggen in Georgien oft mit Primitiv- und Wildformen vermischt vorkommt (Abb. 2.12).

Auch finden sich dort im Weizensaatgut häufig Roggenkörner, sodass beide gleich miteinander ausgesät werden. Die Autoren schreiben, dass der Roggen zudem oft aufgelassene Weizenfelder als Unkraut besiedelt. Diese enge Verbundenheit von Roggen und Weizen unterstützt die Hypothese des russischen Botanikers N.I. Vavilov, der bereits in den 1920er-Jahren vermutete, dass Roggen aus SW-Asien als Unkraut in Weizen- und Gerstensaatgut nach (Ost-)Europa kam und erst hier auf den nährstoffarmen Sandböden wegen seiner Anspruchslosigkeit und Frostresistenz als Kulturpflanze entdeckt wurde [90]. Hansjörg Küster hat dazu ergänzend versucht zu erklären, warum es nicht bereits in der Levante zur Kultivierung des Roggens kam [91]. Die Erklärung hängt mit der Besonderheit des Roggens zusammen: Er ist als einziges Getreide der Alten Welt ein Fremdbefruchter – es kommt nur zur Bildung von Körnern, wenn fremder Pollen in das Blütchen kommt. Alle anderen Kulturpflanzen, die bisher besprochen wurden, sind dagegen Selbstbefruchter. Und das hat wesentliche Auswirkungen. Wenn man bei einem Selbstbefruchter eine besonders schöne Ähre heraussucht und die Körner wieder anbaut, dann entsprechen die Nachkommen in Aussehen und Eigenschaften der selektierten Mutterähre. Beim Roggen ist das nicht so, weil er von fremdem Pollen befruchtet werden muss, um Körner zu erzeugen. Deshalb spalten die Nachkommen auf und haben völlig unterschiedliche Eigenschaften. Die guten Eigenschaften der Mutterähre können nicht konserviert werden. Und so ist es ohne genetische Kenntnisse sehr schwierig, Roggen in seinen Eigenschaften

Abb. 2.12 Iranischer Unkrautroggen (links) neben einer modernen Roggensorte (rechts). Man sieht deutlich die viel größere Pflanzenlänge, das teilweise Umfallen der Halme, die deutlich frühere Reife und die große Verschiedenheit innerhalb der Parzelle des Primitivroggens

durch Auslese zu verbessern. Hinzu kommt, dass es im weiten Ursprungsgebiet es des wilden Vorfahrens durch die Windbestäubung immer wieder zu Einkreuzung von Pollen des Wildroggens in den Kulturroggen kommt, die die mühsam ausgelesenen Kultureigenschaften wieder zerstören, so wie es der oben zitierte Bericht aus Georgien beschreibt. Wenn dort der Kulturroggen mit mehreren Wild- und Primitivformen vermischt vorkommt, dann wird es immer wieder zu Auskreuzungen kommen und die Kultureigenschaften mehr oder weniger abgeschwächt bzw. ganz verloren gehen.

Erst als der Roggen nach Europa kam, wo es keinen Wild- oder Primitivroggen mehr gibt, konnte sich nach dieser Hypothese überhaupt aus dem Unkrautroggen Kulturroggen bilden. Die Migration war also Voraussetzung für seine erfolgreiche Inkulturnahme. Es gibt zwar auch aus SW-Asien einige wenige Funde mit größeren Roggenmengen, aber das können auch schief gegangene Versuche der Kultivierung gewesen sein. Von einigen Forschern wird Roggen deshalb im Zusammenhang mit SW-Asien als *lost crop*, verlorene Kulturart, bezeichnet. Seine große Zeit sollte er erst später in Ost-, Mittel- und Nordeuropa (und im Kaukasus) erleben (s. Kap. 3).

Hafer *(Avena sativa)* hat eine ähnliche Entwicklungsgeschichte wie Roggen und stammt ebenfalls aus SW-Asien. Er wurde dort lange vor dem Beginn des Ackerbaus schon als Wildgetreide gesammelt. Die ältesten Funde aus diesem Gebiet stammen aus dem Jahr 9500 bis 8500 v. u. Z. aus Dhra' im Jordantal [92]. Allerdings ist es nicht so einfach zu erklären, warum er nicht dort bereits kultiviert wurde, denn er ist Selbstbefruchter wie auch Weizen und Gerste. Vielleicht hing es mit der seltsamen Form seiner Ähre, die eine Rispe ist, zusammen, dass er als Kulturpflanze unterschätzt wurde. Tatsache ist jedenfalls, dass er erst Jahrtausende nach dem Verbringen der Landwirtschaft nach Europa in den Fokus rückte (s. Kap. 3).

Es gibt noch andere Hotspots der Domestikation

Vorderasien ist der am besten untersuchte Weltteil, was die Domestikation von Kulturpflanzen und ihre weitere Verbreitung angeht. Allerdings haben sich auch noch an vielen anderen Orten der Welt Menschen mit der In-Kulturnahme von Pflanzen beschäftigt, den sogenannten Genzentren. Dabei mussten sie natürlich mit dem vorliebnehmen, was in ihrer Gegend an Wildpflanzen vorkam und versprach, erfolgreich zu sein. Besonders großkörnige Pflanzen wurden dabei bevorzugt, aber die gab es nicht überall. Und so wurden mit Quinoa und Amaranth in Südamerika eben besonders kleinkörnige Arten kultiviert. Früher oder später haben sich alle erfolgreichen Kulturpflanzen über die ganze Welt verbreitet. Die Verbringung vieler Arten aus Vorderasien ist nur eines der bestuntersuchten Beispiele.

Es kann durchaus sein, dass es verschiedene Gründe für den Beginn der Landwirtschaft in den verschiedenen Regionen gab. Denn auch in anderen Bereichen der Welt begann der Ackerbau (Abb. 2.13).

Nicht alle dieser frühen Zentren sind unumstritten. So postulieren manche Autoren ein weiteres Zentrum im Amazonasgebiet. Auch ob Äthiopien ein eigenes Zentrum darstellt oder nur besonders früh die Landwirtschaft aus benachbarten Regionen übernahm, wird diskutiert. Aus der Sahelzone Afrikas kommen verschiedene Kulturpflanzen, es ist jedoch nicht klar, wo die Landwirtschaft hier begann (s. u.).

Es ist nicht im Sinn dieses Buches, alle Zentren zu besprechen (Abb. 2.13, Tab. 2.5). Dafür wäre ein eigenes Buch nötig. Stattdessen sollen hier nur die Zentren kurz beleuchtet werden, die für die Entwicklung der wichtigsten Kulturpflanzen in Europa eine entscheidende Rolle spielten. Und das sind in erster Linie Amerika mit seinen drei Zentren in Mittelamerika (Mais, Bohnen), Anden/Südamerika (Kartoffeln, Bohnen) und dem östlichen Nordamerika (Sonnenblume) sowie Afrika (Sorghum-Hirse). Unter Pseudogetreide, das zuerst in den Anden kultiviert wurde, versteht man Pflanzen, die nicht mit Getreide verwandt sind, deren Körner aber ähnlich verwendet werden können, wie Quinoa, Chia, Amarant. Einige Kulturpflanzen, die aus China zu uns kamen, werden in Kap. 3 näher beleuchtet (Tab. 2.5).

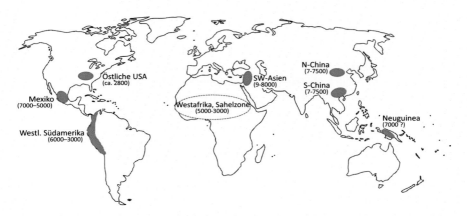

Abb. 2.13 Die frühen Zentren der Landwirtschaft (Genzentren); alle Angaben v. u. Z. [93]

Zum Beispiel Amerika

Verschiedene Kulturen in Amerika begannen etwa 9000–8000 v. u. Z. mit der Domestikation von Kulturpflanzen wie Mais, Bohnen und Kürbis im heutigen Mexiko sowie Kartoffeln und Tomaten im heutigen Peru und Chile [95]. Wir wissen heute ziemlich genau, dass Teosinte die Wildform des Mais darstellt und seine Kultivierung im zentralen Tal des Balsas-Flusses im Süden Mexikos stattfand.

Die Auswanderung von Mais außerhalb Mexikos begann um 5500 v. u. Z. in Mittelamerika und erreichte um 3000 v. u. Z. die peruanische Küste und auf einer anderen Route den Süden Brasiliens [96]. Im Norden erschien der Maisanbau viel später, etwa 1000 v. u. Z. bei den indigenen Einwohnern des heutigen New Mexico und Texas. Diese frühen Wanderungen könnten mit der Bewegung archaischer Menschen und später mit einem Austauschsystem über präkolumbianische Handelswege zusammenhängen [97].

Tetraploide Kartoffelarten kommen in zwei verschiedenen Regionen Südamerikas vor: In den hohen Anden von Venezuela bis Argentinien (Anden-Landrassen, Andigenum-Gruppe) und, mit einer deutlichen Verbreitungslücke von etwa 600 km, im südlichen Zentralchile (chilenische Landrassen, Chilotanum-Gruppe). Die kultivierten Landrassen aus Chile stammen von den Landrassen aus den Anden ab und sind wahrscheinlich durch Kreuzung mit einer anderen Wildart aus Bolivien oder Argentinien entstanden. Bei der Abstammung unserer modernen Kulturkartoffel (Tuberosum-Gruppe) spielten die Anden- und Chile-Landrassen eine wichtige Rolle. Es ist jedoch immer noch umstritten, welches die genaue(n) ursprüngliche(n) Form(en) dieser Gruppe war(en) [98]. Die Domestikation der Kartoffel in den Anden begann nach neueren Untersuchungen um ca. 7000 bis 5000 v. u. Z. [99].

Tab.2.5 Die frühen Zentren der Landwirtschaft (Genzentren) und die wichtigsten domestizierten Kulturpflanzen [verändert nach 94]

Region	Zeitraum v. u. Z.	(Pseudo-)Getreide	Hülsenfrüchte	Faser-/Ölpflanzen	Wurzelfrüchte	Andere
SW-Asien	9–10.000	Einkorn, Emmer, Gerste	Erbse, Linse, Linsenwicke, Platterbse	Lein	—	—
Nord-/Süd-China	7–7500	Hirsen, Reis	Soja, Adzuki-, Mungbohne	Hanf	—	Buchweizen
Zentralamerika	8–9000	Mais	Gew. Bohne, Lima-, Feuerbohne	Baumwolle	—	Kürbis, Tomate
Anden	5–7000	Quinoa, Chia, Amarant	Gew. Bohne, Limabohne, Erdnuss	Baumwolle	Kartoffel, Maniok, Süßkartoffel	Kürbis, Tomate
Westafrika, Sahel	5–3000	Sorghum, Perlhirse, Afrikan. Reis	Erdnuss, Kuhbohne	Baumwolle	Afrikan. Yams	Wassermelone, Flaschenkürbis
Östl. Nordamerika	2–1000	Versch. Gräser	—	Sonnenblume	Topinambur	Tabak
Neuguinea	7000 (?)	Zuckerrohr	—	—	Yams, Taro	—
Äthiopien	?	Teff, Fingerhirse	—	—	—	Kaffee

Zum Beispiel Afrika

Afrika ist für dieses Thema eine große Unbekannte. Es gibt zwar rein afrikanische Pflanzen, aber es ist bis heute unklar, wo ihre Domestikation stattfand. Der
große Kulturpflanzenforscher J.E. Harlan nannte Afrika sogar ein „Nicht-Zentrum"
[100], weil zwar klar ist, dass hier Pflanzen erstmals kultiviert wurden, aber bisher
kein Nachweis der genauen Region gelungen ist. Äthiopien ist ein heißer Kan-
didat. Es ist klar, dass hier schon sehr früh Landwirtschaft stattfand. Die Gerste
aus Vorderasien wurde hier so ausdauernd von den Bauern bearbeitet und verändert, dass das Land heute als „sekundäres" Zentrum gilt, d. h. es gibt fast so
viel Variation wie im Ursprungszentrum. Trotzdem finden sich hier kaum archäologische Belege für eine sehr frühe Kultivierung. Dasselbe gilt für das tropische
Afrika und die Ursachen liegen auf der Hand. Einmal gibt es hier sowieso viel
weniger archäologische Forschung, von Archäobotanik schon gar nicht zu reden,
zum zweiten vernichtet das feucht-heiße Klima innerhalb kurzer Zeit alle Pflanzenreste, selbst hartschalige Samen. Aus demselben Grund ist auch das tropische
Südamerika schlecht erforscht. Hier gibt es aber Anzeichen, dass im Amazonas-
Regenwald indigene Völker schon sehr früh eine Art Landwirtschaft betrieben,
sich allerdings nie darauf verlassen haben, sondern sie immer nur in günstigen
Jahreszeiten durchführten [101].

Eine Pflanze, die ganz klar aus Afrika kommt, ist Sorghum oder Sorghumhirse
(Sorghum bicolor), früher auch Mohrenhirse genannt. Sie ist ein Gras der Steppen und Savannen Afrikas. Der Ort ihrer Domestikation ist immer noch umstritten
und schwankt je nach Autor zwischen Westafrika, der Steppe zwischen Tschad
und dem Sudan bzw. Äthiopien [102]. Auch die zeitliche Einordnung wird immer
noch kontrovers diskutiert. Die frühesten Funde von wildem Sorghum stammen
aus kurzlebigen Lagern von Jägern und Sammlern in der heutigen Sahara von etwa
7500 v. u. Z. Bis vor kurzem galt ein Fund aus dem Industal, der auf 2000–1700 v.
u. Z. datiert wurde, als die älteste bekannte domestizierte Sorghumhirse. Dort war
Sorghum aber nicht heimisch. Jetzt wurde der Beweis erbracht, dass neolithische
Völker im Sudan bereits im 4. Jahrtausend v. u. Z. Sorghum domestiziert haben
und zwar unabhängig von der früheren Domestikation von anderen Getreidearten im Nahen Osten [103]. Die Ausgangspflanze war wildes Sorghum (*Sorghum
bicolor* subsp. *drummondii*), die zur selben Art gehört wie Sorghum selbst.

Es wurde viel darüber diskutiert, wie die afrikanische Kulturpflanze auf den
indischen Subkontinent gelangt sein könnte. Prinzipiell käme dafür der Landweg
entlang der arabischen Küste von Jemen und Oman über die berühmte Sabäische
Straße nach Kutch in Indien infrage. Solche auf Kamelkarawanen beruhenden
Überlandrouten von Saba nach Asien sind uralt und es konnte gezeigt werden,
dass Güter aus Ostafrika und Somalia eingeführt wurden. Alternativ könnte Sorghum als Schiffsvorrat über den frühen Seeverkehr gekommen sein. Zumindest ist
Sorghum aus Äthiopien und Mosambik sowie in neolithischen Stätten in Nord-
Karnataka und Andhra Pradesh aus dem 2. Jahrtausend vor Christus eindeutig
nachweisbar [104].

Sorghum kam erst vor relativ kurzer Zeit durch den Sklavenhandel aus Afrika nach Amerika. Die erste bekannte Erwähnung von Sorghum in den Vereinigten Staaten stammt von Benjamin Franklin aus dem Jahr 1757, der über seine Verwendung zur Herstellung von Besen schrieb. Später wurden verschiedene Sorghumrassen noch rund dreißig Mal in der zweiten Hälfte des 19. Jahrhunderts aus Frankreich, Nordafrika, Südafrika und Indien in die USA eingeführt. Sie bildeten die Grundlage für die Entwicklung der vielen Sorghum-Sorten, die heute in der amerikanischen Landschaft zu finden sind.

In Australien wurde Sorghum erst in den 1930er Jahren durch die Amerikaner eingeführt. In den Jahren 1939–1940 wurden dort weniger als 2000 ha angebaut, aber Sorghum verdrängte bis 1956 den Mais und expandierte in den 1960er- und 1970er-Jahren rasch, unterstützt durch den lokalen Futtermittelmarkt und die Exporte nach Asien.

Literatur

1. Breasted JH (1916) Ancient times: a history of the early world. Ginn, Boston
2. Weide A, Riehl S, Zeidi M, Conard NJ (2018) A systematic review of wild grass exploitation in relation to emerging cereal cultivation throughout the Epipalaeolithic and aceramic Neolithic of the Fertile Crescent. PloS One 13(1):e0189811. Open access, CC-BY-4.0. Erklärung der Nummern: (1) Chogha Golan; (2) Ali Kosh; (3) Chogha Bonut; (4) Chia Sabz; (5) Ganj Dareh; (6) Sheikh-e Abad; (7) M'lefaat; (8) Qermez Dere; (9) Hallan Çemi; (10) Demirköy; (11) Körtik Tepe; (12) Çayönü; (13) Cafer Höyük; (14) Gritille; (15) Nevali Çori; (16) Tell 'Abr; (17) Dja'de; (18) Halula; (19) Jerf el Ahmar; (20) Sabi Abyad II; (21) Tell Qaramel; (22) Mureybet; (23) Abu Hureyra; (24) El Kowm II; (25) Tell Bouqras; (26) Aşikli Höyük; (27) Çatalhöyük; (28) Pinarbaşi; (29) Can Hasan III; (30) Ras Shamra; (31) Tell Ghoraifé; (32) Tell Aswad; (33) Tell Ramad; (34) Eynan; (35) Hilazon Tahtit; (36) Ohalo II; (37) Wadi al-Hammeh 27; (38) Iraq ed-Dubb; (39) Gilgal; (40) Netiv Hagdud; (41) ZAD 2; (42) el-Hemmeh; (43) Wadi Faynan 16; (44) Kharaneh IV; (45) Wadi el-Jilat 6 & 7
3. Childe VG (1936) Man makes himself. Watts & Co., London, S 271–272
4. Snir A, Nadel D, Groman-Yaroslavski I, Melamed Y, Sternberg M, Bar-Yosef O, Weiss E (2015) The origin of cultivation and proto-weeds, long before Neolithic farming. PLoS One 10(7):e0131422. open access, CC-BY 4.0
5. Willcox G (2012) The beginnings of cereal cultivation and domestication in Southwest Asia. A companion to the archaeology of the ancient Near East. 1:163–180. https://www.researchgate.net/profile/George-Willcox-2/publication/296673771_The_Beginnings_of_Cereal_Cultivation_and_Domestication_in_Southwest_Asia/links/5f182647a6fdcc9626a69a1d/The-Beginnings-of-Cereal-Cultivation-and-Domestication-in-Southwest-Asia.pdf
6. Weissbrod L, Marshall FB, Valla FR, Khalaily H, Bar-Oz G, Auffray JC, Cucchi T (2017) Origins of house mice in ecological niches created by settled hunter-gatherers in the Levant 15,000 y ago. Proc Natl Acad Sci 114(16):4099–4104
7. Snir et al (2015) Figure 3, open access, CC-BY 4.0
8. Arranz-Otaegui A, Gonzalez Carretero L, Ramsey MN, Fuller DQ, Richter T (2018) Archaeobotanical evidence reveals the origins of bread 14,400 years ago in northeastern Jordan. Proc Natl Acad Sci 115(31):7925–7930
9. Harris DR, Hillman GC (1989) Foraging farming and farming. In: White P, Denham T (Hrsg) Foraging and farming: the evolution of plant exploitation. Routledge, London, S 11–26

10. Willcox G (2012) The beginnings of cereal cultivation and domestication in Southwest Asia. A companion to the archaeology of the ancient Near East. 1:163–180. https://www. researchgate.net/profile/George-Willcox-2/publication/296673771_The_Beginnings_of_C ereal_Cultivation_and_Domestication_in_Southwest_Asia/links/5f182647a6fdcc9626a69 a1d/The-Beginnings-of-Cereal-Cultivation-and-Domestication-in-Southwest-Asia.pdf
11. Schreiber M, Özkan H, Komatsuda T, Mascher M (2021) Evolution and domestication of rye. In: The rye genome. Springer, Cham, S 85–100
12. Diamond J (2017) Guns, germs, and steel, 20. Aufl. Vintage, London
13. Weissbrod et al (2017)
14. Arranz-Otaegui A, Gonzalez Carretero L, Ramsey MN, Fuller DQ, Richter T (2018) Archaeobotanical evidence reveals the origins of bread 14,400 years ago in northeastern Jordan. Proc Natl Acad Sci 115(31):7925–7930
15. Anonym (2018) Älteste Bierbrauerei der Menschheit in Israel entdeckt. IsrealNetz. https:// www.israelnetz.com/aelteste-bierbrauerei-der-menschheit-in-israel-entdeckt/
16. Snir et al (2015) Figure 2, Teil b, CC-BY 4.0
17. Larson G, Piperno DR, Allaby RG et al (2014) Current perspectives and the future of domesti- cation studies. Proc Natl Acad Sci 111(17):6139–6146. https://doi.org/10.1073/pnas.132396 4111
18. Riehl S, Zeidi M, Conard NJ (2013) Emergence of agriculture in the foothills of the Zagros Mountains of Iran. Science 341(6141):65–67
19. University of Tübingen (2013) Fertile Crescent: Farming started in several places at once, researchers report. https://phys.org/news/2013-07-fertile-crescent-farming.html
20. Hillman GC, Davies MS (1990) Measured domestication rates in wild wheats and barley under primitive cultivation, and their archaeological implications. J World Prehist 4(2):157– 222
21. Meyer RS, DuVal AE, Jensen HR (2012) Patterns and processes in crop domestication: an historical review and quantitative analysis of 203 global food crops. New Phytol 196(1):29– 48
22. Pourkheirandish M, Dai F, Sakuma S, Kanamori H, Distelfeld A, Willcox G, Kawahara T, Matsumoto T, Kilian B, Komatsuda T (2018) On the origin of the non-brittle rachis trait of domesticated einkorn wheat. Front Plant Sci 8:2031. https://doi.org/10.3389/fpls.2017. 02031. CC-BY, openaccess
23. Daten nach: Tanno KI, Willcox G (2006) How fast was wild wheat domesticated? Science 311(5769):1886–1886
24. Willcox G (2012) The beginnings of cereal cultivation and domestication in Southwest Asia. A companion to the archaeology of the ancient Near East 1:163–180
25. Loewer C, Braun P (1996) A comparison of virulence complexities in *Erysiphe graminis* f. sp. *hordei* on cultivated and wild barley. Mededelingen-Faculteit Landbouwkundige en Toegepaste Biologische Wetenschappen Universiteit Gent, Belgium
26. Fetch TG Jr, Steffenson BJ, Nevo E (2003) Diversity and sources of multiple disease resis- tance in *Hordeum spontaneum*. Plant Dis 87:1439–1448
27. Lenne JM, Wood D (1991) Plant diseases and the use of wild germplasm. Annu Rev Phy- topathol 29:35–63
28. Schneider A, Molnár I, Molnár-Láng M (2008) Utilisation of *Aegilops* (goatgrass) species to widen the genetic diversity of cultivated wheat. Euphytica 163:1–19
29. Nevo E, Korol AB, Beiles A, Fahima T (2013) Disease resistance polymorphisms in *T. dicoc- coides*. In: Nevo E, Korol AB, Beiles A, Fahima T (Hrsg) Evolution of wild emmer and wheat improvement. Springer Science and Business Media, Berlin, S 214–224
30. Jahoor A, Fischbeck G (1987) Genetical studies of resistance of powdery mildew in barley lines derived from *Hordeum spontaneum* collected from Israel. Plant Breeding 99(4):265–273
31. Schneider et al (2008)
32. Kolmer JA, Ordoñez ME, German S, Morgounov A, Pretorius Z, Visser B et al (2019) Multi- locus genotypes of the wheat leaf rust fungus *Puccinia triticina* in worldwide regions indicate past and current long-distance migration. Phytopathology 109:1453–1463

33. Stewart RB, Robertson W (1968) Fungus spores from prehistoric potsherds. Mycologia 60(3):701–704
34. Schubiger FX (o. J.) *Bipolaris*-Blattflecken. https://www.pflanzenkrankheiten.ch/krankh eiten-an-kulturpflanzen-2/futtergraeser-und-rasen/weidelgraeser-raigraeser/bipolaris-soroki niana
35. Dark P, Gent H (2001) Pests and diseases of prehistoric crops: a yield 'honeymoon' for early grain crops in Europe? Oxf J Archaeol 20(1):59–78
36. Kislev ME (1982) Stem rust of wheat 3300 years old found in Israel. Science 216(4549):993–994
37. Aaronson S (1989) Fungal parasites of grasses and cereals: their role as food or medicine, now and in the past. Antiquity 63(239):247–257
38. WIKIPEDIA:Nippur. https://de.wikipedia.org/wiki/Nippur
39. Aaronson (1989)
40. Bibel online. https://www.bibel-online.net/buch/neue_evangelistische/amos/4/#9
41. Bibel online. https://www.bibel-online.net/buch/neue_evangelistische/amos/4/#9
42. Bibel Text. https://bibeltext.com/haggai/2-17.htm
43. ERF Bibleserver. https://www.bibleserver.com/NeÜ/2. Chronik6%2C28
44. Bibel Text. https://bibeltext.com/haggai/2-17.htm
45. Dark P, Gent H (2001)
46. Stukenbrock EH, Bataillon T, Dutheil JY, Hansen TT, Li R, Zala M, McDonald BA, Wang J, Schierup MH (2011) The making of a new pathogen: insights from comparative population genomics of the domesticated wheat pathogen *Mycosphaerella graminicola* and its wild sister species. Genome Res 21:2157–2166
47. Stukenbrock EH, Banke S, Javan-Nikkhah M, McDonald BA (2007) Origin and domestication of the fungal wheat pathogen *Mycosphaerella graminicola* via sympatric speciation. Mol Biol Evol 24:398–411
48. Stukenbrock et al (2011)
49. Wyand RA, Brown JK (2003) Genetic and forma specialis diversity in *Blumeria graminis* of cereals and its implications for host-pathogen co-evolution. Mol Plant Pathol 4:187–198
50. Graphik von D. Gronenborn/M. Ober, RGZM; Gronenborn D, Horejs B, Börner M, Ober M (2023) Expansion of farming in western Eurasia, 9600-4000 cal BC (update vers. 2023.1). https://doi.org/10.5281/zenodo.10047818. CC-BY 4.04
51. Marchi N, Winkelbach L, Schulz I et al (2022) The genomic origins of the world's first farmers. Cell 185(11):1842-1859.e18. https://doi.org/10.1016/j.cell.2022.04.008
52. Daten: Serrano JG, Ordóñez AC, Fregel R (2021) Paleogenomics of the prehistory of Europe: human migrations, domestication and disease. Ann Hum Biol 48(3):179–190. Karte: WIKIMEDIA COMMONS, derivative work: cthuljew, Public domain. https://commons.wikime dia.org/wiki/File:Blank_map_europe_no_borders.svg
53. Serrano et al (2021)
54. Marchi et al (2022)
55. Serrano et al (2021)
56. Serrano et al (2021)
57. Serrano et al (2021)
58. Serrano et al (2021)
59. Serrano et al (2021)
60. Fröhlich-Nowoisky J, Pickersgill DA, Després VR, Pöschl U (2009) High diversity of fungi in air particulate matter. Proc Natl Acad Sci 106(31):12814–12819
61. Kuijt I, Finlayson B (2009) Evidence for food storage and predomestication granaries 11,000 years ago in the Jordan Valley. Proc Natl Acad Sci USA 106:10966–10970
62. Garfinkel Y, Ben-Shlomo D, Kuperman T (2009) Large-scale storage of grain surplus in the sixth millennium BC: the silos of Tel Tsaf. Antiquity 83:309–325
63. Panagiotakopulu E, Buckland PC (2018) Early invaders: farmers, the granary weevil and other uninvited guests in the Neolithic. Biol Invasions 20:219–233

64. Plarre R (2013) An attempt to reconstruct the natural and cultural history of the granary weevil, *Sitophilus granarius* (*Coleoptera: Curculionidae*). Eur J Entomol 107(1):1–11
65. Panagiotakopulu E, Buckland PC (2018) Early invaders: farmers, the granary weevil and other uninvited guests in the Neolithic. Biol Invasions 20:219–233
66. Modell 1935 angefertigt von Alfred Keller; Museum für Naturkunde Berlin. WIKIMEDIA COMMONS:Anagoria.   https://commons.wikimedia.org/wiki/File:2013_Naturkundemus eum_sitophilus_granarius_anagoria.JPG?uselang=de. CC-BY 3.0
67. WIKIMEDIA COMMONS:CSIRO. https://commons.wikimedia.org/wiki/File:CSIRO_Sci enceImage_10822_Granary_Weevils_Sitophilus_granarius.jpg?uselang=de. CC-BY 3.0
68. Patterson L (2019) Meet the granary weevil, the pantry monster of our own creation. https://www.npr.org/sections/thesalt/2019/01/08/677763131/meet-the-granary-weevil-the-pantry-monster-of-our-own-creation?t=1607249224127
69. Panagiotakopulu E, Buckland PC (2018)
70. Antolín F, Schäfer M (2020) Insect pests of pulse crops and their management in Neolithic Europe. Env Archaeol. https://doi.org/10.1080/14614103.2020.1713602
71. Antolín F, Schäfer M (2020)
72. Driscoll CA, Menotti-Raymond M, Roca AL, Hupe K, Johnson WE, Geffen E, Macdonald DW (2007) The Near Eastern origin of cat domestication. Science 317(5837):519–523
73. Anonym (2022) Wie Sie Mäuse im Haus finden und bekämpfen. https://www.t-online.de/heim-garten/garten/id_61289650/maeuse-im-haus-bekaempfen-maeuse-fangen-vergiften-oder-vertreiben-.html#ein-leichter-befall-waechst-schnell-zur-maeuseplage
74. Cucchi T, Papayianni K, Cersoy S, Aznar-Cormano L, Zazzo A, Debruyne R, Vigne JD (2020) Tracking the Near Eastern origins and European dispersal of the western house mouse. Sci Rep 10(1):8276
75. Weissbrod L, Marshall FB, Valla FR, Khalaily H, Bar-Oz G, Auffray JC, ... Cucchi T (2017) Origins of house mice in ecological niches created by settled hunter-gatherers in the Levant 15,000 y ago. Proc Natl Acad Sci USA, 114(16):4099–4104
76. Gezeichnet nach: Cornelia Stolze: *Eine Maus beißt sich durch.* Max-Planck-Forschung Nr. 4, 2017, S 56–63. https://www.mpg.de/11901153/W003_Biologie_Medizin_056-063. pdf; Karte: WIKIMEDIA COMMONS:Skimel. Simplified_blank_world_map_without_ Antartica_(no_borders).svg.png. CC0–1.0, gemeinfrei
77. Cucchi et al (2020)
78. Cucchi et al (2020)
79. Cucchi et al (2020)
80. WIKIPEDIA:Hausmaus. https://de.wikipedia.org/wiki/Hausmaus
81. Cucchi et al (2020)
82. Zimmermann K (1950) Zur Kenntnis der mitteleuropäischen Hausmäuse. In: Zoologisches Jahrbuch, Abteilung Systematik, Ökologie und Geographie der Tiere, Bd 78, S 301–322
83. Peyambari M, Warner S, Stoler N, Rainer D, Roossinck MJ (2019) A 1,000-year-old RNA virus. J Virol 93:1. https://doi.org/10.1128/JVI.01188-18
84. Gibbs AJ, Hajizadeh M, Ohshima K, Jones RA (2020) The potyviruses: an evolutionary synthesis is emerging. Viruses 12:132. https://doi.org/10.3390/v12020132
85. Gibbs AJ, Ohshima K, Phillips MJ, Gibbs MJ (2008) The prehistory of potyviruses: their initial radiation was during the dawn of agriculture. PLoS One 3:e2523
86. Gibbs AJ et al (2008)
87. *Secale*, Liste Arten im Germplasm Resources Information Network (GRIN), USDA, ARS, National Genetic Resources Program. National Germplasm Resources Laboratory, Beltsville, Maryland
88. *Secale vavilovii* Grossh. collected in Türkiye, by Royal Botanic Garden Edinburgh , CC0–1.0. https://www.gbif.org/occurrence/575190855
89. Akhalkatsi M, Girgvliani T (2016) Landraces and wild species of the *Secale* genus in the Georgia (Caucasus ecoregion). Agri Res Tech 1(4):555567. https://doi.org/10.19080/ART OAJ.2016.01.555567. Open Access

90. Vavilov NI (1926) *Studies in the origin of cultivated plants.* In: Vavilov NI, Dorofeev VF (Hrsg) (2009) Origin and geography of cultivated plants. University Press, Cambridge. (Neuauflage und Übersetzung der Werke von N.I. Valivlov)

91. Küster H (2018) Am Anfang war das Korn – Eine andere Geschichte der Menschheit. Beck

92. Menon R, Gonzalez T, Ferruzzi M, Jackson E, Winderl D, Watson J (2016) Oats – from farm to fork. Adv Food Nutr Res 77:1–55

93. Angaben nach: Diamond J (2017) Guns, Germs, and Steel, 20th ed. Vintage, London. Karte: WIKIMEDIA COMMONS:Skimel. File:Simplified blank world map without Antartica (no borders).svg. CC0–1.0 gemeinfrei

94. Diamond (2017)

95. Piperno DR, Ranere AJ, Holst I, Iriarte J, Dickau R (2009) Starch grain and phytolith evidence for early ninth millennium BP maize from the Central Balsas River Valley, Mexico. Proc Natl Acad Sci USA 106:5019–5024

96. Raymond JS, DeBoer WR (2006) Maize on the move. In: Staller J, Tykot R, Benz B (Hrsg) Histories of maize: multidisciplinary approaches to the prehistory, linguistics, biogeography, domestication, and evolution of maize. Academic, Burlington, S 337–342

97. Bedoya CA, Dreisigacker S, Hearne S, Franco J, Mir C, Prasanna BM et al (2017) Genetic diversity and population structure of native maize populations in Latin America and the Caribbean. PLoS One 12:e0173488

98. Jacobs MMJ, van den Berg RG (2008) Molecular studies on the origin of the cultivated potato: a review. Acta Hortic 799:105–110. https://doi.org/10.17660/ActaHortic.2008.799.12

99. Fuentes S, Jones RAC, Matsuoka H, Ohshima K, Kreuze J, Gibbs AJ (2019) Potato virus Y; the Andean connection. Virus Evol 5:vez037. https://doi.org/10.1093/ve/vez037

100. Harlan JR (1971) Agricultural origins: centers and noncenters: agriculture may originate in discrete centers or evolve over vast areas without definable centers. Science 174(4008):468–474

101. Graeber D, Wengrow D (2022) Anfänge – Eine neue Geschichte der Menschheit, 4. Aufl. Klett-Cotta Anfänge

102. Alle Angaben zur Geschichte des Sorghums aus: Venkateswaran K, Elangovan M, Sivaraj N (2019) Origin, domestication and diffusion of *Sorghum bicolor*. In: Aruna C, Visarada KBRS, Bhat BV, Tonapi VA (Eds). Breeding Sorghum for diverse end uses. Woodhead Publ., S 15–31

103. Winchell F, Stevens CJ, Murphy C, Champion L, Fuller DQ (2017) Evidence for sorghum domestication in fourth millennium BC eastern Sudan: Spikelet morphology from ceramic impressions of the Butana Group. Curr Anthropol 58(5):673–683

104. Krishna KA, Morrison KD (2009) History of South Indian agriculture and agroecosystems. In: South Indian agroecosystems: nutrient dynamics and productivity. Brown Walker, Boca Raton, S 1–51

Zwischen West und Ost

3

Austausch von Hirse und Hanf, Roggen und Hafer, Weizen und Gerste

Europa und Asien haben keine geografisch begründete Grenze, deshalb spricht man auch von Eurasien. Dabei verlaufen die wichtigsten Handelsrouten von West nach Ost bzw. umgekehrt. Interessant ist, dass beispielsweise Nordchina auf demselben Breitengrad liegt wie Norditalien und Südfrankreich, die Kulturpflanzen müssen sich also kaum umstellen, was beispielsweise die Tageslänge angeht. Dies ist völlig anders auf dem amerikanischen Kontinent, der von Nord nach Süd verläuft und von den Pflanzen weitreichende Anpassungen erfordert.

Der eurasiatische Raum in der Vorgeschichte

Bereits in prähistorischen Zeiten gab es weitreichende Handelsbeziehungen nach Osten. So sollen schon Neandertaler in Sachsen-Anhalt Hasch aus Afghanistan besessen haben [1]. Zumindest behauptet es das dortige Landesamt für Denkmalpflege und Archäologie. Sie haben 2004 in einer Schicht, die auf 80.000 v. u. Z. datiert wird, ein entsprechendes Harzstück und den Fingerabdruck eines Neandertalers gefunden.

Die Geschichte des kulturellen Austauschs im prähistorischen Eurasien zu späteren Zeiten ist inzwischen umfassend untersucht. Ausgehend von archäologischen Funden reicht dieser Prozess mindestens bis in die frühe Bronzezeit zurück, auch wenn Details über Zeitpunkte und Routen noch unklar sind [2]. Es ist wahrscheinlich, dass diese weitreichenden Handelsbeziehungen die Ausbreitung und den Austausch von Nutzpflanzen, die aus verschiedenen Teilen Eurasiens stammen, gefördert haben. Dazu entscheidend beigetragen haben auch Gruppen sehr mobiler Menschen, die in dem riesigen Raum vom Schwarzen Meer bis in die Mongolei zu unterschiedlichen Zeiten gewandert sind.

© Der/die Autor(en), exklusiv lizenziert an Springer-Verlag GmbH, DE, ein Teil von Springer Nature 2024
T. Miedaner, *Anthropogene Ausbreitung von Pflanzen, ihren Pathogenen und Parasiten*, https://doi.org/10.1007/978-3-662-69715-3_3

Das Pamir-Plateau ist ein wichtiger Weg für kulturelle Kommunikation und Handel, der das alte China, Zentralasien und Südwestasien miteinander verband. Die Ergebnisse der Strontiumisotopen-Analyse der menschlichen Überreste aus dem Friedhof von Jirzankal zeigten, dass es in dieser Region häufig zu Bevölkerungsbewegungen kam [3]. Außerdem wurden hier Glasperlen und eckige Harfen gefunden, die typische Kulturmerkmale Westasiens sind, sowie Seide, die es damals nur in Ostchina gab. Diese Funde unterstreichen den regen kulturellen Austausch, der auf dem Pamir-Plateau stattfand, bevor die Han-Regierung im letzten Jahrhundert v. u. Z. militärische Vorposten und eine Wegsteuer entlang der nördlichen Routen der Seidenstraße einführte.

„Die Austauschrouten der frühen Seidenstraße funktionierten eher wie die Speichen eines Wagenrads als wie eine Fernstraße und rückten Zentralasien in den Mittelpunkt der damaligen Welt", erklärt Robert Spengler vom Max-Planck-Institut für Menschheitsgeschichte: „Unsere Studie impliziert, dass das Wissen über das Rauchen von Cannabis und spezifische Cannabissorten mit hohem Wirkstoffgehalt zu den kulturellen Traditionen gehören, die sich entlang dieser Routen ausbreiteten." [4]

Europa bleibt ein Einwanderungsland

Viele Studien der letzten Jahre, vor allem die DNS-Untersuchungen von vorzeitlichen Skeletten, machen deutlich, welchen großen Einfluss die Einwanderung unterschiedlicher Gesellschaften auf die europäische Bevölkerung hatte. Nachdem die ersten Bauern aus Anatolien gekommen waren, lebten sie über mehrere Jahrtausende in Europa weitgehend ungestört von außen, vermischten sich fallweise mit den einheimischen Jägern und Sammlern und langfristig verschwand deren Kultur. Plötzlich kommt es am Ende der Jungsteinzeit und dem Beginn der Bronzezeit zu einer neuen, sehr bedeutenden Einwanderung.

Gruppen aus der Eurasischen Steppe, die mit der Jamnaja-Kultur (3000–2600 v. u. Z.) in Verbindung gebracht werden, drängen nach Ost- und Mitteleuropa. Die Jamnaja-Kultur war ursprünglich im Gebiet um die Flüsse Dnestr, Bug und Ural in der Pontischen Steppe angesiedelt, die ihren Namen von der antiken Bezeichnung des Schwarzen Meeres hat [5]. Der Uralfluss gilt heute als Grenze zwischen Europa und Asien. Dieses Steppenvolk lebte im Wesentlichen von seinen Herden, betrieb aber auch in gewissem Umfang Landwirtschaft, denn es stammte seinerseits aus einer Vermischung von anatolischen Bauern und osteuropäischen Jägern und Sammlern [6]. Die Anatolier sind mit ihrer Landwirtschaft offensichtlich nicht nur nach Mitteleuropa expandiert.

Die Steppenleute erschienen in Europa kurz nach 3000 v. u. Z. [7] Sie brachten erstmals Pferde und pferdegezogene Wagen mit, die ihnen ein rasches Vorankommen ermöglichten. Sie hatten neue Waffen, teilweise aus Bronze und zogen in einer bisher unvorstellbaren Übermacht durch das Karpatische Bassin bis nach Westeuropa und in die andere Richtung über den Ural ins östliche Eurasien. Sie vermischten sich mit der bronzezeitlichen Bevölkerung in Mitteleuropa und bildeten eine neue Kultur, die Schnurkeramiker. In Westeuropa entstand etwas später die Glockenbecherkultur. Um 2400 v. u. Z. wandten letztere sich vom Mittelmeergebiet wieder mehr nach Osten und es gibt heute in Mitteleuropa Fundstätten mit einer Abfolge beider Kulturen.

Wie die Paläogenomik feststellte, wurde diese europaweite Migration aus der Steppe vorwiegend von Männern betrieben [8], denn die mitochondriale DNS, die ausschließlich mütterlich vererbt wird, blieb auch in den nachfolgenden Jahrhunderten weitgehend typisch für die jungsteinzeitlichen Ackerbauern [9]. Es fand aber eine starke Verschiebung der DNS auf den Y-Chromosomen statt, also dem Geschlechtschromosom, das allein von Männern auf Söhne weitergegeben wird. 80 bis 90 % der Y-Chromosomen, die man aus Skeletten der bronzezeitlichen Bevölkerung isolierte, waren bis dahin in Europa überhaupt nicht vorgekommen. Sie stammten aus der Steppe [10]. Daraus kann man schließen, dass vorwiegend männliche Krieger sich mit den Frauen der damaligen Ackerbauern vermischten. So fanden in den Skeletten der Schnurkeramiker aus Polen, Deutschland und Estland zu 70 bis 82 % Genvarianten, die nur bei den Steppenbewohnern vorkommen, während ihr Anteil in Italien beispielsweise nur bei 10 % liegt. Der Paläogenetiker Johannes Krause erklärt dazu:

„Um eine genetische Veränderung herbeizuführen wie vor 5000 Jahren durch die Einwanderung aus der Steppe, müssten eine Milliarde Menschen etwa aus Indien oder dem Nahen Osten nach Deutschland einwandern". [11]

Natürlich gab es damals viel weniger Menschen als heute, trotzdem muss die Zahl der Steppenbewohner gewaltig gewesen sein. Denn auch an den DNS-Profilen der heutigen Bevölkerung sieht man noch eindeutig den großen Einfluss der Jamnaja (s. Abb. 1.1), allerdings kam es in späteren Jahrhunderten wieder zu einer Gegenreaktion und im Verlauf der Geschichte nahm der Anteil der jungsteinzeitlichen DNS in der Bevölkerung wieder zu, bis sich das heutige Gleichgewicht einstellte.

Der kulturelle Einfluss dieser Menschen war überragend. Er schlug sich nicht nur in der neuen Pferdekultur wieder, sondern auch in veränderter Keramik, in neuartigen Streitäxten und veränderten Begräbnisriten [12]. Und er erfasste im wörtlichen Sinne ganz Europa. Die Basken und die Sarden sind nach heutiger Erkenntnis die einzigen europäischen Gesellschaften, die keine oder nur eine sehr geringe genetische Signatur der Steppenbewohner zeigen [13].

Die ursprünglichen Steppenbewohner betrieben nicht nur Weidewirtschaft, wie früher vermutet, sondern auch einfachen Ackerbau und sie führten damit neue Kulturarten nach Europa ein: die Rispen- und die Kolbenhirse sowie den Hanf.

Die vorzeitliche Hirse-Straße

In Europa kennen wir heute zwei Hirsearten, die Rispen-, Besen- oder Gewöhn-liche Hirse *(Panicum miliaceum)* und die Italienische oder Kolbenhirse *(Setaria italica)* (Abb. 3.1). Um 6000 v. u. Z. werden Hirsearten bereits in mehreren nordchinesischen Kulturen als Kulturpflanzen angebaut [14]. Die frühesten Funde außerhalb Chinas stammen aus dem südöstlichen Kasachstan aus dem späten drit-ten Jahrtausend v. u. Z. [15]. Die Ausbreitung der Rispenhirse nach Westen wird nun mit der nomadischen Jamnaja-Kultur in Verbindung gebracht, die saisonale Siedlungen bewohnte und von der kurzen Vegetationszeit der Hirse, ihrer Tro-ckentoleranz und Genügsamkeit, den einfachen technologischen Anforderungen, dem leichten Transport und der Lagerfähigkeit profitierte.

Die Ausbreitung und Chronologie des menschlichen Hirsekonsums wurde an 52 bronzezeitlichen Fundstellen durch Isotopenuntersuchungen an menschlichen Überresten detailliert analysiert. Diese können zwischen Nahrungsmitteln aus C3-(Weizen, Gerste) oder C4-Pflanzen (Hirse) unterscheiden, was eine frühere Migration der Hirse von Nordchina nach Mitteleuropa belegt (Abb. 3.2) [16]. Dabei wurde festgestellt, dass sich die Menschen im Norden Chinas fast aus-schließlich von Hirse ernährten, während die Menschen, die in den riesigen eurasischen Steppen lebten, eine gemischte Kost bevorzugten, die auch C3-Pflanzen enthielt. Dies stimmt mit den archäobotanischen Befunden überein. Sie

Abb. 3.1 Die zwei Hirsearten: Rispenhirse im Vordergrund, Kolbenhirse im Hintergrund

lebten von Hirse, Nacktgerste, nacktdreschendem Weizen und Erbsen [17]. Auf der anderen Seite der Welt, in Europa, gab es dagegen damals nur C3-Getreide, im wesentlichen Weizen und Gerste.

Hirse ist bisher die einzige Kulturpflanze, die in prähistorischer Zeit über eine so weite Distanz verbracht wurde [18]. Eine Möglichkeit ist, dass sie von einer Gesellschaft zur anderen weitergegeben wurde. Dies bedeutet jedoch nicht unbedingt, dass sie sich nur kulturell weiterverbreitete. Bräute, die Hirsesamen aus ihrer Heimat mitbrachten, oder ganze Gemeinschaften, die in den Osten zogen, könnten die Hirse schrittweise mitgebracht haben, bis sie schließlich Europa erreichte [19].

Eine erneute Untersuchung von 75 prähistorischen Fundstellen in Europa zeigt das früheste Vorkommen der Rispenhirse Mitte des 2. Jahrtausends v. u. Z. (Mittel-/Spätbronzezeit) [20]. Noch frühere europäische Funde, die für das Neolithikum gemeldet wurden, konnten durch ^{14}C-Datierungen nicht bestätigt werden [21].

In Europa tauchte die Hirse, wie aufgrund ihres östlichen Ursprungs zu erwarten, aufgrund archäobotanischer Untersuchungen am frühesten in der Ukraine auf, später im Karpatenbecken und Norditalien. Sie muss damals große Vorteile gehabt haben, denn schon ein Jahrhundert später findet sie sich in ganz Mitteleuropa. Für die Verbreitung bis nach Norddeutschland dauerte es noch weitere 200 Jahre. Die Rispenhirse war die erste in Europa angebaute Kulturpflanze, die aus dem Osten stammte. Die Existenz einer „Hirse-Straße" legt nahe, dass der Weg über die innerasiatischen Steppen keine Einbahnstraße war. Weizen und Gerste erreichten von Europa kommend das östliche Mittelasien und nordwestliche China zwischen 2550 und 2050 v. u. Z. [22] Diese frühen, weitreichenden Kontakte innerhalb Eurasiens ließ beide Kontinente näher zusammenrücken und führten später zur antiken Seidenstraße während der Han-Dynastie (206 v. u. Z. bis 220 n. u. Z.).

Auch der Hanf kam aus China

Die ältesten archäobotanischen Funde von Hanf *(Cannabis sativa)* stammen aus China. Diese Pflanze ist unglaublich vielfältig verwendbar: die Stängel als Fasern, die Samen als Öl und die unreifen Blüten als Rauschmittel (Marihuana) und für medizinische Zwecke (Abb. 3.3). Die Chinesen verwendeten Hanf in großem Umfang, unter anderem für Seile, Kleidung, Segel und Bogensehnen [24]. Auf Töpferwaren aus der Yangshao-Ära, die auf das Jahr 6200 v. u. Z. datiert werden, wurden Malereien der Pflanze gefunden und sie wurde in den Löss-Ebenen des Gelben Flusses (Huang He) in großem Umfang angebaut. Die ersten Beweise für medizinischen Hanf, die auf ^{14}C-Datierung beruhen, stammen aus dem Jahr 4000 v. u. Z. Er wurde als Anästhetikum bei Operationen verwendet, unter anderem vom (mythischen) Kaiser Shen Nung im Jahr 2737 v. u. Z. Dort werden auch seine appetitanregende Wirkung und seine angebliche Anti-Aging-Qualität gerühmt.

Auch die pflanzliche Genomforschung kann einiges zur Herkunft des Hanfs beitragen. Mit einer Sequenzierung von 110 Genomen stellte die Forschergruppe um Luca Fumagalli von der Universität Lausanne und dem *Centre Universitaire*

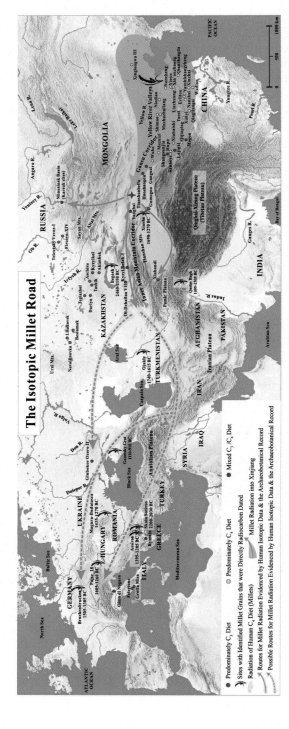

Abb. 3.2 Die „Hirse-Straße", rekonstruiert aus archäobotanischen Befunden und Isotopen-Untersuchungen menschlicher Überreste während des 2. Jahrtausends v. u. Z. [23]

Abb. 3.3 Faserhanf in Feldkultur als Jungpflanze (links) und kurz vor der Blüte (rechts)

Romand de Médecine Légale fest, dass wilder Hanf tatsächlich schon in der frühen Jungsteinzeit, vor rund 12.000 Jahren, in Ostasien genutzt wurde [25]. Man geht heute davon aus, dass es nur eine Art gibt, die in zahlreiche Untergruppen unterschieden wird. So gibt es Faser- und Ölhanf mit geringem THC (Tetrahydrocannabiol)/CBD (Cannabiol)-Gehalt (bis 0,3 %) bzw. Rauschhanf mit hohem THC/CBD-Gehalt (bis 30 %). Innerhalb des Rauschhanfes gibt es Formen, die vor allem THC, andere Formen, die beide Stoffe zu ähnlichen Anteilen produzieren [26]. Hinzu kommt, dass vom Menschen je nach ihrer Verwendung verschiedene Pflanzentypen ausgelesen wurden: Langstängeliger Hanf für Fasern, kurzstängeliger Hanf für Öl und Formen mit gedrungenen weiblichen Blütenständen als Rauschhanf. Da nun Hanf heute über die ganze Welt verbreitet ist und sehr leicht verwildert, hat man bisher mit archäologischen und botanischen Mitteln die ursprüngliche Wildform nicht eindeutig feststellen können. Die Genomforschung fand auch heraus, dass die heutigen Sortentypen das Ergebnis einer menschlichen Auslese (Selektion) sind, die vor etwa 4000 Jahren begann und die zwei Nutzungsrichtungen zum Ziel hatte. So führte eine unterschiedliche Selektion in beide Richtungen zu den Faser- und Öl- bzw. Rausch-Typen. Da Hanf ein Fremdbefruchter ist, der seinen Pollen mit dem Wind weit streut und sich alle Typen leicht untereinander kreuzen können, gibt es endlose Übergangsformen innerhalb der Art. Trotzdem hat sich bei der weltweiten Verbreitung des Hanfes die Unterscheidung zwischen Faser-/Öl- und Rauschhanf-Typen erstaunlich gut erhalten, es gibt kaum Durchmischungen.

Die neuen genomischen Daten zeigen nun, dass eine ursprüngliche Hanfform, die sich heute nur noch im Norden Chinas findet *(basal cannabis)* wohl die Ausgangsform für die Domestizierung von Faser- und Rauschhanf war [27]. Diese Entwicklung begann eben schon vor rund 12.000 Jahren (Abb. 3.4). Dies deckt sich mit der Datierung von Schnur-Keramik aus Südchina und Taiwan (10.000 Jahre v. u. Z.) sowie mit gleichalten Hanfsamen, die sich in japanischer Keramik erhalten haben. Archäologische Stätten mit Funden von Faserhanf sind aus China und Japan bekannt und datieren durchweg um 5500 v. u. Z. Pollen von kultivierten Hanfformen finden sich in China um 3000 v. u. Z. Nur eine kleine Zahl kultivierter Hanfsorten, die wohl für mehrere Zwecke gleichzeitig verwendet wurden, differenzierte vor etwa 4000 Jahren zu den späteren Faser- und Drogentypen. Etwa zu dieser Zeit tauchen zahlreiche Faserfunde aus Hanf in Ostasien auf und Faserhanftypen verbreiteten sich dann westwärts nach Europa und in den Nahen Osten, wie archäologische Funde aus der Bronzezeit zeigen.

Inzwischen ist tatsächlich auch archäologisch belegt, dass Hanf schon in vorgeschichtlicher Zeit zu Rauschzwecken verwendet wurde [29]. Wissenschaftler des Max-Planck-Instituts für Menschheitsgeschichte in Jena und den Chinesischen Akademien der Wissenschaften und Sozialwissenschaften in Peking fanden im Pamirgebirge mehrere hölzerne Schalen mit Steinen darin und verbrannten Überresten der Hanfpflanze. „Die Steine seien erhitzt und für die Verbrennung von Marihuana genutzt worden, dessen Rauch Menschen dann als Teil eines Begräbnisrituals einatmeten" [30], resümieren die Forscher. Letzteres erschließt sich daraus,

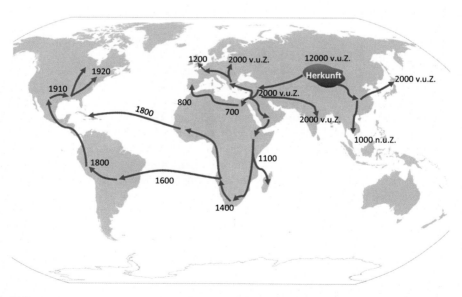

Abb. 3.4 Die historische Verbreitung von Hanf. Alle Jahreszahlen ohne Bezeichnung sind n. u. Z. [28]

dass der Fund auf dem Jirzankal-Friedhof (ca. 500 v. u. Z.) im östlichen Pamir-gebiet gemacht wurde, das heute im Nordwesten Chinas liegt. Die chemische Untersuchung ließ im Vergleich mit chinesischen (Faserhanf-)Funden auf einen außergewöhnlich hohen THC-Gehalt schließen, der darauf hindeutet, dass der Hanf bereits zu Rauschzwecken ausgelesen worden war. Dies stimmt gut mit den Ableitungen aus den genomischen Daten überein.

Die Pollenanalyse zeigt, dass der erste kultivierte Hanf in Europa in der Pontisch-Kaspischen Steppe erscheint [31]. Er ist mit den bronzezeitlichen Kulturen der Jamnaja und Terramara verbunden, von denen schon die Rede war. Eine eisenzeitliche Steppenkultur, die Skythen, machten wahrscheinlich die Kelten, Proto-Slawen und finnisch-ugrischen Kulturen mit der Hanfkultur vertraut. Zumindest erwähnt sie Herodot in diesem Zusammenhang. Er schrieb im 5. Jahrhundert v. u. Z. sie „nehmen Hanf in ihre Filzzelte und werfen ihn auf glühende Steine, auf denen er verdampft und einen Qualm verbreitet wie kein griechisches Dampfbad. Den Skythen aber ist solch ein Dampfbad ein Hochgenuss, und sie kreischen dabei vor Behagen [32]." Skythische Gefäße, die 2018 im Kaukasus entdeckt wurden, enthielten tatsächlich einen feinen schwarzen Film, der sich als Mischung aus Cannabis und Opium erwies [33].

Die erste archäobotanische Aufzeichnung von *C. sativa* auf dem indischen Subkontinent geht auf ~1000 Jahre v. u. Z. zurück, wobei die Art wahrscheinlich aus China zusammen mit anderen Nutzpflanzen eingeführt wurde [34]. Im Gegensatz zu Ostasien deuten historische Texte aus Indien um die Zeitenwende darauf hin, dass die Art nur für den Drogenkonsum genutzt wurde. In Mitteleuropa finden sich nach Körber-Grohne der früheste Nachweis von Hanf vom Beginn der vorrömischen Eisenzeit (800–400 v. u. Z.) [35]. Es handelt sich dabei eindeutig um Faserhanf, nämlich ein Seilstück aus Hanfbast aus Hallein sowie gewebte Stoffe aus Hanfbast aus dem Grabhügel des keltischen Fürsten von Hochdorf bei Stuttgart. Diese Fasern waren aber noch nicht durch Rösten, Brechen und Hecheln aufbereitet worden, sondern die Stängelrinde wurde in schmalen Streifen abgezogen, versponnen und dann gewebt. Material aus reinen, aufbereiteten Hanffasern findet sich erstmals Ende des 6. Jahrhunderts n. u. Z. aus einem Grab der Merowinger-Königin Arnegunde in der Kathedrale St. Denis in Paris. In der Kapitulare Karls des Großen (um 800 n. u. Z.) wird Hanf als Feldfrucht erwähnt und Hildegard von Bingen (1098–1179) kennt die Begriffe Cannabus und Hanff.

In den folgenden Jahrhunderten reiste Cannabis als Droge in verschiedene Regionen der Welt (Abb. 3.4), darunter nach Ost-Afrika (um 1100) und Lateinamerika (um 1600) und erreichte Anfang des 20. Jahrhunderts Nordamerika vom Süden kommend und später noch einmal in den 1970er Jahren vom indischen Subkontinent her. Faserhanf wurde dagegen bereits im 17. Jahrhundert von europäischen Siedlern nach Nordamerika gebracht und Mitte des 19. Jahrhunderts durch chinesische Hanf-Landrassen ersetzt [36].

Zwei Ungräser und ein Pathogen aus dem Osten: Roggen, Hafer und Mutterkorn

Mit Beginn der Bronzezeit nimmt die großräumige Migration der Menschen in Europa ab [37]. Es kommt zwar immer noch zu bedeutenden Verschiebungen von Gesellschaften, etwa die Wanderung der Angelsachsen vom heutigen Dänemark nach England oder diejenige der Normannen nach England, auch die Völkerwanderungszeit trägt die Migration schon im Namen. Aber das sind alles Verschiebungen innerhalb Europas, es kommt im Wesentlichen nichts mehr von außen hinzu. Trotzdem verändern sich immer noch die Kulturpflanzen, von denen die Menschen leben. Und es kommen neue hinzu, bezeichnenderweise aus dem Osten, wenn auch nicht aus China, sondern eher aus dem Bereich des Schwarzen Meeres: Roggen und Hafer.

Roggen wurde offenbar schon mit den Bandkeramikern als Unkraut nach Europa gebracht, einer der ältesten Funde stammt aus Marbach/Neckar aus der Bandkeramik um 4400 v. u. Z. Jungsteinzeitliche Proben enthalten aber immer nur wenige Roggenkörner, die mit anderen Getreidesorten vermischt waren [38]. Das unterstützt die Hypothese, die schon der russische Botaniker N.I. Vavilov in den 1910er Jahren ausarbeitete, dass nämlich Roggen als Unkraut nach Europa kam und erst dort aufgrund seiner Anspruchslosigkeit und Winterhärte als Kulturpflanze entdeckt wurde [39]. Erst dann wurde dieser Primitivroggen, der schon gewisse Kultureigenschaften erworben hatte (s. Kap. 2), wirklich domestiziert. Er entwickelte eine vollständig spindelfeste Ähre und noch größere Körner. Die Anpassung an den Lebensstil eines Kulturgetreides hatte er durch seine Unkrautrolle schon längst absolviert. Er hatte sich daran gewöhnt, in einem dichten Bestand zu wachsen, Keimung, Blüte und Reife innerhalb eines Feldes einigermaßen zu synchronisieren und die Samenruhe nach der Reife (Dormanz) abzubauen. Auch eine moderne DNS-Studie stützt diesen Befund [40].

Die chinesischen Forschenden konnten zeigen, dass Roggen direkt von einem Unkrautverwandten domestiziert wurde. Denn anhand der DNS-Sequenzen wurden die Wildart *Secale vavilovii,* verschiedene Unkrautroggenformen und kultivierter Roggen in dieselbe Gruppe eingeordnet. Außerdem fanden sie heraus, dass die Wildart enger mit Unkrautroggen verwandt ist als kultivierter Roggen, was ebenfalls für diesen Umweg spricht. Wahrscheinlich stimmt auch die Annahme von N.I. Vavilov, dass die eigentliche Kultivierung erst in Europa erfolgte, obwohl das schwer zu beweisen ist. Aber die archäologischen Funde sprechen dafür, denn in den Anfangsjahren in Europa finden sich meist nur einzelne Roggenkörner unter Weizen- und Gerstenfunden.

In Osteuropa war der Roggenanbau im 6. und 5. Jahrhundert v. u. Z. bereits eine Standardtechnik, wie die ältesten Funde von reinem Roggen aus diesem Gebiet zeigen. Zusammen mit mehreren Krimfunden aus der Skythenzeit (4.–3. Jh. v. u. Z.) und einem Fundort aus Georgien war der Roggenanbau in dieser frühen Zeit offensichtlich um das Schwarze Meer herum üblich [41]. Es ist jedoch unbekannt, wie dieses Wissen nach Mittel- und Südeuropa kam. Da die Slawen aus den Karpaten stammten, wo der Roggenanbau in der späten Eisenzeit begann [42], und sie vermutlich im 5. bis 8. Jahrhundert n. u. Z. nach Ost-, Südost- und Mitteleuropa einwanderten, wurde der Roggenanbau oft auf sie zurückgeführt. Heute weiß man jedoch, dass die starke Ausbreitung des Roggens schon früher und fast gleichzeitig im germanischen und slawischen Raum erfolgte [43]. Die ersten Hinweise auf den Anbau von Kulturroggen in Mitteleuropa stammen aus der frühen Eisenzeit (800–600 v. u. Z.) von je zwei Fundstellen in Thüringen und Österreich. Um 100 n. u. Z. wurden größere Funde von Kulturroggen aus römischen Garnisonen in den Niederlanden, Großbritannien, Deutschland, der Schweiz und Österreich gemeldet. Auch in Polen begann der Anbau von Roggen in der Römerzeit. Roggen wurde bereits im 2. Jahrhundert n. u. Z. weithin angebaut, wobei die Zahl der Funde bis zum 5. und 6. Jahrhundert n. u. Z. zunahm. Im frühen Mittelalter erfuhr der Roggenanbau weiteren Aufschwung und Roggen wurde für über ein Jahrtausend zum wichtigsten Getreide in Europa.

Ein schönes Beispiel, wie menschliche Migration damals die Kulturpflanzen voranbrachte, ist die Einführung des Roggens auf der Iberischen Halbinsel. Mehreren Forschenden war aufgefallen, dass die heutigen iberischen Roggenpopulationen in ihrer genetischen Struktur immer noch deutlich von den mittel- und osteuropäischen Roggenformen abweichen [44]. Dabei begann die Jungsteinzeit auch im südlichen Spanien vor rund 7500 Jahren mit Bauern aus Anatolien, die sich mit einheimischen Jägern und Sammlern mischten. Allerdings zeigt der iberische Roggen eine klare Verwandtschaft mit Wildroggen, domestiziertem Roggen und Primitivroggen aus der Levante. Da sie sich vom mitteleuropäischen Roggen deutlich unterscheiden, müssen die ersten Roggenformen auf einem anderen Weg auf die iberische Halbinsel gekommen sein. Als Lösung bietet sich ein Weg über Nordafrika an. Und die ersten, die diese Route in historisch überlieferter Zeit nahmen, waren die Phönizier [45]. Während der Eisenzeit kolonisierten sie über ihre Handelsrouten die ganze südliche Mittelmeerküste (Abb. 3.5) und kamen dabei auch bis ins heutige Andalusien. Sie sprachen arabisch und das könnte auch der Grund sein, warum bis heute das spanische bzw. portugiesische Wort für Roggen, *centeno* bzw. *centeio* anders klingt als das der anderen romanischen Sprachen (französisch *ségle*, italienisch *segala*) [46]. Es könnte vom andalusischen Arabisch beeinflusst sein.

Die Phönizier hatten einen großen Einfluss auf die Entwicklung der iberischen Landwirtschaft. Sie brachten nachweislich Wein und Oliven, Hirsen und Hafer hierher, warum nicht auch den Roggen?

Eine heute immer noch wichtige Krankheit, die zu früheren Zeiten Tausende und Zehntausende von Toten hervorbrachte, ist das Mutterkorn (Abb. 3.6), das durch den Pilz *Claviceps purpurea* verursacht wird. Es tritt besonders häufig bei offen bestäubten Gräsern auf, wie Roggen, da sich die Blüten hier weit öffnen müssen, um Pollen einzufangen, und die Pilzsporen durch Wind und Regen oder Insekten zur unbefruchteten Narbe getragen werden. Sie keimen, ahmen das Wachstum der Pollenschläuche nach und bilden in der Samenanlage statt eines Korns eine violett-schwarze Pilzmasse, das Sklerotium. Dieses enthält zahlreiche Alkaloide, die für Mensch und Tier giftig sind. Die akute Giftigkeit ist nicht allzu hoch, aber wenn die Bauern und ihre Familien damals den ganzen Winter ihre

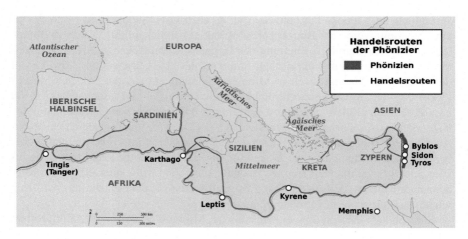

Abb. 3.5 Die Herkunft der Phönizier und ihre Handelswege [47]

eigene mutterkornverseuchte Ernte aßen, kam es zu schweren Krankheitssymptomen, dem sogenannten Ergotismus. Er führte entweder zu Nervenschäden oder zum Absterben von Gliedmaßen und im Endstadium zum Tode.

Da der Pilz mehrere hundert Gräser, darunter alle Getreidearten, befallen kann und auch heute noch bei vielen Wildgräsern vorkommt, ist das Mutterkorn wahrscheinlich eine uralte Krankheit, die schon im Fruchtbaren Halbmond aufgetreten

Abb. 3.6 Der Befall von Roggen (links) und Weizen (rechts) mit Mutterkorn; man sieht deutlich die schwarzen Sklerotien, die vom Pilz gebildet werden und giftig sind

sein könnte. So wurde es vielleicht bereits auf einer Schrifttafel der Assyrer um 600 v. u. Z. als „schädliche Pustel in der Ähre" erwähnt [48].

Auch in China soll das Mutterkorn bereits um 1000 v. u. Z. von Chou King zur Geburtshilfe empfohlen worden zu sein [49]. Ein heiliges Buch der Parsen (400–300 v. u. Z.) beschreibt „schädliche Gräser, die dazu führen, dass schwangere Frauen die Gebärmutter fallen lassen und im Wochenbett sterben" [50]. Daran ist richtig, dass die Inhaltsstoffe des Mutterkorns zur Einleitung der Wehen und in höherer Dosierung auch zur Abtreibung verwendet werden können. Allerdings haben sie ungleich mehr Frauen das Leben gerettet, weil sie durch heftiges Zusammenziehen der Blutgefäße (Vasokonstriktion) die oft lebensgefährlichen Blutungen nach der Geburt stoppen können. So schrieb Johannes Thallius 1588, dass es „Mutter des Roggens" oder Rockenmutter genannt wird und verwendet wird, um Blutungen zu stillen. Gleichzeitig können andere Inhaltsstoffe des Mutterkorns die Geburt einleiten und erleichtern, da hatte der chinesische Arzt recht.

Mutterkorn bei Getreide
Mutterkorn ist das sichtbare Zeichen des Befalls mit dem Pilz *Claviceps purpurea*. Der schwarze Körper ist zusammengeballtes Myzel, das der Überdauerung dient. Im Frühjahr keimt er aus und macht das sexuelle Stadium, das sich dann wieder auf die blühenden Gräser- und Getreidebestände ausbreitet. Zum Schutz vor dem Gefressenwerden enthält es giftige Alkaloide. Mutterkorn gibt es immer dann, wenn es zur Blüte regnet. Chemisch bekämpfen kann man den Pilz nicht. Ein Schutz ist es, wenn die Roggensorte sehr viel Pollen macht, dann kommt der Pilz nicht so leicht zum Zug. Vorbeugende Maßnahmen sind die Verwendung von zertifiziertem Saatgut, die Vermeidung von Nachschossern und das Pflügen nach der Ernte, um die Mutterkörner zu vergraben. Sie können heute in großen Mühlen leicht heraussortiert werden und stellen deshalb keine Gefahr mehr da.

Auch in der Antike wird auffallend häufig der Gedanke geäußert, dass Getreide bei der Geburt und bei nachgeburtlichen Blutungen hilfreich sein kann [51]. Da dies jeglicher Grundlage entbehrt, war vielleicht tatsächlich das Mutterkorn gemeint, das prinzipiell auf allen Getreidearten wächst, wenn auch am häufigsten auf Roggen. Damals gab es keine Vorstellung von Krankheitserregern auf Pflanzen und noch im Mittelalter wurde das Mutterkorn als natürlicher Bestandteil des Roggens angesehen. Die Apotheker nannten es sogar *Secale luxurians,* also das besonders üppig wachsende Roggenkorn. So empfehlen sowohl Hippokrates (460–357 v. u. Z.) als auch Dioscorides (1. Jh. n. u. Z.) Getreidezubereitungen, um die Geburt zu erleichtern bzw. Blutungen zu stillen. Der römische Geschichtsschreiber Lukrez (98–55 v. u. Z.) nannte die durch die giftigen Alkaloide hervorgerufene Krankheit *Ignis sacer,* d. h. Heiliges Feuer, ein Name, der im Mittelalter für diese Krankheit weit verbreitet war. Schon aus dem frühen Mittelalter gibt es zahlreiche Beschreibungen von Mutterkornepidemien mit zum Teil Zehntausenden von Toten (Tab. 3.1). Damals war Roggen in einem riesigen Gebiet von Spanien bis nach Sibirien verbreitet und für viele Menschen Grundnahrungsmittel. Da sich die Adligen und später auch die Reichen vor allem von Weizen ernährten, trafen die mutterkornbedingten Krankheiten die Armen und natürlich die Bauern, die oft den Weizen verkauften und selbst von schwerem Roggenbrot, versetzt mit Erbsen oder Ackerbohnen, lebten.

Neben diesen schriftlichen Zeugnissen, die oftmals mehrdeutig und heute nicht mehr recht zuzuordnen sind, gibt es Funde von Mutterkornsklerotien in archäologischen Fundstätten, die unzweifelhaft Kunde von der weiten Verbreitung der Krankheit geben (Tab. 3.2).

Der erste genannte Fund aus einer Siedlung der Lengyel-Kultur, die ab 5000 v. u. Z. auf die Linearbandkeramiker folgte und von der heutigen Slowakei und Ungarn bis Österreich und Kroatien beheimatet war [54], zeigt, dass das Mutterkorn wohl gleich mit dem Getreide nach Europa kam und sich dort nicht nur auf Roggen, sondern fallweise auch auf Weizen, Gerste und natürlich den verschiedensten Gräsern verbreitete. Leider wurde bisher keine Evolutionsgeschichte von *C. purpurea* aus genomischen Daten abgeleitet.

Tab. 3.1 Zeitliche Verteilung der Überlieferung von schweren Mutterkornepidemien von 500–1100 [52]

Zeit	Region/Ort	Bemerkung	Quelle
591	Westfranken, Tours	Zweifelhaft	Gregor von Tours
857	Niederrhein	Ergotismus	Ann. Xantenses
945	Reims	Ergotismus	Flodoard von Reims
994	Limousin	Ergotismus	Ademari Historiarum
1089	Lothringen	Ergotismus	Zahlreich (>3)

Tab. 3.2 Archäologische Funde von Mutterkorn [53]

Ort	Pflanzenart	Zeit
Vor unserer Zeitrechnung:		
Bei Krakau/Polen	Emmer	Ca. 3430
Myrehead/Schottland	Weizen, Gerste, Roggen	1000–500
Nach unserer Zeitrechnung:		
Weißenfels/Deutschland	Roggen	1
Vallhager, Sorte Muld/Dänemark	Gerste, Gräser	500
Iland/Schweden	Gerste, Gräser	600
Grauballe, Tollund/Dänemark	Roggen oder Gras	400–600
Lubomia/Polen	Roggen	600–900
Krakau/Polen	Abfallgrube	600–900
Bandrorg/Schottland	Gerste, Gräser	1400–1500

Hafer *(Avena sativa)* hat eine ähnliche Evolutionsgeschichte wie Roggen. Er stammt ebenfalls aus Südwestasien und kam als Unkraut nach Europa. Die ältesten archäologischen Funde von kultiviertem Hafer stammen aus der Zeit um 1000 v. u. Z. aus der Gegend von Lüneburg [55]. Ein Grund für die rasche Ausbreitung könnte der Klimawandel in der Zeit von 1000–800 v. u. Z. sein. Damals kühlte sich Mitteleuropa deutlich ab und es gab mehr Niederschläge. Möglicherweise wurden erst hier die großen Vorteile des Hafers, der gut an ein gemäßigtes Klima und kalte, feuchte Böden angepasst ist, deutlich. Im 1. Jahrhundert n. u. Z. wurde kultivierter Hafer zu einem weit verbreiteten Getreide mit einem Schwerpunkt in Großbritannien. Es wird angenommen, dass die Römer bei ihrer Eroberung Britanniens um 43 v. u. Z. Hafer aus Nordeuropa mitbrachten [56]. Auch die germanischen Stämme bauten Hafer im Küstengebiet der Nordsee und an der Unterelbe an. Während des gesamten Mittelalters war der Haferanbau in diesen Gebieten weit verbreitet. Damals wurde er sowohl für die menschliche Ernährung als auch als Tierfutter verwendet. Letzteres geschah bis Mitte des 19. Jahrhunderts, als der Bedarf an Zugpferden zu sinken begann [57].

Es ging auch umgekehrt – Wie Weizen und Gerste nach China kamen

Die Ergebnisse neuerer Studien legen nahe, dass Weizen und Gerste sich bereits um 6000 v. u. Z. nicht nur in Europa, sondern auch im westlichen Zentralasien ausbreiteten und das östliche Zentralasien und das nordwestliche China zwischen 2500 und 2000 v. u. Z. erreichten, während sich gleichzeitig die aus China stammende Hirse im Westen verbreitete [58].

Die Wanderung von Weizen und Gerste nach Osten dauerte viele Jahrtausende, weil es eben nicht reicht, nur die Samen zu handeln, sondern es mussten sich auch der landwirtschaftliche Anbau an die neuen Früchte anpassen und die Ernährungsgewohnheiten grundlegend umstellen. Zwischen 6000 und 5500 v. u. Z. verbreiteten sich Weizen und Gerste zunächst auf dem Indischen Subkontinent; frühe Überreste dieser Feldfrüchte wurden in Afghanistan und Pakistan, westlich des Indus, ausgegraben. Über Tadschikistan und Kasachstan verbreitete sich das Wissen und das Saatgut nach Osten. Im östlichen Kasachstan wurden die aus dem Westen kommenden Arten Weizen und Gerste sowie die aus dem Osten stammende Hirse erstmals um 2400 v. u. Z. zusammen angebaut. In dieser Region dürfte der früheste Austausch zwischen Ost und West stattgefunden haben.

Der Umfang der menschlichen Fernwanderung durch Eurasien nahm offensichtlich zwischen 2500 und 1500 v. u. Z. zu und erreichte in der ersten Hälfte des zweiten Jahrtausends einen Höhepunkt. Dies wurde durch das Aufkommen neuer Transportmittel, wie gezähmter Pferde und Wagen, unterstützt, was die gemischte Nutzung west- und ostasiatischer Nutzpflanzen im östlichen Zentralasien und im nordwestlichen China förderte.

Die frühesten veröffentlichten und direkt datierten Weizenreste aus China liegen zwischen 2500 und 2270 v. u. Z. und stammen aus dem Fundort Zhaojiazhuang in der Provinz Shandong, ganz im Nordosten Chinas gegenüber der koreanischen Halbinsel. Weizen und Gerste wurden nach 1500 v. u. Z. in Nordchina in großem Umfang angebaut. Speziell die kältetolerante Gerste ermöglichte seit etwa 1650 v. u. Z. die dauerhafte Besiedlung des nordöstlichen tibetischen Plateaus durch Menschen, insbesondere in höher gelegenen Regionen. Zusammen mit Weizen und Gerste kamen in derselben Zeit auch andere technologische Neuerungen aus dem Westen nach China, wie etwa die Lehmziegelbauten, Bronzegefäße, Schafe und die Dekoration von Keramik mit Tiermotiven.

In der letzten Phase, zwischen 1550 und 250 v. u. Z., breitete sich die gemischte Nutzung von Hirse, Weizen und Gerste an den westlichen und östlichen Ränder Eurasiens gleichermaßen aus. Dies legt nahe, dass sowohl die Intensität und der Umfang des kulturellen Austauschs sowie der Handelsbeziehungen zwischen dem westlichen und dem östlichen Eurasien ein noch nie dagewesenes Ausmaß annahmen und vielleicht sogar die Grundlage für die Entstehung der antiken Seidenstraße während der Han-Dynastie (zwischen 202 v. u. Z. und 220 n. u. Z.) legte.

Literatur

1. Lipták J, Muhl A, Stadelbacher A, Reichenberger A, Wibbe K, Wunderlich C-H (2005) ›DA RAUCHTEN DIE KÖPFE‹ – NEUES ZUM THEMA NEANDERTHALER. https://archlsa. de/bodendenkmalpflege/fund-des-monats/2005/april-2005.html
2. Dong G, Yang Y, Han J, Wang H, Chen F (2017) Exploring the history of cultural exchange in prehistoric Eurasia from the perspectives of crop diffusion and consumption. Sci China Earth Sci 60:1110–1123
3. Ren M, Tang Z, Wu X, Spengler R, Jiang H, Yang Y, Boivin N (2019) The origins of cannabis smoking: Chemical residue evidence from the first millennium BCE in the Pamirs. Science advances, 5(6), 1-8. https://doi.org/10.1126/sciadv.aaw1391
4. DPA (2019) Rausch und Heilung: Archäologen untersuchen Cannabis-Nutzung. https:// www.apotheke-adhoc.de/nachrichten/detail/panorama/rausch-und-heilung-archaeologen-unt ersuchen-cannabis-nutzung/
5. WIKIPEDIA: Jamnaja-Kultur. https://de.wikipedia.org/wiki/Jamnaja-Kultur
6. Serrano JG, Ordóñez AC, Fregel R (2021) Paleogenomics of the prehistory of Europe: human migrations, domestication and disease. Ann Hum Biol 48(3):179–190
7. Scorrano G, Yediay FE, Pinotti T, Feizabadifarahani M, Kristiansen K (2021) The genetic and cultural impact of the Steppe migration into Europe. Ann Hum Biol 48(3):223–233
8. Scorrano et al 2021
9. Krause J, Trappe T (2019) Die Reise unserer Gene: eine Geschichte über uns und unsere Vorfahren. Ullstein Buchverlage, S 129–130
10. Krause J, Trappe T (2019)
11. Jötten F (2021) „Europäer waren Schwarze": Genetiker erklärt, warum der Begriff „Rasse" im Grundgesetz nichts zu suchen hat. https://www.rnd.de/wissen/europaeer-waren-schwarze-genetiker-erklaert-warum-der-begriff-rasse-im-grundgesetz-nichts-zu-suchen-H6TNLJ5PX REFFK3N4R4DIPDBMA.html
12. WIKIPEDIA: Schnurkamische Kultur. https://de.wikipedia.org/wiki/Schnurkeramische_K ultur
13. Serrano et al (2021)
14. Heron C, Shoda S, Breu Barcons A et al (2016) First molecular and isotopic evidence of millet processing in prehistoric pottery vessels. Sci Rep 6(1):38767

15. Hermes TR, Frachetti MD, Doumani Dupuy PN et al (2019) Early integration of pastoralism and millet cultivation in Bronze Age Eurasia. Proc R Soc B 286(1910):20191273

16. Wang T, Wei D, Chang X, Yu Z, Zhang X et al (2019) Tianshanbeilu and the Isotopic Millet Road: reviewing the late Neolithic/Bronze Age radiation of human millet consumption from north China to Europe. Natl Sci Rev 6(5):1024–1039, open access, CC-BY

17. Spengler RN (2015) Agriculture in the central Asian bronze age. J World Prehist 28(3):215–253

18. Hunt HV, Campana MG, Lawes MC et al (2011) Genetic diversity and phylogeography of broomcorn millet (*Panicum miliaceum* L.) across Eurasia. Mol Ecol 20(22):4756–4771

19. Valamoti SM (2016) Millet, the late comer: on the tracks of *Panicum miliaceum* in prehistoric Greece. Archaeol Anthropol Sci 8:51–63

20. Filipović D, Meadows J, Corso MD et al (2020) New AMS 14C dates track the arrival and spread of broomcorn millet cultivation and agricultural change in prehistoric Europe. Sci Rep 10(1):13698

21. Motuzaite-Matuzeviciute G, Staff RA, Hunt HV et al (2013) The early chronology of broomcorn millet (*Panicum miliaceum*) in Europe. Antiquity 87(338):1073–1085

22. Dong G et al (2017)

23. Wang et al (2019)

24. Informationen zum ganzen Absatz aus: Warf B (2014) High points: an historical geography of cannabis. Geogr Rev 104(4):414–438. https://doi.org/10.1111/j.1931-0846.2014.12038.x(kompletterAbsatz)

25. Ren G, Zhang X, Li Y, Ridout K, Serrano-Serrano ML et al (2021) Large-scale whole-genome resequencing unravels the domestication history of *Cannabis sativa*. Sci Adv, 7(29):eabg2286. https://advances.sciencemag.org/lookup/doi/10.1126/sciadv.abg2286

26. Small E (2015) Evolution and classification of *Cannabis sativa* (marijuana, hemp) in relation to human utilization. Bot Rev 81(3):189–294

27. Ren et al (2021)

28. Daten von Warf B (2014) Karte: WIKIMEDIA COMMONS: Canuckguy. File:BlankMap-World.svg. gemeinfrei

29. Stark F (2019) „Der früheste Nachweis, dass Menschen high geworden sind" WELT. Internet: https://www.welt.de/geschichte/article195246871/Antikes-Rauschgift-Fruehester-Nachweis-dass-Menschen-high-waren.html

30. Ren M, Tang Z, Wu X, Spengler R, Jiang H, Yang Y, Boivin N (2019) The origins of cannabis smoking: Chemical residue evidence from the first millennium BCE in the Pamirs. Sci Adv 5(6):aaw1391. https://www.science.org/doi/10.1126/sciadv.aaw1391

31. McPartland JM, Guy GW, Hegman W (2018) Cannabis is indigenous to Europe and cultivation began during the Copper or Bronze age: a probabilistic synthesis of fossil pollen studies. Veg Hist Archaeobotany 27(4):635–648

32. Stark (2019)

33. Curry A (2015) Warum die Skythen heulten. National Geographic, Heft 3/2015, S 26 bis 27. Internet: https://www.nationalgeographic.de/geschichte-und-kultur/warum-die-skythen-heulten

34. Ren et al (2021)

35. Körber-Grohne (1994) Nutzpflanzen in Deutschland. Theiss, Stuttgart

36. Warf (2014)

37. Brandt G, Haak W, Adler CJ et al (2013) Ancient DNA reveals key stages in the formation of central European mitochondrial genetic diversity. Science 342:257–261

38. Behre KE (1992) The history of rye cultivation in Europe. Veg Hist Archaeobotany 1:141–156

39. Vavilov NI (1917) O proiskhozhdenii kulturnoi rzhi [On the origin of the cultivated rye]. Bull Bur Appl Bot 10:561–590

40. Sun Y, Shen E, Hu Y, Wu D, Feng Y et al (2022) Population genomic analysis reveals domestication of cultivated rye from weedy rye. Mol Plant 15(3):552–561

41. Behre (1992)

42. Gyulai F (2014) Archaeobotanical overview of rye (*Secale cereale* L.) in the Carpathian-basin II. From the migration period until the late Medieval age. COLUMELLA–J Agric Environ Sci 1(2):37–48
43. Behre (1992)
44. Schreiber M, Özkan H, Komatsuda T, Mascher M (2021) Evolution and domestication of rye. In: The rye genome. Springer, Cham, S 85–100
45. Schreiber et al (2021)
46. Schreiber et al (2021)
47. WIKIMEDIA COMMONS: DooFi, File: PhoenicianTrade DE.svg, gemeinfrei. https://commons.wikimedia.org/wiki/File:PhoenicianTrade_DE.svg
48. Van Dongen PW, de Groot AN (1995) History of ergot alkaloids from ergotism to ergometrine. Eur J Obstet Gynecol Reprod Biol 60(2):109–116
49. Aaronson S (1989) Fungal parasites of grasses and cereals: their role as food or medicine, now and in the past. Antiquity 63(239):247–257
50. van Dongen, de Groot (1995)
51. Aaronson S (1989)
52. Wozniak T (2020) Naturereignisse im frühen Mittelalter: das Zeugnis der Geschichtsschreibung vom 6. bis 11. Jahrhundert (Bd 31). Walter de Gruyter GmbH & Co KG. S. Tabelle auf S 668
53. Aaronson S (1989)
54. WIKIPEDIA: Lengyel-Kultur. Internet. https://de.wikipedia.org/wiki/Lengyel-Kultur
55. Zohary D, Hopf M (2000) Domestication of plants in the old world. The origin of cultivated plants in West Asia, Europe and the Nile Valley, 3. Aufl. Oxford University Press, Oxford
56. Moore-Colyer RJ (1995) Oats and oat production in history and pre-history. The oat crop: production and utilization. Springer, Netherlands, S 1–33
57. Menon R, Gonzalez T, Ferruzzi M, Jackson E, Winderl D, Watson J (2016) Oats—from farm to fork. Adv Food Nutr Res 77:1–55
58. Die Informationen der folgenden Absätze stammen aus: Dong et al (2017)

Was die Römer mitbrachten

Wein, Obst, Gemüse, Kräuter und Schadinsekten

4

Das Römische Reich umfasste in seiner größten Ausdehnung drei Kontinente. Die Eroberung der fremden Gebiete war nichts anderes als eine riesige Migration. Es waren ja nicht nur Soldaten, die von Rom aus marschierten, sondern ihnen folgten auch Siedler, Bauern, Händler, Handwerker, Verwaltungsbeamte, Grundbesitzer mitsamt ihren Familien. Und die wollten auch in der Barbarei möglichst genauso gut leben wie in Rom. Deshalb bauten sie nicht nur Wohnhäuser und Tempel, sondern auch ausgedehnte Bäder, Amphitheater und andere städtische Annehmlichkeiten in der Provinz. Und dazu gehörte natürlich auch das Essen mitsamt einer reichhaltigen Palette an Obst, Gemüse, Kräutern und Gewürzen. Da die Römer damals schon Kulturpflanzen aus allen ihren Provinzen eingeführt hatten, kamen nicht nur neue Pflanzen aus dem Mittelmeerraum nach Deutschland, sondern auch solche aus Asien.

In das heutige Deutschland, das römische Germania, kamen die Römer im ersten Jahrhundert n. u. Z. als sie dauerhaft die Rhein-Donau-Grenze überschritten und sie blieben bis 260 n. u. Z., als sie wegen heftiger alemannischer Einfälle und der Zerstörung des Obergermanisch-Rätischen Limes die Grenze wieder in die andere Richtung überquerten [1]. In diesen knapp 300 Jahren änderten sie nicht nur die Landwirtschaft, sondern auch die Ernährung in ihren Provinzen so grundlegend, wie es später erst wieder mit Kolumbus geschah.

Die römische Eroberung brachte viele neue Nahrungspflanzen aus dem Mittelmeerraum und Südostasien nach Deutschland. Daneben führte die Ausweitung des Handels, die Entdeckung neuer Handelsrouten und die sich ständig verändernden soziopolitischen Gegebenheiten in den folgenden Jahrhunderten dazu, dass noch mehr Nahrungspflanzen in das Gebiet eingeführt wurden, wodurch sich die kulinarischen Bräuche und Traditionen grundlegend veränderten. Einiges davon wurde im Mittelalter beibehalten.

T. Miedaner, *Anthropogene Ausbreitung von Pflanzen, ihren Pathogenen und Parasiten*, https://doi.org/10.1007/978-3-662-69715-3_4

Wir kennen heute lange Listen von exotischen Pflanzen, deren Reste die Archäobotaniker in römischen Siedlungen ausgruben und die sicher nicht in Germanien wuchsen, dazu gehören Pinienkerne, Feigen, Datteln, Granatäpfel, Oliven, Schwarzer Pfeffer, Koriander, Sesam. Doch darum geht es hier nicht. Wir interessieren uns hier für die Pflanzen, die die Römer nach Germanien brachten, hier anbauten und die uns dann dauerhaft erhalten blieben. Und das waren eine ganze Menge. Hier fällt einem natürlich sofort die Weinrebe und ihr kompliziertes Anbauverfahren ein, aber es gab noch viele mehr. Eine Untersuchung aus dem römischen Britannien listet rund 50 Pflanzen auf, die von den Römern neu auf die Insel eingeführt wurden [2]. Ein Problem besteht aber bei Pflanzen, die in der jeweiligen Landschaft auch wild vorkommen. Beispiele sind Äpfel und Birnen. Hier kann in der Regel nicht unterschieden werden, ob die in Siedlungen gefundenen Überreste gesammelte Wildfrüchte sind oder von Römern eingeführte Kulturpflanzen.

Auf jeden Fall war die Pflanzenmigration durch die Römer ein einschneidendes Ereignis für die eroberten Provinzen, das nicht nur das Kulturpflanzenspektrum, sondern auch das Nahrungsangebot wesentlich erweiterte und nicht zuletzt die kulturelle Identität in den Empfängerländern änderte. Dass wir uns in vielen Gegenden Deutschlands mit dem Wein identifizieren, dass wir Walnüsse und Mandeln zu den wichtigsten Zutaten für das Weihnachtsgebäck zählen, dass das Alte Land bei Hamburg eines der größten Obstbaugebiete Europas ist und dass in Österreich mit Marillenschnaps Werbung betrieben wird, begann alles mit den neuen Pflanzen, die die Römer mitbrachten.

Gerade in der klimatisch begünstigten Pfalz sind heute noch Pflanzen aus der Römerzeit zu finden. Vieles, was man dort als regionale Besonderheit hervorhebt (und touristisch bewirbt), wie Spargel, Mandeln, Feigen oder Esskastanien geht auf die Römer zurück. Das gilt auch für Pfirsich und Mispel, die sich heute noch in den Weinbergen finden.

Bei Getreide nicht viel Neues

Natürlich hatten auch die Germanen zahlreiche Feldfrüchte, deren Einführung auf die bandkeramische Kolonisation zurückgingen: Einkorn, Emmer, Gerste, Linsen, Erbsen, Lein. Dazu kamen als spätere Einwanderer Ackerbohnen, Rüben, Pastinaken, Hafer, Roggen und Dinkel hinzu. Sie nutzten natürlich auch wildwachsende Nüsse, Früchte von Sträuchern und Bäumen und begannen, essbare und heilende Wildpflanzen in ihre Gehöfte zu holen und umschlossen sie mit einer Hecke. Das war der Beginn des traditionellen Bauerngartens. Die Kelten kannten auch Zwiebeln, Lauch, Kohl und Schlafmohn [3]. Bei der Ausgrabung in Bad Mergentheim im germanischem Gebiet dominieren die anspruchsloseren Getreidearten Einkorn, Gerste und Roggen [4].

Was ist Nacktweizen?

Bei den alten Weizenarten Einkorn, Emmer und Dinkel sind die Körner nach dem Dreschen noch in Spelzen eingeschlossen und werden erst durch eine spezielle Verarbeitung in der Mühle freigerieben. Bei anderen Weizenarten, wie beim Weichweizen, Hartweizen (Durum) und Rauweizen, sitzen die Körner lose in den Spelzen, sodass sie beim Dreschen frei werden („nackt"). Leider können die Archäologen anhand der Körner nicht entscheiden, welche Art des Nacktweizens sie vor sich haben.

Obwohl die Römer keine ganz neuen Getreidearten einführten, verschoben sich die Anteile der angebauten Arten. So dominiert in der Neckarregion jetzt der Dinkel, während in der Nordschweiz Rispenhirse und Nacktweizen (s. Box, Abb. 4.1) am häufigsten vorkommen [5]. Auch in der klimatisch begünstigten Oberrheinebene und am Niederrhein findet sich vor allem Nacktweizen. Dies entsprach dem römischen Geschmack, der weißes Brot, Weizenbrot, bevorzugte, während die Germanen von Brei, Hafergrütze und Fladen aus Gerste oder Roggen lebten [6]. Noch relativ unklar ist, ob die Römer tatsächlich die anspruchsvolleren Nacktweizenarten einführten oder eher Traditionen aus der vorrömischen Eisenzeit aufnahmen und vielleicht verstärkten, weil das ihren Essgewohnheiten entgegenkam.

Abb. 4.1 Der Unterschied zwischen Spelzweizen (links, Dinkel) und Nacktweizen (rechts, Weichweizen) zeigt sich nach dem Dreschen; beim Spelzweizen bleiben die Körner in eine feste Hülle (Spelzen) eingeschlossen, beim Nacktweizen werden sie frei

Der anspruchslosere Roggen, der damals schon von den Germanen weit angebaut wurde, findet sich bei den Römern nur in Ausnahmefällen, auf besseren Böden fehlt er völlig. Bei Plinius dem Älteren wird er als „minderwertig und magenschädlich" bezeichnet, gerade mal gut genug, um in Notzeiten den Hungertod abzuwehren [7].

Vereinzelte Großfunde von Roggen in römischen Einrichtungen, etwa in Lampoldshausen, zeigen aber, dass die Römer durchaus anpassungsfähig waren. Roggen war wohl vor allem eine sättigende Nahrung der Legionäre. Hafer spielte im römischen Einflussbereich in Mitteleuropa keine große Rolle.

Was die Römer auf jeden Fall neu einführten, war eine effiziente und hochentwickelte Landwirtschaft, die auf einem dichten Netz von Landgütern *(villae rusticae)* beruhte und eine Nahrungsmittelproduktion in einer organisierten Marktwirtschaft widerspiegelt [8]. Es bildeten sich bald auch regionale Märkte, die den Lebensmittelhandel intensivierten. Die Erzeugung von landwirtschaftlichen Überschüssen war auch nötig, um die Militärlager und die städtischen Siedler zu ernähren. Die nötigen Überschüsse beruhten auf einem Wechsel zwischen Acker- und Brachland sowie einer organischen Düngung mit Mist, die schon der römische Historiker Columella beschrieb [9]. Dies widersprach komplett dem germanischen Ackerbau. Denn die Germanen waren in erster Linie Selbstversorger. Beinahe jede Familie betrieb auf kleinen quadratischen Feldern in der Nähe des Dorfes selbst Ackerbau (und Viehzucht). Sie kannten einen Fruchtwechsel, aber die großen Monokulturen wie sie die Römer auf ihren Landgütern anbauten, waren ihnen fremd.

Neues Obst am Rhein

Heute betrachten wir Obstwiesen in Deutschland als etwas Normales, so als wären sie schon immer da gewesen (Abb. 4.2). Das stimmt aber nicht. Den Anbau von Obstbäumen führten bei uns erst die Römer ein.

Sie brachten nicht nur den Edel-Apfel nach Germanien, sondern lösten im Obst- und Gemüsebereich geradezu eine Revolution aus. Wir gehen heute davon aus, dass die Kelten und Germanen zwar alles, was in ihrer Gegend an Wildgemüse und Wildfrüchten (Apfel, Birne, Kirsche, Pflaume) vorkam, nutzten, teilweise auch wilde Obstbäume und Sträucher in ihre Gärten pflanzten, dass sie aber keinen echten Obstbau betrieben [10].

Das Fehlen von Obstanbau am Rhein im ersten vorchristlichen Jahrhundert war für die Römer erstaunlich. So wundert sich ein gewisser Gnaeus Tremelius Scrofa in dem von Varro (116–27 v. u. Z.) 37 v. u. Z. verfassten Werk „Über Landwirtschaft":

„Ist Italien nicht so mit Bäumen vollgepflanzt, dass es als Ganzes wie ein Obstgarten aussieht? [...] In dem Gallien jenseits der Alpen habe ich, als ich ein Heer an den Rhein führte, im Landesinnern einige Gegenden gestreift, wo weder eine Weinrebe noch ein Ölbaum noch Obstbäume wuchsen [11]."

Abb. 4.2 Streuobstwiesen gäbe es heute nicht ohne die Einführung des Obstbaus durch die Römer

Auch der Obstbau entstand ursprünglich im vorderasiatischen Raum, Perser und Ägypter waren wohl die Ersten. Über die Griechen kam das Wissen dann nach Rom und natürlich waren es dann die Römer, die als erste vor rund 2000 Jahren Kulturobst in das heutige Deutschland brachten. In den klimatisch begünstigten Gebieten mit Weinbauklima, in denen die Römer bevorzugt siedelten, gediehen zahlreiche Obstbäume. Die neuen Apfel- *(Malus domestica)* und Birnenarten *(Pyrus malus)* sowie die aus den Gebieten südlich der Alpen mitgebrachten Obstformen Süß-Kirsche *(Prunus avium)*, Pfirsich *(Prunus persica)*, Mandel *(Prunus dulcis)*, Pflaume *(Prunus domestica subsp. insititia)*, Speierling *(Sorbus domestica)*, Elsbeere *(Sorbus torminalis)*, Kornelkirsche *(Cornus mas)*. Einige davon gelten heute als einheimische Arten, aber es waren tatsächlich die Römer, die sie hier zuerst kultivierten [12]. Sie kannten von den gängigen Obstarten schon Dutzende von Sorten und beherrschten auch das Okulieren und Propfen auf Wildunterlagen, heute noch gängige Methoden der Veredlung von Obstbäumen [13].

Ein schönes Beispiel für den enormen Fortschritt, den die Römer beim Obst brachten, ist der Apfel. Es gibt in Deutschland seit der letzten Eiszeit Wildäpfel, sogenannte Holzäpfel *(Malus sylvestris)*, die von den Germanen auch gesammelt und genutzt wurden, obwohl sie klein und hart waren und ziemlich herb schmeckten. Trotzdem wurde der Kulturapfel *(Malus domestica)* von den Römern eingeführt, denn der genetische Ursprung unser Speiseäpfel ist nach heutigem Wissensstand eine Kreuzung aus Asiatischem Wildapfel *(Malus sieversii)* aus dem heutigen Kasachstan und Europäischem Holzapfel (Abb. 4.3) [14]. Der Asiatische Wildapfel kam auf alten Handelswegen in die Gegend des Schwarzen Meeres und Mittelmeers, kreuzte sich als Fremdbefruchter spontan mit dem Europäischen Wildapfel und dieses Kreuzungs- und Migrationsprodukt wurde dann von Griechen und Römern kultiviert (Abb. 4.2) [15]. Diese Klarheit gab aber erst eine umfangreiche Genomuntersuchung [16]. Auch die Kultur-Birne *(Pyrus communis)* stammt aus Persien und Armenien. Bei anderen, nicht so gut untersuchten Pflanzen ist es schwieriger zu klären, ob sie schon vor Ort kultiviert oder erst von den Römern eingeführt wurden. Jedenfalls gäbe es unsere Streuobstwiesen nicht ohne diese römische Kulturleistung (s. Abb. 4.2).

Ob auch Pflaumen und Zwetschgen, die ursprünglich aus dem Kaukasus stammten, in den Obstgärten der Gutshöfe angebaut wurden, ist noch umstritten, da sich die Kerne vor allem in den Städten Köln und Xanten finden, sodass sie auch importiert worden sein könnten, getrocknet oder eingelegt. Überhaupt ist der Nachweis des Anbaus von Obstbäumen nicht einfach, da sich die Pollenkörner der *Prunus*-Arten nicht unterscheiden lassen [17]. Ebenso können bei Apfel und Birnen anhand der Pollen Wild- nicht von Kulturformen unterschieden werden. Ähnlich ist es mit dem Holz, das häufig verkohlt gefunden wird. Bei Äpfeln, Birnen, Kornelkirsche und Kirschen werden jedoch ihre Kerne oder andere Pflanzenreste an so vielen

Abb. 4.3 Die Entstehung des Kulturapfels *(Malus domestica)*

Stellen in Stadt und Land gefunden, dass von einem lokalen Anbau auszugehen ist.

Ein ganz besonderes Luxusprodukt war die Süßkirsche *(Prunus avium),* die die Römer selbst erst im 1. Jahrhundert v. u. Z. entdeckten. Der römische Feldherr Lucius Lucinius Lukullus, dessen Name heute noch für Gaumenfreuden steht, eroberte die Stadt Kerasos in Kleinasien (heute Girsun in der Türkei) am Südufer des Schwarzen Meeres und lernte die Kirsche kennen, die dort seit dem 4. Jh. v. u. Z. angebaut wurde [18]. Als er in Rom 74 v. u. Z. seinen Triumph feierte, waren auch Kirschbäumchen auf dem Umzug zu sehen. Von dem Namen der Stadt leitete sich auch derjenige der Frucht ab, *cerasus* nannten die Römer das Obst. Es kann auch umgekehrt gewesen sein, dass die von Griechen gegründete Stadt nach den Kirschen benannt wurde, denn im Griechischen hieß die Frucht *kérasos.* Im Deutschen wurde das lateinische Wort dann zur „Kirsche". Diese Aussprache zeigt, dass die Frucht schon früh nach Deutschland kam. Denn „c" vor hellem Vokal wurde nur in der klassischen römischen Antike zu „k", in der Spätantike wurde es „ts" ausgesprochen [19]. Auf jeden Fall verbreitete sich die kultivierte Süßkirsche rasch im gesamten Römischen Reich und im Zuge ihrer Expansion brachten sie die Römer bis nach Germanien. Dort war zuvor nur die wilde Vogelkirsche bekannt, deren kleine und recht sauren Früchte schon in der Mittel- und Jungsteinzeit gesammelt wurden.

Der Pfirsich *(Prunus persica)* stammt ursprünglich aus China, wo er schon 2000 v. u. Z. angebaut wurde [20]. Er kam über Persien, daher auch der griechische und lateinische Name, nach Griechenland und mit den Römern nach Deutschland.

Heute noch wachsen in der Pfalz, an der Mosel und in Mainfranken rund um die Weinberge, vor allem an deren oberen Rand bevor sie in den Wald übergehen, Edel- oder Esskastanien *(Castanea sativa).* Die vermehren sich inzwischen auch von alleine, aber ihr eingedeutschter, ursprünglich lateinischer, Name zeigt noch, wer sie eingeführt hat. Ursprünglich stammten sie aus dem Gebiet zwischen Kaspischem und Schwarzem Meer, wo sie schon zwischen dem 9. und 7. Jahrhundert v. u. Z. kultiviert wurden [21]. Sie verbreiteten sich ähnlich wie andere Obstbäume rasch in Kleinasien, Griechenland und auf dem Balkan. Die Römer brachten sie dann nach Norden bis nach Britannien. Sie wurden in den Weinbaugegenden in Niederwaldwirtschaft angebaut, da sich ihr Holz am besten für die Herstellung von Rebstützen eignete, wie antike Schriftsteller berichten. Daran könnte es auch liegen, dass keine Früchte gefunden wurden, sondern lediglich Pollen (s. Tab. 4.1). Interessant ist auch, dass die „einheimischen" Vorkommen der Esskastanien in der Regel in Gebieten liegen, die auch schon von den Römern für den Weinbau genutzt wurden [22]. Ähnliches gilt für die Feigen *(Ficus carica),* die in der Pfalz gerne an Hauswänden gezogen werden und dort auch reife Früchte produzieren.

In dem keltischen Fürstengrab von Glauberg aus dem 5. Jahrhundert v. u. Z. wurden sogar Walnüsse entdeckt [23], von denen man bisher annahm, sie seien erst von den Römern mitgebracht worden. Aber vielleicht war das auch nur ein Luxusimport aus dem Süden. Jedenfalls stammen Pollenfunde der Walnuss bei uns erst aus der Römerzeit.

Tab. 4.1 Prozentuale Stetigkeit (%, gerundet) Pflanzen mediterraner Herkunft, die archäobotanisch erstmals in der Römischen Kaiserzeit in Deutschland gefunden werden (P = Pollen) [45]

Gemüse:	
Fenchel	6
Flaschenkürbis	2
Gartenmelde	9
Gemüsekohl	2
Mangold	19
Schildampfer	9
Gewürze:	
Basilikum	2
Bohnenkraut, Echt	15
Bohnenkraut, Winter	4
Gartenkresse	2
Gartensalbei	2
Knoblauch	2
Koriander	24
Majoran	2
Schwarzer Senf	2
Thymian	2
Weißer Senf	4
Zitronenmelisse	2
Obst, Nüsse:	
Birne**	20
Dattelpalme*	2
Feige**	35
Kirschpflaume	2
Kornelkirsche**	2
Mandel	2
Pflaume	20
Pfirsich	20
Quitte	2
Schwarze Maulbeere	7
Sauerkirsche	4
Speierling	2
Süßkirsche**	11
Zuckermelone	6
Zwetschge	13
Esskastanie	P
Walnuss**	28

(Fortsetzung)

Tab. 4.1 (Fortsetzung)

Weinrebe	32
Zier- und Färbepflanzen:	
Buchsbaum**	2
Färbermeister	2
Mittelmeer-Zypresse*	2
Römische Kamille	2
Zeder	2

* Kein Anbau in Deutschland möglich; ** Frühere Funde bekannt (Wildform? Import?)

Walnüsse, Esskastanien und Kornelkirschen sind in der nachrömischen Zeit verwildert, da sie sich problemlos durch ihre Kerne verbreiten. Deshalb sah man sie auch lange Zeit als „einheimisch" an. Nicht nur die römischen Obstgehölze selbst, sondern auch ihre lateinischen Bezeichnungen wurden von der germanischen Bevölkerung übernommen, was ein besonderes Indiz für die Bedeutung der römischen Kultur für die Einführung dieser Kulturpflanzen ist (Abb. 4.4).

Das gilt für Birne *(pirum)*, Mandel *(amygdala)*, Pflaume *(prunus)*, Pfirsich *(persica)*, Aprikose *(praecox)*, Mispel *(mespulus)*, Feige *(ficus)* oder die Sammelbezeichnung Nuss *(nux)*. Durch die Kultur der Klöster wurden einige Obstgehölze auch nach dem erzwungenen Abzug der Römer weiter angebaut. Die von den Römern mitgebrachte Mispel war im Mittelalter in Deutschland so weit verbreitet, dass sie von dem großen Pflanzensystematiker Carl von Linné sogar den lateinischen Namen *Mispula germanica* bekam.

In vino veritas

Die Geschichte des Weinbaus in Deutschland begann mit der römischen Besatzung. Dieser einfache Satz ist heute unter Archäologen nicht unumstritten. Denn es wird immer wieder diskutiert, ob nicht schon die Kelten Weinreben *(Vitis vinifera)* anbauten. Sicher ist, dass sie Wein in Amphoren importierten, da sie schon vor der römischen Besatzung Kontakt mit den Griechen hatten. Wein wurde zusammen mit Amphoren oder geschwungenen Krügen als Importgüter in keltischen Fürstengräbern gefunden. Ob sie allerdings selbst Wein anbauten, ist bis heute nicht bewiesen. Möglicherweise pressten und vergoren sie den Saft von Wildreben.

Überhaupt ist es gar nicht so einfach nachzuweisen, ob in einem Gebiet tatsächlich Weinanbau stattfand. Einzelne Rebenpollen helfen da nicht weiter, weil es in Deutschland auch Wildreben gibt, die vor der Zeitenwende deutlich weiterverbreitet waren als heute, wo sie nur noch in den wenigen verbliebenen Auwäldern der Rheinebene vorkommen. Am Pollen sind die beiden Formen nicht unterscheidbar [24]. Das gilt auch für Funde von Traubenkernen. Sie werden zwar ab der römischen Kaiserzeit in SW-Deutschland häufig gefunden, während sie zu früheren Zeiten praktisch nie vorkamen [25], aber Weintrauben kann man auch

Abb. 4.4 Römische Kulturpflanzen in der Pfalz: Feigen (oben links), Esskastanien (oben rechts), Weinreben mit Trauben (unten)

als Obst nutzen oder als Rosinen trocknen und lagern. Auch vereinzelte Funde von Schnittmessern müssen nicht auf Rebschnitt verweisen, sie können auch zum Schneiden von Obstbäumen oder Sträuchern verwendet worden. Deshalb müssen andere Quellen einbezogen werden und erst wenn sich an einem Ort Funde häufen, die auf Weinbau hinweisen, sind zumindest gute Indizien vorhanden. So war auch die Funktion von Gebäuden in den *villae rusticae,* die wir heute als Kelterhäuser bezeichnen, lange unbekannt.

Erst seit 1977 ist der Weinbau in Deutschland auch archäologisch belegt [26]. In diesem Jahr fand man an der Mittelmosel bei Flurbereinigungen die ersten Kelteranlagen aus der Römerzeit. Sie weisen auf einen planmäßigen Anbau ab dem 1. Jahrhundert n. u. Z. hin. Schon zwei Jahre später fanden sich ähnliche Anlagen in der Pfalz (Bad Dürkheim, Ungstein, Wachenheim). Einige von ihnen arbeiteten noch über die Völkerwanderungszeit hinaus.

Sehr gut erforscht ist inzwischen das römische Weingut Weilberg bei Bad Dürkheim-Ungstein in der Pfalz. Es existierte etwa vom 2. bis zum 4. Jahrhundert n. u. Z. [27]. Es fanden sich ein repräsentatives Herrenhaus sowie bis zu 11 Wirtschafts- und Nebengebäude, umgeben von etwa 30 bis 40 ha Rebfläche. Darunter war ein römisches Kelterhaus mit zwei Traubentretbecken, die noch hätten benutzt werden können, ein Mostsammelbecken mit einer Vielzahl von konservierten Traubenkernen und ein Weinkeller.

Von den bisher 12 entdeckten Kelteranlagen in Süddeutschland stand die größte an der Mosel in Piesport [28], heute noch eine bekannte Weinlage. Sie wurde wohl vom frühen 3. bis zur Mitte des 4. Jahrhundert n. u. Z. benutzt und fand sich inmitten von rund 60 ha Weinbergen, allerdings ohne Wohngebäude [29]. Sie diente, zusammen mit weiteren Anlagen, wohl der Versorgung der römischen Kaiserstadt Trier, ihrer Bewohner und Soldaten. Mit dem Beginn der römischen Besatzung nahm nämlich der Weinbedarf stark zu, da jedem römischen Legionär bis zu einem halben Liter *(sextarius)* Wein als Tagesration zustand. Wurde der Wein anfangs aus dem Süden, vor allem aus dem heutigen Frankreich (Gallien) importiert, so war es ökonomischer, ihn an Mosel und Rhein selbst zu produzieren.

Aber auch einige wenige schriftliche Aufzeichnungen der Römer über den Weinanbau nördlich der Alpen sind bekannt. So beschreibt Ausonius, ein gallo-römischer Staatsbeamter, in seiner Reisebeschreibung aus dem Jahr 371 n.u.Z. den Weinbau im Moseltal *("Mosella")*. In seinem Reisebericht *De navigio suo* (588 n.u.Z.) erwähnt der Dichter Venantius Fortunatus Rebhänge an Mosel und Rhein:

„Allwärts siehst du die Höh'n umkleidet mit grünenden Reben, und sanft lächelnde Luft spielet der Rank' im Gelock. Dicht in Zeilen gepflanzt in das Schiefergestein ist der Rebstock, und an die Brauen des Berg's zieh'n sich begrenzte Geländ'." [30]

Die Römer brachten nicht nur den Weinbau an Rhein und Mosel, sondern die römische Verwaltung erließ auch die ersten Anbauregelungen [31]. Kaiser Domitian schränkte 92 n. u. Z. per Verordnung den Weinanbau in den gallischen Provinzen ein, wohl um den Handel mit Wein aus dem Süden zu schützen. Um 278 n. u. Z.

erlaubte Kaiser Probus den Anbau wieder, weil mit der Ausbreitung der römischen Zivilisation und Stationierung großer Heere der Weinbedarf gestiegen war. Es ist noch umstritten, ob sich dieses Gebot auch auf die nördlichen Provinzen bezog, jedenfalls entstanden zu dieser Zeit große Rebflächen an der Mosel und in der Pfalz. Für die Römer war Wein ein Alltagsgetränk, der verdünnt getrunken wurde. Sicher ist, dass die Weinproduktion in diesen Regionen nach der Mitte des 3. Jahrhunderts deutlich an Bedeutung gewonnen hat [32].

Auch viele Fachausdrücke des Weinbaus stammen aus dem Lateinischen. Das beginnt schon mit Wein selbst *(vinum)*, Keller *(cellarium)* und Kelter *(calcatorium)* und endet nicht beim Most *(mustum)* und Winzer *(vinitor)*. Interessant ist, dass *calcatorium* von *calcare* abgeleitet ist, das bedeutet mit den Füßen treten, was zeigt, wie die Römer ihre Trauben pressten [33]. Wie alle Worte, bei denen das römische „c" als „k" gesprochen wird, erfolgte die Entlehnung sehr früh.

Für die Germanen war Wein etwas grundlegend Neues. Sie tranken zum Vergnügen vorzugsweise vergorene Milch oder Bier *(cervisia* nannten das die Römer), das auch kultische Bedeutung hatte. Es war ein dickflüssiges, dunkles Getränk aus Weizen, Gerste oder Roggen, das vor der Erfindung des Hopfens nur wenig haltbar war. Deshalb war der Weinanbau ein Geschäft der Römer. Allerdings schreibt Tacitus zu Beginn des 2. Jahrhunderts, dass zumindest die Germanen, die in der Nähe des Rheins siedelten, auch Wein kauften [34]. Und als das Christentum allmählich begann, sich durchzusetzen, wurde Wein ebenso wie Brot im Rahmen der Liturgie unverzichtbar. Das galt auch für (importiertes) Olivenöl, das zum Spenden der heiligen Sakramente benötigt wurde. Damit setzte sich die römische Dreifaltigkeit von Brot, Öl und Wein allmählich auch nördlich der Alpen durch. Das hielt die Mönche in den Gegenden, in denen keine Reben gediehen, aber nicht davon ab, für den täglichen Gebrauch Bier zu brauen.

Die Gemüse-Revolution

Die Römer brachten nicht nur neues Obst nach Deutschland, sondern auch ein reichhaltiges Sortiment an Gemüse. Denn auch da hatten die Germanen nicht viel zu bieten. So fanden sich in germanischen Siedlungen lediglich Reste von Sellerie, Kohl, Rüben, Löwenzahn oder Leindotter [35].

Gemüse ist allerdings archäobotanisch kaum nachzuweisen, da vor allem die vegetativen Teile als Blätter, Stängel oder Wurzeln verwendet werden, die im Boden keine Spuren hinterlassen. Es finden sich höchstens in Latrinen noch Pollenkörner. Auch gibt es hier wieder das Problem, dass in Deutschland auch wilde Gemüsearten vorkommen, sodass im Einzelfall kaum nachzuweisen ist, ob die Pflanze von den Römern eingeführt oder nur als Wildgemüse gesammelt wurde. So haben Mangold *(Beta vulgaris)* und Sellerie *(Apium graveolens)* natürliche Vorkommen in den küstennahen Salzmarschen [36]. Andererseits wurden beide Arten erst ab der Römerzeit in verschiedenen Siedlungstypen auch außerhalb der Küstenregion gefunden, was auf einen Anbau hinweisen könnte. Im Mittelmeergebiet war die Nutzung beider Arten üblich und das deutsche Wort Sellerie leitet sich vom lateinischen *selinum* ab. In Militärlagern am Niederrhein fanden sich keine anderen Gemüse, sondern nur noch Gewürze (s. nächstes Kapitel).

Natürlich kann man auch römische Kochbücher studieren, das Berühmteste ist *De re coquinaria* („Über die Kochkunst") aus dem 3. oder 4. Jahrhundert n. u. Z. In Rezepten werden auch gerne Rübsen, Kerbel, Senf und Spargel verwendet. An Gemüse finden sich im römischen Garten neben Mangold und Sellerie auch Spinat, Karotten, Knoblauch, Lauch, Feldkohl, Kohl, Radieschen, Rettich und Feldsalat. Ganz besonderen Stellenwert hatten aufgrund ihrer Haltbarkeit und antibiotischen Wirksamkeit Zwiebel und Knoblauch.

Aufgrund schriftlicher Quellen kann man davon ausgehen, dass die Römer auch die Zwiebel nach Deutschland brachten, obwohl sich deren Reste kaum im Böden erhalten können [37]. Der Schildampfer oder „Römische Spinat" *(Rumex scutatus)* kommt in Europa auch wild auf Schutthalden vor. Es gibt jedoch mehrere Funde von seinen Früchten außerhalb seines natürlichen Verbreitungsgebietes in einem römischen Brunnen in Welzheim, was seinen Namen vielleicht rechtfertigt.

Der Kopfsalat (*Lactuca sativa* var. *capitata*) wurde vermutlich schon im alten Ägypten aus Kompasslattich ausgelesen, eine Pflanze, die auch bei uns wild an trockenen Stellen vorkommt. Allerdings wurde er wohl auch von den Römern als Kulturpflanze eingeführt [38]. Auch Gartenmelde und Grüner Fuchsschwanz, die beide heute eher als Unkraut gelten, wurden erst von den Römern in größerem Stil als Gemüse kultiviert. Ob das dann alles in Germanien angebaut wurde, kann nicht bewiesen werden. Die römischen Gutshöfe besaßen aber auch Gemüsegärten.

Kräuter, Gewürze und anderes Grünzeug

Tacitus schreibt über die Speisen der Germanen: „Ohne feine Zubereitung, ohne Gewürze vertreiben sie den Hunger." Wahrscheinlich nutzten sie heimische Kräuter wie Beifuß, Bärlauch, Dill und Lorbeer zum Würzen [39], doch für die gebildeten Römer mit ihrem verfeinerten Gaumen war das ein weiteres Zeichen für Barbarentum. Denn sie selbst waren den Gebrauch von Gewürzen nicht nur gewohnt, sondern hielten ihn für den Inbegriff des guten Essens.

Koriander, Fenchel, Bohnenkraut, Petersilie und Dill sind im Mittelmeerraum heimisch [40]. Schwarzer Senf stammt ursprünglich aus Kleinasien und dem Nahen Osten, von wo aus er sich in Europa eingebürgert hat. Sellerie und Kümmel sind in ganz Europa verbreitet. Wildformen des ersteren wachsen in feuchten Küstenregionen, während die letztere an kühlere Klimazonen angepasst ist. Alle acht Gewürze waren bei den Römern für ihre kulinarische und/oder medizinische Verwendung bekannt. Koriander *(Coriandrum sativum)* war in der Tat eines der beliebtesten Gewürze in der römischen Küche und wurde in 18 % der von Apicius zitierten Rezepte erwähnt. Es wurden sowohl seine Blätter als auch seine Samen verwendet, und die Nachfrage war so groß, dass er in Ägypten und an anderen Orten in großem Umfang angebaut wurde, um den römischen Markt zu bedienen. Fenchel, Dill und Sellerie wurden sowohl wegen ihrer grünen Blätter als auch wegen ihrer Samen geschätzt; Petersilie und Sommerbohnenkraut waren wegen ihrer Blätter beliebt; Kümmel und schwarzer Senf wurden vor allem wegen ihrer Samen angebaut, obwohl auch ihre Blätter essbar sind.

Auch wenn einige Gewürze wie Koriander und Dill schon in vorrömischer Zeit bekannt waren, nahm ihre Verfügbarkeit mit der römischen Expansion deutlich zu, sodass nicht nur der Import, sondern auch der Anbau von Kräutern charakteristisch für diese Zeit wurde.

Die archäobotanischen Untersuchungen zeigen, dass Koriander, Sellerie, Dill und (Sommer-)Bohnenkraut seit den Anfängen der römischen Expansion nach Nordwesteuropa zu den am häufigsten verwendeten Gewürzen gehörten (Tab. 4.1). Wahrscheinlich wurden sie auch in den Gärten der Gutshöfe angebaut. Römische Militärstandorte und zivile Städte wurden in großem Umfang mit diesen Arten beliefert, was die Verbreitung neuer Geschmacksrichtungen parallel zur Bewegung von Menschen und einem ausgedehnten Handelsnetz für ihre Versorgung belegt. Den einschlägigen Fundstellen zufolge könnte sich ihr Handel zeitweise sogar über die römischen Grenzen hinaus erstreckt haben. Viele der ländlichen Fundstellen, an denen diese vier Gewürze vorkommen, liegen in unmittelbarer Nähe von Kastellen oder Städten, aber Koriander, Sellerie und Dill finden sich auch an weiter entfernten – und nicht unbedingt elitären – ländlichen Fundstellen. Die relativ große Verbreitung dieser vier Gewürze könnte auf einen lokalen Anbau hindeuten, zumal sie in Mitteleuropa gut gedeihen.

Funde von Fenchel und Petersilie stammen fast ausschließlich aus großen Städten, insbesondere aus London und York in England sowie Xanten. Kümmel findet sich nur an wenigen Fundorten in unmittelbarer Nähe des Limes. Die Verbreitung von Schwarzem Senf (Brassica nigra) ist recht vielfältig, er ist gleichmäßig über alle Fundorte verteilt. Er könnte auch lokal angebaut worden sein, aber nach den archäobotanischen Belegen wurde er in den nördlichen Provinzen nicht populär und sein Anbau fand wahrscheinlich nur in kleinem Maßstab statt. Aus einem Gräberfeld in Mainz-Weisenau wurden Teile von verkohlten Knoblauchzwiebeln (Allium sativum) gefunden [41], inzwischen gibt es auch weitere Funde [42], etwa in einem römischen Keller in Gerlingen [43].

Die Römer haben aber nicht nur Nahrungspflanzen, sondern auch Ziersträucher und -pflanzen für ihre Gärten eingeführt. Dazu gehören Buchsbaum (Buxus sempervirens) und Zirbelkiefer (Pinus pinea L.) im römischen Britannien [44], aber auch Klatschmohn, Kornblume, Echte Kamille und Kornrade sind mit den Römern zu uns gekommen. Sie gelten heute als „Unkraut" in landwirtschaftlichen Beständen, es ist jedoch nicht klar, ob sie die Römer unabsichtlich in dieser Funktion mitgeschleppt hatten oder bewusst als Zierpflanzen, denn schöne Blüten haben sie alle.

Zusammenfassend bleibt festzuhalten, dass die Römer eine Vielzahl von Pflanzen in die eroberten Gebiete einführten (Tab. 4.1), in erster Linie, um ihren gewohnten Lebensstil fernab des Mittelmeergebietes aufrecht zu erhalten. Davon zeugen auch die Bauten, die sie hinterließen, mit geheizten Bädern, speziellen Gebäuden zur Weinverarbeitung und Vorratslagern.

Die Römer brachten auch Vorratsschädlinge mit

Vorratsschädlinge sind ein hervorragender Zeiger für menschliche Wanderungen, Handel und Transportvorgänge. Denn einige von ihnen sind nicht flugfähig bzw. können nur kurze Strecken zurücklegen und sind deshalb auf Lieferungen von Agrarprodukten angewiesen, um sich zu verbreiten. Da sie häufig unsere Winter nicht überleben, weil sie aus wärmeren Gebieten kommen, können sie nur in geschützten Räumen, wie etwa Vorratsspeichern von Getreide, überdauern. Man nennt solche Tiere synanthrop, d. h. sie können nur mithilfe des Menschen überleben.

Es wurde schon erwähnt, dass die Römer in den eroberten Gebieten eine hocheffiziente Landwirtschaft aufbauten, die auch notwendig war, um die große Zahl an Soldaten, Handwerkern und Stadtbewohnern zu ernähren. Dazu gehörten auch riesige Getreidespeicher *(horreum, granarium)*, die ähnlich wie heute unsere Silos oberirdisch gebaut waren und in den nördlichen Provinzen oft auf Sockel aus Holz oder Stein gestellt wurden, um Nagetiere und Feuchtigkeit fernzuhalten [46]. Solche Speicher sind natürlich eine Einladung an sechsbeinige Vorratsschädlinge. Die Nahrungs- und Landwirtschaftsorganisation der Vereinten Nationen (FAO) schätzt heute die weltweiten Lagerverluste durch tierische Schädlinge in Getreidelagern auf 10–30 %, in Entwicklungsländern – und wahrscheinlich auch in früheren Jahrhunderten bei uns – sind sie häufig noch höher. Ein interessanter Fall für die Geschichte der Migration ist das Vorkommen von Insekten als Vorratsschädlinge im heutigen Großbritannien.

Viele römische Lagerstätten in Großbritannien enthalten nämlich reichlich Insektenreste, darunter eine Reihe von Käfern, die heute in Getreidelagern weitverbreitet sind [47]. Diese Schädlinge von gelagerten Produkten machen oft 50–70 % der in Lagerstätten gefundenen Käferreste aus, manchmal sogar über 90 % [48]. Arten wie der Kornkäfer *(Sitophilus granarius)*, der Sägezahnkäfer *(Oryzaephilus surinamensis)* und der Flachkornkäfer *(Laemophloeus ferrugineus)* sind typisch für solche Fundstätten. Eine Reihe anderer Käfer, die als Schädlinge an gelagerten Produkten auftreten, wurden in der Regel in viel geringerer Zahl gefunden.

Alle diese Getreideschädlinge sind im damaligen Britannien nicht heimisch, auch gibt es aus der vorrömischen Eisenzeit keinerlei Funde, sie scheinen erst mit der römischen Besatzung auf die Insel gekommen zu sein. Dies fiel schon dem Insektenforscher Paul Buckland in den späten 1970er Jahren auf, aber es hat sich bis heute, trotz vieler neuer Ausgrabungen mit Insektenfunden aus unterschiedlichen Zeitaltern, bestätigt [49].

Bereits in den ersten Jahrzehnten der römischen Eroberung, die hier 43 n. u. Z. begann, fanden sich sieben Getreideschädlinge (Tab. 4.2). Vier Käfer werden praktisch überall gefunden, manchmal in unglaublichen Mengen. In der Coney Street in York waren es beispielsweise 60.000 Käfer je Kilogramm ausgegrabenem Sediment aus den Grundmauern eines Lagers [50]. Im nördlichen England erscheinen sie dann erst gegen Ende des 1. Jahrhunderts, in Carlisle Castle beispielsweise im Jahr 72/73.

Tab. 4.2 Die frühesten Funde von Vorratsschädlingen bei Getreide aus römischen Ausgrabungen in Britannien bzw. ein Schiffsfund aus Holland (gelb); Jh. = Jahrhundert [51]

Insekt	Lateinischer Name	London, Poultry site	London, Greshem Str.	Carlisle Castle	York, Coney Street	Laruium, Zuid-Holland
		47-60	50-75	72/73	1st Jh.	2nd Jh.
Kornkäfer	*Sitophilus granarius*	■	■	■		■
Getreideplattkäfer	*Oryzaephilus surinamensis*	■	■			■
Leistenkopfplattkäfer	*Laemophloeus ferrugineus*	■	■			■
Kleinäug. Reismehlkäfer	*Palorus ratzburgi*	■				■
Getreideschimmelkäfer	*Alphitobius diaperinus*	■				■
Schwarzer Getreidenager	*Tenebrioides mauretanicus*	■				■
Mehlkäfer	*Tenebrio molitor*	■				
Rotbrauner Reismehlkäfer	*Tribolium castaneum*				■	

Von archäologischen Spitzfindigkeiten abgesehen, ist die wahrscheinlichste Erklärung, dass diese Käfer in vorrömischer Zeit einfach nicht vorkamen und durch die Römer mit Getreidelieferungen vom Kontinent eingeschleppt wurden. Dort sind einige von ihnen schon seit der bandkeramischen Zeit bekannt (s. Kap. 2).

Die Römer hatten einen weitverzweigten Getreidehandel. So holten sie für ihre italienischen Siedlungen, allen voran Rom, das Getreide über das Mittelmeer aus Sizilien, Ägypten oder Nordafrika. Der damalige Getreidereichtum der Region um Karthago war ein Grund für den jahrzehntelangen Krieg. Jedes Jahr wurde die Sicherstellung der Getreideversorgung an Konsortien versteigert, die damit Geld verdienten. Es war eine große Flotte spezieller Getreideschiffe *(naves granaria)* ständig unterwegs [52]. Für Rom geht man davon aus, dass im ersten nachchristlichen Jahrhundert jährlich 250.000 t Getreide für die Versorgung der Bevölkerung importiert werden mussten [53]. Auch bei der Besiedlung neuer Gebiete, wie etwa Englands, waren große Getreideimporte erforderlich. Ein schöner Beleg dafür ist der Fund von Getreideschädlingen in den Überresten eines untergegangenen Schiffes aus dem späten 2. Jahrhundert n. u. Z. aus der römischen Befestigung von Laurium in Wörden, Zuid-Holland (Tab. 4.2) [54]. Hier fanden sich in dem gelagerten Getreide sechs Schädlinge. Der Kornkäfer wurde auch in einem römischen Schiffswrack aus dem 3. Jahrhundert vor Guernsey gefunden. Damit ist gezeigt, dass tatsächlich das römische Getreide mit Käfern verseucht war und die häufigen Schifftransporte die Schädlinge auf die britischen Inseln brachten.

Die Funde von Getreidekäfern gehen in England während des „dunklen Zeitalters" ab dem 5. Jahrhundert n. u. Z. gegen Null und kehrten erst in der späten sächsischen Periode allmählich wieder zurück, sind aber erst im Hochmittelalter wieder weit verbreitet, wenngleich die Artenvielfalt oft eingeschränkt ist [55].

Und nach den Römern?

Als die römischen Legionen Deutschland verlassen mussten, blieben ihre landwirtschaftlichen Güter, ihre Weinkeltern und sonstiges Inventar noch einige Zeit in
Gebrauch. Aber auch danach war nicht alles verloren. Das zeigen archäobotanische
Untersuchungen an drei wassergesättigten Fundstellen aus der Völkerwanderungszeit und der frühen Merowingerzeit, die vor allem die Lebensweise des
germanischen Stamms der Alamannen im Südwesten Deutschlands vom 3. bis zum
6. Jahrhundert n. u. Z. beleuchten [56]. Sie bauten eine Vielzahl von Getreiden
(Gerste, Emmer, Dinkel, Roggen, Einkorn, Weichweizen, Hafer und Rispenhirse)
an, aber auch die Öl- und Faserpflanzen Lein, Mohn, Hanf, Leindotter, Rübsen und
die Hülsenfrüchte Linsen und Erbsen. Für die Archäologen überraschenderweise
fanden sich auch Überreste von Koriander, Sellerie, und Berg-Bohnenkraut, die in
Gärten angebaut werden mussten. Daneben wurden Äpfel, Birnen, Vogelkirschen
und sogar Feigen gefunden, die entweder in Obstgärten gepflanzt oder importiert
wurden. Die Alamannen hatten also nicht nur Getreide, sondern auch Gärten und
Obstgärten, in denen sie Gemüse, Gewürze und Früchte anbauten. Wahrscheinlich
hatten sie das von den Römern gelernt, als sie sich in der Nähe der Grenze niederließen, und sie wollten offensichtlich auch nach der Römerzeit nicht mehr darauf
verzichten.

Durch die Bemühungen Karls des Großen gab es wieder einen Aufschwung
beim Obst- und Gemüsebau. In seinen *Capitulare de villis* (8./9. Jahrhundert
n. u. Z.), einer detaillierten Vorschrift zur Verwaltung der Krongüter, werden über
80 Nutzpflanzen genannt, die angebaut werden sollten [57]. Dazu zählten auch
Obstbaumarten, Walnuss und Esskastanie, Gemüse und viele Kräuter, die von den
Römern eingeführt wurden. In den darauffolgenden Jahrhunderten waren es vor
allem die Mönche, die in ihren Klostergärten das alte Wissen um Okulieren und
Propfen sowie die Pflege der Obstbäume bewahrten und weiterentwickelten. Dazu
trug sicher auch ihre Kenntnis der antiken Literatur bei. Und sie benötigten weißes
Weizenmehl, (importiertes) Öl und Wein für die Zelebration der heiligen Messe.

Literatur

1. Rösch M, Jacomet S, Karg S (1992) The history of cereals in the region of the former Duchy
   of Swabia (Herzogtum Schwaben) from the Roman to the Post-medieval period: results of
   archaeobotanical research. Veg Hist Archaeobotany 1:193–231
2. Van der Veen M, Livarda A, Hill A (2008) New plant foods in Roman Britain – dispersal and
   social access. Environ Archaeol 13(1):11–36
3. Apromo (o. J.). Keltische Landwirtschaft und Ernährung. https://www.kelten.de/keltische-lan
   dwirtschaft
4. Rösch et al (1992)
5. Rösch et al (1992)
6. Montanari M (1997) Produktion und Konsum bei Römern und Barbaren. In: Lutter C, Reimitz
   H (Hrsg) Römer und Barbaren. Ein Lesebuch zur deutschen Geschichte von der Spätantike bis
   800. Beck, München, S 35–42
7. WIKIPEDIA: Roggen. https://de.wikipedia.org/wiki/Roggen

8. Rösch et al (1992)
9. Tserendorj G, Marinova E, Lechterbeck J, Behling H, Wick L et al (2021) Intensification of agriculture in southwestern Germany between the Bronze Age and Medieval period, based on archaeobotanical data from Baden-Württemberg. Veg Hist Archaeobotany 30:35–46
10. SWR (o. J.) Germanen im Südwesten – Wie ernährten sie sich? – Hintergrund. https://www.planet-schule.de/schwerpunkt/germanen-im-suedwesten/wie-ernaehrten-sie-sich-hintergrund-100.html
11. Herchenbach M, Meurers-Balke J (2017) Stadt, Land, Fluss… und Baum–Archäobotanische Betrachtungen zur Romanisierung des Niederrheingebietes. Wald-und Holznutzung in der römischen Antike, S 71–87
12. König M (2011) Zentren landwirtschaftlicher Produktion in römischer Zeit – Die *villae rusticae*, S 57–64. In: Berichte zur Archäologie in Rheinhessen und Umgebung Jahrg. 4 • 2011. https://www.archaeologie-rheinhessen.de/files/ARU%204-2011.pdf
13. Anonym (2019) Das müssen Gärtner über Apfelbäume wissen. https://www.merkur.de/lokales/fuerstenfeldbruck/fuerstenfeldbruck-ort65548/muessen-gaertner-ueber-apfelbaeume-wissen-13214289.html
14. Baumpflegeportal. Baum des Jahres 2013 – Der Wildapfel (Holzapfel). https://www.baumpflegeportal.de/aktuell/baum-des-jahres-2013-der-wildapfel/
15. Pflanzenforschung. Die Frucht einer außergewöhnlichen Reise – Herkunft und Evolutionsgeschichte des Apfels aufgeklärt. https://www.pflanzenforschung.de/de/pflanzenwissen/journal/die-frucht-einer-aussergewoehnlichen-reise-herkunft-und-10839
16. Duan N et al (2017) Genome re-sequencing reveals the history of apple and supports a two-stage model for fruit enlargement. Nat Commun 8:249. https://doi.org/10.1038/s41467-017-00336-7
17. Herchenbach M, Meurers-Balke J (2017) Stadt, Land, Fluss… und Baum – Archäobotanische Betrachtungen zur Romanisierung des Niederrheingebietes. Wald-und Holznutzung in der römischen Antike, S 71–87
18. Janscheck T, Wauer A (2010) Ein antikes Edelgewächs – Geschichte und Geschichten. In: Bayer. Landesanstalt für Wald und Fortwirtschaft (hrsg.). Beiträge zur Vogelkirsche. LWF Wissen 65:74–79. https://www.lwf.bayern.de/mam/cms04/wissenstransfer/dateien/lwf wissen65-kirschen-antike.pdf
19. Janscheck T, Wauer A (2010)
20. Zheng Y, Crawford GW, Chen X (2014) Archaeological evidence for peach (*Prunus persica*) cultivation and domestication in China. PLoS ONE 9(9):e106595. https://doi.org/10.1371/journal.pone.0106595
21. WIKIPEDIA. Edelkastanie. https://de.wikipedia.org/wiki/Edelkastanie#Geschichte
22. Herchenbach M, Meurers-Balke J (2017)
23. Hessische Kultur GmbH (Hrsg) (2002) Das Rätsel der Kelten vom Glauberg. Glaube – Mythos – Wirklichkeit. Konrad Theiss, Stuttgart. S 344, 377 Abb. ISBN 3-8062-1592-8
24. Rösch M (2017) Archäobotanischer Blick über den Tellerrand: Kombination von on- und off-site-Daten zum besseren Verständnis von Landnutzungsgeschichte. Blickpunkt Archäologie 2(2017):148–154
25. Rösch M (2014) Direkte archäologische Belege für alkoholische Getränke von der vorrömischen Eisenzeit bis ins Mittelalter. In: Drauschke J, Prien R, Reis A (Hrsg) Küche und Keller in Antike und Frühmittelalter. Dr. Kovac, Hamburg, S 305–326
26. WIKIPEDIA. Weinbau in Deutschland. https://de.wikipedia.org/wiki/Weinbau_in_Deutschland
27. Maskow F (2021) Villa rustica und Kelter bei Bad Dürkheim. https://atlas-der-weinkultur-rlp.de/villa-rustica-und-kelter-in-bad-duerkheim
28. König M (2015) Spätrömische Kelteranlagen an Mosel und Rhein. Ein Beitrag zur Wein- und Landwirtschaftsgeschichte. In: Decker H, König H, Zwickel W (Hrsg) „Wo aber der Wein fehlt, stirbt der Reiz des Lebens". Aspekte des Kulturguts Wein. Mainz, S 68–79, hier S 69
29. Belzer C (2023) Römische Kelteranlage in Piesport. https://atlas-der-weinkultur-rlp.de/roemerwein-im-moseltal-kelteranlagen-piesport

30. WIKIPEDIA. Weinbau in Deutschland. https://de.wikipedia.org/wiki/Weinbau_in_Deutsch land

31. WIKIPEDIA. Weinbau in Deutschland. https://de.wikipedia.org/wiki/Weinbau_in_Deutsch land

32. Kreucher G (2003) Der Kaiser Marcus Aurelius Probus und seine Zeit. Steiner, Stuttgart. ISBN 3-515-08382-0 (Historia Einzelschriften 174)

33. Wagner (o. J.). Vom Weinbau der Römer an der Ahr. https://relaunch.kreis-ahrweiler.de/kvar/VT/hjb1955/hjb1955.30.htm

34. Montanari M (1997) Produktion und Konsum bei Römern und Barbaren. In: Lutter C, Reimitz H (Hrsg) Römer und Barbaren. Ein Lesebuch zur deutschen Geschichte von der Spätantike bis 800. Beck, München, S 35–42

35. SWR (o. J.) https://www.planet-schule.de/schwerpunkt/germanen-im-suedwesten/wie-ernaeh rten-sie-sich-hintergrund-100.html

36. Zerl T, Meurers-Balke J, Kooistra LI, Herchenbach M (2018) Archäobotanische Untersuchungen zur Nahrungsmittelversorgung der römischen Armee am Niederrhein. W: In: Xantener Berichte 32. Eger, C. (Hrsg) Grabung – Forschung – Präsentation. Landschaftsverband Rheinland. LVR-Archäologischer Park Xanten/LVR-RömerMuseum 2018

37. Bedal A, Fehle I (1994) Bauen und Wohnen im alten Hall und seiner Katharinenvorstadt. Jan Thorbecke, Sigmaringen

38. Bedal A, Fehle I (1994)

39. Steverino (2015) Was aßen die Germanen? https://blog.travian.com/de/2015/06/was-assen-die-germanen/

40. Informationen dieses Kapitels stammen aus: Livarda A, Van der Veen M (2008) Social access and dispersal of condiments in North-West Europe from the Roman to the medieval period. Veg Hist Archaeobotany 17:201–209

41. König M (2011) Zentren landwirtschaftlicher Produktion in römischer Zeit – Die *villae rusticae*. S 57–64. In: Berichte zur Archäologie in Rheinhessen und Umgebung. Jahrg. 4. https://www.archaeologie-rheinhessen.de/files/ARU%204-2011.pdf

42. Zerl et al (2018)

43. Bedal A, Fehle I (1994)

44. Lodwick LA (2017) Evergreen plants in Roman Britain and beyond: movement, meaning and materiality. Britannia 48:135–173

45. Rösch M Gartenplanzen mediterraner Herkunft in Südwestdeutschland. Ein Überblick von der Jungsteinzeit bis ins Mittelalter. In: Konold W, Regnath RJ (Hrsg) Gezähmte Natur – Gartenkultur und Obstbau von der Frühzeit bis zur Gegenwart. Jan Thorbecke, S 21–48

46. Weiß M (o. J.) Getreidehandel in der römisch-griechischen Antike. http://www.antike-tischk ultur.de/lebensmittelgetreidehandel.html

47. Smith D, Kenward H (2012) 'Well, Sextus, what can we do with this?' The disposal and use of insect-infested grain in Roman Britain. Environ Archaeol 17(2):141–150

48. Smith D (2007) Grain pests from Roman Military sites: implications for importation, supply to the Roman Army and agricultural production. In: Makohonienko M, Makowiecki D, Czerniawska J (Hrsg) Eurasian perspectives on environmental archaeology. Annual conference of the Association for Environmental Archaeology (AEA), September 12–15, 2007. Poznań, Poland, S 131–135

49. Smith D (2007)

50. Smith D, Kenward H (2011) Roman grain pests in Britain: implications for grain supply and agricultural production. Britannia 42:243–262

51. King GA, Kenward H, Schmidt E, Smith D (2014) Six-legged hitchhikers: an archaeobiogeographical account of the early dispersal of grain beetles. J North Atlantic 23:1–18

52. Weiß M (o. J.) Getreidehandel in der römisch-griechischen Antike. Abgerufen am 13. Dezember 2017. http://www.antike-tischkultur.de/lebensmittelgetreidehandel.html

53. Kloft H (2019) Antike Getreidespeicher – ein Werkstattbericht. In: Fellmeth U, Krüger J, Ohr K, Rasch JJ (Hrsg) Wirtschaftsbauten in der antiken Stadt. Internationales Kolloquium 16.-17. November 2012. KIT Scientific, Karlsruhe

54. King et al (2014)
55. Smith (2007)
56. Rösch (2008) New aspects of agriculture and diet of the early medieval period in central Europe: waterlogged plant material from sites in south-western Germany. Veg Hist Archaeobotany 17(Suppl 1):225–238
57. WIKIPEDIA: Capitulare de villis. https://de.wikipedia.org/wiki/Capitulare_de_villis

Kolumbus ist an allem schuld

5

Importierte Pflanzen und ihre Krankheiten aus Amerika

Nach den Römern passierte nicht mehr viel Neues in Mitteleuropa, was das Kulturpflanzeninventar anging. Im Gegenteil verringerte sich die Vielfalt in der Völkerwanderungszeit deutlich [1]. Vieles Römische ging dabei verloren, aber in den Klöstern der mittelalterlichen Mönche überlebte nicht nur das Wissen, sondern auch die Kultur einiger ihrer Obst-, Gemüse- und (Heil)-Kräuterarten. Bei den Bauern fanden sich dieselben Arten wie zuvor. Schon im frühen Mittelalter nahm der Roggen einen großen Aufschwung und wurde in den meisten Regionen zur Hauptgetreideart. Aus Hafer, Gerste und Hirse wurde Brei zubereitet. Den Nacktweizen gab es aufgrund seiner höheren Ansprüche an Boden und Nährstoffe nur in besonders günstigen Regionen und auch nur für die Oberschicht. In Südwest-Deutschland war häufig Dinkel die Hauptgetreideart. Erbsen, Ackerbohnen und Linsen waren die wichtigsten Hülsenfrüchte, Lein, Leindotter, Hanf und Mohn lieferten Fasern und Öl [2]. Während der Kreuzfahrerzeit kamen vielfach exotische Gewürze und Luxusprodukte, wie Zucker, ins Land, aber auf den Anbau in der Landwirtschaft hatte das nur wenig Einfluss. Das sollte sich erst mit den Entdeckungsfahrten der Europäer ab dem 15. Jahrhundert ändern.

Der Kolumbische Austausch

The Columbian Exchange nannte der amerikanische Historiker Alfred W. Crosby 1972 sein epochemachendes Buch, in dem er von den „Biologischen und Kulturellen Konsequenzen von 1492" berichtet, wie der Untertitel lautet. Die Übersetzung als „Kolumbianischer Austausch" ist falsch, da er nicht mit Kolumbien, sondern mit Kolumbus zusammenhängt. Man könnte ihn höchstens mit „Kolumbischer Austausch" übersetzen, was aber sehr unbeholfen klingt. Manche sprechen deshalb im Deutschen vom „Kolumbus-Effekt". Dieser sollte das Angesicht der Welt

T. Miedaner, *Anthropogene Ausbreitung von Pflanzen, ihren Pathogenen und Parasiten*, https://doi.org/10.1007/978-3-662-69715-3_5

verändern und begann schon mit der ersten Reise von Christoph Kolumbus, als er 1492 in der festen Überzeugung, Indien zu betreten, auf einer karibischen Insel landete, die später Hispaniola genannt wurde. Dort fand er „nicht nur den scharfen Chili", den er mit Pfeffer verwechselte. Kolumbus probierte auch Mais, Süßkartoffeln, unbekannte Bohnensorten und tropische Früchte" [3]. Alles, was er für interessant hielt, brachte er nach Europa. Schließlich mussten sich die Investitionen des spanischen Königspaares in seine Reisen auszahlen. Allerdings dauerte es bei den meisten Früchten viel länger, bevor ihr Nutzen in Eurasien erkannt wurde.

Die ersten modernen europäischen Seereisen begannen bereits mit der Entdeckung der atlantischen Inselgruppen Madeira und Azoren durch die Portugiesen im Jahr 1419 bzw. 1427 und der Umrundung der westafrikanischen Küste um 1434 [4]. Kurz nach Kolumbus richtete Vasca da Gama 1498 einen Seehandelsweg um Afrika herum nach Indien ein. Diese ersten Expeditionen waren der Beginn zahlreicher Entdeckungsreisen zur See über den Atlantik, den Indischen Ozean und den Pazifik, denen bis ins späte 19. Jahrhundert Landexpeditionen auf allen bis dahin fremden Kontinenten folgten. In dieser Zeit änderten die europäischen Mächte das Angesicht der Welt und mit den Folgen kämpfen die betroffenen Länder und Gesellschaften bis heute.

Der Austausch zwischen Europa und Amerika betraf freilich nicht nur Kulturpflanzen, sondern auch Krankheiten bei Mensch, Tier und Pflanze. Nach heutigen Schätzungen wurde die indigene Bevölkerung in Amerika durch europäische Krankheiten, wie beispielsweise Pocken, Masern, Typhus, Paratyphus, Cholera, Grippe um 80 bis 95 % verringert. So war die einheimische Bevölkerung der Taino auf Hispaniola (heute Haiti/Dominikanische Republik) innerhalb von 50 Jahren nach dem Anlanden von Kolumbus praktisch verschwunden [5]. In Zentralmexiko verringerte sich die Bevölkerung von rund 15 Mio. im Jahr 1519 auf etwa 1,5 Mio. hundert Jahre später. Allein bei der ersten Pockenwelle 1520 starben schätzungsweise 3,5 Mio. Menschen, auch der aztekische Herrscher Cuitláhuac. Die Pocken breiteten sich rasch nach Süden aus und töteten auch den elften König der Inka, Huayna Cápac [6].

Die Krankheiten waren schneller als die Eroberer und schwächten die Gesellschaften schon, bevor sie mit Waffengewalt unterworfen wurden. Der kolumbische Austausch führte umgekehrt nur zur Einführung eines neuen Syphilis-Stammes nach Europa, der erhebliche Folgen für das damalige soziale Gefüge hatte [7]. Aber das war die Ausnahme und ist auch heute noch umstritten. Sonst hatten die indigenen Völker nichts Neues, womit sie die Europäer hätten anstecken können, was die nicht schon kannten. Diese Ungleichheit könnte darauf beruhen, dass in Eurasien seit Beginn der Landwirtschaft eine intensive Tierhaltung betrieben wurde und die Menschen eng mit den Tieren zusammenlebten, die Ställe waren oft unter einem Dach mit den Wohngebäuden, direkt neben den Wohnstuben, was auch einen Heizungseffekt hatte. Die Getreidespeicher lockten Nager an, die oft Zecken und Flöhe hatten. Stehendes Wasser war eine Brutstätte für Mücken [8]. Dadurch steckten sich die Menschen zwangsläufig mit tierischen Krankheiten (Zoonosen) an und entwickelten über die Zeit Abwehrkräfte. So wissen wir heute, dass Cholera und die echte Grippe von Tieren stammten. Umgekehrt wurde das

Bakterium, das Tuberkulose verursacht, vom Menschen auf Rinder übertragen, die seitdem ein Reservoir für die Krankheit sind. Ursprünglich stammte es aus Nagetieren [9]. Auch die Erreger von Masern und Magengeschwüren *(Helicobacter pylori)* wurden von Tieren auf Menschen übertragen [10]. Die indigene Bevölkerung Amerikas hatte dagegen nur eine rudimentäre Tierhaltung und eigentlich lebten nur die Meerschweinchen Perus direkt im Haus.

Neben ihren Krankheiten schleppten die europäischen Siedler in der Folge auch ihre Tiere, Nutzpflanzen, Unkräuter und deren Krankheiten mit sich und verbreiteten sie auf allen Kontinenten, die eine ähnliche Klimazone hatten. Und natürlich beschränkte sich der Kolumbus-Effekt keineswegs auf Amerika, sondern betraf nach und nach die ganze Welt (s. nächstes Kapitel).

Auf der Habenseite steht, dass durch Kolumbus ein einmaliger Austausch von Kulturpflanzen in Gang gesetzt wurde, der die damalige Nahrungssicherheit auf allen Kontinenten wesentlich erhöhte. So kamen wichtige Grundnahrungsmittel wie Mais, Kartoffeln, Sonnenblumen, Süßkartoffeln und Maniok erstmals in die Alte Welt, Tomaten, Paprika, Zucchini, Peperoni, Chili, Erdnuss und Ananas bereicherten die Speisezettel Europas, Afrikas und Asiens. Tabak und Koka sind die wesentlichen Genusspflanzen, die aus Amerika kamen. Umgekehrt haben heute typische Kulturpflanzen der Alten Welt, wie Weizen, Soja, Zuckerrohr, Kaffee, Orangen und Bananen, heute ihre größten Anbaugebiete in den USA und Südamerika. Einige Länder verbinden ihre nationale Identität mit Pflanzen aus der Neuen Welt, wie etwa Italien mit den Tomaten, Ungarn mit der Paprika, die Schweiz mit der Schokolade oder Indien mit Chili.

Die Folgen des kolumbischen Austauschs sind so gewaltig, dass sie in ihrer Bedeutung gleich nach der Einführung der Landwirtschaft in der Jungsteinzeit kommen. Vor der ersten Reise des Kolumbus in die Karibik waren nur der Kalebassenkürbis *(Lagenaria siceraria)* und die Kokosnuss *(Cocos nucifer)* sowohl in der Alten als auch in der Neuen Welt verbreitet, die Süßkartoffel *(Ipomoea batatas)* und die Banane *(Musa × paradisiaca)* wurden in Amerika und Polynesien angebaut [11]. Alle anderen Nutzpflanzen, die vor etwa 10–12.000 Jahren domestiziert wurden, waren nur in begrenzten Regionen in der Nähe ihres Ursprungsgebietes oder höchstens auf benachbarten Kontinenten verbreitet. In den folgenden Jahrhunderten wurden die meisten Kulturpflanzen durch den Seehandel rund um den Globus verteilt und mit ihnen viele ihrer Krankheitserreger und Parasiten.

Der kolumbische Austausch ist auch das erste dokumentierte Beispiel in der Weltgeschichte dafür, dass die Migration von Pflanzen und ihren Krankheitserregern nicht durch wandernde Menschen auf der Suche nach neuem Ackerland, sondern durch die Entdeckung neuer Länder durch einzelne Personen und den anschließenden von Staaten betriebenen Überseehandel ausgelöst wurde.

Frühe Ausbreitung des Mais nach Europa

Mais (*Zea mays* L.) ist ein Paradebeispiel für die Verbreitung von Kulturpflanzen durch wandernde Bevölkerungsgruppen, koloniale Entdeckungen und weltweiten Handel. Er wurde von einem indigenen Volk in einem abgelegenen Tal Mexikos in Kultur genommen und über Jahrtausende verbessert, bis er sich langsam nach Süd- und noch viel langsamer nach Nordamerika verbreitete. Nach der Entdeckung durch Kolumbus ging es dann recht schnell und Mais wurde im Mittelmeergebiet zur wichtigsten Nahrungspflanze. Eine zweite Phase der Maisverbreitung war der Kolonialismus, als er nach Afrika und Asien gebracht wurde (s. Kap. 6). Die endgültige weltweite Verbreitung erfolgte dann nach dem Zweiten Weltkrieg durch die Amerikaner mit der Einführung der Hybridzüchtung (s. Kap. 7). Heute wächst er überall vom südlichen Schweden bis Südafrika, vom westlichen Kanada bis nach Nordchina und ist eine der drei wichtigsten Nahrungspflanzen weltweit.

Mais wird bereits im Tagebuch von Kolumbus' erster Reise 1492–93 erwähnt und gehörte zu den ersten nach Europa transportierten Pflanzen [12]. Die Spanier wurden auf ihren Reisen durch die Großen Antillen mehrfach auf Mais als Getreideart aufmerksam und verglichen ihn mit ihrer eigenen Gerste und Hirse. Daher rührt auch der amerikanisch-englische Name *corn* für Mais, denn die Europäer nannten ihre Hauptgetreideart in einer Region jeweils „Korn". Das konnte in Deutschland Roggen, in Süd-Frankreich Weizen und in Amerika eben Mais bedeuten.

Mais kam auf mehreren Wegen nach Europa (Abb. 5.1) [13]. Bei dem Mais, den Kolumbus aus der Karibik mitbrachte, handelte es sich um *Tropical Flint*. Er war an heißes Klima und kurze Tage angepasst und konnte daher in Europa nur in Andalusien, Süditalien und Anatolien angebaut werden.

Bereits 1514 sandten portugiesische Abgesandte Mais aus Kolumbien zum Hof des Papstes nach Italien. Mit genetischen Studien kann man heute noch nachweisen, dass diese Rasse aus dem nördlichen Südamerika Einfluss auf die Entwicklung des südeuropäischen Maises hatte [14]. Es sind Nachkommen von einigen Landsorten aus den Pyrenäen, Italien, dem südlichen Spanien und Galizien bekannt, die diese Abstammung zeigen. Später eroberten die Spanier Kolumbien und brachten dieselbe Maisrasse nach Spanien und Frankreich. Insgesamt hat sie aber am europäischen Mais nur einen kleinen Anteil.

Maisrassen – Unendliche Vielfalt

Mais wurde über Jahrtausende von den indigenen Völkern Amerikas kultiviert. Dabei entstanden viele verschiedene Formen, die in ihrem Umweltverhalten, Qualität, Reifezeit und Kornfarbe den jeweiligen Ansprüchen und Verwendungszwecken angepasst waren. Diese „Landsorten" kann man je nach ihrer geografischen Herkunft zu sogenannten „Rassen" zusammenfassen, von denen hier die Rede ist.

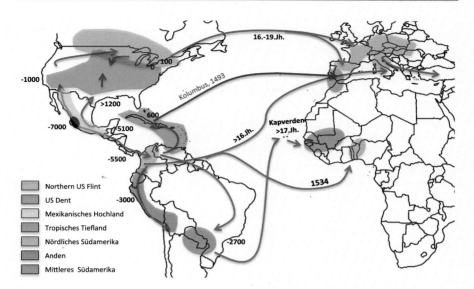

Abb. 5.1 Herkunft der wichtigsten Maisrassen und ihre Verbreitung nach Europa und Afrika; das kleine, dunkle Oval kennzeichnet das Herkunftsgebiet des Mais am Ufer des Balsas-Flusses in Mexiko; alle Zahlen beziehen sich auf das Jahr der Einführung, - = v. u. Z., ohne Symbol = n. u. Z. (neu gezeichnet; Daten) [17]

Viel wichtiger für Mitteleuropa war der spätere Import von *Northern Flint*. Diese Rasse wurde in vorkolumbischer Zeit entlang der Ostküste Nordamerikas von der St. Laurent Bay bis in den Norden Floridas angebaut und war somit an kurze Wachstumsperioden und kühlere Bedingungen angepasst [15]. Günstig für Mitteleuropa waren die geringen Anforderungen an die Photoperiode, die frühe Blüte und eine gewisse Kältetoleranz, die besonders im Frühjahr wichtig ist. Im frühen 16. Jahrhundert fanden mehrere spanische, portugiesische und französische Expeditionen in den Nordosten Amerikas statt, die den *Northern Flint*-Mais nach Europa gebracht haben könnten. Beispiele sind die Expeditionen von Giovanni Verrazano (1524) und Jacques Cartier (1534) [16]. Die französische Forscherin Celine Mir und ihre internationalen Kollegen schließen aus ihren genetischen Daten, dass amerikanische *Northern Flints* mehrmals nach Europa eingeführt wurden [14], was die relativ hohe genetische Vielfalt in Europa im Vergleich zu Afrika und Asien erklären könnte.

Der Mais kam nach Mitteleuropa bereits Anfang des 16. Jahrhunderts vom Süden. Von Italien verbreitete sich sein Anbau über die Lombardei, Tirol und die Schweiz rheinabwärts ins Elsass, in die Pfalz und nach Südbaden. Deshalb nennt ihn Hieronymus Bock 1539 in seinem Buch „Welsches Korn", wobei „welsch" so viel wie fremdartig, südländisch bedeutet. Nur vier Jahre später schreibt Leonhard Fuchs in seinem Kräuterbuch, dass das „Türckisch Korn" in vielen Gärten angebaut würde (*„darumb sie nun fast gemein seind und in vilen gärten gezilt* *warden").* Offensichtlich hatte sich der Mais in den klimatisch bevorzugten Gebieten Südwestdeutschlands bereits weit verbreitet. Seine ursprüngliche Herkunft aus Amerika scheint vergessen worden zu sein.

Dann folgten die Mais-Krankheiten

Bis der Mais weltweit angebaut wurde, dauerte es aber noch eine ganze Zeit. Nach der kolumbischen Entdeckung war er nur im Mittelmeergebiet wirklich großflächig verbreitet, im nördlichen Europa war er eher eine Gartenkultur. So wurde er bis ins 19. Jahrhundert hinein im südlichen Baden, in der Bodenseeregion und in Teilen Bayerns angebaut. Trotz der Einführung des *Northern Flints,* der schon eine gewisse Kühletoleranz besaß, konnte er wegen der Eisheiligen erst Mitte Mai gesät werden und reifte entsprechend spät im Herbst.

Zunächst war der Mais ein Segen für die ländliche Bevölkerung des europäischen Mittelmeerraumes einschließlich der Türkei. Wir wissen heute nicht mehr genau, welche Krankheit des Mais wann nach Europa kam, aber aus modernen genetischen Untersuchungen der Krankheitserreger lässt sich einiges ableiten. In den neuen Aufnahmeländern von Mais wurden Krankheiten auf drei Arten verbreitet. Erstens wurden einige Krankheiten von Anfang an mit den frühesten Maispopulationen eingeschleppt, wie z. B. der Maisbeulenbrand, dessen Sporen an allen Pflanzenteilen anhaften. Zweitens machten einheimische Schädlinge anderer Pflanzen einen Wirtssprung zum Mais, wie etwa der Maiszünsler in Europa und drittens wurden die Krankheitserreger und Schädlinge später nach und nach unabsichtlich aus ihrem Herkunftsgebiet importiert, was der häufigste Weg war, der heute durch den Klimawandel noch erleichtert wird. Einige Krankheitserreger sind saatgutbürtig, ihre Sporen haften am Saatgut an und werden mit ihm verbreitet. Dazu gehört beispielsweise die Turcicum-Blattdürre.

Was die Krankheiten betrifft, unter denen der Mais in der Herkunftsregion litt, so muss berücksichtigt werden, dass die indigenen Einwohner Amerikas den Mais auf eine völlig andere Weise anbauten als wir heute. Sie gruben die Erde mit Fußpflügen um, hoben mit einer Hacke ein Loch aus und legten einige Maiskörner und Bohnen in das Loch. Die Bohnen kletterten dann an den Maisstängeln empor, während die Vegetation wuchs. Der freie Boden wurde mit verschiedenen Kürbis- und Melonensorten bepflanzt, und in Nordamerika wurden Tabakpflanzen hinzugefügt. Diese Mischkulturen konnten im Osten der USA zwölf bis sechzehn, aber auch bis zu achtzig Hektar bedecken [17]. Es liegt auf der Hand, dass ein so vielfältiger Mischanbau die einzelnen Pflanzen weniger anfällig für Krankheiten machte, da die verschiedenen Kulturarten meist unter unterschiedlichen Krankheitserregern und Schädlingen leiden.

Die meisten Insekten und Krankheitserreger, die Mais befallen, sind auch in der Lage, seine ursprüngliche Herkunftspflanze, die Teosinte, zu infizieren, da beide nahe verwandt sind [18]. Für unsere Frage von besonderem Interesse ist jedoch, welche von ihnen auf wild wachsender Teosinte nachgewiesen wurden. Der häufigste Pilz, der Teosinte im guatemaltekischen Hochland infiziert, ist *Setosphaeria turcica* (sexuelle Form: *Exserohilum turcicum*), der die Turcicum-Blattdürre verursacht, heute auch in Süddeutschland eine der wichtigsten Pilzkrankheiten des Mais. Eine populationsgenetische Analyse von *Setosphaeria*-Isolaten mit molekularen Markern ergab, dass die genetische Vielfalt des Pilzes in mexikanischen Populationen höher war als in Populationen aus Kenia, China und Europa, was darauf schließen lässt, dass der Pilz ursprünglich aus Mexiko stammte und erst vor kurzem nach Europa eingedrungen ist [19]. Dies wurde durch eine neuere Analyse mit vollständiger Genomsequenzierung von Isolaten aus Nordamerika, Europa und Afrika bestätigt [20].

Weitere Tests an Teosinte zeigten, dass mehrere Viren alle Teosinte-(Unter-) Arten infizieren können, nämlich die einjährigen *Z. mays* ssp. *mexicana, Z. mays* ssp. *parviglumis* und *Z. luxurians* [21]. Viele andere Bakterien, Pilze und Parasiten befallen Teosinte in ihrem ursprünglichen Lebensraum. Dazu gehören auch die Maisroste. Da der moderne Mais und die Teosinte jedoch dasselbe Verbreitungsgebiet in Mexiko und Mittelamerika haben, ist dies kein Beweis dafür, dass sich alle diese Schädlinge auf dem wilden Vorfahren entwickelt haben. Sie könnten auch sekundär von modernen Maisfeldern auf die dort als Unkraut und Wildgräser wachsenden Teosinte-Formen übertragen worden sein. Die genetisch sehr enge Verwandtschaft zwischen beiden zeigt sich auch an der problemlosen Kreuzbarkeit von Mais mit Teosinte, die zu fruchtbaren Nachkommen führt. Allerdings wurden in der Teosinte auch Resistenzgene für mehrere Maiskrankheiten nachgewiesen: Turcicum-Blattdürre, *Southern Corn Leaf Blight* und *Gray Leaf Spot*. Aber auch hier konnte nicht nachgewiesen werden, ob diese Resistenzgene tatsächlich bereits vor der Kultivierung des Mais in der wilden Teosinte vorhanden waren. Dies wäre ein deutlicher Hinweis darauf, dass auch Teosinte bereits mit diesen Krankheiten zu kämpfen hatte. Sie könnten aber durch den natürlichen Pollenflug auch von modernen Zuchtsorten in die Teosinte übertragen und sich dort durch natürliche Auslese erhalten haben.

Ein Erreger, der direkt auf Teosinte beobachtet wird, ist der Maisbeulenbrand, *Ustilago maydis*. Er führt an allen Pflanzenteilen zur Ausbildung unterschiedlich großer Beulen (Gallen), die von einer weißen Haut umgeben sind und Unmengen von schwarzen Sporen enthalten, die zur Ernte freigesetzt werden (Abb. 5.2). Dies ist ein alter Pilz, der sich bereits 10–25 Mio. Jahre vor der Domestizierung von Mais aus seiner Schwesterart *U. bouriquetti* entwickelte [22]. Der Ursprung dieses Pilzes liegt in Mexiko. Er verbreitete sich durch die Domestizierung von Teosinte auch auf den nah-verwandten Mais. Die weitere Verbreitung außerhalb Mexikos konnte nur durch den Menschen geschehen, da das Wirtsspektrum von *U. maydis* auf Mais und seine direkten Verwandten beschränkt ist und moderne Pilzpopulationen sich nicht von selbst auf andere Kontinente verbreiten können [23]. Interessanterweise gibt es auf der Wildart Teosinte immer nur sehr wenige Beulenbrandgallen mit einer Infektionsrate von etwa 0,1 %, während auf Mais zahlreiche größere Gallen mit höheren Infektionsraten (ca. 3 %) an allen Pflanzenteilen gefunden werden, was zeigt, dass sich der biotrophe Erreger in seiner Vermehrungsfähigkeit an den größeren und produktiveren Wirt angepasst hat und davon profitiert.

Abb. 5.2 Der
Maisbeulenbrand kann alle
Pflanzenorgane infizieren. Zu
Beginn ist er von einer
weißen Haut umgeben, die
zur Reife aufplatzt und die
schwarzen Sporenmassen
freigibt. Diese gelten in
unreifer Form in Mexiko als
eine Delikatesse

Die DNS-Daten zeigen, dass es nach der Domestizierung des Mais beim Pilz einen Flaschenhalseffekt gab, d. h. die Größe der Pilzpopulation nahm erheblich ab. Dies könnte damit zusammenhängen, dass der Pilz erst einige genetische Änderungen (Mutationen) erfahren musste, um sich an seinen neuen Wirt anzupassen. Dabei hat sich der Pilz des Maises ca. 8.000 v. u. Z. von demjenigen der Teosinte abgespalten, was sehr gut mit dem Beginn der Domestizierung von Mais übereinstimmt.

Eine neuere Studie des Pilzes, bei der die gesamten Genome von 22 mexikanischen Isolaten sequenziert wurden, bestätigt den genetischen Flaschenhals, der etwa zum Zeitpunkt der Domestikation des Mais auftrat [24]. Die Effektorgene des Pilzes, die direkt mit der Besiedlung des Maises zusammenhängen, hatten dabei eine dreimal höhere Mutationsrate als andere Gene. Nachdem diese Anpassung an den Mais erfolgt war, stand dem Pilz mit der anthropogenen Ausbreitung der Kulturpflanze die ganze Welt offen.

Anhand von DNS-Untersuchungen von amerikanischen Isolaten fanden sich fünf Hauptgruppen: zwei aus Mexiko, zwei aus Südamerika und eine aus den USA [25]. Der Zeitraum, als sich der Pilz von den mexikanischen auf die südamerikanischen Maispopulationen verbreitete, wurde auf 5800 bis 1000 v. u. Z. geschätzt. Die Abspaltung der US-Gruppe von der ursprünglichen mexikanischen Gruppe liegt zwischen 4400 und 200 v. u. Z. und überschneidet sich damit mit den ältesten archäologischen Funden von Mais im Südwesten der USA (1000 v. u. Z. bis 1000 n. u. Z.) [26]. Interessanterweise waren die US-Isolate in dieser

Studie einander sehr ähnlich, während sich die Isolate innerhalb der südamerikanischen Gruppe sehr stark unterscheiden. Dies deutet darauf hin, dass tatsächlich die US-Isolate erst vor evolutionär kurzem Zeitraum entstanden sind.

Zusammenfassend lässt sich sagen, dass die Populationsstruktur von *U. maydis* im Wesentlichen durch die Domestizierung von Mais in Mexiko, den frühen vom Menschen vermittelten Transport der neuen Kulturpflanze nach Südamerika und später in den Südwesten der USA sowie durch die von den Indigenen beigetragenen Selektionskräfte bestimmt wurde.

Die Domestizierung von Mais hat also die ko-evolvierenden Populationen von *U. maydis* drastisch verändert. Die moderne Landwirtschaft hat die Pilzpopulationen aber nicht homogenisiert, sondern die alten Abstammungen lassen sich in den heutigen Populationen immer noch finden [27]. Durch die Verbreitung des Maisanbaus durch den Menschen hat sich auch der Erreger, der ursprünglich ein Erreger der Teosinte in einem relativ kleinen Gebiet im Tiefland Mexikos war, in praktisch alle Regionen auf der ganzen Welt ausgebreitet, in denen heute Mais angebaut wird.

Die ersten europäischen Berichte über *Setosphaeria turcica*, den Pilz, der die Turcicum-Blattdürre verursacht (Abb. 5.3), stammen aus Italien aus dem Jahr 1876 und aus Südwest-Frankreich um 1900 [28]. Die Krankheit trat damals hauptsächlich in den wärmeren Regionen Südeuropas auf, später wurden die ersten Symptome auch nördlich der Alpen gemeldet. So fand sich der Pilz zu Beginn der 1990er Jahre in der Schweiz und 1995 vor allem in Österreich, wo es die ersten Epidemien gab [29]. Im selben Jahr wurde der Pilz auch erstmals aus einem Maisbestand im Oberrheintal in Süddeutschland isoliert. Sieben Jahre später wurde dann erstmals ein epidemisches Auftreten der Turcicum-Blattdürre in derselben Region berichtet. Danach breitete er sich rasch in allen Maisanbaugebieten in NW-Europa aus und ist heute eine der häufigsten Blattkrankheiten bei Mais.

Molekulargenetische Untersuchungen des Erregers legen jedoch nahe, dass der Pilz schon einige Jahrhunderte zuvor unbemerkt in Europa angekommen sein muss [28]. Auf der Grundlage der Sequenzierung des gesamten Genoms wurden in dieser Studie anhand von meist europäischen Isolaten vier Hauptgruppen ermittelt, von denen drei klonale Gruppen mit geringer genetischer Vielfalt waren. Es gab keine Anzeichen für eine kürzlich erfolgte sexuelle Vermischung und es fand sich in diesen Gruppen nur ein Paarungstyp, es war also gar keine sexuelle Vermehrung in Europa möglich (s. Box). Dies erklärt natürlich die geringe Vielfalt, weil der Pilz dann nur in Form von genetisch identischen Klonen vorkommt.

Eine vierte Gruppe war dagegen bunt gemischt und bestand aus verschiedenen Linien mit Hinweisen auf sexuelle Rekombination. Da diese unter europäischen Bedingungen nicht vorkommt, müssen die Isolate von woanders stammen. Und tatsächlich wies diese vierte Gruppe eine große genetische Ähnlichkeit mit zwei gleichzeitig untersuchten nordamerikanischen Isolaten auf. Die Autoren schlossen daraus, dass dies auf einen amerikanischen Ursprung zumindest dieser Gruppe oder auf einen gemeinsamen Ursprung in einer anderen Region, wie etwa Mexiko, deuten könnte.

Abb. 5.3 Das Schadbild der Turcicum-Blattdürre, das von *Setosphaeria* verursacht wird; bei fortschreitender Krankheit werden die gesamten Blätter braun und welk

Dementsprechend lagen die geschätzten Entstehungszeiten für alle Cluster zwischen 816 und 360 Jahren, also weit vor den ersten Berichten über *S. turcica* in Europa, aber innerhalb der Zeitspanne in der Mais in Europa angebaut wurde. Möglicherweise wurde der Pilz schon damals unbemerkt mit dem Mais übertragen, da er sich auch durch samenbürtiges Inokulum verbreiten kann [30]. Im Gegensatz dazu sind einzelne Klone innerhalb der weniger vielfältigen Cluster erst vor weniger als 40 Jahren entstanden.

Wie sich Setosphaeria vermehrt

Der Pilz stammt aus (sub)tropischen Regionen und ist deshalb wärmeliebend. Er besitzt zwei Geschlechtstypen und nur wenn sich diese in derselben Infektion treffen, kommt es zur sexuellen Fortpflanzung. Dies wurde bisher in Europa nicht beobachtet und er vermehrt sich hier nur über asexuell gebildete Sporen. Es entstehen deshalb genetisch identische Klone, die sich nur durch Mutation langfristig und auch nur punktuell verändern. In seiner Heimat kann er bei höheren Temperaturen auch ein sexuelles Stadium bilden, das zur genetischen Durchmischung (Rekombination) führt und dann eine sehr vielfältige Population hervorbringt.

Zusammenfassend lässt sich sagen, dass der Erreger wohl mehrmals aus Amerika nach Europa eingeschleppt wurde und seine Populationsgröße durch die Ausweitung des Maisanbaus in NW-Europa in den letzten Jahrzehnten stark vergrößert hat. Schon Jahrhunderte bevor er von Phytopathologen bemerkt wurde, verbreitete er sich in Europa. Als er dann durch den intensiven Maisanbau, der regional sogar in Dauerkultur erfolgt, und durch die wärmeren Temperaturen des Klimawandels einseitig gefördert wurde, machte er sich als Schaderreger bemerkbar. Bei günstigem, feucht-warmem Wetter kann er jetzt jederzeit Epidemien verursachen und es ist nötig, ihn durch widerstandsfähige Sorten in Schach zu halten.

Kartoffeln ernähren Nordeuropa ... bis Krankheiten und Schädlinge kamen

Auch die Kartoffel*(Solanum tuberosum)* und ihre Krankheitserreger und Parasiten sind ein ideales Beispiel für die Wirkungen von Migration durch Menschen, da sie alle ihren Ursprung in Amerika haben, wo auch die Kartoffel herkommt, und nur durch den Transport infizierter Knollen nach Europa kommen konnten. Natürlich hat niemand beabsichtigt, Krankheiten und Schädlinge mitzunehmen, aber beim Transport lebender Pflanzen oder Knollen passiert dies automatisch. Selbst heute noch, da die Kontrollen an den Grenzen bei den riesigen Mengen an landwirtschaftlichen Gütern, die täglich über die Weltmeere transportiert werden, nur stichprobenartig erfolgen können. Um wieviel wahrscheinlicher war dies in früheren Zeiten!

Die Kartoffel stammte aus der Andenregion Südamerikas, wo sie die Lebensgrundlage der Inka-Kultur auf dem *Altiplano,* der Hochebene zwischen Peru und Bolivien, war. Es gab mehrere Einführungen von andinen und chilenischen Landrassen nach Europa, aber die chilenischen Landrassen waren aufgrund ihres Langtagcharakters besser an die lokalen Bedingungen angepasst und wurden spätestens seit 1811 zur alleinigen Quelle der europäischen Sorten [32]. Dies zeigen auch Studien zur DNS der Chloroplasten, bei denen für 99 % der heutigen europäischen Sorten ein chilenischer Ursprung nachgewiesen werden konnte.

Obwohl schon 1560 Kartoffeln in den Gärten der Poebene in Italien wuchsen [31] und ab 1567 als Nahrungsmittel auf den Kanarischen Inseln erwähnt wurden, erfolgte ihr Durchbruch als Grundnahrungsmittel am frühesten im nordwestlichen Spanien entlang der feuchten Atlantikküste. Baskische Fischer erkannten rasch die Vorteile der Knollenfrucht und brachten sie auch in das westliche Irland. Dort florierte die Kartoffel bereits Anfang des 17. Jahrhunderts als Grundnahrungsmittel. Auch im restlichen Europa wurden zu dieser Zeit schon zahlreiche Anbauversuche unternommen, sie setzte sich nicht durch. In Preußen wurde die Kartoffel erst nach der Hungersnot von 1770 heimisch. Etwa zur selben Zeit wurde sie auch in Frankreich, in der Schweiz, in Skandinavien, in Polen und in Russland populär. Sie kann, ähnlich wie Mais, in Gartenkultur angebaut werden, die Knollen ergeben, umgerechnet auf den Trockensubstanzgehalt, zwei- bis viermal mehr Kalorien als Weizen und Roggen und sind noch dazu sehr nahrhaft, in Irland ernährten die armen Bauern ihre wachsenden Familien von Kartoffeln und Milch und hatten damit eine gesunde, vollwertige Nahrungsquelle. Wenn die Kartoffel doch nur selbst nicht so viele Krankheiten hätte.

Das Hauptproblem bei allen Krankheiten der Kartoffel ist, dass die Kartoffel sich vegetativ vermehrt. Dadurch werden von Generation zu Generation die wasserreichen Knollen weitergegeben, die ideale Transportvehikel für Viren, Bakterien und Pilze sind. Dies ist bei den trockenen Samen der Getreide mit 14 % Wassergehalt nur einigen wenigen, hochspezialisierten Erregern möglich.

Die Kraut- und Knollenfäule der Kartoffel, verursacht durch den pilzähnlichen Oomyceten *Phytophthora infestans* (Abb. 5.4), ist heute die wichtigste Kartoffel- und Tomatenkrankheit weltweit. Der Erreger kann nur auf lebendem Wirtsgewebe, einschließlich der Knollen, überleben (obligat biotroph). Wenn zwei Paarungstypen (A1, A2) im selben Wirt vorhanden sind, ist ein sexueller Zyklus möglich, der zu langlebigen Dauersporen (Oosporen) führt, aber die wichtigste Vermehrung ist die klonale durch ungeschlechtlich produzierte Sporenbehältnisse (Sporangien). Diese können sich wegen ihrer Kleinheit lokal durch Luftbewegungen über Kilometer hinweg ausbreiten [32], ein Langstreckentransport ist jedoch nur durch den Transport infizierter Knollen oder anderen Pflanzenmaterials möglich. Ursprünglich wurde Peru als Ursprungsland der Krankheit vermutet, da solche Erreger meist dort entstehen, wo ihre Wirte seit langem heimisch sind. Dann wurde jedoch festgestellt, dass in Mexiko beide Paarungstypen mit einer sehr großen genetischen Variation existieren und Resistenzgene in wilden mexikanischen Kartoffeln, z. B. in *Solanum rostratum,* gefunden wurden. Außerhalb Mexikos kam anfangs nur der Paarungstyp A1 vor, alle untersuchten Populationen waren einheitlich und klonal in ihrer genetischen Struktur [33].

Diese Debatte ist jedoch noch nicht entschieden, da kürzlich eine Schwesterart, *Phytophthora andina,* in Südamerika entdeckt wurde. Es gibt also heute Hinweise für beide möglichen Ursprungsgebiete: die Anden oder Mexiko [34].

Die Geschichte von *P. infestans* basiert auf einer Reihe von Migrationen, die zu einer globalen Ausbreitung eines ehemals lokal begrenzten Erregers durch den Versand von Pflanzknollen führten. Die Krankheit wurde erstmals 1843 in der Nähe der Häfen von New York, Philadelphia und umliegenden US-Bundesstaaten nachgewiesen. Man geht heute davon aus, dass sie nur wenige Jahre zuvor aus Mittel- oder Südamerika in die USA eingeschleppt worden war. Die Infektionen in Europa begannen 1844 in der westflämischen Stadt Kortrijk, neun Kilometer von der französischen Grenze entfernt, wo neue Kartoffeln aus Nord- und Südamerika importiert wurden, um die genetische Variation der europäischen Kartoffeln zu erweitern. Dies war auch dringend nötig, weil immer nur wenige Herkünfte in Europa angebaut wurden und das zu einer großen Einheitlichkeit der Sorten führte.

Die ersten Symptome der Krankheit wurden nicht ernst genommen, es waren auch nur ein paar schwarze Blattflecken [35]. Als die flämischen Forscher aber im nächsten Jahr unwissentlich einige im Vorjahr infizierte Knollen wieder anpflanzten, breitete sich die Krankheit ab Juni rasant aus und sie wurden zur Ursache der ersten und größten Krautfäule-Epidemie, die Europa jemals gesehen hatte. Und es ging rasch, sehr rasch! (Abb. 5.4).

Abb. 5.4 Die Kraut- und Knollenfäule der Kartoffel ist bei ausreichender Luftfeuchtigkeit und anfälligen Sorten eine verheerende Krankheit und kann innerhalb kurzer Zeit den gesamten Blattapparat vernichten

Im August 1845 war die Krankheit in den Betrieben rund um Paris angekommen. Eine „verheerende Kartoffelkrankheit" wurde am 23. August 1845 erstmals auch in Irland gemeldet. Der Ausbruch vernichtete im September und Oktober die gesamte Kartoffelernte in Irland, trat in den beiden Folgejahren erneut auf und dauerte insgesamt etwa fünf Jahre, in denen schätzungsweise 1,5 Mio. Iren an Hunger und Folgekrankheiten starben und eine weitere Million auswanderte, hauptsächlich in die USA und nach Kanada [36].

Innerhalb des Jahres 1845 breitete sich *P. infestans* auch noch über Westeuropa aus und erreichte die Niederlande, Belgien, Frankreich, Dänemark, das damalige Deutsche Reich und die Schweiz. In allen Ländern kam es zu Ertragseinbußen, die zwischen 22 und 65 % lagen [37], aber die Auswirkungen waren nicht so dramatisch wie bei der irischen Hungersnot, da in Mitteleuropa auch Getreide als Grundnahrungsmittel diente. Das war den Iren aber von ihren englischen Großgrundbesitzern nicht gestattet, die wollten den teuren Weizen auf dem Weltmarkt verkaufen und ließen den irischen Bauern nur die Kartoffeln in ihren Gärten zum Überleben.

Eine weitere Kartoffelkrankheit, die nur durch den Menschen verbreitet werden kann, ist der **Kartoffelkrebs,** der seinen Namen von den Wucherungen hat, die er auf der Knolle verursacht (Abb. 5.5). Sie werden von einem Pilz verursacht, *Synchytrium endobioticum,* der im Boden lebt und keine natürlichen Verbreitungsmechanismen besitzt. Er befällt die Knolle und bildet darauf tumorartige Gallen

(Warzen), die diese unverkäuflich machen, gleichzeitig aber auch der Verbreitung dienen, wenn gallentragende Kartoffeln im nächsten Jahr auf einem anderen Feld wieder angepflanzt werden (Abb. 5.5). Die Gallen müssen nicht immer so groß sein, dass man sie sofort sieht. Auch kann das Gallengewebe bei der Verarbeitung der Knolle abfallen und durch das Waschwasser bzw. die abgeschwemmte Erde wieder auf andere Felder verschleppt werden. Der Pilz ist sehr hartnäckig und kaum zu zerstören. Der größte Schaden entsteht jedoch nicht durch Ertragseinbußen, sondern durch die hartnäckigen ruhenden (Winter-) Sporangien (Sori), die mehr als 30 Jahre lang, vielleicht sogar 50 Jahre lang, im Boden lebensfähig bleiben [38].

Daher ist *S. endobioticum* der weltweit wichtigste Quarantäneorganismus der Kartoffel, die ersten gesetzlichen Beschränkungen kamen bereits vor rund 110 Jahren [39]. Eine regionale Ausbreitung erfolgt durch den Transport von Bodenpartikeln krebsbefallener Felder durch landwirtschaftliche Maschinen, abfließendes Bewässerungswasser oder Wind sowie durch verunreinigte Gülle [40]. Ein Ferntransport ist jedoch nur durch (innerlich) infizierte Knollen oder Saatknollen mit anhaftenden befallenen Bodenpartikeln möglich.

Der Erreger stammt aus der Andenregion, wo er sich im Wettlauf mit den dortigen Nachtschattengewächsen entwickelt hat. Bislang wurden keine molekularen Analysen von *Synchytrium*-Populationen durchgeführt, die Südamerika einschließen. Alle fünf heute bekannten Resistenzen *(Sen1-Sen5)*, die nur durch jeweils ein Gen vererbt werden, wurden jedoch kürzlich auch bei mehreren wilden

Abb. 5.5 Die Wucherungen an der Knolle erklären den Namen „Kartoffelkrebs" eindrücklich; es ist infektiöses Pilzgewebe, das der weiteren Verbreitung dient [41]

Kartoffelarten gefunden, darunter *Solanum tuberosum* ssp. *andigena,* einem Vorläufer unserer Kulturkartoffel [42]. Außerhalb Südamerikas wurde die Krankheit nach nicht-wissenschaftlichen Berichten bereits 1876 oder 1878 erstmals in England gefunden [43]. Zu diesem Zeitpunkt wurden Kartoffeln in Europa bereits seit etwa 150 Jahren angebaut. Weitere frühe Vorkommen gab es 1888 in der heutigen Tschechischen Republik und 1893 in Finnland [44], die erste wissenschaftliche Beschreibung erfolgte durch den ungarischen Phytopathologen K. Schilberszky (1896). Er erhielt 1888 Knollen, die vor Ort aus Pflanzkartoffeln gezogen wurden, die aus England kamen [39]. Zu dieser Zeit hatte England bereits eine erfolgreiche Kartoffelzüchtung aufgebaut und exportierte Elitesorten als Pflanzkartoffeln in verschiedene Teile der Welt.

Die Krankheit wurde höchstwahrscheinlich nach der großen irischen Hungersnot (1845–49) durch *P. infestans* nach England eingeführt, als südamerikanische Kartoffeln importiert wurden, um Resistenzen gegen diese Krankheit zu finden [45]. Der Kartoffelkrebs verbreitete sich zu Beginn des 20. Jahrhunderts rasch in Nord- und Osteuropa (Abb. 5.6).

Orton und Field bezeichneten den Kartoffelkrebs bereits 1910 als „gefährliche europäische Krankheit" und befürchteten die Einschleppung in die USA [47]. Zwischen 1919 und 1923 wurden Tausende von Ausbrüchen in England und Deutschland gemeldet. Der Mangel an Pflanzkartoffeln während des Ersten Weltkriegs führte dazu, dass britische Kartoffeln von befallenen Feldern in neue Regionen eingeführt wurden, und während des Zweiten Weltkriegs brachten deutsche Truppen den Kartoffelkrebs in die damalige UdSSR [48]. Die mitochondriale genomische Variation von *S. endobioticum* ergab vier Hauptlinien, und die Autoren schlossen daraus, dass der Erreger mindestens dreimal unabhängig voneinander nach Europa eingeführt wurde [49].

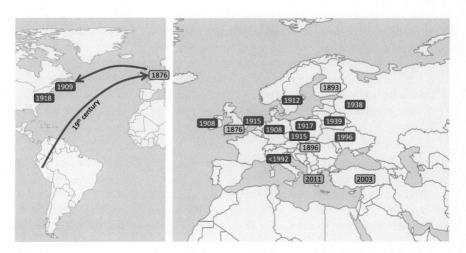

Abb. 5.6 Verbreitung der Kartoffelkrebskrankheit; Farben stellen das Jahrhundert dar [46]

Aus England oder Schottland wurde die Krankheit 1909 durch menschliche
Migration auf die Insel Neufundland gebracht, die damals noch nicht zu Kanada
gehörte [50]. Der Mythos besagt, dass einwandernde Bergleute infizierte Kartoffelknollen in ihren Bündeln mitbrachten [54]. Eine sehr detaillierte Analyse der
Ausbreitung der Krankheit in Neufundland zeigte, dass die Verbreitung innerhalb
der Insel eindeutig mit dem Transport durch den Menschen zusammenhing. Er
erfolgte auf dem Seeweg, auf der Straße und mit der Eisenbahn [55]. Erste pflan-
zenschutzrechtliche Maßnahmen wurden 1910 ergriffen, um die Ausbreitung der
Krankheit auf das kanadische Festland zu verhindern (*Potato Canker Act,* Neufundland, erlassen 1911). Im Jahr 1912 wurde ein Verbot der Einfuhr von Kartoffeln
aus dem Vereinigten Königreich nach Kanada und in die USA erlassen. Aber das
war viel zu spät, der Erreger war schon längst da. Das Problem bei den gesetzgebe-
rischen Maßnahmen ist, dass der Krebs nicht nur auf landwirtschaftlichen Feldern,
sondern auch in privaten Gärten auftritt, in denen Kartoffeln angebaut werden. So
stammte der erste Bericht über Kartoffelkrebs in den USA aus kleinen Gärten in
27 Gemeinden in Pennsylvania im Jahr 1918 [43].

Heute wird Krebs aus fast allen Kartoffelanbauländern gemeldet [56], allerdings
ist die Verbreitung innerhalb eines Landes aufgrund strenger Regulierungsstrate-
gien fragmentiert. Das Hauptverbreitungsgebiet der Krankheit ist nach wie vor
das Vereinigte Königreich, Skandinavien und West-Europa von den Niederlanden
und Deutschland ostwärts bis zum Uralgebirge. Noch im 21. Jahrhundert wurde
der Erreger auch in neue Länder eingeschleppt, wie die Türkei und Griechenland
(Abb. 5.6), 2005 sogar in das entlegene Neuseeland.

Kartoffelkrebs – Bekämpfung durch Quarantäne
Kartoffelkrebs ist eine gefährliche Krankheit, weil die Dauersporen Jahrzehnte im Boden überdauern können und dann immer noch infektiös sind.
Die einzige Möglichkeit der Bekämpfung ist es, die ganze Zeit keine
Kartoffeln mehr auf infizierten Feldern anzubauen. Die gesetzlichen Qua-
rantänebestimmungen fordern eine Anbaupause von mindestens 20 Jahren,
danach muss das Feld beprobt und kann bei Abwesenheit des Pilzes von
einer Behörde freigegeben werden. Der Schaden für den Landwirt ist deshalb immens. Vorbeugend würde es sich deshalb lohnen, krankheitsresistente
Sorten anzubauen. Allerdings gibt es diese nicht gegen jede vorkommende
Rasse.

Auch der **Pulverschorf** *(Spongospora subterranea)* der Kartoffel ist ein Pilz, der
aus Südamerika eingeschleppt worden ist. Hier fand eine Studie, die 659 Isolate
mit DNS-Markern untersuchte, die höchste genetische Variation [57]. An der Basis
der aus den DNS-Sequenzen abgeleiteten Abstammungsgeschichte steht ein Pil-
zisolat, das aus Peru stammt. Als Transportweg kommen nur infizierte Knollen
infrage. Denn der Pilz bildet im Boden Dauersporen, die dort viele Jahre ruhen
können. Kommt ein anfälliger Wirt in diese Erde, schlüpfen daraus bewegliche
Zoosporen, die aber ständig einen Wasserfilm brauchen, um infizieren zu können.

So ist natürlicherweise keine weite Verbreitung möglich. Der Pilz kann sowohl die Knollen infizieren als auch an den Wurzeln Gallen verursachen.

In der 2. Hälfte des 16. Jahrhunderts kommt die Kartoffel erstmals nach Europa, auch die Krankheit muss schon früh angekommen sein. Denn bereits 1842 galt sie in Deutschland als „altbekanntes Problem der Bauern" [57].

Von Europa aus verbreiteten sich dann die Kartoffeln mitsamt dem Erreger durch menschliche Aktivitäten zuerst nach Asien, dann nach Nordamerika und schließlich in den Rest der Welt (Abb. 5.7). Europa diente ähnlich wie bei dem Erreger der Kraut- und Knollenfäule gleichsam als Brückenkopf, vor allem die Niederlande, die noch heute der weltweit größte Exporteur von Saatkartoffeln ist (s. Box).

Die Abb. 5.7 schlüsselt anhand der DNS-Sequenzen die Geschichte der Invasionen des Pulverschorfes auf:

1. Die Konquistadoren brachten die Kartoffel nach Europa (1567–1593)
2. In den frühen 1600er Jahren wurde die Kartoffel von Europa nach Ostasien gebracht
3. 1613 wurde die Kartoffel von England auf die Bermudas und von dort 1620 nach Virginia (USA) eingeführt
4. und 5. Weitere Verbreitung der Kartoffel von England nach Südafrika (1880er Jahre), Neuseeland (1769) und Australien (1787).

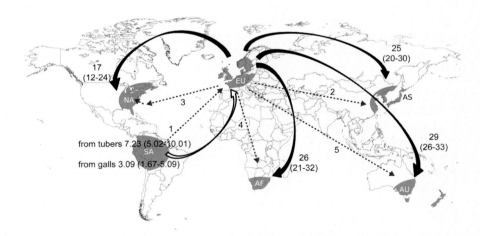

Abb. 5.7 Globaler Genfluss für den Pulverschorf (% Migranten) zwischen Europa (EU), Afrika (AF), Asien (AS), Australien (AU), Nordamerika (NA) und Südamerika (SA). Der weiße Pfeil zeigt Schätzungen des historischen ersten Genflusses. Gekrümmte schwarze Pfeile zeigen einen signifikanten aktuellen Genfluss zwischen Regionen. Die Konfidenzintervalle (5 %-95 %) sind in Klammern angegeben. Die nummerierten geraden Pfeile stellen die historischen Verbreitungsschritte der Kartoffel durch menschliche Aktivitäten dar (Erläuterungen siehe Text) [55]

Tab. 5.1 Merkmale für genetische Diversität für die Populationen des Pulverschorfs in verschiedenen Regionen [59]

Region	Anzahl Isolate	Anteil Genotypen (%)[a]	Anteil Klone (%)[b]	Genetische Diversität
Südamerika	127	63.8	35	0.461
Andere Regionen	566	6.0	91	0.235

[a] Anteil unterschiedlicher Genotypen an der Gesamtzahl an Isolaten
[b] Anteil der Genotypen, die aus asexueller Vermehrung kommen.

Es ist bis heute unklar, ob sich der Erreger außerhalb Südamerikas regelmäßig sexuell vermehrt. Da in den Regionen, in die der Pilz von außen eingeführt wurde, 91 % der Genotypen genetisch identische Klone darstellen (Tab. 5.1), spricht das eher dagegen. Auch die genetische Diversität ist in diesen Regionen nur halb so hoch wie in Südamerika. Offensichtlich gab es nach der ersten Einfuhr der infizierten Kartoffeln aus Südamerika nach Europa keinen Kontakt mehr zwischen dem Ursprungsgebiet und den sekundären Verbreitungsgebieten.

Die geringste genetische Variation gibt es heute noch in Nordamerika. Hier waren alle untersuchten 26 Isolate genetisch identisch, wobei diese Stichprobe auch sehr klein ist. Dies könnte durch die komplizierte Einwanderungsgeschichte erklärt werden. Dadurch kam es zweimal zu einem Flaschenhalseffekt, einmal beim Transport von Südamerika nach Europa und einmal bei der Verbreitung von Europa in die Welt. Dabei wurde jedes Mal nur eine zufällige Auswahl an Isolaten verbreitet, was die Populationsgröße und die genetische Variation deutlich verringert. Da es (wahrscheinlich) außerhalb Südamerikas keine sexuelle Vermehrung gibt und offensichtlich auch keine erneute Zuwanderung aus Südamerika mehr erfolgte, blieben die auswärtigen Pilzpopulationen genetisch verarmt.

Niederländische Pflanzkartoffeln gehen in die Welt
In den letzten 14 Jahren stieg der Export niederländischer Pflanzkartoffeln um 300.000 t, im Jahr 2017 waren es fast 1 Mio. Tonnen. Mit einem Exportanteil von über 50 % sind die niederländischen Pflanzkartoffelerzeuger am wichtigsten.

Niederländisches Pflanzgut wird hauptsächlich in Länder in Nordafrika und im Nahen Osten exportiert. Dort fehlt die Infrastruktur für die Erzeugung und Lagerung hochwertiger Pflanzkartoffeln. Innerhalb Europas haben die niederländischen Ausfuhren vom Wachstum der Tiefkühlindustrie profitiert, die spezielle Kartoffelsorten benötigt.

Quelle: https://www.potatogrower.com/2019/05/its-a-small-world

Der leichtfüßige Käfer

Die meisten Kartoffelkrankheiten kamen aus Südamerika, weil das die natürliche Heimat der Pflanze ist und sich über Jahrtausende hinweg Pathogene und Schädlinge an sie angepasst haben. Eine etwas andere Geschichte hat der **Kartoffelkäfer** (Colorado potato beetle) mit dem lateinischen Namen *Leptinotarsa decemlineata*, der als „zehnstreifiger Leichtfuß" übersetzt wird. Er kam erst in Nordamerika zur Kulturkartoffel. In seiner ursprünglichen Heimat Mexiko ernährte er sich von ihren wilden Verwandten, wie dem Stachel-Nachtschatten *(Solanum rostratum)*, auch Büffelklette genannt (Abb. 5.8).

Er frisst ausschließlich die Blätter und kann selbst hohe Konzentrationen von giftigem Solanin, dem natürlichen Abwehrstoff der Kartoffel, ertragen. Kartoffelkäfer und ihre Larven können innerhalb kurzer Zeit ganze Felder kahlfressen (Abb. 5.9). Aber auch andere Nachtschattengewächse, insbesondere Tomaten, Paprika und Tabak, werden befallen. Die Käfer sind schlechte Flieger, können aber starke Winde für eine weiträumige Wanderung nutzen [57]. Der Kartoffelkäfer wurde erstmals 1811 in den USA an der Grenze zwischen Nebraska und

Abb. 5.8 Eine Pflanze und eine Blüte (kleine Aufnahme) von *Solanum rostratum*, dem Stachel-Nachtschatten, benannt nach den stacheligen Früchten; die Blüte ist von der Kulturkartoffel kaum zu unterscheiden; aufgenommen in 2000 m Höhe auf dem östlichen Abhang der Sierra Nevada im Mono County, CA. [56]

Abb. 5.9 Der „leichtfüßige" Kartoffelkäfer mit seinen auffälligen zehn Streifen und dessen fressende Larven [62]

Iowa nachgewiesen, auch hier fraß er zunächst den wilden Kartoffelverwandten *S. rostratum* [58].

Der Übergang zur Kulturkartoffel als Hauptwirt erfolgte im Zuge des ersten kommerziellen Kartoffelanbaus in den USA im 19. Jahrhundert. Zwar wurde die Kartoffel schon 1621 erstmals in Virginia angebaut, aber es dauerte, bis sie den Westen erreichte. Im Jahr 1859 wurde die erste Massenvermehrung der Käfer im östlichen Nebraska beobachtet [59], 1861 erreichte er Iowa. Dann überquerte er 1865 den Mississippi und drang nach Illinois vor; bis 1870 hatte er sich in Indiana, Ohio, Pennsylvania, Massachusetts und im Bundesstaat New York etabliert [64], schon vier Jahre später erreichte er die Atlantikküste [60]. Genetisch heterogene Käferpopulationen aus mehreren US-Bundesstaaten, darunter Colorado, weiteten ihr Wirtsspektrum von der einheimischen wilden *S. rostratum* auf die von Siedlern importierte Kartoffel aus [61].

Diese genetisch vielfältige Gründerpopulation könnte die äußerst erfolgreiche Verbreitung dieses Schädlings über die gesamte nördliche Hemisphäre [63] erklären.

Dabei erwies er sich hinsichtlich seiner Klimatoleranz als nicht wählerisch, er kann praktisch alle Kartoffelsorten weltweit befallen und entwickelte relativ rasch auch Resistenzen gegen gängige Insektizide, mit denen ihm der Garaus gemacht werden sollte.

Warum die Kartoffel giftig ist
Die Kartoffel enthält in ihren grünen Bestandteilen das Alkaloid Solanin, es kommt auch in verwandten Arten vor und dient vor allem der Abwehr von Fraßfeinden. Der Solaningehalt war früher wesentlich höher als heute. In einer Untersuchung von 1943 wurde ein Solaningehalt von Kartoffeln der Sorte Voran mit 32,5 mg/100 g gefunden, kleine grüne Kartoffeln enthielten bis zu 55,7 mg/100 g. In kleinen grünen Tomaten können es bis zu 320 mg/ 100 g sein. In modernen Kartoffeln werden nur noch 2–10 mg/100 g erreicht.
Quelle: Wikipedia:Solanin. https://de.wikipedia.org/wiki/Solanin

Von der US-amerikanischen Atlantikküste aus gelangte der Käfer höchstwahrscheinlich durch Schiffstransporte Ende des 19. Jahrhunderts nach Europa (Abb. 5.10). Hier wurde der Kartoffelkäfer erstmals 1877 in den Docks von Liverpool, in Rotterdam und an zwei deutschen Standorten (Mülheim/Rhein, Torgau) gesichtet [64]. Schon damals wurde von erheblichen Anstrengungen zur Eindämmung des Befalls berichtet, und zumindest die erste Invasion im Vereinigten Königreich war nicht erfolgreich [65]. In den Jahren 1887 und 1914 traten in Europa neue, größere Befallsherde auf. Dann kam es in den letzten Kriegsjahren des Ersten Weltkrieges 1917–18 zu einer erneuten Einschleppung des Käfers durch Schiffstransporte von Nahrungsmitteln für die US-Truppen [66], die weitreichende Folgen haben sollte. Denn jetzt setzte sich der Käfer erstmals dauerhaft in Europa fest und vernichtete 1922 in der Region Bordeaux sämtliche Kartoffelbestände auf einer Fläche von 250 Quadratkilometern (Abb. 5.10).

Die Analyse von DNS der Mitochondrien und des Zellkerns bestätigte, dass die Käfer von einer einzigen erfolgreichen Einschleppung ausgehend (Gründerereignis) nach Europa eingedrungen sind [68]. Denn in Europa gibt es nur einen einheitlichen mitochondrialen DNS-Haplotyp (von 20 bekannten Haplotypen in Nordamerika). Interessanterweise ist dieser Haplotyp auch der einzige, der in der Idaho-Population vorkommt, er ist hier fixiert, was ein Hinweis auf seine Herkunft sein kann. Eine andere Möglichkeit wäre, dass mehrere Einschleppungen mit demselben Haplotyp stattgefunden haben. Dafür könnte die beträchtliche genetische Variation sprechen, die in Europa auf Ebene der Kern-DNS festgestellt wurde, wenn auch auf einem niedrigeren Niveau als in den USA. In Europa fanden sich 35–58 % unterschiedliche Markerloci gegenüber 58–75 % in den USA. Außerdem ist es typisch für invasive Insekten, dass sie in mehreren Invasionswellen auftreten [69].

Im Vergleich zu den USA wurden in Europa höhere Migrationsraten festgestellt. Dies könnte auf den intensiven Handel innerhalb Europas zurückzuführen sein. In Finnland, das erst seit kurzem vom Kartoffelkäfer befallen ist, wurden beispielsweise mehrere zufällig eingeschleppte Käfer im Salat aus Supermärkten und Restaurants gefunden [70]. Frühere Invasionen in Nordeuropa waren nicht erfolgreich, aber das könnte sich aufgrund der wärmeren Temperaturen ändern (siehe Kap. 11). Auch Nordrussland wurde inzwischen erfolgreich vom Kartoffelkäfer besiedelt.

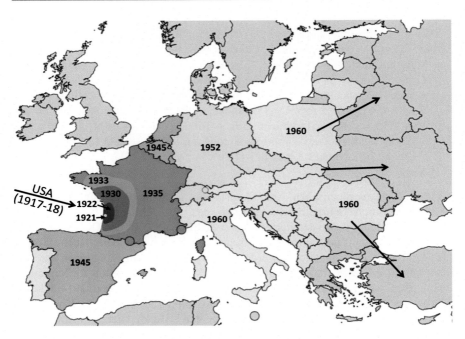

Abb. 5.10 Ausbreitung des Kartoffelkäfers in Europa 1921–1964 [67]

Kartoffelkäfer – Absammeln und Vergiften
Der Kartoffelkäfer hat in Europa keine natürlichen Fressfeinde und kann
sich daher unter geeigneten Wetterbedingungen ungehindert vermehren.
Als Bekämpfung blieb lange Zeit nur das Absammeln der Larven und
Käfer. Noch unsere Großeltern wurden in der Schule klassenweise auf die
Kartoffelfelder abkommandiert. Natürlich ist das sehr mühsam und unvoll-
kommen. Da ein Weibchen 400–800 Eier legt, kann die Vermehrung bei
günstiger Witterung explosionsartig erfolgen. Heute gibt es mehrere, sehr
wirksame chemische Insektizide, die deutlich besser wirken und großflächig
angewendet werden können.

Derzeit breitet sich der Käfer ostwärts durch Zentralasien in Richtung Sibirien aus.
Es wurde berichtet, dass europäische Populationen zwischen 1979 und 1993 nach
Westchina gelangt sind [71]. Bis 1993 erreichte der Käfer Xinjang und siedelte sich
dort in drei verschiedenen Regionen an [72]. Diese aktuelle Studie, in der Käfer
aus den USA, Europa und verschiedenen Teilen Chinas anhand von neun DNS-
Markern untersucht wurden, ergab eine geringe genetische Variation in Westchina,
aber eine sehr hohe Diversität in Ostchina. Die Autoren schlossen daraus, dass die
Invasion in Xinjang aus dem nordöstlichen Kasachstan kam, während die Käfer
in Ostchina von Populationen aus Südsibirien abstammen. Somit kolonisierte der
Kartoffelkäfer innerhalb von etwa 100 Jahren ein riesiges Gebiet im nördlichen
Eurasien.

… und dann gibt es noch Kartoffelviren

Viren sind für alle Kulturpflanzen eine große Gefahr. Sie können sich unbemerkt verbreiten und wenn dann Symptome auftreten, ist es meist zu spät. Dann sind die Ertragsschäden vorprogrammiert. Außerdem gibt es keine Bekämpfungsmöglichkeiten außer dem Anbau virusresistenter Sorten. Aus demselben Grund wie bei den Pilzen sind die Kartoffeln auch durch Viren besonders gefährdet, da diese sich leicht über die Knollen verbreiten lassen. Deshalb werden alle Partien von Pflanzkartoffeln in Deutschland auf Viren überprüft. Dies ist jedoch nicht in allen Ländern so und ist auch bei uns dank neuer immunologischer Technik erst seit Ende der 1970er Jahre möglich.

In der südamerikanischen Andenregion, dem Ursprungsgebiet der Kartoffel, wurde die molekulare Vielfalt von zwei Kartoffelviren genauer analysiert: **Kartoffelvirus A (Potato Virus A, PVA) und Kartoffelvirus Y (Potato Virus Y, PVY)**. Die derzeit existierende PVY-Population stammt aus dem 2. Jahrhundert n. u. Z. [73]. Beide Viruspopulationen hatten ihren Ursprung in den Anden und waren dort in relativ kleiner Anzahl verbreitet. PVY entwickelte sich aus einer Linie von Potyviren, die vor allem Nachtschattengewächse und Asteroidenarten auf dem amerikanischen Kontinent infizierten [74]. Die Datierung legt nahe, dass PVA und PVY bereits zu Beginn der Tiahuanaco-Epoche (110 bis 300 n. u. Z.) in der Titicacasee-Region Krankheitserreger waren, als sich der Kartoffelanbau in Bolivien und Südperu ausbreitete, was bis ca. 1000 n. u. Z. andauerte [75]. Die Fortführung dieser Abstammungsdaten auf die Abspaltung der beiden Viren von ihrem (wahrscheinlichen) Vorfahren, dem *potato yellow blotch virus* (PYBV), ergab Schätzungen von 2944 bis 2615 v. u. Z., sodass sich beide Arten nach dem Beginn der Kartoffeldomestizierung entwickelten [76].

PVA und PVY waren wahrscheinlich bereits in den ersten größeren Kartoffellieferungen nach Europa vorhanden, nachdem die Spanier das Inka-Reich um 1570 n. u. Z. erobert hatten [77]. Es dauerte jedoch bis zur großen Krautfäule-Epidemie Mitte des 19. Jahrhunderts, bis sich PVA und PVY ausbreiteten, zumindest zeigt ihre Abstammungsgeschichte erst ab etwa 1870 n. u. Z. eine große Vielfalt [75]. Infolge der verheerenden Phytophthora-Epidemie wurden neue Sorten gezüchtet, wobei gerne frisch aus Südamerika importierte Kartoffeln verwendet wurden. Man ging schon damals ganz richtig davon aus, dass in den Ursprungsländern der Kartoffel am ehesten widerstandsfähige Genotypen zu finden sind. Allerdings gab es keinerlei Quarantäneregeln und so wurden auch neue Krankheiten und neue Formen schon vorhandener Erreger eingeschleppt.

Kartoffelviren – Es helfen nur resistente Sorten
Gegen Viren gibt es keine chemischen Mittel zur direkten Bekämpfung. Es können nur ihre Überträger, bei PVY und PVA sind es Blattläuse, mit chemischen Mitteln beseitigt werden. Zur Vorbeugung sollte man anerkanntes

Pflanzgut kaufen, das immer amtlich auf Virusfreiheit geprüft wird. Außerdem gibt es resistente Sorten, die entweder gar nicht vom Virus befallen werden oder aber einen Befall weitgehend tolerieren, also kaum Schäden zeigen.

Mit den neuen Sorten und der Intensivierung des weltweiten Kartoffelanbaus und -handels erhielt die Ausbreitung von PVA und PVY neue Impulse, da die Populationsgröße des Wirts weltweit stark anstieg [84]. Beide Viren entwickelten mit der Zeit genetisch unterscheidbare Formen, die man heute „Phylogruppen" nennt. So gibt es eine PVA-Phylogruppe Welt (W), die sehr variabel ist. Im Gegensatz dazu entstand die Anden-Phylogruppe A der PVA erst um 1967–1971 n. u. Z. in der Andenregion, wahrscheinlich als Anpassung an dort neu gezüchtete Kartoffelsorten, die Anteile der einheimischen Kartoffellandrassen und einer Wildkartoffel (*S. tuberosum* ssp. *andigena*) enthielten. Diese neuen Sorten wurden in der Region aufgrund ihres höheren Ertrages in großem Umfang angebaut, und die PVA (A)-Population vermischte sich sexuell mit Isolaten der W-Phylogruppe. Die Nachkommen dieser neuen Phylogruppe A × W sind genetisch sehr variabel, da sie DNS beider Gruppen enthalten [85]. Die Phylogruppe W kam wahrscheinlich durch den Austausch mit europäischen Kartoffelsorten in die Andenregion. Durch den weltweiten Anbau der Kartoffel vergrößerte sich die Population der Phylogruppe W im Vergleich zu der geografisch kleinen Andenregion, aus der sie ursprünglich stammte, fast ins Unendliche [84]. Dadurch erhöhte sich natürlich die Zahl der Mutanten, was die Anpassung an neue Umgebungen und resistente Sorten stark begünstigte. Und die Rückführung neu gezüchteter Sorten mit ihrer Viruslast in das Ursprungszentrum führte zur Entwicklung der völlig neuen Phylogruppe A × W, die nun in die Welt zurückkehren kann, wenn keine strengen Quarantänemaßnahmen eingeführt werden [80].

Der Beinahe-Tod der Europäischen Weinrebe

Die Europäische Weinrebe (*Vitis vinifera* L.) ist nach der Kartoffel ein zweites Paradebeispiel dafür, wie invasive Pathogene eine Kulturpflanze bis an den Rand des Aussterbens bringen können. Hier war der Fall aber andersherum als bei der Kartoffel. Denn die Weinrebe ist eine uralte europäische Kulturpflanze, die Pathogene kamen erst später durch Forschung und Handel aus Nordamerika hinzu.

Die Weinrebe wurde etwa zur gleichen Zeit wie Weizen und Gerste kultiviert, wenn auch eher im kaukasischen Raum. Hier stammen die ältesten Funde etwa von 5800 v. u. Z. aus Georgien [81]. Ob damals schon Wein gepresst wurde, ließ sich bisher noch nicht nachweisen, aber es ist durchaus wahrscheinlich, wenn man überlegt, wie schnell Trauben in Gärung übergehen, denn sie bringen die wilden Hefen vom Weinstock schon mit.

Auch die europäische Weinkultur ist uralt, bestand spätestens seit den Griechen und Römern (s. Kap. 4) und verbreitete sich im warmen Klima des frühen Mittelalters bis nach Norddeutschland. Die einheimischen Krankheiten und Schädlinge hielt man damals weitgehend dadurch in Schach, dass die Rebsorten nicht rein angebaut wurden, so wie heute, sondern in einem Mischanbau, dem sogenannten gemischten Satz. Da konnten in einem Weinberg zwölf bis zwanzig verschiedene Sorten auf engstem Raum stehen und wenn eine empfindlich gegenüber einem Schädling war, dann war die andere mit einer gewissen Wahrscheinlichkeit weniger oder gar nicht empfindlich. Weil die Schaderreger auch immer wieder auf Pflanzen stießen, die sie nicht infizieren konnten, bauten sich erst gar keine großen Epidemien auf und so konnte man die Pathogene und Schädlinge halbwegs im Griff halten. Das war bis zum 19. Jahrhunderts die übliche Pflanzform im Weinberg [82]. Nur sehr wenige, bekannte Weinlagen im Rheingau und an der Mosel waren schon damals mit nur einer einzigen Rebsorte bepflanzt. Aber alles sollte sich Mitte des Jahrhunderts ändern, als drei gefährliche Krankheitserregeraus Amerika eingeschleppt wurden (Tab. 5.2).

Mit der Entdeckung Nordamerikas machte man die Entdeckung, dass es dort ebenfalls wilde Reben gab. Auch wenn bis heute weltweit nur die Europäische Weinrebe zum Genuss angebaut wird, gibt es in Nordamerika rund 35 weitere Arten der Gattung *Vitis*. Und Botaniker importierten im 19. Jahrhundert diese fremden Reben, um ihre Eigenschaften zu untersuchen und später vor allem, um Resistenzen gegen die neuartigen Krankheiten zu finden. Auch der englische Ziergärtner Edward Tucker aus Margate, England, interessierte sich für die nordamerikanischen Reben. Dabei entdeckte er in seinem Gewächshaus 1845 den heute sogenannten Echten Mehltau [83] (Abb. 5.11). Er wandte sich an M. J. Berkeley, einen Botaniker aus Bristol, der ihn als neue Pilzart identifizierte. Tucker sah sich die Krankheit auch unter dem Mikroskop an und stellte fest, dass sie dem Pfirsichmehltau, den er bereits kannte, sehr ähnlich war. Bereits 1821 hatte ein irischer Gärtner namens John Robertson erfolgreich Schwefel zur Bekämpfung des Pfirsichmehltaus eingesetzt, und auch Tucker probierte es aus – und es funktionierte. Robertson hatte Schwefel mit Seife gemischt, während Tucker ihn mit Kalk mischte. Beide Ansätze waren erfolgreich.

Trotz der Behandlung hatte der Mehltau bereits begonnen, sich über das Vereinigte Königreich und nach Frankreich auszubreiten. Schon bald gab es große

Tab. 5.2 Devastierende Schädlinge der Weinrebe aus Nordamerika

Name *Lateinischer Name*	Jahr	Erster Fund in Europa	Erster Fund in Deutschland
Echter Mehltau *Uncinula necator*	1845	Gewächshäuser bei London	1851, Pfalz
Reblaus *Daktulosphaira vitifoliae*	1863	Gewächshäuser, England Pujaut, Frankreich	1874, Bonn
Falscher Mehltau *Plasmopara viticola*	1878	Coutras, Frankreich	ca. 1888

Abb. 5.11 Der Echte Mehltau der Rebe zerstört bei Beerenbefall die kompletten Weintrauben und macht dadurch riesige Ertragsschäden (links), rechts eine gesunde Traube [84]

Probleme, da er unter feuchten Witterungsbedingungen die ganzen Trauben zerstört (Abb. 5.11). Erstmals wurde er 1847 in französischen Weinbergen entdeckt, dann 1849 in Italien. Weitere zwei Jahre später trat er erstmals in Deutschland in der Pfalz auf und schon 1852 hatte er ganz Europa einschließlich der Türkei besiedelt. Seine Infektionen brachten den Weinbau vor allem in den südlichen Ländern kurz vor den Ruin. Allerdings lernten die Winzer, mit Schwefel umzugehen und hatten damit ein probates Mittel der Bekämpfung zur Hand.

Dass im Jahr 1845 gleich zwei Krankheiten, der Echte Mehltau der Rebe und die Kraut- und Knollenfäule der Kartoffel, so verheerende Schäden in Europa verursachen konnten, war jedoch kein Zufall. Beide Erreger waren vorher hier nicht bekannt und die Kulturpflanzen hatten keinerlei Widerstandskraft. Bei den Kartoffeln lag es daran, dass nur ein winziger Ausschnitt der genetischen Verschiedenheit aus Südamerika eingeführt wurde, bei der Europäischen Rebe konnte es keine Widerstandskraft geben, weil es die Schädlinge in Europa noch nie gegeben hatte. Wenn dann das Wetter noch günstig ist, kann sich der Pilzbefall ungehemmt ausbreiten und in wenigen Wochen einen Bestand völlig vernichten.

Das zeigte sich auch bei der Ankunft der Reblaus *(Daktulosphaira vitifoliae).* Ironischerweise wurde dieses Tierchen unabsichtlich mit amerikanischen Reben nach England eingeführt, weil man nach Resistenzen gegen den Echten Mehltau suchte. Der Gedanke, dass solches resistente Material in Nordamerika verfügbar sein müsste, war logisch, weil sich dort die Wildreben über Jahrtausende mit ihren Feinden auseinandersetzen mussten und Abwehrmechanismen entwickelten. Allerdings bemerkte zunächst niemand den blinden Passagier, da die amerikanischen Reben wegen ihres guten Gesundheitszustandes nicht als Infektionsquelle angesehen wurden.

Die Reblaus kam natürlich mit dem Dampfschiff aus den USA und im Grunde war sie eine Folge dieser neuen Technologie [85]. Mit dem Segelschiff wäre die Fahrt wohl zu lange für sie gewesen, um zu überleben.

In Frankreich kam die Reblaus 1863 in die malerische Gemeinde Pujaut nahe Avignon im Rhônetal, das schon damals für seine Weine weltberühmt war. Das maximal ein Millimeter große Insekt saugt an den Wurzeln und kann dort lange überleben. Da es in Europa keinerlei Gegenspieler gab und sich die Weibchen asexuell vermehren, können sie bis zu 100 Eier in einem Monat ablegen. Umgerechnet auf ein Jahr gibt das mehr als eine Milliarde Nachkommen je Jahr. Und an einem Wurzelstock saugen nicht nur ein oder zwei Rebläuse, sondern Hunderte und Tausende. Typischerweise beginnt der Befall an einer Pflanze, dann weitet sich die Krankheit auf einen Kreis von Pflanzen aus, bis schließlich nach einigen Jahren der gesamte Weinberg erkrankt ist (Abb. 5.12).

Als im Rhônetal nach einigen Jahren großflächig immer mehr Reben abstarben und die Erträge zunehmend geringer wurden, wurde man aufmerksam. Es dauerte mit den damaligen Methoden dann noch fünf Jahre, bis Jules-Emile Planchon den kleinen Schädling in den Wurzeln entdeckte [86] (Abb. 5.13). Die europäischen Sorten reagierten auf den Befall mit so heftigen Abwehrreaktionen, dass sie daran starben. Doch bis man zu einer Lösung kam, dauerte es noch rund 30 Jahre. Bis

Abb. 5.12 Historisches Bild eines Reblausherdes in einem Weinberg; man sieht deutlich die verkümmerten Rebstöcke in der Mitte des Bestandes [88]

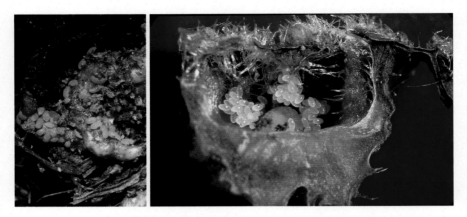

Abb. 5.13 Rebläuse an Rebenwurzeln (links), aufgeschnittene Reblausgalle am Blatt mit Eiern und Mutterlaus (rechts) [89]

dahin hatten europäische Winzer nur noch ein Drittel ihrer Rebbestände erhalten können. Dies war besonders tragisch, weil die Winzer aufgrund des Befalls ihrer traditionellen Reben mit Echtem Mehltau die Rebstöcke erst um 1850 neu gepflanzt hatten [87].

Frankreich, das besonders hart von der Reblaus getroffen wurde, litt unter einer Verringerung seiner Weinproduktion um 75 % [90]. Der gemischte Satz konnte nicht mehr helfen, da alle europäischen Sorten hochanfällig waren. Dies hatte auch erhebliche kommerzielle Auswirkungen, denn Wein war damals nach Weizen der zweitwichtigste Exportartikel des Landes [91]. Und die Winzer und Arbeiter in den Weinbergen hatten kaum Alternativen, um Geld zu verdienen. Ganze Landschaften verarmten und selbst als man in den 1890er Jahren auf eine Lösung kam, dauerte es Jahrzehnte, bis sich die Weinwirtschaft wieder erholte.

Die Lösung war die Pfropfung der anfälligen europäischen Reben auf eine amerikanische Unterlage. Deren Wurzeln haben in den Jahrtausenden der gemeinsamen Evolution eine sehr hohe Toleranz und in manchen Fällen auch eine Resistenz gegen die Reblaus entwickelt. Es ist heute in ganz Europa verboten, nicht-gepropfte Weinstöcke gewerblich anzubauen. Das Interessante für unser Migrationsthema ist, dass die Herkunft der Reblaus aus der Neuen Welt, die ganz Europa eroberte, gleichzeitig auch zur Lösung der „Reblauskrise" führte – durch amerikanische Reben. Der zweite Import von Pflanzen war also die Lösung für den ursprünglichen Import des Schaderregers.

Als letztes kam schließlich 1878 der Falsche Mehltau *(Plasmopara viticola)*, ein ganz anderer (Schein-)Pilz, der nah mit dem Erreger der Kraut- und Knollenfäule der Kartoffel verwandt ist. Er wurde das erste Mal in Coutras in Frankreich gefunden. Wahrscheinlich wurde er mit amerikanischen Reben eingeschleppt, die eigentlich als resistente Unterlage gegen die Reblaus dienen sollten. Es stellte sich nämlich heraus, dass die amerikanischen Wildreben auch als Propfpartner nur schlecht an europäische Bedingungen angepasst waren und eine regelrechte Züchtung einsetzen musste, um die Pfropfung zum Erfolg zu führen.

Der Falsche Mehltau schädigt die Blätter und braucht eine hohe Luftfeuchtigkeit zur Infektion, in feuchten Jahren kann er die Ernte komplett zerstören. Nach spätestens zehn Jahren hatte er sich in ganz Europa verbreitet. Nach dem Echten Mehltau und der Reblauskatastrophe kam so innerhalb von nur dreißig Jahren das dritte existenzbedrohende Problem auf die Winzer zu. Aber man hatte durch Beobachtung gelernt, dass Kupfer diesen Schädling bekämpft. Ein Winzer aus Bordeaux in Frankreich hatte seine Reben mit einer Brühe aus Kupfervitriol und Kalk auffällig gefärbt, um Traubendiebe abzuschrecken. Ungewollt schützte er damit seine Reben auch vor dem Falschen Mehltau. Seine „Bordeaux-Brühe" wird noch heute im Ökologischen Weinbau verwendet.

Eine neue populationsgenetische DNS-Analyse von 2000 weltweit gesammelten Proben des Falschen Mehltaus gibt aufschlussreiche Hinweise auf die Invasion Europas und den Rest der Welt mit diesem Erreger [92]. Dabei fanden sich in Nordamerika fünf genetisch unterscheidbare Formen *(formae specialis)*, die jeweils auf andere Wildreben spezialisiert sind. Es war nur einer dieser Stämme, der in Europa Furore machte, *P. viticola* f.sp. *aestivalis*. Er stammte von der Wildrebe *Vitis aestivalis*, die in verschiedenen Regionen der östlichen USA vorkommt. Bis heute hat es zum Glück keine der anderen Formen geschafft, Nordamerika zu verlassen. Von den rund 25 unterscheidbaren Genotypen dieses Stammes erreichten nur fünf Europa, drei davon machen heute noch die Hauptmenge der Population aus. Dies führte zu einer erheblichen Einschränkung der genetischen Variation, sie war gegenüber der Ursprungspopulation in den USA um rund das Sechsfache verringert.

Interessant wird es nun, wenn man die außerhalb Europas gefundenen Pilzisolate genetisch untersucht. Dabei stellt sich dann heraus, dass sie alle aus Europa kamen. Das wahrscheinlichste Szenario ist die Ausbreitung von Westeuropa (Ankunft des Erregers um 1878) nach Osteuropa (um 1887) und von dort eine Verbreitung nach China (um 1889), nach Südafrika (um 1907) und ins südöstliche Australien (um 1917). Eine weitere Invasion erfolgte von dieser australischen Region nach Argentinien um 1920. Dazu muss man wissen, dass in allen diesen außereuropäischen Gebieten (einschließlich den USA) vorzugsweise europäische Sorten angebaut werden, nur etwa 10 Sorten machen den größten Teil der weltweiten Weinproduktion aus. Sie stammen alle aus Frankreich, Italien oder Spanien [93]. Also haben die ersten Siedler die Weinrebe im Zuge der Kolonialisierung von Europa in die restliche Welt verbreitet. Und offensichtlich haben sie immer wieder neues Pflanzmaterial aus Europa nachgeordert. So konnte sich Ende des 19. Jahrhunderts der ursprünglich von den USA nach Europa eingeschleppte Pilz weltweit verbreiten. Europa wurde zum Brückenkopf. Wir haben bereits beim Kartoffelschorf ein ähnliches Muster gesehen (s. Abb. 5.7). Als bisher letzte Invasion, die um 1998 stattfand, konnte die Besiedlung des südwestlichen Australiens durch einen osteuropäischen Genotypen des Falschen Mehltaus nachgewiesen werden.

Neben Chemie nutzt man heute auch Resistenzgene aus amerikanischen (und asiatischen) Reben, um Echtem und Falschem Mehltau vorzubeugen. Die sogenannten PiWi (pilzwiderstandsfähige)-Sorten nutzen dabei die Mechanismen, die die amerikanischen Wildreben im Laufe ihrer Evolution gegen die Pilze entwickelten. Bis zu ihrem Anbau war es ein langer Weg, da die Trauben wilder Weinarten nicht genießbar sind und erst durch Kreuzungen und zahlreiche Rückkreuzungen mit europäischen Edelreben zu dem wurden, was wir als Weingenuss bezeichnen. Insgesamt begann diese Entwicklung in den 1950er Jahren und erste Zulassungen von PiWi-Sorten gab es erst in den 1990er Jahren. Und die Entwicklung ist bis heute nicht abgeschlossen.

Warum die Rebe so oft gespritzt wird
Nach Erhebungen des staatlichen Julius-Kühn-Institutes wurde im Jahr 2022 Mais durchschnittlich 2mal mit chemischen Pflanzenschutzmitteln behandelt, Winterweizen 5mal und die Weinrebe 17mal, davon 16mal gegen Pilze (https://papa.julius-kuehn.de/index.php?menuid=43). Der Echte und der Falsche Mehltau sind dabei die wichtigsten Krankheiten. Beide schädigen die Weinrebe, indem sie die Blätter vorzeitig abtöten und auch die Beeren beeinträchtigen. Am wichtigsten ist eine hohe Feuchtigkeit, deshalb kann es in feuchten Jahren auch 20 Behandlungen und mehr geben. Sie müssen erfolgen, bevor die Infektion durch den Pilz stattfindet. Dazu gibt es Warnsysteme, die auf dem Wetterbericht für die jeweiligen Region basieren. Im Ökologischen Weinbau werden statt chemisch-synthetischer Fungizide Schwefel und Kupfer angewandt. Die anorganischen Substanzen müssen nach jedem Regen neu ausgebracht werden, da sie, im Gegensatz zu den Fungiziden, nicht in die Pflanze eindringen, sondern nur auf der Blattoberfläche haften. Es gibt inzwischen auch pilzwiderstandsfähige Sorten (PiWis, s. Text).

Die bisher erfolgreichste Sorte dieser Kategorie ist der Regent, eine Neuzüchtung des Rebenforschers Gerhardt Alleweldt. Sie wurde seit 1967 am Institut für Rebenzüchtung Geilweilerhof in Siebeldingen in der Südpfalz aus einer Kreuzung von Diana (Silvaner × Müller-Thurgau) und Chambourcin ausgelesen. Chambourcin wurde von dem französischen Züchter Joannes Seyve gekreuzt und enthält Genmaterial der Wildreben *Vitis labrusca, Vitis lincecumi* und *Vitis rupestris,* die die Resistenzen bringen. Die Sorte kam 1985 in den Versuchsanbau, erhielt 1993 Sortenschutz und wird heute auf knapp 2000 Hektar angebaut. Allerdings ist die Resistenz heute kaum noch ausgeprägt [94]. Leider passten sich die Pilze schnell an die Resistenzen an und entwickeln Mechanismen, sie zu überwinden. Aber die Züchtung geht weiter und neue, bessere Sorten stehen bereits zur Verfügung.

Bei diesen Bestrebungen mit der Nutzung nordamerikanischer Reben wäre es wichtig, darauf zu achten, keine andere Form des Falschen Mehltaus aus den USA einzuschleppen. Wenn sich eine der anderen vier Formen hier verbreiten würde, könnte es zu ungeahnten Effekten kommen. Sie könnten sich miteinander sexuell fortpflanzen (rekombinieren) und damit eine völlig neue Variation schaffen, die vielleicht sogar die mühsam erzeugten Resistenzen unwirksam machen könnte.

Literatur

1. Rösch M (2023) Die Geschichte der Kulturpflanzen am südlichen Oberrhein. https://www.landkreis-emmendingen.de/fileadmin/Dateien/Webseite/Dateien/Landkreis_Politik/Kreisarchiv/Kulturpflanzen/Roesch_Die_Geschichte_der_Kulturpflanzen.pdf
2. Karg S (2008) Diversität der Nutzpflanzen im Mittelalter Nordeuropas. Archäologische Informationen 31(1&2):97–102. https://journals.ub.uni-heidelberg.de/index.php/arch-inf/article/view/35639
3. Leusch P (2011) Kartoffel und Tomate. Deutschlandfunk. https://www.deutschlandfunk.de/kartoffel-und-tomate-100.html
4. WIKIPEDIA:Age of discovery. https://en.wikipedia.org/wiki/Age_of_Discovery
5. Cook ND (1998) *Born to die: disease and New World conquest, 1492–1650* (Vol. 1). Cambridge University Press, Cambridge, UK. Zitiert nach Nunn & Qian (2010)
6. Guynup S (2021) Geschichte der Zoonosen: Wie Menschen durch ihr Verhalten Pandemien begünstigen. https://www.nationalgeographic.de/wissenschaft/2021/10/geschichte-der-zoonosen-wie-menschen-durch-ihr-verhalten-pandemien-beguenstigen
7. Nunn N, Qian N (2010) The Columbian exchange: a history of disease, food, and ideas. Journal of Economic Perspectives 24(2):163–188
8. Guynup S (2021)
9. Guynup S (2021)
10. Morens DM, Daszak P, Markel H, Taubenberger JK (2020) Pandemic COVID-19 joins history's pandemic legion. MBio 11(3):10–1128. https://journals.asm.org/doi/https://doi.org/10.1128/mBio.00812-20
11. Merrill ED (1954) The botany of Cook's voyages. *Chronica Botanica*. Company, Waltham, USA, zitiert nach Gibbs AJ, Ohshima K, Phillips MJ, Gibbs MJ (2008) The prehistory of potyviruses: their initial radiation was during the dawn of agriculture. PloS One 3:e2523
12. Newsom LA (2006) Caribbean maize – First farmers to Columbus introduction. In: Staller J, Tykot R, Benz B (Hrsg) Histories of maize: multidisciplinary approaches to the prehistory, linguistics, biogeography, domestication, and evolution of maize. Academic, Burlington, USA, S 325–335
13. Dubreuil P, Warburton ML, Chastanet M, Hoisington D, Charcosset A (2006) The origin of maize (*Zea mays* L.) in Europe as evidenced by microsatellite diversity. Maydica 51:281–291
14. Mir C, Zerjal T, Combes V, Dumas F, Madur D, Bedoya C et al (2013) Out of America: tracing the genetic footprints of the global diffusion of maize. Theor Appl Genet 126:2671–2682
15. Dubreuil et al 2006
16. Rebourg C, Chastanet M, Gouesnard B, Welcker C, Dubreuil P, Charcosset A et al (2003) Maize introduction into Europe: the history reviewed in the light of molecular data. Theor Appl Genet 106:895–903. https://doi.org/10.1007/s00122-002-1140-9
17. Neu gezeichnet nach Rebourg et al (2003) zuerst publiziert in Miedaner T (2014). Kulturpflanzen. Springer, Berlin, Heidelberg
18. Mann CC (2006) 1491: The Americas before Columbus. Granta Publications, London, UK, 576 Seiten
19. de Lange ES, Balmer D, Mauch-Mani B, Turlings TCJ (2014) Insect and pathogen attack and resistance in maize and its wild ancestors, the teosintes. New Phytol 204:329–341. https://doi.org/10.1111/nph.13005
20. Borchardt DS, Welz HG, Geiger HH (1998) Genetic structure of *Setosphaeria turcica* populations in tropical and temperate climates. Phytopathology 88(4):322–329
21. Vidal-Villarejo M, Freund F, Hanekamp H, von Tiedemann A, Schmid K (2023) Population Genomic Evidence for a Repeated Introduction and Rapid Expansion of the Fungal Maize Pathogen *Setosphaeria turcica* in Europe. Genome Biol Evol 15(8):evad130
22. De Lange et al 2014
23. Munkacsi AB, Stoxen S, May G (2007) Domestication of maize, sorghum, and sugarcane did not drive the divergence of their smut pathogens. Evolution 612:388–403

24. Munkacsi AB, Stoxen S, May G (2008) *Ustilago maydis* populations tracked maize through domestication and cultivation in the Americas. Proc R Soc London, Ser B 275:1037–1046
25. Schweizer G, Haider MB, Barroso GV, Rössel N, Münch K, Kahmann R, Dutheil JY (2021) Population genomics of the maize pathogen *Ustilago maydis*: demographic history and role of virulence clusters in adaptation. Genome Biology and Evolution 13(5):evab073
26. Munkacsi et al (2008)
27. Staller J, Tykot R, Benz B (eds) Histories of maize: multidisciplinary approaches to the prehistory, linguistics, biogeography, domestication, and evolution of maize. Academic Press, Burlington, USA, 704 pp.
28. Munkacsi et al (2008)
29. Vidal-Villarejo et al (2023)
30. Hanekamp H (2016) Europäisches Rassen-Monitoring und Pathogenesestudien zur Turcicum-Blattdürre (*Exserohilum turcicum*) an Mais (*Zea mays* L.). Diss. Göttingen. https://d-nb.info/1160442258/34
31. de Rossi RL, Reis EM (2014) Semi-selective culture medium for *Exserohilum turcicum* isolation from corn seeds. Summa Phytopathol 40:163–167. https://doi.org/10.1590/0100-5405/1925
32. Rodríguez F, Ghislain M, Clausen AM, Jansky SH, Spooner DM (2010) Hybrid origins of cultivated potatoes. Theor Appl Genet 121:1187–1198
33. McNeill WH (1999) How the potato changed the world's history. Soc Res 66:67–83
34. Ristaino JB (2021) Potatoes, citrus and coffee under threat. In: Scott P, Strange R, Korsten L, Gullino ML (eds) Plant diseases and food security in the 21st century. Plant pathology in the 21st century, vol 10. Springer, Cham, Switzerland. https://doi.org/10.1007/978-3-030-578 99-2_1
35. Ristaino JB (2002) Tracking historic migrations of the Irish potato famine pathogen, *Phytophthora infestans*. Microbes Infect 4:1369–1377
36. Lucas JA (2017) Fungi, food crops, and biosecurity: advances and challenges. In: Barling D (Hrsg) Advances in Food Security and Sustainability, Vol 2, Elsevier, Amsterdam, Netherlands, S 1–40. https://doi.org/10.1016/bs.af2s.2017.09.007
37. Zadoks JC (2008) On the political economy of plant disease epidemics: Capita selecta in historical epidemiology. Wageningen Academic Publishers, Wageningen, Netherlands
38. Drenth A, Turkensteen LJ, Govers F (1993) The occurrence of the A2 mating type of *Phytophthora infestans* in the Netherlands; significance and consequences. Neth J Plant Pathol 99:57–67
39. Zadoks JC (2008)
40. Obidiegwu JE, Flath K, Gebhardt C (2014) Managing potato wart: a review of present research status and future perspective. Theor Appl Genet 127:763–780. https://doi.org/10.1007/s00122-014-2268-0
41. Hampson MC (1993) History, biology and control of potato wart disease in Canada. Can J Plant Pathol 15:223–244. https://doi.org/10.1080/07060669309501918
42. Obidiegwu et al (2014)
43. Bild von Dr. Kerstin Flath, Julius-Kühn-Institut, Institut für Pflanzenschutz im Ackerbau und Grünland, Kleinmachnow; mit Genehmigung
44. Prodhomme C, Vos PG, Paulo MJ, Tammes JE, Visser RG et al (2020) Distribution of P1 (D1) wart disease resistance in potato germplasm and GWAS identification of haplotype-specific SNP markers. Theor Appl Genet 133:1859–1871
45. Obidiegwu et al (2014)
46. Stachewicz H (1989) 100 Jahre Kartoffelkrebs – seine Verbreitung und derzeitige Bedeutung. Nachrichtenbl Pflschutz DDR 43:109–111
47. Hampson MC (1993) History, biology and control of potato wart disease in Canada. Can J Plant Pathol 15:223–244 https://doi.org/10.1080/07060669309501918
48. Jahreszahlen nach: Hampson MC (1993), Obidiegwu et al (2014), Stachewicz H (1989); Karte: WIKIMEDIA COMMONS:STyx. Datei: https://de.m.wikipedia.org/wiki/Datei:World_location_map.svg gemeinfrei (Ausschnitt)

49. Orton WA, Field EC (1910) Wart disease of potato. A dangerous European disease liable to be introduced into the United States. US Dept of Agriculture Bureau of Plant Industry Washington DC Available at https://archive.org/details/wartdiseaseofpot52orto
50. Hampson (1993)
51. van de Vossenberg BT, Prodhomme C, Vossen JH, van der Lee TA (2022) *Synchytrium endobioticum*, the potato wart disease pathogen. Mol Plant Pathol 23(4):461–474
52. van de Vossenberg B T Brankovics B Nguyen H D van Gent-Pelzer M P Smith D Dadej K et al (2018) The linear mitochondrial genome of the quarantine chytrid *Synchytrium endobioticum*; insights into the evolution and recent history of an obligate biotrophic plant pathogen. BMC Evol Biol 18(1)
53. Hampson (1993)
54. Obidiegwu et al (2014)
55. Hampson (1993)
56. EPPO Global database (2021a) European and Mediterranean Plant Protection Organization. *Synchytrium endobioticum* (SYNCEN) – Distribution. Internet: https://gd.eppo.int/taxon/SYNCEN/distribution
57. Gau, RD, Merz U, Falloon RE, Brunner PC (2013) Global genetics and invasion history of the potato powdery scab pathogen, *Spongospora subterranea* f. sp. *subterranea*. PLoS One 8(6):e67944
58. Gau et al (2013) CC-BY, open access
59. Gau et al (2013)
60. Beide Bilder: WIKIMEDIA COMMONS:Dcrjsr, CC-BY 4.0. File:Buffalo berry *Solanum rostratum* plant.jpg; File:Buffalo berry *Solanum rostratum* flower close.jpg
61. Grapputo A, Boman S, Lindstroem L, Lyytinen A, Mappes J (2005) The voyage of an invasive species across continents: genetic diversity of North American and European Colorado potato beetle populations. Mol Ecol 14:4207–4219. https://doi.org/10.1111/j.1365-294X.2005.02740.x
62. Izzo VM, Chen YH, Schoville SD, Wang C, Hawthorne DJ (2018) Origin of pest lineages of the Colorado potato beetle (Coleoptera: Chrysomelidae). J Econ Entomol 111:868–878
63. Casagrande RA (2014) The Colorado potato beetle: 125 years of mismanagement. Bulletin of the ESA 33(3):142–150
64. Izzo et al (2018)
65. Jacques RL, Fasulo TR (2020) Featured creatures: Colorado potato beetle. https://entnemdept.ufl.edu/creatures/veg/leaf/potato_beetles.htm (accessed Dec 17, 2023)
66. Izzo et al (2018)
67. Kleines Bild: WIKIMEDIA COMMONS: Scott Bauer, USDA ARS, File:Colorado potato beetle.jpg, gemeinfrei. https://commons.wikimedia.org/wiki/File:Colorado_potato_beetle.jpg
68. EPPO Global Database (2021b) *Leptinotarsa decemlineata* (LPTNDE). Distribution. Leptinotarsa decemlineata (LPTNDE)[World distribution]| EPPO Global Database (accessed Aug 04, 2021)
69. WIKIPEDIA: Kartoffelkäfer. https://de.wikipedia.org/wiki/Kartoffelk%C3%A4fer
70. WIKIPEDIA:Colorado potato beetle. https://en.wikipedia.org/wiki/Colorado_potato_beetle
71. Santini A, Maresi G, Richardson DM, Liebhold AM (2023) Collateral damage: military invasions beget biological invasions. Front Ecol Environ. https://doi.org/10.1002/fee.2640
72. Daten entnommen aus: Johnson CG (1969) *Migration and Dispersal of Insects by Flight*, Methuen & Co. Ltd., London, S. 410; zitiert nach WIKIMEDIA COMMONS:Spedona: File:Doryphore – expansion en Europe.svg; Karte (verändert durch Autor): https://www.mapchart.net/world.html
73. Grapputo et al 2005
74. Grapputo et al 2005
75. Grapputo et al 2005
76. Liu N, Li Y, Zhang R (2012) Invasion of Colorado potato beetle, *Leptinotarsa decemlineata*, in China: dispersal, occurrence, and economic impact. Entomol Exp Appl 143:207–217

77. Yang F, Liu N, Crossley MS, Wang P, Ma Z, Guo J, Zhang R (2021) Cropland connectivity affects genetic divergence of Colorado potato beetle along an invasion front. Evol Appl 14:553–565. https://doi.org/10.1111/eva.13140
78. Fuentes S, Gibbs AJ, Adams IP, Wilson C, Botermans M, Fox A et al (2021) Potato virus A isolates from three continents: their biological properties, phylogenetics, and prehistory. Phytopathology 111:217–226. https://doi.org/10.1094/PHYTO-08-20-0354-FI
79. Gibbs AJ, Hajizadeh M, Ohshima K, Jones RA (2020) The potyviruses: an evolutionary synthesis is emerging. Viruses 12:132. https://doi.org/10.3390/v12020132
80. Fuentes et al 2021
81. Fuentes S, Jones RAC, Matsuoka H, Ohshima K, Kreuze J, Gibbs AJ (2019) Potato virus Y; the Andean connection. Virus Evol 5:vez037. https://doi.org/10.1093/ve/vez037
82. Hawkes JG (1990) The potato: evolution, biodiversity and genetic resources. Belhaven Press, London, UK
83. Fuentes et al 2021
84. Fuentes et al 2019
85. Fuentes et al 2021
86. McGovern P, Jalabadze M, Batiuk S et al (2017) Early neolithic wine of Georgia in the South Caucasus. Proc Natl Acad Sci 114(48):E10309–E10318
87. Knoche-Weniger K, Weniger M (o. J.) „Die Rebsorte ist eine Geige, der gemischte Satz ein Orchester!" https://www.slowfood.de/netzwerk/vor-ort/essen/slow_wine_unsere_weinaktivitaeten/vergangene_weinveranstaltungen/2016_06_02_alter_fraenkischer_satz.pdf
88. Jamiegoode (2020) Wine science: powdery mildew, the wine world's biggest problem. https://wineanorak.com/2020/03/27/wine-science-powdery-mildew-the-wine-worlds-biggest-problem/
89. WIKIMEDIA COMMONS:Bauer Karl, https://commons.wikimedia.org/wiki/File:Oidium befall_von_Beeren.JPG, CC-BY 3.0 at
90. Simms C (2017) The grape depression. New Scientist 236(3157–3158):60–62
91. Simms (2017)
92. Anonym (2017) Die große Reblausplage und ihre Auswirkungen. https://www.silkes-weinkeller.de/weinblatt-magazin/die-grosse-reblausplage-und-ihre-auswirkungen/
93. WIKIPEDIA. Reblaus. https://de.wikipedia.org/wiki/Reblaus
94. WIKIMEDIA COMMONS: Karl Müller: Weinbau-Lexikon, Verlagsbuchhandlung Paul Parey, Berlin, 1930, GNU Free Documentation License 1.2. https://upload.wikimedia.org/wikipedia/commons/7/7f/Reblausherd_in_einer_Stockkultur.TIF
95. WIKIMEDIA COMMONS:Joachim Schmid. https://commons.wikimedia.org/wiki/File:Reblaeuse_an_Wurzel.JPG (links), https://commons.wikimedia.org/wiki/File:Reblausgalle_mit_Eier_der_Mutterlaus.tif (rechts), CC BY 3.0 DE
96. Anonym (2017)
97. Simms (2017)
98. Fontaine MC, Labbé F, Dussert Y et al (2021) Europe as a bridgehead in the worldwide invasion history of grapevine downy mildew Plasmopara viticola. Curr Biol 31(10):2155–2166
99. Académie de Vin (o. J.) Die wichtigsten Traubensorten weltweit. https://academie-du-vin.ch/die-wichtigsten-traubensorten-weltweit/#:~:text=Die%20meistangebaute%20Rebsorte%20ist%20im,detailliert%20sogar%201368%20Sorten%20beschrieben
100. Delinat (o. J.) Weinwissen. Der Regent wurde 1967 in Deutschland gezüchtet und gehört zu den am weitesten verbreiteten Piwis. https://www.delinat.com/regent.html

Koloniale Pflanzenverschiffung

6

Die europäische Pflanzen-Expansion im Rahmen des Kolonialismus

Der Kolumbus-Effekt betraf nach und nach die ganze Welt. Zunächst wurden die europäischen Kulturpflanzen und Gewächse von den Siedlern mit in die neue Heimat genommen. Man wollte dort möglichst so leben wie zu Hause und es sollte auch so aussehen. Solange die Pflanzen auf einem ähnlichen Breitengrad transportiert wurden, funktionierte das auch ohne Probleme. Weizen und Gerste wachsen als Sommerform im Mittleren Westen, in den Steppen Argentiniens und an der Ostküste Australiens genauso gut wie in Norddeutschland. Selbst nützliche Sträucher, wie Berberitze und Hasel, wurden mitgeschleppt und in den Siedlungsgebieten angepflanzt, wo sie rasch verwilderten. In der Folge wurden die Wälder gerodet und die natürlicherweise vorhandenen Prärien, Savannen und Steppen umgepflügt und urbar gemacht.

Die Siedler aus den gemäßigten Breiten Europas importierten aber nicht nur das ganze Inventar europäischer Kulturpflanzen, sondern auch die dazu gehörigen Schaderreger. Da alle Kulturpflanzen Eurasiens keine direkten Verwandten auf den neu entdeckten Kontinenten hatten, sind alle Krankheiten und Insekten, die heute in Amerika, Südafrika und Australien unsere Kulturpflanzen schädigen, von europäischen Siedlern und deren Nachfahren eingeschleppt worden, entweder mit dem Saat- oder Pflanzgut oder anhaftend an Kleidung und Arbeitsgeräten. Und so sind heute die Getreideroste und die Echten Mehltaupilze weltweit verbreitet, solange es das Klima zulässt, und viele andere Schadpilze auch. Das war nach der eigentlichen Eroberung die nächste Stufe der europäischen Kolonisation.

Noch während der Besiedlung der neu entdeckten Kontinente in den gemäßigten Breiten der Nord- und Südhalbkugel griffen die europäischen Mächte auch nach den tropischen Gebieten Afrikas, Indiens und Südostasiens, zuerst an den jeweiligen Küsten (Abb. 6.1). Ziel war hier weniger die Ansiedlung von Menschen aus den Herkunftsländern als vielmehr die wirtschaftliche Ausbeutung der

T. Miedaner, *Anthropogene Ausbreitung von Pflanzen, ihren Pathogenen und Parasiten*, https://doi.org/10.1007/978-3-662-69715-3_6

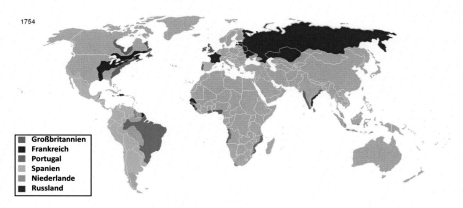

Abb. 6.1 Die Kolonien europäischer Mächte 1754 [1]

Kolonien. Sie sollten Rohstoffe, wie Mineralien und Erze, aber auch wertvolle landwirtschaftliche Produkte, wie Baumwolle, Tee, Kaffee, Kakao, Reis liefern.

Da die europäischen Kolonisatoren möglichst viel Gewinn aus ihren Kolonien holen wollten, verpflanzten sie lukrative tropische Gewächse um die halbe Welt. So wurde eine wesentliche Ursache des Sklavenhandels die Einführung von Zuckerrohr, das aus Ozeanien stammte, in die Karibik und später auch nach Südamerika, das Anpflanzen von Baumwolle und Tabak in den Südstaaten der jungen USA und später die Gewinnung von Kakao und Kaffee. Mit Ausnahme des Kakaos sind das alles Altweltpflanzen, von denen man sich in den Mutterländern großen Gewinn versprach. In Deutschland gab es diese Besonderheiten später in speziellen „Kolonialwarenläden" zu kaufen.

Ökologischer Imperialismus

Alfred W. Crosby war ein umtriebiger Intellektueller. Nachdem sein Begriff vom *Columbian Exchange* in aller Munde war, prägte er 1986 einen zweiten Begriff, der die Fachwelt noch lange beschäftigen sollte: Ökologischer Imperialismus. So hieß sein Buch mit dem Untertitel „Die biologische Ausbreitung Europas 900–1900" [2]. Er beschrieb eindrücklich, dass die Europäer nicht nur Nutzpflanzen und Nutztiere in ihre neue Heimat brachten, sondern auch menschliche Krankheiten und, wie wir heute ergänzen würden, Krankheiten von Pflanzen und Tieren sowie zufällig eingeschleppte Pflanzen, die sich nicht selten als Invasoren erwiesen. Dadurch, so seine Argumentation, wurde die indigene Bevölkerung mehr geschwächt als durch Kriege und Waffengewalt. Und mehr noch: Die ursprüngliche Umwelt wurde so grundlegend verändert, dass viele einheimische Pflanzen und Tiere kein Auskommen mehr fanden und die Indigenen (zumindest) einen Teil ihrer Nahrungsbasis verloren. Deshalb hätten die Europäer überall so überraschend schnell selbst über Hochkulturen triumphiert und diese letztlich beseitigt. Sie entwickelten überall in der gemäßigten Klimazone ein „Neo-Europa", gestalteten also die Landschaft, die sie vorgefunden hatten, so um, als seien sie noch zu Hause. Beispiele dafür gibt es viele, es sei nur an den Regenwurm und den Löwenzahn erinnert. Ursprünglich gab es in ganz Nordamerika nach der Eiszeit keine Regenwürmer mehr, das Laub blieb lange auf dem Erdboden liegen und die Bäume und Sträucher hatten sich daran angepasst, brauchten eine dicke Mulchschicht, um zu keimen und sich zu entwickeln. Auch viele Insekten, Amphibien und Vögel nutzten die Streu [3]. Der europäische Regenwurm dagegen schafft es in einer Saison das Laub weitgehend abzubauen, die Ökologie der Wälder änderte sich grundlegend, wichtige Fruchtbäume der Indigenen verschwanden. Dabei wurde der Regenwurm gar nicht bewusst eingeschleppt, sondern kam wohl über die Wurzelballen getopfter Pflanzen ins Land. Und den gelb-blühenden europäischen Löwenzahn findet man heute bis in die arktische Region Kanadas. Er wurde schon um 1770 von einem Reisenden in Kanadas Norden als essbar beschrieben [4]. Und das ist nur der leicht sichtbare Teil des „Ökologischen Imperialismus". Ein Vergleich der Flora Tschechiens mit den in Nordamerika beschriebenen höheren Pflanzen zeigt, dass sich von 1218 rein mitteleuropäischen Arten inzwischen bereits 466 in Nordamerika etabliert haben [5]. Natürlich werden nicht alle europäischen Pflanzen in ihrer neuen Heimat invasiv, aber einige schon. Und andere führten zu Folgen, die damals niemand absehen konnte. Die Berberitze ist ein dramatisches Beispiel dafür (s. u.).

Ähnlich wie Löwenzahn und Berberitze wurden auch viele andere Wildpflanzen unabsichtlich eingeführt, etwa durch Getreidelieferungen oder verunreinigtes Saatgut. Sie wurden dann gleich mit auf die fruchtbaren Böden ausgesät und konnten sich dort als Unkräuter und Ungräser rasch etablieren und verbreiten. Auch viele Kulturpflanzen kamen oft eher „heimlich" an. So beschreiben die kanadischen Autoren Liza Piper und John Sandlos, dass Kartoffeln, Gerste, Erbsen, Steckrüben, Rettich, Spinat, Rhabarber, Karotten und Kohl zuerst in den Gärten der subarktischen Region Kanadas angebaut wurden, meist waren es die Gärten von Missionaren oder militärischen Außenposten [6]. Die Ansiedlung von europäischen Siedlern auf indigenem Land wurde noch im 20. Jahrhundert von der kanadischen Regierung massiv gefördert, durch Kredite, Landrechte, die Einrichtung von experimentellen Höfen, Infrastruktur und gemeinschaftlichen Dienstleistungen. All dies unterstützte den Kolonialismus und die Besiedlung neuer Gebiete und das lief überall auf der Welt ähnlich ab. In Australien genauso wie in Südamerika und Südafrika und im Gegensatz zu dem Buch von Crosby beschränkte es sich keineswegs nur auf die gemäßigten Zonen. Hier war es nur am einfachsten, weil die europäischen Pflanzen und Tiere schon gut angepasst waren. Wir werden später sehen, dass es in den Tropen zu eher noch größeren Änderungen kam, die dort neben ökologischen auch ökonomische und sozio-kulturelle Aspekte umfassten.

Die wirtschaftliche Bedeutung der Pflanzenmigration

Mit diesem ökologischen Imperialismus in Zusammenhang steht natürlich der ökonomische Imperialismus, bei dem es darum ging, möglichst viel wirtschaftlichen Nutzen aus den neuen Kolonien herauszuholen. Dazu etablierte sich der transatlantische Dreieckshandel, der Sklaven von Afrika nach Amerika brachte, Baumwolle, Tabak, Rum (später auch Kaffee), Gold und Silber von Amerika nach Europa verschiffte und Waffen, Alkohol, Stoffe, sowie billige Schmuckstücke von Europa nach Afrika, um die Sklaven letztlich zu bezahlen. Dieser lukrative Handel etablierte sich im 17. Jahrhundert und dauerte bis zum Verbot der Sklavenhaltung im 19. Jahrhundert. Er hatte auch einen wesentlichen Einfluss auf die Verbringung von Kulturpflanzen, denn die Sklaven wurden meist mit billigem Mais ernährt. Und so bestand ein großes Interesse der Kolonialmächte, produktive Maissorten aus Nord- und Südamerika nach Afrika zu bringen. Ähnlich geschah es mit den tropischen Wurzelfrüchten der Neuen Welt, insbesondere Maniok (Cassava, *Manihot esculenta*). Maniok aus Brasilien kam bereits im 16. Jahrhundert auf den Schiffen portugiesischer Sklavenhändler nach Guinea in Westafrika und von dort in den Kongo [7]. Die weltweit größten Produzenten sind heute Nigeria, die Demokratische Republik Kongo, Thailand und Ghana. Die lateinamerikanische Süßkartoffel *(Ipomoea batatas)* wurde von freigelassenen afrikanischen Sklaven von Amerika nach Afrika mitgebracht. Neben China sind heute die afrikanischen Länder Malawi, Tansania, Nigeria, Angola und Äthiopien die wichtigsten Produzenten. Umgekehrt wurde Nordamerika zu einem der größten Produzenten der Altweltpflanze Weizen.

Die Bedeutung, die die Verbringung von Kulturpflanzen durch den Menschen in andere Weltgegenden hatte, kann überhaupt nicht überschätzt werden (Tab. 6.1).

Tab. 6.1 Der finanzielle Ertrag der 20 wertvollsten Pflanzen der Welt; angegeben ist der Produktionswert in den Erzeugerländern ([8], in Milliarden US-$, Stand 2022)

Von Amerika		Von Eurasien/Afrika	
Kulturart	Mrd. US-$	Kulturart	Mrd. US-$
Mais	323,8	Reis	341,3
Tomaten	130,8	Weizen	269,7
Kartoffeln	119,3	Sojabohne	175,3
Baumwolle	74,7	Zuckerrohr	96,7
Süßkartoffel	54,7	Trauben	85,1
Erdnuss	53,6	Äpfel	84,9
Cassava/Maniok	52,6	Ölpalme	75,2
		Tee	71,5
		Gurken	68,6
		Raps	58,2
		Zwiebeln	50,3
		Wassermelone	48,9
		Banane	46,1

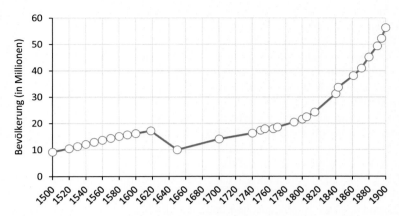

Abb. 6.2 Die Bevölkerungsentwicklung Deutschlands. Der Bevölkerungsrückgang zwischen 1620 und 1650 wurde durch den Dreißigjährigen Krieg verursacht [9]

Diese Migration legte eine Grundlage für den wirtschaftlichen Erfolg der Kolonien und später auch die Nahrungsgrundlage für ganze Kontinente. Eine oft übersehene Tatsache ist, dass der Kolonialismus Europas von 1750–1950 nur deshalb so erfolgreich war, weil Europa am frühesten mit der Industrialisierung begann und rasch neue Techniken und neuen Wohlstand generierte, die es ihm ermöglichten, die halbe Welt unter seine Herrschaft zu bekommen. Die Voraussetzung dafür war im nördlichen Europa die weite Annahme der Kartoffel als Grundnahrungsmittel ab dem 18. Jahrhundert. Im südlichen Europa einschließlich der Türkei hatte der Mais dieselbe Funktion. Sie trugen maßgeblich zum Bevölkerungswachstum bei (Abb. 6.2), das damals in Deutschland höhere Steigerungsraten bewirkte als heute in manchen afrikanischen Staaten.

Das starke Bevölkerungswachstum ermöglichte erst die industrielle Revolution durch die Vielzahl billiger Arbeitskräfte. Immer hat die Kartoffel die Armen mit ausreichender Nahrung versorgt [10]. Mit Milch oder etwas Gemüse kombiniert, ist sie die Grundlage zur gesunden Ernährung sowohl der Landbevölkerung als auch des Industrieproletariats in den Städten. Sie liefert dabei zwei- bis viermal mehr Kalorien als die gleiche Menge Getreide und ermöglichte den Industriellen ihren Arbeitern nur einen Minimumlohn zu bezahlen, was zu einer enormen Kapitalansammlung führte, die wieder investiert werden musste, beispielsweise in die Eroberung und Entwicklung von Kolonien. Durch das enorme Bevölkerungswachstum gab es nicht nur genügend Menschen, um die frühen Industrien aufzubauen, sondern auch genügend Männer für die Rekrutierung von Soldaten, die dann die Welt erobern sollten.

Der riesige Bevölkerungsüberschuss, den Europa im 18./19. Jahrhundert auf der Grundlage des Kartoffel- und Maisanbaus produzierte, ermöglichte seinen Bewohnern die riesigen Flächen Nord- und Südamerikas sowie Australiens neu zu besiedeln, nachdem die indigenen Völker durch die eingeführten menschlichen Krankheiten und Kriege weitgehend dezimiert waren. Die Auswanderer hatten auch meist keine andere Wahl. Es waren oft die Kinder verarmter Industriearbeiter oder Handwerker bzw. die Nachgeborenen von Kleinbauern, die kein Anrecht auf ein Erbe hatten. Sie waren die Folge des Bevölkerungswachstums und damit willige Auswanderer. Die vorherigen Jahrhunderte seit dem Mittelalter, bei denen die Ernährung allein auf Getreide basierte, hatten aufgrund der immer wiederkehrenden und weit verbreiteten Hungersnöte weder eine so stark wachsende, gesunde Bevölkerung (Abb. 6.2) noch hätten sie Seefahrten in diesem Ausmaß ermöglicht. Damit hatte die aus den südamerikanischen Anden stammende Kartoffel für einige Länder Europas über mindestens zwei Jahrhunderte einen so hohen materiellen Vorteil, dass er heute gar nicht mehr zu beziffern ist. Auch heute noch zählt die Kartoffel zu den wertvollsten Feldfrüchten der Welt (s. Tab. 6.1).

Die Ernährung der afrikanischen Bevölkerung wäre ohne mittelamerikanischen Mais heute nicht mehr denkbar, umgekehrt war der Weizen aus Europa lange Zeit die Grundlage des amerikanischen und australischen Wohlstands. Der Kaffee aus Afrika ist heute die wirtschaftliche Basis für viele zentral- und südamerikanische Länder. Ein weiteres Luxusprodukt war die südamerikanische Ananas, die heute auch in Indien, den Philippinen, Thailand oder Ghana angebaut wird.

In einer frühen Form der Globalisierung wurden die lukrativsten Pflanzen, aber auch die nahrhaftesten, über die ganze Welt verbreitet. Und wenn heute der größte Teil der Menschen von Weizen, Mais und Reis lebt, war dies eine Frucht der ständigen Migration von Pflanzen. Und mit ihnen kamen Pathogene und Parasiten.

Die ersten Siedler waren Kornkäfer & Co

Ab dem 17. Jahrhundert kam es zu einer ständigen Zuwanderung von Siedlern. Dies verstärkte sich im 19. Jahrhundert als Millionen von Europäern nach Nordamerika kamen. In den Städten wurden sehr große Mengen Getreide gebraucht, um die rasant wachsende Bevölkerung zu ernähren, was anfangs nicht im Hinterland produziert werden konnte. So waren Schiffsladungen von Getreide in Bewegung und brachten auch unwillkommene Gäste (Tab. 6.2).

Jamestown war die erste dauerhafte Siedlung auf dem Gebiet der heutigen USA. Sie wurde 1607 von den Engländern errichtet. Bereits aus dieser Zeit liegt eine archäologische Untersuchung einer Brunnenverfüllung vor (Tab. 6.2). Dabei fanden sich bereits sechs Arten der gängigsten Vorratsschädlinge im Getreide, die offensichtlich aus Europa mit dem Getreide eingeführt wurden, da sie damals in Nordamerika nicht vorkamen. Auch die genaue Analyse eines Plumpsklos aus der sehr frühen Siedlung Ferryland in Neufundland ergab bereits den Kornkäfer und den Getreideplattkäfer, zwei typische menschenabhängige Importe. Auch an anderen frühen Fundstellen fanden sich regelmäßig die aus Europa importierten Schädlinge, die sich nur in Getreidelagern halten und vermehren konnten. Schon um 1775 hatten Korn- und Reiskäfer die Westküste Nordamerikas erreicht. Sie fanden sich in Ziegeln einer Wohnstätte aus der Mission Santo Domingo in Kalifornien, die genau in diesem Jahr gegründet wurde. Die Käfer mussten also

Tab. 6.2 Die frühesten Funde von Vorratsschädlingen bei Getreide in Nordamerika [11]

Insekt	Lateinischer Name	James Fort, Jamestown, USA	Ferryland, NFL, Kanada	Boston, USA	Santo Domingo CL, USA	Québec City Kanada
		1611–17	1621–73	17.Jh	1775	18.Jh
Kornkäfer	*Sitophilus granarius*	X	X	X	X	X
Reis-/Maiskäfer	*S. oryzae/ zeamais*	X		X	X	X
Getreideplattkäfer	*Oryzaephilus surinamensis*	X	X	X		
Leistenkopfplattkäfer	*Laemophloeus ferrugineus*	X				
Kleinäug. Reismehlkäfer	*Palorus ratzburgi*	X				
Getreideschimmelkäfer	*Alphitobius diaperinus*	X				
Schwarzer Getreidenager	*Tenebrioides mauretanicus*			X		
Mehlkäfer	*Tenebrio molitor*					X
Rotbrauner Reismehlkäfer	*Tribolium castaneum*					X
Vierhornkäfer	*Gnathocerus cornutus*			X		
Getreidekapuziner	*Rhyzopertha dominica*					X

importiert worden sein. Eine besonders reichhaltige Fauna europäischer Getreideschädlinge mit gleich drei weiteren Neuankömmlingen fand sich dann in der heutigen kanadischen Hauptstadt Quebec, ebenfalls im 18. Jahrhundert.

Ähnlich rasch dürften die Getreideschädlinge auch nach Südafrika und Australien gekommen sein, obwohl es von dort noch keine archäologischen Untersuchungen gibt. So ist es kein Wunder, dass alle genannten Getreidekäfer heute als „weltweit verbreitet" gelten. Aber es war in Wirklichkeit das Werk der europäischen Besiedlung.

Das Getreide bringt Roste in die Neue Welt

Die globale Ausbreitung der Krankheitserreger, die sich gemeinsam mit der Wanderung der Kulturpflanzen aus dem Fruchtbaren Halbmond entwickelte, verlief bei vielen Krankheitserregern ähnlich, (Abb. 6.3). Sie sprangen mit der Domestizierung vor rund 10.000 v. u. Z. von Wildpflanzen auf die Kulturpflanzen über, verbreiteten sich mit der Landwirtschaft von 8000 bis 5000 v. u. Z. nach

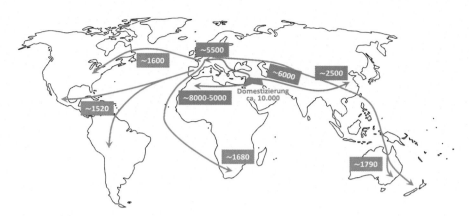

Abb. 6.3 Die Verbreitung von Getreidekrankheiten aus dem Fruchtbaren Halbmond um die Welt geschah in zwei Phasen: (1) Domestizierung und frühe Ausbreitung in Europa, Nordafrika und dem westlichen Zentralasien (grün, alle Jahreszahlen = v. u. Z.) sowie (2) während der Kolonialisierung (orange), alle Jahreszahlen = n. u. Z.; hier am Beispiel der Blattseptoria (*Zymoseptoria tritici*) [12]

Nordafrika, Zentralasien und Europa und wurden dann schließlich mit der europäischen Kolonisation mit Weizen, Gerste, Hafer und Roggen nach Amerika, Südafrika, Australien und Neuseeland verschifft.

Zwar hatte schon Kolumbus Weizen an Bord seiner Schiffe, aber die karibischen Inseln waren für den Weizenanbau nicht gut geeignet. Die Spanier brachten den Weizen um 1520 n. u. Z. nach Mexiko, wo er sich im Hochland gut entwickelte und sich bis in den Südwesten der USA ausbreitete.

Der erste Weizen an der Ostküste der USA wurde während der Kolonialzeit ab dem frühen 17. Jahrhundert angebaut. Doch auch 300 Jahre später konzentrierte sich der Weizenanbau noch auf wenige Regionen an der Ostküste [13]. Im Mittleren Westen, dem heute größten Weizenanbaugebiet der USA, wurde der erste Weizen erst 1839 in der Shawnee Methodist Mission, dem heutigen Johnson County, geerntet [14]. Die ersten statistischen Daten über den Weizenanbau in den USA stammen aus dem Jahr 1885, was darauf schließen lässt, dass in der Zeit davor die Ernte nicht ins Gewicht fiel. Dies ist zunächst verwunderlich, da die europäischen Siedler natürlich den Weizen von zu Hause kannten. Aber erst in der zweiten Hälfte des 19. Jahrhunderts begann in den USA und Kanada die Besiedlung der riesigen Prärien westlich des Mississippi [15]. In Australien benennt die früheste schriftliche Aufzeichnung den Februar 1788, wo auf einer Parzelle im heutigen Sydney erstmals Weizen ausgesät wurde [16]. Im Dezember 1789 wird von dem Betrieb des Gouverneurs in *Rose Hill* von der Ernte von Weizen und Gerste und „einer kleinen Menge" von Hafer und Mais *(Indian corn)* berichtet. In der Sydney Gazette wird am 21. Oktober 1803 erstmals von Rost gesprochen. Es handelte sich um einen Weizenbestand, der drei Wochen vor der Ernte stand und es heißt in dem historischen Artikel „in drei Tagen war er (der Weizen) vollständig durch Rost zerstört" [17]. Das lässt auf Schwarzrost schließen, der erst bei höheren Temperaturen auftritt, dann aber sehr schnell voranschreitet. Aus den genannten Jahreszahlen ergibt sich, dass dieser Rost praktisch von Anfang an aus Europa eingeschleppt wurde. Als sich der Getreideanbau in die trockeneren Gebiete Australiens ausbreitete, blieb er als Krankheit erhalten.

Weizen wird von drei Rostarten befallen, dem Gelbrost *(Puccinia striiformis* f.sp. *tritici),* dem Braunrost *(P. triticina)* und dem Schwarzrost *(P. graminis* f.sp. *tritici),* die alle ihren Ursprung in der Alten Welt (SW-Asien, Zentralasien) haben. Die ältesten bisher gefundenen Sporen des Schwarzrostes wuchsen in Israel auf Weizenähren vor ca. 3300 Jahren [18], doch kommen Roste bereits auf den wilden Vorfahren des Weizens vor und werden auch in der Bibel mehrfach erwähnt (siehe Kap. 2). Roste haben robuste Sporen, die einen Transport über weite Strecken durch Winde oder menschliche Transportsysteme ermöglichen, wobei beide Wege nicht leicht zu unterscheiden sind. Die Sommersporen (Uredosporen), die massenhaft auf infizierten Pflanzen gebildet werden, können bei den üblichen Temperaturen ein bis zwei Wochen auf Kleidung, Fahrzeugen, Werkzeugen oder Gepäck überleben [19].

Ein Experiment mit Gelbrost zeigte, dass die Sporen nach einer Woche an der Kleidung anhaftend immer noch infektionsfähig waren [20].

Haupt- und Zwischenwirt der Roste
Die Roste haben einen ziemlich komplizierten Lebenszyklus, der fünf verschiedene Sporenformen umfasst. Im Sommer vermehren sie sich auf dem Getreide als Hauptwirt sehr rasch vegetativ (klonal) durch Sommersporen (Abb. 6.4), alle Sporen sind genetisch identisch. Bei geeigneten Temperaturen kann so alle 5–10 Tage ein neuer Vermehrungszyklus beginnen. Trocknet das Getreide zur Ernte hin ab, bilden die Roste schwarze, dauerhafte Wintersporen, die durch Wind per Zufall auf Berberitzen als Zwischenwirt verbracht werden. Dort überwintern sie. Wenn im April zwei unterschiedliche Rostindividuen auf derselben Berberitze zusammenkommen, können sie eine sexuelle Phase machen, die ihnen eine große genetische Vielfalt beschert. So sind sie gewappnet für die kommende Saison und können erneut das Getreide befallen.

Die Roste haben sich mit dem Vormarsch der europäischen Getreidekulturen weltweit verbreitet (zum Gelbrost s. Kap. 7). Der Weizen-Schwarzrost *(Puccinia graminis* f.sp. *tritici)* wurde von europäischen Siedlern nach Nordamerika eingeschleppt, die leider auch den Zwischenwirt, die Berberitze *(Berberis vulgaris),* mitnahmen. Sie schätzten diesen europäischen Strauch wegen seiner vitaminreichen Beeren, die zur Herstellung von Marmelade verwendet wurden, wegen seines harten Holzes, das sich besonders für Werkzeugstiele eignete, und wegen seiner Dornen, die Vieh und Bösewichte davon abhielten, in die Hausgärten einzudringen.

Mit der Zeit verwilderte die Berberitze und verbreitete sich auf dem gesamten nordamerikanischen Kontinent. Als die Siedler begannen, große Teile der nördlichen Prärie in Weizenfelder umzuwandeln („Weizengürtel"), fand der Schwarzrost

Abb. 6.4 Sexualorgane des Schwarzrostes (Aecidien) auf einer Berberitze (links); die dort entstehenden Sporen (Aecidiosporen) werden mit dem Wind verweht und verursachen Krankheiten beim Getreide; hier mit asexuell gebildeten Sommersporen auf einem Weizenhalm

ideale Bedingungen vor: Den Hauptwirt Weizen, der es ihm ermöglichte, sich im Sommer massenhaft ungeschlechtlich zu vermehren, und die Berberitze als Zwischenwirt, die ihm im Frühjahr eine sexuelle Phase bescherte (s. Box). Schlimmer noch, die Berberitze wurde zu einem Zierstrauch, der in Gärten im gesamten Norden der USA angebaut wird. Und der Schwarzrost verursachte riesige Schäden. Die erste Epidemie wurde 1878 beschrieben [21], aber die Epidemien von 1904 und 1916 übertrafen jede damalige Vorstellung [22]. Allein in Minnesota, North und South Dakota entstanden Verluste in Höhe von 10 Mio. US-Dollar. In den Folgejahren zwischen 1917 und 1935 vernichtete der Schwarzrost mehrmals mehr als 20 % der Weizenernte (Abb. 6.5).

Bei der schlimmsten Epidemie im Jahr 1935 gingen mehr als 50 % der Weizenerträge in North Dakota und Minnesota durch Rost verloren, und noch in den 1950er Jahren vernichtete Rost zweimal fast 40 % der Erträge [24]. Eine von E. Russell zitierte Studie zeigt die enormen Auswirkungen des Schwarzrosts auf die Kornerträge von Hartweizen in dieser Zeit [25]. Während der Neun-Jahres-Durchschnitt 1942–1951 bei 9,75 dt/ha lag, sank er durch Schwarzrostepidemien schrittweise auf nur 2,0 dt/ha im Jahr 1954. Durch den Anbau resistenter Sorten stieg der Kornertrag bereits 1956 wieder auf etwa 10 dt/ha und erreichte zwei Jahre später 15,8 dt/ha, obwohl die Witterung für die Entwicklung von Schwarzrost günstig war.

Im Jahr 1919 startete das amerikanische Landwirtschaftsministerium ein Programm zur Ausrottung der Berberitze, das in 18 US-Bundesstaaten durchgeführt

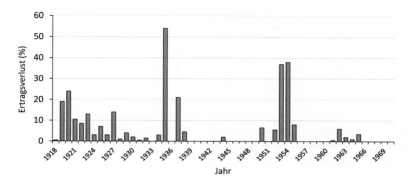

Abb. 6.5 Ertragsverluste allein in Minnesota, North und South Dakota durch Weizen-Schwarzrost 1918–1970 [23]

wurde und erst 1980 auslief. Es führte dazu, dass der Schwarzrost bei Weizen und anderen Getreidearten in Nordamerika zu einem geringeren Problem wurde [26]. Ab 1966 wurden keine größeren Schwarzrostepidemien mehr in den USA beobachtet.

In Südafrika wurde die erste Schwarzrostepidemie des Weizens bereits 1726 am Westkap dokumentiert [27]. In ähnlicher Weise wurden Weizenanbaugebiete in Südamerika, Ostafrika und Australien durch den Schwarzrost heimgesucht [28]. In Australien wurde der Schwarzrost wahrscheinlich bereits in den 1780er Jahren durch europäische Siedler eingeführt [29]. Da es dort keinen Zwischenwirt für die sexuelle Vermehrung gab, entwickelte sich die Erregerpopulation weitgehend durch eine Reihe zufälliger Erbgutveränderungen (Mutationen), die zu leicht unterschiedlichen klonalen Linien führten. Vor allem passten sie sich immer wieder an neu eingeführte Resistenzgene des Weizens an. Dazu war meist nur eine einzige Mutation nötig. Bis Mitte des 20. Jahrhunderts traten vor allem in den wärmeren Gebieten Epidemien des Schwarzrostes auf, die mitunter zu schweren Ertragsverlusten führten [30]. Dies zeigt eindrucksvoll, wie unwissentlich durch menschliche Migration verbreitete Krankheitserreger in den neu besiedelten Regionen großen Schaden anrichten können.

Auch der Weizenbraunrost *(P. triticina)* kommt weltweit vor. In Australien wurde er erstmals 1825 beschrieben [31] und in Südafrika bereits zu Beginn des 18. Jahrhunderts [32]. Möglicherweise traten hier 1708–10 schon die ersten Rostepidemien an Weizen auf, 1727 fiel die Ernte wegen Rost fast vollständig aus. Vermutlich hatten schon die frühen Siedler diese Roste mitgebracht, als sie um 1680 mit dem Getreideanbau begannen [33]. Eine groß angelegte DNS-basierte Studie der weltweiten Weizenbraunrost-Population zeigte deutliche genetische Beziehungen zwischen verschiedenen Kontinenten [34]. Die Populationen aus Nord- und Südamerika waren eng mit denen aus Europa, dem Nahen Osten, Zentralasien und Russland verwandt und weisen bis heute identische Genotypen auf, wenn auch nur in geringer Häufigkeit. Die Autoren vermuten, dass

Nord- und Südamerika den Pilz während der europäischen Kolonisation erhalten haben. Die Regionen innerhalb Eurasiens sind durch vom Wind verwehte asexuelle Sporen miteinander verbunden. Auch jüngere interkontinentale Wanderungen konnten beobachtet werden. So gelangte ein Braunrostgenotyp, der erstmals Mitte der 1990er Jahre in den USA und Kanada gefunden wurde, nach Südamerika (1999) und sogar bis nach Frankreich (2000–2001) [35]. Auch Braunrost bei Roggen *(Puccinia recondita f.sp. recondita)* wurde bereits im 18. Jahrhundert in der Kap-Provinz Südafrikas beobachtet [36]. Heute haben die Roste ein weltumspannendes Netz aufgebaut, das immer wieder durch vorherrschende Windströmungen, aber auch die erneute Verbringung durch den Menschen befeuert wird.

Eine weitere wichtige Rostart ist der Kronenrost des Hafers *(Puccinia coronata f. sp. avenae)*. Hafer kam im 17. und 18. Jahrhundert auf zwei Routen in die Neue Welt [37]: Der winterharte rote oder byzantinische Hafer *(Avena sativa ssp. byzantina)* wurde von den Spaniern nach Nord- und Südamerika gebracht und der Sommerhafer *(Avena sativa ssp. sativa)* von englischen und deutschen Siedlern in Nordamerika eingeführt. In Kanada begann der Haferanbau 1617 im heutigen Quebec [38]. In der folgenden Zeit breitete er sich bis Mitte des 18. Jahrhunderts auf die kanadischen Prärien aus. In den USA lag das Hauptanbaugebiet für Hafer bis Mitte des 19. Jahrhunderts östlich des Mississippi und dehnte sich danach auf die Prärien aus. Der Kronenrost wurde erstmals 1890 in den USA beschrieben [39]. Aufzeichnungen von Epidemien durch den Haferkronenrost reichen also mehr als hundert Jahre zurück. Von 1918 bis 1930 wurden die jährlichen Ertragsverluste allein in den USA im Durchschnitt auf mehr als 200.000 t geschätzt [40].

Dieser Erreger ist bis heute eine bedeutende weltweite Bedrohung für den Haferanbau mit Ertragsverlusten von 10–40 %, wenn Epidemien auftreten. Der Zwischenwirt ist der Gemeine Kreuzdorn *(Rhamnus cathartica)*, auf dem sich der Rost sexuell fortpflanzen kann. Diese in Europa und Ostasien heimische Art wurde in den 1800er Jahren nach Nordamerika eingeschleppt und entwickelte sich bald zu einer invasiven Art [41]. Folglich trägt die sexuelle Vermehrung zu der enormen genetischen Variation in der US-Population bei. Allein bei der Epidemie von 2014 gingen 19 % der gesamten US-Haferproduktion durch Rost verloren [42]. In Südafrika wurde der Haferrost erstmals 1858 beschrieben und „seit dieser Zeit sind die Kulturen praktisch nie frei gewesen" [43]. Eine wichtige Infektions- und Überdauerungsquelle ist auch Wildhafer, der als Ungras in Haferbeständen wächst. In Deutschland ist dies vor allem der Flughafer *(Avena fatua)*, der von demselben Kronenrost besiedelt wird.

Die Verschleppung der Roste zusammen mit dem Anbau von Getreide in den damaligen Kolonien hatte immense wirtschaftliche Folgen, weil die ursprünglich aus SW-Asien kommenden Roste jetzt weltweit verbreitet sind (Abb. 6.6) und überall dort Schäden machen, wo die richtigen Witterungsbedingungen herrschen. Die Karte dokumentiert mehr als 63.000 Meldungen von Rostvorkommen bei Weizen und umfasst über 40 Länder. Sie könnte noch um einige Länder in Europa, Ostasien und um Australien erweitert werden.

(Abb. 6.6). Dies zeigt die riesige weltweite Bedeutung der Rostinfektionen allein bei Weizen und auch die Gebiete mit dem häufigsten Vorkommen *(hotspots)*.

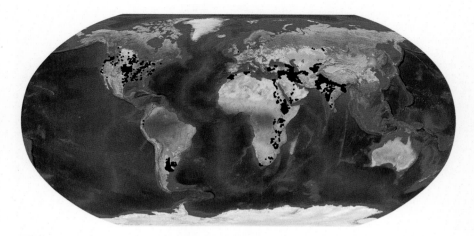

Abb. 6.6 Verbreitung der drei Roste des Weizens in den USA und dem globalen Süden 2007–2024 (Europa, China und Australien sind nicht Mandatsgebiet des Internationalen Weizen- und Maiszüchtungsinstitutes CIMMYT, Centro Internacional de Mejoramiento de Maíz y Trigo) [44]

Und hinzu kommen noch Roste bei Gerste, Roggen und Hafer. Die Schäden, die durch die weltweite menschengemachte Migration der Roste über die Jahrzehnte angerichtet wurden, sind global gar nicht zu beziffern.

Auch Mehltau verbreitet sich weltweit

Eine etwas andere, aber umso spannendere Geschichte zeigt die globale Migration des Echten Mehltaus des Weizens *(Blumeria graminis* f.sp. *tritici).* Auch dieser Pilz ist streng biotroph, kann sich also nur auf lebenden Pflanzen vermehren und hat noch leichtere Sporen als die Roste, sodass er sich über weite Strecken mit dem Wind verbreiten kann (Abb. 6.7). Außerdem macht er bis zur Ernte auf dem langsam abtrocknenden Blatt des Weizens in großer Zahl sein sexuelles Stadium in Form von kleinen schwarzen Fruchtkörpern (Perithecien), die dann auf den abgefallenen Blättern überwintern. Sobald die Temperaturen stimmen, keimen die Sporen aus und sind dann in großer Zahl und großer genetische Diversität verfügbar, da sie ihre Gene im sexuellen Stadium neu kombinierten. Dadurch ist der Pilz sehr anpassungsfähig und wird schnell gegen neue Resistenzgene des Getreides, aber auch Pilzvernichtungsmittel (Fungizide) resistent. Genauso verhält sich der Echte Mehltau auf den anderen Getreidearten.

Eine Genomstudie, in der 224 Isolate aus einer weltweiten Sammlung sequenziert wurden, lässt weitgehende Schlüsse auf die Verbreitung des Pilzes zu [45]. Der Pilz stammt eindeutig aus dem Nahen Osten, wo er auch die Wildformen der Getreide besiedelt (Abb. 6.8, Schritt 1). Die Entstehung des hexaploiden Weizens aus dem Kulturemmer und einem Wildgras könnte zur Differenzierung von

Abb. 6.7 Der Echte Mehltau auf Roggen, das Blatt sieht aus wie mit Mehl bestäubt. In Wirklichkeit handelt es sich dabei um die Sporen, die sich über den Wind im Bestand weiterverbreiten und neue Infektionen setzen; die kleinen, schwarzen Punkte sind die sexuell gebildeten Fruchtkörper

zwei Mehltauformen geführt haben (ssp. *tritici* und spp. *dicocci*). Die Daten deuten stark auf eine frühe Einführung des Mehltaus in China hin, möglicherweise über den Handel auf der Seidenstraße (Schritt 2). Ob dies mit der Einführung des Weizenanbaus in China vor etwa 4500 Jahren zusammenfiel [46], ist unklar. Die Ausbreitung der Landwirtschaft nach Europa vor etwa 7500 Jahren führte zur Entstehung verschiedener europäischer Mehltau-Populationen, die eng mit denen des Fruchtbaren Halbmonds verwandt sind (Schritt 3).

Mit der ersten Einführung des Weizens nach Amerika zwischen 1600 und 1700 wurden auch europäische Mehltaustämme eingeführt (Schritt 4). Sie könnten sich dort mit schon vorhandenen entfernt verwandten Mehltauarten von Wildgräsern gekreuzt haben (rote Linie), etwa einer Gerstenverwandten *(Hordeum pusillum)*. Die hohe genetische Ähnlichkeit von US-amerikanischen und australischen Mehltaustämmen legt nahe, dass sie später aus den USA nach Australien gebracht wurden (dunkelgrüne Linie), wo Weizen 1788 eingeführt wurde (Schritt 6). Auf ähnliche Weise kam er wahrscheinlich nach dem Zweiten Weltkrieg aus den USA nach Japan (Schritt 5), wo er sich mit Stämmen aus Ostasien kreuzte. Damals war der Mehltau nämlich schon rund 2000 Jahre zuvor aus China kommend in Japan etabliert, sodass die erneute „Blutzufuhr" aus den USA zu einer großen genetischen Vielfalt führte.

Außerdem haben sich nach den Daten in jüngster Zeit europäische Mehltaustämme mit solchen aus China gekreuzt (Schritt 7). Dies ist vermutlich auch auf die zunehmenden Weizenimporte aus Europa nach China zurückzuführen.

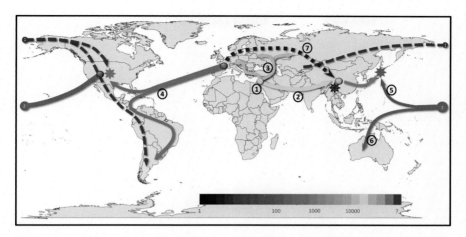

Abb. 6.8 Weltweite Verbreitung des Echten Mehltaus des Getreides anhand von Genomanalysen [47]. Die verschiedenen Farben stehen für die ungefähren Zeiträume, in denen die vorgeschlagenen Ereignisse stattfanden. Die Zahlen stehen für unabhängige Ereignisse (s. Text), Sterne für spontane Kreuzungsereignisse von Populationen, die im Genom fixiert wurden. Die rote gestrichelte Linie bezeichnet die Einführung einer Gerstenverwandten *(Hordeum pusillum)* von Eurasien nach Amerika zu einem sehr frühen, unbekannten Zeitpunkt

Zusammenfassend bedeutet dies, dass der Mensch der Hauptvektor für die Ausbreitung des Mehltaus im Laufe der Geschichte war und dass sich der Mehltau durch Kreuzung schnell und routinemäßig an neue Wirte und Umwelten anpasste.

Weitere Schadpilze aus Europa erobern die Welt

Die Vielseitigkeit von Krankheitserregern kann gar nicht hoch genug eingeschätzt werden. Als sich die Landwirtschaft durch die Migration der Menschen von ihren Ursprungsgebieten kommend ausbreitete, wurden weite Teile ehemals unkultivierter Regionen zu Ackerland, und dies bot allen Krankheitserregern, die mit den Kulturpflanzen in Verbindung stehen, ideale Bedingungen, um ihre Population zu vergrößern. Schließlich machten einige einheimische Schädlinge oder Unkräuter in den neu kultivierten Regionen einen Wirtsprung und drangen in fremde Kulturen ein. Dies geschah in Europa mit mindestens zwei getreidebefallenden Pilzen, die sich über die ganze Welt in die Gebiete ausbreiteten, wo heute Weizen und Gerste angebaut werden.

Rhynchosporium commune ist ein Pilz, der Blattflecken bei Gerste, anderen *Hordeum*-Arten und der Wildpflanze *Bromus diandrus* verursacht (Abb. 6.9).

Molekulare Analysen von 1600 Isolaten aus der ganzen Welt haben gezeigt, dass das Ursprungszentrum nicht der Fruchtbare Halbmond ist [49], sondern höchstwahrscheinlich Skandinavien, denn (1) die effektive Populationsgröße war dort weltweit am größten, (2) der Reichtum an Genvarianten („Allele") war am

Abb. 6.9 Getreidekrankheiten, die in diesem Kapitel besprochen werden: Rhynchosporium-Blattflecken und Sprenkelkrankheit (Ramularia) bei Gerste (oben), Spelzenbräune und Septoria-Blattdürre bei Weizen (unten) [48]

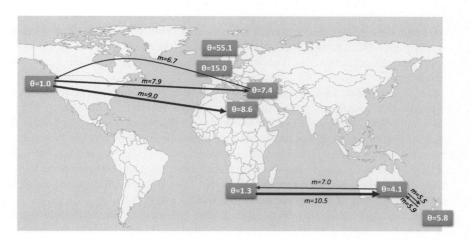

Abb. 6.10 Effektive Populationsgröße (θ) und die wichtigsten Migrationsrouten mit der geschätzten Anzahl an Migranten (*m*) von *Rhynchosporium commune*-Populationen aus vier Kontinenten [51]

höchsten, (3) es wurden mehr private Allele gefunden als in jeder anderen Region, (4) skandinavische Populationen waren ein größerer Spender von Migranten in den Rest der Welt als jede andere Population [50] (Abb. 6.10). Je mehr unterschiedliche Allele in einer Population vorkommen, umso mehr nähert man sich ihrem Ursprungsgebiet, wo die genetische Vielfalt am höchsten ist. Dabei gibt es hier auch viele Allele, die nirgends sonst vorkommen („private" Allele).

Die Populationen des Nahen Ostens in der Herkunftsregion der Gerste wiesen keines dieser Merkmale auf. Und die effektive Populationsgröße der benachbarten mitteleuropäischen Region war bereits etwa viermal kleiner und wird noch einmal halbiert, wenn es um den Nahen Osten geht (Abb. 6.10).

Der zeitliche Ursprung von *R. commune* als Gerstenpathogen wurde auf 1600 v. u. Z. bis 800 n. u. Z. geschätzt 54. Dies passt gut zu dem Zeitraum, in dem in Skandinavien erstmals Landwirtschaft betrieben wurde (3000–1000 v. u. Z.) [52]. In dieser Zeit könnte der Erreger von einem Wildgras auf die Kulturgerste übergegangen sein („Wirtssprung"). Seitdem kam es zu einer pathogenen Spezialisierung. Dies ist ein deutlicher Hinweis darauf, dass die vom Menschen betriebene Landwirtschaft zur Entwicklung neuer Krankheitserreger führte, indem sie Kulturpflanzen neu mit Krankheitserregern zusammenbrachte. Doch damit ist die Geschichte der anthropogenen Einflüsse noch nicht zu Ende, denn der Erreger ist heute bei Gerste weltweit zu finden.

Gerste wurde vor etwa 350 Jahren von den Niederländern nach Südafrika gebracht, vor etwa 250 Jahren von spanischen Missionaren nach Kalifornien und vor etwa 150 Jahren von den Briten nach Neuseeland [53]. Es wird jedoch davon ausgegangen, dass der Pilz erst später eingeführt wurde. Die geringe effektive Populationsgröße (Abb. 6.10), die geringe genotypische Vielfalt und der geringe Allelreichtum in diesen neubesiedelten Regionen deuten auf jüngere Gründereffekte hin. Abstammungsstudien zeigen, dass eine bedeutende Ausweitung der Pilzpopulation erst in den letzten 250 Jahren stattgefunden hat [54]. Dies stimmt gut mit der weltweiten Verbreitung des Gerstenanbaus außerhalb Eurasiens überein.

Da *R. communis* durch Regenspritzer verbreitet wird und sich hauptsächlich innerhalb eines Feldes bewegt, muss jede weitere Wanderung durch den Menschen ausgelöst werden, entweder durch die Verbringung der Wirtspflanze in Nachbar-Regionen (Kurzstreckenwanderung) oder durch samenbürtiges Inokulum, das versehentlich beim Transport mitgeschickt wird (Langstreckenwanderung). Letzteres wird durch das Vorhandensein von latenten Sameninfektionen ohne Symptome unterstützt. Schätzungen der Zahl der Einwanderer (Migranten) zeigten spezifische Routen des Pilzes rund um den Globus (Abb. 6.10).

Während die Wanderung von Australien nach Neuseeland alternativ auch durch die vorherrschenden Luftströmungen erklärt werden könnte, wurde der andere Fernaustausch höchstwahrscheinlich durch den Menschen vermittelt. Als wahrscheinlichsten Mechanismus nennen die Autoren den Austausch von Saatgut zwischen Südafrika und Australien sowie zwischen Kalifornien und dem Nahen Osten und Nordostafrika [55]. Dabei hat sich der Erreger erst vor kurzem aus seinem Ursprungszentrum entfernt und sich mit verschiedenen Gründerpopulationen verbreitet, die sich aufgrund der großen geografischen Entfernung nicht miteinander vermehren können [56].

Bekämpfung von Getreidepilzen

Bei allen genannten Pilzkrankheiten gibt es neben der Vorbeugung durch pflanzenbauliche Faktoren (weite Fruchtfolge, wendende Bodenbearbeitung, späte Saatzeit) prinzipiell zwei Möglichkeiten der Bekämpfung: chemische Pflanzenschutzmittel (Fungizide) und widerstandsfähige (resistente) Sorten. Die Fungizide helfen bei optimaler Anwendung in der Regel sehr gut, werden von der Pflanze aufgenommen und bekämpfen die Pilze längere Zeit. Resistente Sorten sind für den Landwirt die günstigste Alternative, da sie mit dem Saatgut gekauft werden. Ihre Möglichkeiten hängen aber stark vom Erreger ab. Beispielsweise gibt es gegen Ramularia-Blattfleckenkrankheit der Gerste derzeit keine resistenten Sorten, während 70 % aller Weizensorten gegen Gelbrost resistent sind. Allerdings können die Pilze auch Resistenzen gegen Fungizide und einfach vererbte Resistenzen bilden und werden dann unempfänglich. Dies ist beispielsweise bei dem Erreger der Septoria-Blattdürre sehr schnell der Fall. Gegen Roste wirken die Fungizide dagegen noch sehr gut. Genauere Hinweise zur Bekämpfung siehe Kap. 11.

Eine ähnliche Evolutionsgeschichte hat der pilzliche Erreger *Phaeosphaeria nodorum (Parastagonospora nodorum),* der die Spelzenbräune und Blattflecken bei Weizen verursacht (s. Abb. 6.9). Die Sporen werden auch hier durch Regenspritzer verbreitet, aber regelmäßig entstehen auch sexuell produzierte Ascosporen, die durch den Wind über eine größere Entfernung transportiert werden können. Es wurde auch eine Ausbreitung über Samen festgestellt [57]. Markerbasierte Schätzungen der effektiven Populationsgröße ergaben, dass auch hier eindeutig in Europa die wichtigste Ausgangspopulation beheimatet ist, von der aus sich die Migranten nach Nordamerika, Mesoamerika und Australien ausgebreitet haben. Ein sekundäres Diversitätszentrum ist China, das jedoch nur die Hälfte der effektiven europäischen Populationsgröße aufweist. Von hier aus konnte ein Export von Migranten nach Australien und zurück nach Europa festgestellt werden. Allerdings wurden in dieser Studie keine nahöstlichen Populationen des Pilzes einbezogen, sodass die Möglichkeit besteht, dass sich *P. nodorum* dort bereits während der Domestizierung des Brotweizens um etwa 7000 v. u. Z. entwickelt hat, vergleichbar mit *Zymoseptoria tritici*. Dies würde auch China als sekundäres Diversitätszentrum besser erklären, wo Weizen erstmals um 2600 v. u. Z. am unteren Gelben Fluss angebaut wurde [58].

Berücksichtigt man die frühesten Daten, in denen in den USA großflächig Weizen angebaut wurde, so hatte der Pilz dort nur etwa 150 Jahre Zeit, sich auf einer großen Anbaufläche mit wachsenden Populationsgrößen zu entwickeln. Der hohe Grad an genetischer Variation und die relativ großen effektiven Populationsgrößen von *P. nodorum* in den USA lassen sich daher durch mehrfache Einschleppungen aus Europa erklären, die die Vielfalt erhöht haben [59]. Damit ist dieser Pilz ein weiteres Beispiel für einen Erreger, dessen Ausbreitung mit der europäischen Besiedlung der Neuen Welt zusammenhängt. Die weltweite Ausbreitung geht weiter, und der Pilz ist in der Lage, sich durch Kreuzungen verschiedener Stämme schnell an unterschiedliche Umgebungen und Bewirtschaftungsstrategien anzupassen.

Der Erreger Septoria-Blattdürre *(Zymoseptoria tritici)* (s. Abb. 6.9) stammt aus demselben Gebiet, wo auch der Weizen entstand und verursacht, wie der Name schon sagt, Blattflecken. In SW-Asien gibt es heute noch zwei Schwesterarten, die wilde Gräser infizieren, *Z. passerinii*, *Z. ardabiliae* (Abb. 6.11). Deshalb kann man davon ausgehen, dass sich Erreger und Wirt in einer klassischen Koevolution gemeinsam entwickelten. Dabei ist es wichtig, dass sich auch dieser Pilz nur über kurze Distanzen ausbreiten kann. Die Sporen werden bei regnerischem Wetter durch Wasserspritzer im Bestand verteilt und können höchstens durch Aerosole in Verbindung mit Wind etwas weiterkommen. Eine neue Studie mit rund 1100 sequenzierten Genomen des Pilzes zeigt ganz deutlich, wie er sich mit dem Anbau von Weizen weltweit ausbreitete [60]. Nach dieser detaillierten Diversitätsuntersuchung stammt der Erreger von den zwei Schwesterarten ab. Danach finden sich elf Gruppen nah-verwandter Isolate, die sich über die ganze Welt des Weizens ausbreiteten (Abb. 6.11).

Dabei gab es im Ursprungszentrum (MEA) zwei Cluster, eins für IsraelMittleren Nahen Osten und eins für den Iran, die auch die höchste genetische Vielfalt (Diversität) besaßen. Davon spaltete sich sehr früh ein Cluster für Nordafrika ab. Ein weiter entferntes Cluster entstand für Nordamerika und Europa. Innerhalb des europäischen Clusters gibt keine Substruktur mehr, obwohl die Hälfte der untersuchten Isolate von hier stammte. Dies zeigt einen großen Genfluss innerhalb des

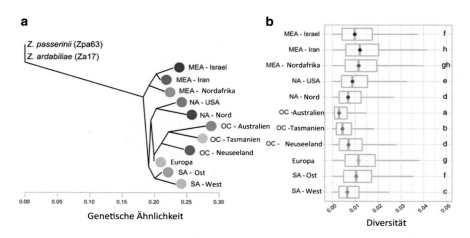

Abb. 6.11 (A) Abstammungsbaum von *Zymoseptoria tritici* mit 11 Gruppen, der bei den zwei Schwesterarten beginnt, (B) Ausmaß der genetischen Diversität innerhalb der 11 Gruppen; unterschiedliche Buchstaben bedeuten ein signifikant unterschiedliches Ausmaß der Diversität (MEA-Mittlerer Naher Osten, NA = Nordamerika, OC = Ozeanien, SA = Südamerika) [61]

Kontinents, der immer wieder zu einer raschen genetischen Durchmischung führt. Um 1550 n. u. Z. kam der erste Weizen in die Karibik und nach Mittelamerika, um 1600 n. u. Z. nach Nordamerika. Hier fanden sich zwei Gruppen in Nord-Süd-Richtung, in Südamerika dagegen zwei Gruppen in Ost-West-Richtung. Die drei Gruppen aus Ozeanien (Australien, Tasmanien, Neuseeland) haben einen gemeinsamen Vorfahren und entwickelten sich aus europäischen Isolaten. Die australische Gruppe ist sehr arm an Diversität, was auf einen deutlichen Flaschenhals deutet, es kamen also nur wenige, genetisch ähnliche Isolate hier an. Der Beginn des Weizenanbaus datiert hier auf ungefähr auf 1788 n. u. Z. Ebenso zeigt sich bei den Populationen aus Nord- und Südamerika eine geringere Diversität verglichen mit europäischen Populationen und denen aus dem Mittleren Nahen Osten.

Der gezielte Anbau von Wirtspflanzen führte in jedem Fall zu einer erheblichen Vergrößerung der Pilzpopulationen, wie eine Fallstudie zur Populationsgenetik von *Ramularia collo-cygni* veranschaulicht [62], ein Pilz, der die Ramularia-Blattfleckenkrankheit bei Gerste (=Sprenkelkrankheit) verursacht (s. Abb. 6.9). Als die Autoren die effektive Populationsgröße (N_e) im Laufe der Zeit schätzten, stellten sie kurz nach der Domestizierung der Gerste um 8000 v. u. Z. eine gewisse Zunahme fest, was auf die neuen Möglichkeiten hinweist, die dieser Pilz jetzt plötzlich erhielt. Der darauffolgende allmähliche Rückgang der Populationsgröße zeigte den niedrigsten Wert zwischen 500 und 1720 n. u. Z., was mit der nur eingeschränkten Übertragung durch Saatgut in Verbindung gebracht werden könnte. Später stieg die Populationsgröße um das 100-fache an, was die enorme Vergrößerung der Gerstenanbaufläche im Zuge der europäischen Expansion und damit eine erhöhte Verfügbarkeit eines anfälligen Wirts verdeutlicht.

Als die Pflanzenzüchtung neue Kulturpflanzenarten hervorbrachte, wie z. B. Zuckerrüben im 17. Jahrhundert oder Triticale im 19. Jahrhundert, entstanden neue Nischen für Krankheitserreger und mit ihnen neue Erregerrassen und manchmal sogar neue Erregerarten. Dies kann dann der Ausgangspunkt für eine weltweite Ausbreitung sein, was wiederum die enge Verflechtung der landwirtschaftlichen Produktionszentren zeigt. Ein Beispiel ist das Rübenmosaikvirus (BtMV, *beet mosaic virus*), das heute weltweit in Zuckerrüben *(Beta vulgaris* ssp. *vulgaris* var. *altissima)* auftritt. Eine Sequenzierungsstudie konnte zeigen, dass alle verfügbaren BtMV-Sequenzen eine einzige Population bilden, die nur etwa 360 Jahre alt ist [63]. Somit entwickelte sich dieses einzige bei der Zuckerrübe bekannte Potyvirus innerhalb des Zeitrahmens der Kulturpflanzenentwicklung, sein Ursprung war wahrscheinlich die wilde (See-)Rübe *(Beta vulgaris* ssp. *maritima),* die der Stammvater aller kultivierten Rüben ist [64]. Für die alternative Erklärung, dass sich BtMV in Blattrüben (Mangold) entwickelt hat, die seit mindestens 2000 Jahren vom Menschen genutzt werden, gab es keine Hinweise.

Mais und die Ernährung der Sklaven

Heute ist Mais in vielen afrikanischen Ländern das Hauptnahrungsmittel. Afrika verbraucht 30 % des weltweit erzeugten Maises, wobei das Meiste südlich der Sahara benötigt wird. Von den 15 Ländern mit dem höchsten Pro-Kopf-Verbrauch an Mais und Maisprodukten liegen 10 in Afrika, der Rest in Mittelamerika (Tab. 6.3). In Afrika werden bis zu 85–95 % des Mais als Grundnahrungsmittel verbraucht, im Mittel werden in Malawi bis zu 400 g je Kopf und Tag verzehrt, im Einzelfall können es bis zu 600 g je Kopf und Tag sein. Das ist rund das Doppelte bis Dreifache des maximalen Maiskonsums in Lateinamerika, der bei rund 200–300 g je Kopf und Tag liegt. Dies ist alles kein Zufall, sondern eine Folge der Verbringung des mexikanischen Mais nach Afrika im Rahmen des Atlantischen Dreieckshandels.

Die ursprünglichen Kulturpflanzen Afrikas waren Sorghum, verschiedene Hirsen, v. a. Perlhirse und Fingerhirse, die auch in sehr trockenen Gegenden noch wachsen können sowie in den feuchten Tropen Reis, Kochbananen, Afrikanische Yams [66]. Obwohl Mais nicht so dürreresistent ist wie Sorghum und die Hirsen, reift er früher, hat einen hohen Kaloriengehalt, ist gut lagerfähig und leicht zu verarbeiten. Er kann bei Bedarf auch schon in der Milchreife gegessen werden, etwa als gekochte oder geröstete Kolben, und hilft dann die „hungrige Phase" vor der späteren Ernte der Hirsen zu überstehen. Dies war oft das „Einfallstor" für die afrikanische Nahrungsmittelerzeugung. Außerdem kann Mais auch ohne großen technischen Aufwand von Hand als Gartenkultur angebaut werden und liefert weitaus mehr Ertrag als die traditionellen Hirsen. Mais ermöglichte in Afrika ein schnelles Bevölkerungswachstum und etablierte sich als Hauptnahrungsquelle südlich der Sahara.

Moderne genetische Untersuchungen können heute noch die Verbreitung des Mais aufdecken, die sie vor langer Zeit genommen haben. In einer französischen

Tab. 6.3 Länder mit dem
höchsten Pro-Kopf-Verbrauch
an Mais (2020) [65]

Land	g/Kopf Tag
Malawi	401
Sambia	348
Mexico	332
Lesotho	298
Guatemala	243
El Salvador	234
Südafrika	228
Paraguay	220
Honduras	218
Togo	216
Botswana	212
Eswatini	212
Zimbabwe	211
Kenia	184
Uganda	177

Studie von Mir und Mitarbeitern wurden 799 Landsorten aus der ganzen Welt mit
DNS-Markern untersucht [67]. Genetische Ähnlichkeiten werden dann zusammen
mit historischen Befunden zur Interpretation genutzt. Beide Informationsquellen
zusammen sind ein erstaunlich potentes Werkzeug.

So gibt es drei frühe Daten, wie Mais im 16. Jahrhundert nach Afrika gebracht
wurde. Bereits 1517 soll nach einer historischen Quelle karibischer Mais aus Spanien über die nordafrikanische Küste nach Ägypten gekommen sein. Von dort soll
er sich nach Ostafrika verbreitet haben und später über muslimische Händler bis
in die Türkei, den Iran und nach Nordindien. Mir und Kollegen konnten das Letztere mit ihren genetischen Befunden bestätigen, sie fanden überall in Afghanistan,
Pakistan und Indien die genetischen Fingerabdrücke karibischen Maises. Den Weg
nach Ostafrika konnten sie allerdings nicht nachweisen. Das kann aber auch daran
liegen, dass die modernen Maissorten dort die viel älteren Sorten spurlos ablösten,
weil sie produktiver sind.

Deutlich klarer sind die genetischen Verhältnisse in Westafrika, die auch von
historischen Berichten untermauert werden. Hier brachten zuerst die Portugiesen
1534 den Mais aus Kolumbien nach São Tomé. Das ist eine Insel vor dem heutigen Gabun, die ein wichtiger Umschlagplatz für portugiesische Sklaven aus Afrika
war, die von hier auf die Plantagen Brasiliens und in die Karibik verschifft wurden.
Es gibt einen Bericht aus der Mitte des 16. Jahrhunderts, der schildert, dass die
Sklavenhändler der Insel ihre Gefangenen mit Mais ernährten. Ähnlich verhielt es
sich auf den Kapverden, ebenfalls portugiesische Inseln vor der westafrikanischen
Küste. Hier soll Mais nach einer anonymen portugiesischen Beschreibung bereits
1540 angebaut worden sein [68]. Laut genetischen Untersuchungen stammte er
aus dem ebenfalls portugiesischen Brasilien [69]. Häufig ist aber bei diesen frühen

Berichten gar nicht klar, welche Pflanze gemeint war. Es gab damals keine einheitliche Bezeichnung für Mais. Sie nannten ihn meist *milho zaburro,* aber damit könnten zu dieser Zeit auch Sorghum oder andere Hirsen gemeint gewesen sein [70].

Auf jeden Fall begann der Maisanbau auf diesen Inseln und verbreitete sich entlang der westafrikanischen Küste. Sprachliche Belege deuten stark darauf hin, dass der Mais von den Küstenregionen aus ins Innere des tropischen Afrikas vorgedrungen ist [71]. Afrikanische Völker nannten den Mais nämlich häufig „Korn des weißen Mannes", „Sorghum aus dem Meer", oder „von der Küste [kommend]" [72].

Von São Tomé aus scheint sich der Mais über innerafrikanischen Handel nach Benin und Gabun und dann weiter ins Landesinnere bis nach Sambia ausgebreitet zu haben. Die Maissorten dieser Regionen sind genetisch eng mit Mais aus Kolumbien verwandt, der auch auf São Tomé nachgewiesen werden kann [73].

Andere Maispopulationen der westafrikanischen Küste zeigen dagegen eine starke Signatur der brasilianischen Ausgangspopulation [74]. Belegt ist, dass Mais im 16. Jahrhundert entlang der Küste von Gambia bis São Tomé und an der Kongomündung in großem Umfang angebaut wurde. Im 17. Jahrhundert wurde er auch als wichtiges Nahrungsmittel für Sklavenschiffe beschrieben, die zwischen Liberia und dem Nigerdelta abfuhren. John Barbot besuchte die Guineaküste im späten 17. Jahrhundert und beschrieb speziell Mais als Nahrung für die Sklaven:

... dass das Indianerkorn [Mais] zwischen Februar und Ernte von einer Krone auf zwanzig Schillinge ansteigt, was, wie ich annehme, hauptsächlich auf die große Zahl europäischer Sklavenschiffe zurückzuführen ist, die jährlich an der Küste anlegen. [75]

Er schildert auch die riesigen Profite, die die Bauern durch den Verkauf von Mais an europäische Forts und Sklavenschiffe machten. Mais hatte den unschätzbaren Vorteil, dass er billig zu produzieren war, im tropischen Westafrika gut wuchs, leicht und lange gelagert werden konnte und sehr nahrhaft war, wenn man von dem Mangel für Vitamin B3 (Niacin) bei alleiniger Maiskost absieht. Letzterer spielte jedoch bei der Reise von rund vier Monaten keine große Rolle, da alleiniger Maiskonsum erst nach drei bis fünf Jahren zum Tode führt [76]. Miracle schätzt, dass Sklaven damals bis zu einem Kilogramm Mais je Tag zum Essen bekamen. Während des Höhepunkts des Sklavenhandels wurden jedes Jahr rund 100.000 Menschen von Westafrika aus verschleppt.

Eine besondere Rolle spielte Mais bei der Entwicklung des westafrikanischen Ober-Guineischen Waldes *(upper Guinea forest).* Dies bezeichnet das Gebiet vom heutigen Sierra Leone und Guinea im Westen und Liberia, Elfenbeinküste und Ghana bis nach Togo [77]. Denn traditionell fehlte es hier an Kohlenhydraten. Während es in den feuchteren Gegenden Afrikanischen Reis *(Oryza glaberrima)* gab, blieben in den trockeneren Regionen in Zentralghana und der historischen Goldküste nur Sorghum, Hirsen und Yams. Die Portugiesen gründeten hier schon 1482 das Fort São Jorge da Mina und fanden schnell heraus, dass es am einfachsten war, an das Gold der Minen Zentralghanas zu kommen, wenn sie Sklaven aus dem Inneren Afrikas holten und in den Minen schuften ließen. Ihre Ernährung basierte dann vor allem auf Mais. Auch die Wurzelfrucht Maniok wurde aus Lateinamerika nach Westafrika eingeführt. Umgekehrt wurde Taro von hier vermutlich mit Sklavenschiffen in die Karibik transportiert (s. Box) [78]. Es war eben keine Einbahnstraße.

In die andere Richtung gewandert: Taro

Taro *(Colocasia esculenta)* ist eine Knollenfrucht, ähnlich unserer Kartoffel, die heute überall in den Tropen wächst und in Afrika ein Grundnahrungsmittel ist. Wilde Taro findet sich auf der Malaiischen Halbinsel, eventuell in Neuguinea und in Indien, wo sie schon um 5000 v. u. Z. kultiviert wurde. Von dort breitete sie sich über ganz Südostasien, China und Japan aus. Bei der ersten Besiedlung der pazifischen Inseln um 1500 v. u. Z. war die Pflanze schon dabei. Um 100 v. u. Z. gelangte Taro nach Ägypten, breitete sich über den Mittelmeerraum aus und gelangte um die Zeitenwende an die Ostküste Afrikas. Von dort ging es nach Westafrika und dann im 16. Jahrhundert mit Sklavenschiffen in die Karibik. Obwohl Taro heute meist in Afrika oder Ostasien angebaut wird, haben ihn auch mittel- und südamerikanische Länder adoptiert.

Infos nach WIKIPEDIA:Taro

Mais wurde auf einer Brache im Wald im Mischanbau mit Maniok und Taro angebaut und von Hand gelegt und geerntet. Dabei war der Mais deutlich früher reif als die Wurzelfrüchte und ergab eine erste Ernte. So konnte es zu einem Kalorienüberschuss kommen, der eine Staatenbildung ermöglichte, wie etwa das Reich der Akanvölker, die schon früher nach Zentralghana eingewandert waren. Erst die Einfuhr von Bananen und Hirse aus Südostasien, Maniok und Mais aus Amerika Anfang des 16. Jahrhunderts ermöglichte eine intensivere Besiedelung dieses Regenwaldgebietes. Ab dem 17. Jahrhundert profitierte auch das Aschantireich im heutigen Ghana von diesen kalorienreichen Feldfrüchten.

Der erste Mais, der nach Afrika kam, war vom Hartmais (Flint)-Typ, weil er aus der Karibik bzw. Brasilien stammte (Tropischer Flint). Er war bereits hervorragend an die Klimabedingungen Westafrikas angepasst, weil nur eine Migration entlang desselben Breitengrades stattfand. Dabei finden sich auf allen Kontinenten am selben Breitengrad dieselben Tageslängen und ähnliche Temperaturverhältnisse.

Später wechselten die Westafrikaner vom Hartmais zu einem mehligeren weißen Mais als Nahrungsmittel. Er kam wesentlich später, weil er ursprünglich aus den Anden und den Trockengebieten im Norden Mexikos stammte, wo die Europäer ihn auch erst sehr viel später entdeckten. Als er angekommen war, erfuhr der Anbau des weichen, stärkereichen Mais eine dramatische Steigerung und wurde endgültig während des Sklavenhandels zur dominierenden Feldfrucht.

Zusammenfassend kann man sagen, dass sich Mais in den meisten Gebieten Westafrikas innerhalb eines Jahrhunderts nach Beginn des Sklavenhandels als

Kulturpflanze durchgesetzt hatte, entweder im Gartenanbau oder im größeren Feldanbau [79]. Er folgte zuerst dem merkantilen Imperialismus, der den Handel mit Sklaven in den Vordergrund stellte und zu deren billiger Ernährung diente, und später dem Kolonialismus, bei dem die Kolonialmächte den Maisanbau forcierten, um die Bevölkerung einfach und effizient zu ernähren. Wie genau der Weg des Mais von der Küste Westafrikas ins Innere verlief und wann die einzelnen Gebiete Zentral, Ost- und Südafrikas Mais als wichtige Nahrungsquelle akzeptierten, ist noch unklar. Auf jeden Fall dauerte es bis ans Ende des 19. Jahrhunderts, manchmal auch bis zum Anfang des 20. Jahrhunderts, dass Mais in vielen Regionen Afrikas zum wichtigsten Nahrungsmittel wurde. Und da waren seine wichtigsten pilzlichen Pathogene schon längst da. Dies sind bis heute, regional unterschiedlich, vor allem die Blattkrankheiten und Maisroste, die in Zentralamerika ihren Ursprung haben (s. Kap. 5).

Tropengier

Die Kolonialmächte haben die tropischen Kulturpflanzen aller Kontinente über den gesamten (sub-)tropischen Gürtel der Welt verbreitet, um Geschäfte zu machen und möglichst viel Gewinn aus ihren Kolonien zu holen. Typisch dafür ist die kleine Insel São Tomé vor der westafrikanischen Küste. Sie wurde am 21. Dezember 1471 von den Portugiesen entdeckt [80] und war damals ebenso wie die benachbarte Insel Príncipe unbewohnt. Sie wurde an Adlige als Lehen gegeben, die dort strafgefangene Landsleute, Sklaven und Juden, die die Heimat verlassen mussten, als billige Arbeitskräfte ansiedelten. Zunächst wurden die beiden Inseln zum Umschlagplatz für den Sklavenhandel nach Südamerika. Da sowieso schon Sklaven vorhanden waren, wurde Zuckerrohr angebaut und Ende des 16. Jahrhunderts jährlich 12.000 t Zucker produziert. Dies wurde unlukrativ, als die Portugiesen durch päpstlichen Beschluss ganz Brasilien als Kolonie erhielten.

Mit dem Ende der brasilianischen Kolonie 1822 begannen Großgrundbesitzer wieder auf São Tomé und Príncipe zu investieren. Sie brachten Kaffee aus Afrika und Kakao aus der Neuen Welt mit und pflanzten sie auf die fruchtbaren Vulkanböden. Um 1908 war São Tomé der größte Kakaoproduzent der Welt [81].

Die Kolonialmächte suchten überall nach Möglichkeiten, Geld zu machen. Im landwirtschaftlichen Bereich funktionierte das am besten mit Genussmitteln, den damals sogenannten „Kolonialwaren", ein Begriff, der sehr treffend den Sachverhalt wiedergibt. So wurde Tabak großflächig in den Südstaaten der heutigen USA angebaut und in großem Stil nach Europa exportiert, Virginia-Tabak ist noch heute ein Begriff für Qualität. Auch der aus Afrika stammende Kaffee wurde nach Mittel- und Südamerika verschifft, der brasilianische Kautschukbaum (Hevea) von Brasilien über London nach SO-Asien geschmuggelt und der chinesische Tee zusammen mit einigen Bauern heimlich von den Engländern erst nach Indien und Ceylon und später nach Afrika gebracht.

Und die Pflanzenkrankheiten folgten ihnen stets. Der Kaffeerost schaffte es 1867 von Ostafrika, der Heimat des Arabica-Kaffees, nach Ceylon, wo er in wenigen Jahrzehnten alle Plantagen vernichtete und die Briten, angeblich, zu Teetrinkern machte. Legendär sind die Bananenkrankheiten, die sich in der Folge der europäischen Expansion von ihren Herkunftsgebieten in der Alten Welt über alle Anbauländer der Welt verbreiteten und immer wieder Plantagen vernichteten. Und so konnte es auch gelingen, dass zwei Pilzkrankheiten, die auf einer entlegenen Insel des Fiji-Archipels erstmals entdeckt wurden, sich heute in allen Anbaugebieten der Bananen wiederfinden. Denn die damals angestoßenen Ereignisse wirken bis heute fort.

Im Folgenden soll exemplarisch an der gut erforschten Geschichte des Kaffees und der Bananen, beides Produkte der Alten Welt, gezeigt werden, wie durch koloniale Bestrebungen nicht nur die Pflanzen, sondern auch die Pathogene rund um die Welt gingen und uns heute noch riesige Probleme machen. Sie sind einzigartige Beispiele für die Migration von Pflanzen und ihren Pathogenen, die sich ohne Handel und menschlichen Transport natürlicherweise nie weit von ihrem Ursprungsgebiet hätten wegbewegen können.

Wie lange gibt es noch guten Kaffee ...

Die heutige Kaffeeproduktion ist ein typisches Produkt der Kolonialisierung. Der begehrte Arabica-Kaffee *(Coffea arabica)* hatte sich zwar schon vor 1400 aus seiner Heimat im äthiopischen Wald in den Jemen verbreitet und bis 1600 in die gesamte arabische Welt bis nach Indien (Abb. 6.12). Aber erst durch die Bestrebungen der Kolonialmächte möglichst viel Geld zu verdienen, erfuhr der Kaffee seine weltweite Verbreitung. Die geschäftstüchtigen Holländer brachten ihn schon 1690 (oder 1658, das ist umstritten) in ihre damalige Kolonie Ceylon und 1696 (oder 1699) nach Java (Abb. 6.12). Der gesamte Kaffee der (französischen) Karibik und Südamerikas soll dort nach 1715 von wenigen Pflanzen aus den Gärten des französischen Königs aufgebaut worden sein. Ähnliches erzählt man sich von den Holländern, die ihn 1718 erstmals in Surinam im nördlichen Südamerika anpflanzten [82]. Auch auf Haiti bauten die Franzosen schon seit 1725 Kaffee an. Diese karibische Insel erzeugte im 18. Jahrhundert die Hälfte der weltweiten Produktion [83]. Wie in allen Kolonialgebieten üblich geschah dies durch die Arbeit von Sklaven.

Die ersten Kaffeepflanzen kamen 1727 heimlich nach Brasilien. Der portugiesische Unteroffizier Francisco de Mello Palheta befreundete sich mit der Gattin des Gouverneurs von Französisch-Guyana, die ihm zum Abschied heimlich einen kleinen Arabica-Ableger zusteckte [85].

Die Kolonialgeschichte ist voll mit solchen Erzählungen, wie sich die Mächte gegenseitig die lukrativsten Pflanzen abjagten. Dies geschah meist illegal durch Abenteurer, die dann reich belohnt wurden, weil sie beispielsweise Samen des Kautschukbaums aus Brasilien heraus nach England schmuggelten. Spanien hatte sogar auf die illegale Ausfuhr der Vanillepflanze aus Mexiko die Todesstrafe verhängt, um sein Monopol zu hüten. Erst nach der mexikanischen Unabhängigkeit 1810 wurden erste Stecklinge in die botanischen Gärten von Antwerpen und Paris

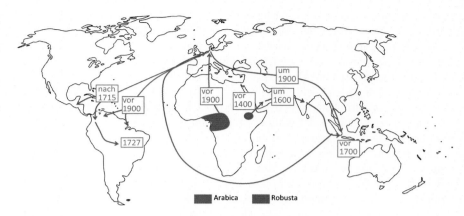

Abb. 6.12 Die weltweite Verbreitung des Kaffeeanbaus [84]

geschmuggelt und danach begann der Anbau auf Java durch die Niederländer (1819) und auf La Réunion durch die Franzosen (1822) [86]. Die botanischen Gärten waren damals oft nur ein Mittel zum Zweck, um die lukrativen fremden Pflanzen zu erforschen, zu vermehren und in den eigenen Kolonien nutzen zu können. Der Robusta-Kaffee stammt aus Zentralafrika und nahm, zweihundert Jahre später, einen ähnlichen Weg wie der Arabica-Kaffee (Abb. 6.12).

Kaffee gehört zu den wichtigsten landwirtschaftlichen Handelsgütern. Während mit Rohkaffee von den Erzeugerländern rund 18 Mrd. US-Dollar verdient werden, beträgt der gesamte Umsatz mit Kaffee als Endprodukt 353 Mrd. Dollar (2015) [87]. Er ist für die Wirtschaft von mehr als 60 Ländern von entscheidender Bedeutung und stellt die Haupteinkommensquelle für mehr als 100 Mio. Menschen dar. Der Kaffeerost verursacht jährlich Verluste in Höhe von ein bis zwei Milliarden US-Dollar und ist einer der wichtigsten limitierenden Faktoren für die Produktion des begehrten Arabica-Kaffees *(Coffea arabica)* weltweit. Er gilt als aromatischer, besser und feiner als der aus Zentralafrika stammende, bitterere und weniger aromatische Robusta-Kaffee *(Coffea canefora),* der von Hause aus gegen Rost resistent ist.

Der Kaffeerost *(Hemileia vastatrix)* wurde erstmals 1861 von einem englischen Entdecker in der Nähe des Viktoriasees (Ostafrika) an wilden Kaffee-Arten festgestellt, von denen es dort eine große Zahl gibt [88]. Tatsächlich konnten Forschende rund 160 Jahre später anhand von molekularen Analysen zeigen, dass zwei Untergruppen des Kaffeerostes nur an wilde, diploide Kaffeearten angepasst sind [89]. „Die Daten deuten darauf hin", schreiben sie, „dass es sich bei der neuen, gefährlichen Gruppe möglicherweise um eine erst kürzlich ‚domestizierte' Rostlinie handelt, die durch Wirtswechsel von diploiden Kaffeewirten [auf die begehrten tetraploiden Kulturarten des Kaffees] entstanden ist".

Zu den Symptomen und Anzeichen der Krankheit gehören große orangefarbene Sporenmassen auf der Blattunterseite, die zu vorzeitigem Blattfall führen (Abb. 6.13). Dies bringt die Pflanze nicht gleich um, sie kann in der Regel neu austreiben. Wenn der Rost aber häufiger auftritt, erschöpft sie sich und stirbt mittelfristig ab. Der Erreger wurde erstmals 1869 als *Hemileia vastatrix* beschrieben, wobei *vastratix* so viel wie „Verwüsterin" bedeutet. Schon 1867 machte die Krankheit ihrem Namen alle Ehre und vernichtete erstmals einen Teil der Kaffeeernte in Ceylon (heute Sri Lanka). Sie verschwand nie wieder, der Pilz machte immer neue Epidemien und schließlich musste der Kaffeeanbau mit verheerenden sozialen und wirtschaftlichen Folgen auf der Insel aufgegeben werden. Seit diesem plötzlichen Ausbruch ist der Kaffeerost zu einer der bekanntesten Krankheiten in der Geschichte der Pflanzenpathologie geworden.

Die beiden wichtigsten angebauten Kaffee-Arten, *C. canephora* (Robusta-Kaffee) und *C. arabica* (Arabica-Kaffee), machen im Durchschnitt 40 % bzw. 60 % der weltweiten Kaffeeproduktion aus. *Coffea arabica* stammt aus den relativ trockenen und hochgelegenen Gebieten Äthiopiens und Nordkenias, seine genetische Vielfalt ist sehr eingeschränkt. Die Domestizierung im Jemen, dem trockensten Kaffeeanbaugebiet der Welt, führte natürlich zu keinem Selektionsdruck in Richtung Rostresistenz, weil es die Krankheit dort überhaupt nicht geben konnte. Deshalb waren die aus dem Jemen verbreiteten Kaffeepflanzen wohl frei von Rost.

Als die Holländer sich im heutigen Indonesien als Kolonialmacht festsetzten, brachten sie 1710 mehrere Arabica-Pflanzen nach Amsterdam und erforschten und vermehrten sie in Gewächshäusern. Von dort schleppten ihn Kolonisten auf die niederländischen Besitzungen in der Karibik und nach Guayana auf dem südamerikanischen Festland. Dabei nimmt man heute an, dass nur eine einzige (oder einige wenige) Kaffeepflanze(n) aus dem Botanischen Garten von Amsterdam Stammvater der meisten dortigen Kaffeesorten ist. Dies war ein unverzeihlicher Engpass, der die genetische Vielfalt der Pflanze noch weiter einschränkte. Bei der hohen Rostanfälligkeit der ganzen Art kann man getrost davon ausgehen, dass auch diese Pflanze bereits hochanfällig war. Dies blieb allerdings unbemerkt, da es damals

Abb. 6.13 Die orangeroten Sporenlager des Kaffeerostes auf der Blattunterseite (A), ein Sporenlager unter dem Elektronenmikroskop mit den charakteristischen Sporen (B), völlige Entlaubung von anfälligen Kaffeepflanzen durch die Krankheit (rechts) im Vergleich zu einer vollbelaubten, resistenten Pflanze in Brasilien (links)(C) [90]

noch keinen Kaffeerost in der „Neuen Welt" gab. Das war ein großer Vorteil, wenn sogenannte „Kolonialpflanzen" über die halbe Welt verschleppt wurden: Die Krankheitserreger kamen nicht immer gleichzeitig mit und so konnte man in den neuen Gebieten oft lange Zeit höhere und bessere Erträge erzielen als im Herkunftsland.

Die große Anfälligkeit des Arabica-Kaffees für den Rost führte aber zu dessen weiterer Ausbreitung (Abb. 6.14), zunächst zwischen 1860 und 1900 in den Kaffeeanbauländern um den Indischen Ozean und Pazifik, dann Anfang des 20. Jahrhundert in Ostafrika, in den 1950er und 1960er Jahren in Westafrika und schließlich schaffte es der Rost über den Atlantik, vermutlich durch Windströmungen, und befiel erstmals 1970 im Staat Bahia in Brasilien eine Kaffeeplantage in der Neuen Welt. Er verbreitete sich rasch in die anderen Anbaugebiete in ganz Süd- und Mittelamerika und war 1986, rund 120 Jahre nach der Epidemie auf Ceylon, überall zu finden, außer auf Hawaii.

In jüngerer Zeit (2008–2013) ist der Kaffeerost aufgrund einer schweren und weit verbreiteten Epidemie in Zentralamerika, Kolumbien, Peru und Ecuador wieder in den Blickpunkt der Öffentlichkeit gerückt. Sie ist auf das Zusammentreffen mehrerer ungünstiger agronomischer, klimatischer und wirtschaftlicher Faktoren zurückzuführen. Die Ertragsverluste betrugen 10–35 %, was sich bei den geringen Kaffeepreisen unmittelbar auf das Einkommen und die Lebensgrundlage von Hunderttausenden von kleinen Landwirten, Arbeitern und ihren Familien auswirkte. Denn in den Hochlagen Mittelamerikas ist der Kaffeeanbau immer noch die Haupteinnahmequelle von Kleinbauern [91].

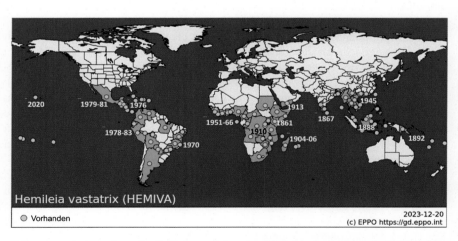

Abb. 6.14 Die Verbreitung des Kaffeerostes folgte der weltweiten Ausbreitung des Kaffeeanbaus jeweils einige Jahrhunderte später; die Jahreszahlen geben das erste Erscheinen des Kaffeerostes an [92]

In der Vergangenheit hatten die Intensivierung des Kaffeeanbaus und veränderte Anbaumethoden einen großen Einfluss auf die Entwicklung von Rost-
Epidemien bei kultiviertem Kaffee. So verursacht der Kaffeerost in Äthiopien
keine schwerwiegenden Epidemien, selbst wenn dort Kaffee angebaut wird. Dies
ist wahrscheinlich auf die Wechselwirkungen des Rostes mit anderen Organismen
oder die komplexe Struktur der Waldökosysteme zurückzuführen, in denen der
Arabica-Kaffee heute noch wild wächst.

Hawaii war das letzte Gebiet der Welt, das vom Rost erobert wurde. Ursprünglich wurden die Kaffeepflanzen wohl schon im 18. Jahrhundert nach Hawaii
gebracht, aber die Anpflanzungen waren nicht erfolgreich. Im Jahr 1825 wurden Pflanzen aus Brasilien eingeführt, und die erste kommerzielle Kaffeeplantage
wurde 11 Jahre später in Koloa, Kauai, eröffnet. Die Einfuhr von ausländischen
Kaffeepflanzen (Pflanzenteile, Samen, Plastiksäcke) nach Hawaii ist seit 1888
streng reglementiert, um die Einschleppung von Schädlingen zu verhindern [93].
So ist bei Einfuhr von Kaffeepflanzen eine Begasung mit Pilz- und Insekten-
vernichtungsmitteln vorgesehen. Dadurch und durch die abgelegene Lage blieb
Hawaii noch 200 Jahre lang eine der letzten Kaffeeanbauregionen, die frei vom
Kaffeerost war. Erst im Februar 2020 wurden Sporen des Kaffeerostes in Sporen-
fallen in Hanaula, Maui, nachgewiesen, im Oktober 2020 fanden sich dann die
ersten Symptome auf Kaffeepflanzen in Haiku, Maui. Bis Juli 2021 wurde die
Krankheit auf allen größeren Inseln Hawaiis bestätigt, auf denen Kaffee kommer-
ziell angebaut wird, darunter Hawaii Island, Lanai, Oahu, Molokai und Kauai.
Zur Verringerung der Infektion bei den nicht-resistenten Kaffeesorten auf Hawaii
wurden Beschneidungsmethoden und das Besprühen mit zugelassenen Fungiziden
empfohlen.

Die Quelle des Ausbruchs auf Hawaii ist nicht bekannt, und der Rost könnte
aus mehr als 50 kaffeeproduzierenden Ländern, die den Erreger beherbergen, nach
Hawaii gelangt sein. Deshalb analysierten Forschende mithilfe von DNS-Markern
eine Stichprobe des Rostes aus Hawaii und verglichen sie mit 434 anderen Isolaten aus 17 Ländern, die sowohl die Alte als auch die Neue Welt umfassten [94].
Dabei konnten alle Isolate aus Hawaii derselben Gruppe 10 (aus 42 insgesamt
existierenden Gruppen) zugeordnet werden, was ein deutlicher Hinweis auf eine
einmalige Einschleppung ist. Die Gruppe 10 ist in Mittelamerika und Jamaika
weit verbreitet, sodass diese Region auch die wahrscheinlichste Quelle für den
Ausbruch auf Hawaii darstellt. Allerdings machte es eine Untersuchung der globalen Wettermuster in den Monaten vor der Einschleppung unwahrscheinlich, dass
der Erreger mit dem Wind auf die Inseln getragen wurde. Die wahrscheinlichsten
Szenarien für die Einschleppung des Kaffeerostes nach Hawaii sind deshalb die
versehentliche Einschleppung von Sporen oder infiziertem Pflanzenmaterial durch
Reisende oder Saisonarbeiter oder unsachgemäß begaste Lieferungen von Kaffeepflanzen aus Mittelamerika oder den karibischen Inseln. Damit scheint der Mensch
als Überträger fungiert zu haben, wie es typisch für die Globalisierung ist.

… und billige, einheitlich große Bananen?

War schon der Kaffee ein gutes Beispiel für das Wirken des Kolonialismus und die Verbreitung von Pathogenen, so ist die Banane das perfekte Beispiel.

Die modernen essbaren Bananen stammen von den zwei wilden samenbildenden Arten *Musa acuminata* und *M. balbisiana* ab. Deren Ursprungszentrum erstreckt sich von Indien bis Papua-Neuguinea, einschließlich Indonesien und Südchina (Abb. 6.15) [95]. Sie kreuzten sich und dabei entstand eine neue Art *(Musa × paradisiaca)*, die keine Samen mehr macht und sich deshalb nur ungeschlechtlich über Seitensprosse fortpflanzen kann. Deshalb muss jede Bananenpflanze, die außerhalb des Ursprungszentrums wächst, bewusst dorthin transportiert worden sein. Ein perfektes Beispiel für die weltumspannende Migration durch Menschen (Abb. 6.15)!

Die Kultivierung der Banane begann vor rund 7000 Jahren. In Ozeanien war der Anbau bereits 2500 Jahre v. u. Z. üblich, nachdem Menschengruppen aus Südostasien eingewandert waren. Zwischen 200 v. u. Z. und 500 n. u. Z. wurden Bananen von frühen Seefahrern nach Afrika gebracht, wo sie sich in Ostafrika etablierten, während in Westafrika vornehmlich die Kochbanane angebaut wurde. Die amerikanischen Bananen haben viele Ursprünge. Die Polynesier brachten sie bereits um 200 v. u. Z. nach Südamerika. Eine zweite Herkunft stammt von den Kanarischen Inseln ab, die um 1400 erreicht wurden, und im folgenden Jahrhundert Bananen nach Hispanola, heute Haiti und die Dominikanische Republik, verbrachten und von südostasiatischen Bananen, die um 1800 in die Karibik gebracht wurden. Etwa zur selben Zeit brachten auch die Engländer Bananen aus ihren Kolonien in das tropische Amerika. Die Datierung der Ereignisse, bei denen Bananen über die

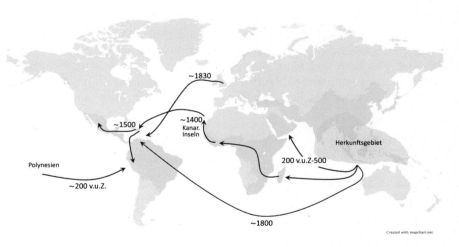

Abb. 6.15 Herkunft und Verbreitung der Bananen; heute bananenanbauende Länder sind gelb eingefärbt [96]

ganzen Tropen verbracht wurden, ist schwierig, da ihre Verbreitung in Regionen außerhalb Südostasiens jeweils mehrere Male stattgefunden haben könnte.

Seit dem 16. Jahrhundert wurde die Banane also von den Kolonialmächten weltweit verbreitet und mit ihr ein halbes Dutzend Krankheiten, die alle ihren Ursprung in der Herkunftsregion Südostasiens haben (Tab. 6.4). Dort machen sie jedoch kaum Probleme, weil es eine große genetische Vielfalt von rund 40 verschiedenen Arten der Banane *(Musa)* gibt und die Wildpflanzen zudem einzeln im Regenwald stehen, nicht auf riesigen Plantagen in Monokultur, wie es heute in den bananenproduzierenden Ländern üblich ist.

Bananen gehören zu den weltweit am häufigsten verzehrten Früchten. Sie sind ein Grundnahrungsmittel für fast eine halbe Milliarde Menschen, während Exporte die wirtschaftliche Stabilität ganzer Staaten unterstützen. Bananen und Kochbananen werden in über 150 Ländern mit rund 125 Mio. Tonnen pro Jahr produziert (2021 [98]). Sie sind also eine wichtige Nahrungspflanze und ein einkommensstarkes Handelsgut. Dabei ist die Banane ein Symbol der Globalisierung. Sie wird in Ländern des globalen Südens aufwendig produziert und in Industrieländern des Nordens massenhaft billig verkauft. Und dafür verantwortlich sind eine Handvoll Firmen, die mit Bananen reich geworden sind.

Die großen sogenannten „Industrie-Bananen", also diejenigen, die es bei uns im Supermarkt zu kaufen gibt, sind eine einzigartige Frucht. Sie werden heute großtechnisch im Labor in Reagenzgläsern vermehrt. Deshalb besteht jede Sorte aus genetisch völlig identischen Pflanzen. Weil es keine sexuelle Vermehrung für die Kulturbanane geben kann, sind keine Kreuzungen möglich und auf herkömmliche Weise kann keine Züchtung stattfinden. Das ist bei vielen wilden Bananenarten anders, aber die machen große Kerne und sind deshalb nicht zum Verzehr geeignet.

Die weltweite Bananenversorgung wurde in der Vergangenheit schon einmal durch die Panamakrankheit bedroht, die durch den Pilz *Fusarium oxysporum* f. sp. *cubense* verursacht wird. In den 1950er Jahren verbreitete sich die verantwortliche Rasse 1 weltweit und machte der damals dominierenden Sorte ‚Gros Michel' den Garaus. Der bodenbewohnende Pilz infiziert die Wasserleitungsbahnen der Pflanze (Xylem). Das führt langfristig zum Wasser- und Mineralienverlust, die Pflanzen vergilben und sterben ab (Abb. 6.16). Wenn der Pilz sich erstmal im Boden ausgebreitet hat, bleibt er dort für Jahrzehnte lebensfähig. Die Bedrohung durch Rasse

Tab. 6.4 Wichtige Bananenkrankheiten, die durch Pilze verursacht werden [97]

Krankheit	Erreger	Erstbeschreibung		Verbreitung heute
		Jahr	Region	
Panamakrankheit: Rasse 1 Tropische Rasse 4	*Fusarium oxysporum*	1890 1967	Panama, Costa Rica Taiwan	Weltweit s. Abb. 6.18
Gelbe Sigatoka	*Pseudocercospora musicola*	1902	Java	weltweit
Schwarze Sigatoka	*Pseudocercospora fijiensis*	1963	Sigatoka/Fiji	Weltweit, außer Australien

Abb. 6.16 Symptome der Bananenwelke, verursacht von der Tropischen Rasse 4. Deutliche Vergilbungssymptome an den Blättern (links), Ursache ist, dass die wassertransportierenden Gefäßbündel braun werden (rechts) [101]

1 wurde durch die Einführung einer resistenten ‚Cavendish'-Sorte überwunden. Sie ist zwar nicht so robust und lagerfähig wie die ursprüngliche ‚Gros Michel', aber die Firmen schafften es, ihre weltweiten Lieferketten mit großem Aufwand umzustellen.

Auch die Entstehung und Verbreitung der Bananensorten selbst sind vom Kolonialismus und der Globalisierung geprägt. ‚Gros Michel' wurde von dem französischen Abenteurer, Seefahrer und Botaniker Nicolas Baudin in Kanton (China) um 1790 gefunden und nach Martinique, das damals französische Kolonie war, gebracht. Von dort verschiffte sie der französische Botaniker Jean Francois Pouyat 1835 nach Jamaika [99]. Diese Sorte war die Grundlage des amerikanischen Bananengeschäfts, das sich ab etwa 1880 entwickelte. Mit der Erfindung von gekühlten Eisenbahnwaggons und Kühl-Dampfschiffen konnten die Bananen erstmals weltweit vermarktet werden. Mit Bananenschösslingen wurde die Panamakrankheit, die heute der Rasse 1 zugeschrieben wird, schon Ende des 19. Jahrhunderts versehentlich aus Asien eingeschleppt und sie verbreitete sich rasant (Abb. 6.17). Im Jahr 1930 war sie in Venezuela angekommen. Schon sechs Jahre zuvor (1924) wurde sie erstmals aus Westafrika berichtet und spätestens ab 1985 war sie weltweit verbreitet. Damals brauchte die Krankheit also noch rund 100 Jahre, um die Welt zu umrunden.

Und auch die ‚Cavendish‘, die die Bananenindustrie damals rettete, weil ihr die Krankheit nichts anhaben konnte, war ein Produkt des Kolonialismus. Sie wurde von einem britischen Kolonialbeamten 1826 im südlichen China entdeckt, von dort 1829 nach *Chatsworth House* in Derbyshire/England gebracht und von Joseph Paxton im Gewächshaus angebaut. Ihren Namen erhielt sie vom Arbeitgeber des

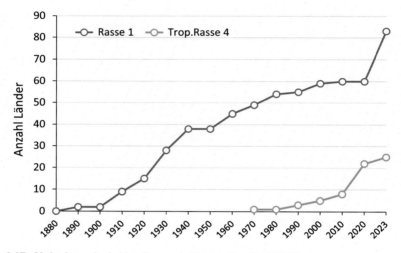

Abb. 6.17 Verbreitung der beiden Rassen der Panamakrankheit [102]

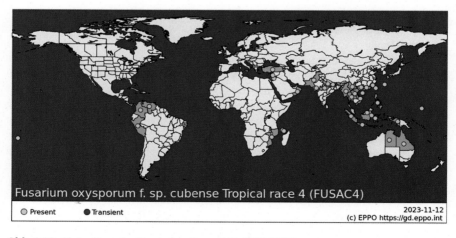

Abb. 6.18 Verbreitung der Tropischen Rasse 4 bis 2023 [103]

Gärtners, William Spencer Cavendish, dem sechsten Herzog von Devonshire. Schösslinge dieser Sorte wurden in verschiedene britische Kolonien geschickt und ersetzten notgedrungen in den 1950er und 1960er Jahren weltweit die ‚Gros Michel'. Heute sind 40 % der weltweit produzierten Bananen ‚Cavendish' und weitere 20 % sind eng mit ihr verwandt [100].

Mit dem erneuten Auftreten der Panamakrankheit, die jetzt von der tropischen Rasse 4 desselben Pilzes verursacht wird, ist jedoch die weltweite Bananenversorgung erneut gefährdet. Dieser aggressive Stamm hat sich inzwischen über die Kontinente ausgebreitet und 2019 Südamerika erreicht, 2020 wurde er zum ersten Mal auf einer karibischen Insel gesichtet (Abb. 6.18). Die Bedrohung durch die neue Panama-Krankheit ist vor allem für die Industrieländer von großer Bedeutung, da ‚Cavendish'-Bananen mehr als 90 % aller Exporte ausmachen. Und die ‚Cavendish' ist hochanfällig gegen die tropische Rasse 4, deren Erreger von einigen Forschenden jetzt *Fusarium odoratissimum* genannt wird. Er trat erstmals 1967 in Taiwan auf und verbreitete sich rasch nach Indonesien und Malaysia und anschließend nach Australien, China und die Philippinen bis 2010. Seine Ausbreitung beschleunigte sich ab 2010 und erreichte Afrika, den Nahen Osten, Indien und Pakistan sowie weitere Gebiete in Südostasien. Jetzt ist der Pilz erstmals in Südamerika aufgetaucht und hat die Bananenplantagen in Kolumbien 2019 erreicht und 2021 das nördliche Peru. Im Jahr 2020 fand sich die Krankheit auf der abgelegenen Insel Grande Terre (Mayotte) im Indischen Ozean in der Nähe von Madagaskar [103]. Das zeigt wieder einmal, dass beim heutigen Reiseaufkommen und den Möglichkeiten moderner Transportmittel kein Ort der Welt zu abgelegen ist, um nicht von fremden Krankheitserregern besiedelt zu werden.

Die Ausbreitung der Bananenkrankheiten zeigt immer dieselbe Kurve (Abb. 6.17). Es beginnt langsam, aber dann werden immer mehr Länder besiedelt. Hat die Krankheit erst einmal einen neuen Kontinent erreicht, schreitet sie meist schnell fort und verbreitet sich vom ersten Fokus ausgehend sehr rasch in die Nachbarregionen und -länder (Brückenkopfeffekt). Und es ist zu erwarten, dass sich auch die tropische Rasse 4 auf alle wichtigen Bananenanbauländer verbreiten wird. Der Pilz kann jahrzehntelang im Boden überdauern und verbreitet sich als blinder Passagiere auch mit Nicht-Wirtspflanzen, wenn Erde transportiert wird, oder wird im Boden, auf Schuhen oder auf landwirtschaftlichen Geräten übertragen. Bei dem traditionellen kleinbäuerlichen Bananenanbau, wo man noch mit Schossern arbeitet, wird die Krankheit auch dadurch weiterverbreitet.

Heute ist die tropische Rasse 4 schon in mindestens 25 bananenproduzierenden Ländern verbreitet (Abb. 6.18), selbst auf der abgelegenen Insel Tonga im Südpazifik. Außer Australien hat es noch nie ein Land geschafft, eine Bananenkrankheit einzudämmen oder gar wieder auszurotten. Denn dazu ist eine sofortige konzertierte Aktion von Wissenschaftlern, Pflanzern, Verwaltungsbeamten, der Exportindustrie und der Regierung nötig, die die entsprechenden Mittel und Experten bereitstellt. Eine solche Logistik ist in den typischen „Bananenrepubliken" nicht aufzubauen. Und auch Australien war letztlich nicht erfolgreich, sondern konnte die Invasion nur verzögern und ihre Folgen bis heute eindämmen.

Abb. 6.19 Schadbild der Schwarzen Sigatoka: Bei starkem Befall laufen Hunderte von kleinen Blattflecken zu großen absterbenden Bereichen zusammen, die sich dann mit Wasser vollsaugen [104]

Die Banane hat noch mehr Feinde, die inzwischen die ganze Welt umrundet haben (s. Tab. 6.4). Darunter ist eine Blattfleckenkrankheit, die Schwarze Sigatoka, die ebenfalls von einem Pilz verursacht wird: *Pseudocercospora (Mycosphaerella) fijiensis* (Abb. 6.19).

Der Name sagt bereits, woher die Krankheit kommt, aus dem Sigatoka-Tal auf der Insel Vitu Levu, die zum Fiji-Archipel gehört. Sie wurde dort Anfang der 1960er Jahre entdeckt, nachdem zuvor schon eine verwandte Art, *P. musae,* die Gelbe Sigatoka, um die Welt gegangen war. Diese erreichte von 1912 bis 1923 in demselben Sigatoka-Tal erstmals epidemische Ausmaße [105]. In den folgenden 40 Jahren verbreitete sich die Gelbe Sigatoka und wurde zu einer klassischen, globalen Krankheitsepidemie. Die neu entdeckte Schwarze Sigotoka war jedoch aggressiver und wahrscheinlich schon lange vor ihrer Entdeckung im Pazifikraum verbreitet. Sie wurde in den folgenden Jahrzehnten weltweit verschleppt (Abb. 6.20). Das ist umso erstaunlicher als der erste Fundort der Krankheit rund 6,5 Flugstunden vom nächsten Land, Australien, entfernt ist.

Die Schwarze Sigatoka gilt als die schädlichste und kostspieligste Bananenkrankheit, da ihre Bekämpfung durch chemische Mittel (Fungizide) rund ein Drittel der gesamten Produktionskosten ausmacht. Schätzungen zufolge verursacht die Krankheit bei Kochbananen Ertragseinbußen von mehr als 38 %, bei

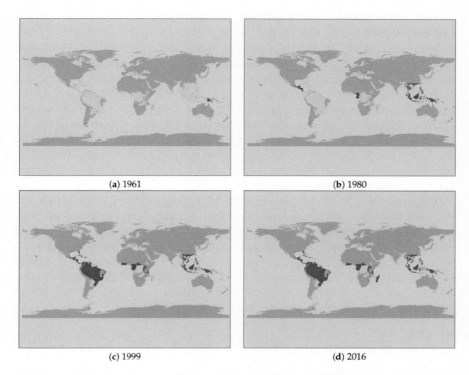

(a) 1961

(b) 1980

(c) 1999

(d) 2016

Abb. 6.20 Weltweite Verbreitung der Schwarzen Sigatoka-Krankheit der Banane (gelb = nicht beobachtet, rot = Befallsgebiet) [106]

Exportbananen können noch größere Verluste auftreten, wenn die Bekämpfungsmaßnahmen versagen [107]. Vor allem die Auswirkungen auf die Kochbananen sind dramatisch, da diese in Afrika häufig von Kleinbauern kultiviert werden, für die Kochbananen ein Grundnahrungsmittel sind und die sich keine chemischen Spritzmittel leisten können.

Interessant ist eine Studie, die klar zeigt, dass die Ausbreitung der Schwarzen Sigatoka durch menschliche Handelsbeziehungen erfolgt, denn von allein können diese Pilzsporen keine Meere und Kontinente überwinden, wie es bei den windverfrachteten Rosten nachgewiesen ist. Dazu sind die Sporen der Schwarzen Sigatoka viel zu schwer. Der wichtigste Faktor der globalen Krankheitsausbreitung ist bei dieser Krankheit die Menge der landwirtschaftlichen Importe eines Landes. Sie erhöht die Erstinfektionshäufigkeit mit Schwarzer Sigatoka um 69 Prozentpunkte. Im Gegensatz dazu erhöhte die Ausbreitung durch günstige klimatische Faktoren diese Wahrscheinlichkeit nur um 0,8 Prozentpunkte [108].

Genetische Untersuchungen bestätigten dieses Ergebnis, denn eine zufällige Ausbreitung über Kontinente hinweg führt immer zu einem Flaschenhalseffekt, weil nie die gesamte Population, sondern immer nur Teile von ihr übertragen werden. Dies lässt sich bei der Schwarzen Sigatoka aber nicht nachweisen, also müssen repräsentative Teile der Pilzpopulation durch den Menschen verbracht worden sein.

Zumindest im Fall Südamerikas ist dies inzwischen nachgewiesen. Die Eroberung des Kontinents durch die Krankheit begann 1972 mit dem (eigentlich unverantwortlichen) Transport einer Sortenkollektion durch die *United Fruit Comp.* nach Honduras. Einige der Pflanzen litten unter der Blattkrankheit. Von diesem Brückenkopf aus eroberte die Krankheit bis 1981 das gesamte Mittelamerika und erstmals in Südamerika auch eine Plantage im nördlichen Kolumbien [109]. Im Jahr 2004 erreichte die Schwarze Sigatoka das südliche Brasilien und die letzte Bastion in der Neuen Welt war Guadeloupe in der südlichen Karibik 2012. Heute ist die Invasion in alle lateinamerikanischen und karibischen Bananenanbaugebiete erfolgreich abgeschlossen.

Unterstützt wurde diese Ausbreitung in den Anbaugebieten Lateinamerikas und der Karibik durch den Klimawandel. Die Tage mit günstigen Infektionsbedingungen sind seit den 1960er Jahren um durchschnittlich 44 % gestiegen, was auf die zunehmende Nässe in den Baumkronen und höhere Temperaturen zurückzuführen ist [110]. Während also eine einzige unabsichtliche Verbringung der Krankheit nach Mittelamerika, die zunehmende Bananenproduktion und der globale Handel die Etablierung und Ausbreitung der Schwarzen Sigatoka erleichtert haben, hat der Klimawandel die Infektion der Pflanzen zunehmend erleichtert.

Was tun gegen Kaffee- und Bananenkrankheiten?
Wie bei allen Pilzkrankheiten gibt es im Wesentlichen zwei Möglichkeiten: chemische Pflanzenschutzmittel (Fungizide) oder resistente Sorten. Letztere sind jedoch bei Dauerkulturen, die Jahrzehnte auf derselben Fläche stehen, nur schwer zu erzielen. Gegen die Panamakrankheit (Rasse 1 und 4) gibt es weder Resistenzen noch Fungizide. Da die Sporen sehr lange im Boden überdauern, können befallene Flächen nicht mehr für den Bananenanbau genutzt werden. Hier hofft man, Resistenzgene aus Wildbananen durch gentechnische Methoden in die Kulturbanane übertragen zu können. Auf herkömmlichem Wege ist das nicht möglich. Bei Kaffeerost gibt es eigentlich nur eine einzige Resistenzquelle (*Híbrido de Timor*-Populationen), die weltweit genutzt wird. Hier ist fraglich, wie lange sie noch wirkt.

Gegen Kaffeerost und die Erreger der beiden Sigatoka-Krankheiten werden enorme Mengen Fungizide gespritzt. Bei Bananen sind 40 bis 50 Spritzungen je Vegetation keine Seltenheit. Kleinbauern können sich das nicht leisten. Zudem wird der Rost gegen bestimmte Fungizide immer widerstandsfähiger, es werden dann höhere Mengen an Spritzmitteln nötig.

Früher wurden Bananen und Kaffee nicht in riesigen Monokulturen angebaut wie heute, sondern im kleinbäuerlichen Betrieb in Mischkultur, zusammen mit anderen Bäumen, Gemüse, Getreide. Dann richten die hochspezialisierten Pilze kaum Schaden an, weil sie eben nur Bananen oder Kaffee, nicht aber die anderen Pflanzen befallen können.

Ein Aspekt, der hier nicht behandelt werden kann, ist die Sammlung und Kommerzialisierung von Zierpflanzen, die mit der Erforschung der Kolonien einherging. Wissenschaftlich ausgebildete Botaniker und spezialisierte Pflanzensammler durchstreiften von Anfang an die Subtropen und Tropen auf der Suche nach schönen Pflanzen, die in Europa in Gewächshäusern und in Zimmern kultiviert und verkauft werden konnten. Und so erhielten Pflanzen wie Bougainvillea (von Capitain Louis Antoine de Bougainville), Vriesien (von Willem Hendrik de Vriese), Guzmania (von Anastasio Guzmán), Begonien (nach Michel Bégon), Fuchsien (nach Leonhart Fuchs) ihre Namen von ihren jeweiligen Entdeckern oder Vermittlern. Es kamen Geranien und Clivien aus Südafrika, Dahlien aus Mexiko, Dieffenbachien aus Brasilien, Hortensien und Kamelien aus Japan und Rhododendron aus den Höhen des Himalaya in europäische Gärten. Die Europäer nutzten die Flora der ganzen Welt zu ihrer Freude und auch zu ihrem kommerziellen Gewinn. Nicht umsonst sind die Niederländer mit ihrem ehemaligen Kolonialreich im nördlichen Südamerika und in Südostasien bis heute die größten Blumenexporteure.

Literatur

1. WIKIMEDIA COMMONS:Andrei nacu; https://commons.wikimedia.org/wiki/File:Coloni sation_1754.png; gemeinfrei
2. Crosby AW (1986) Ecological imperialism: the biological expansion of europe, 900–1900. Cambridge University Press, United Kingdom
3. Ludwig M, Orbach S (2020) Wie Regenwürmer die Wälder Nordamerikas schädigen. https://www.deutschlandfunknova.de/beitrag/schaedlinge-wie-regenwuermer-die-waelder-nordam erikas-schaedigen
4. Piper L, Sandlos J (2007) A broken frontier: Ecological imperialism in the Canadian North. Environ Hist 12(4):759–795
5. Arnhold T (2015) Europäische Einwanderer haben unbewusst zur invasiven Ausbreitung von Pflanzen in Nordamerika beigetragen. https://www.ufz.de/index.php?de=37235
6. Piper L, Sandlos J (2007)
7. WIKIPEDIA: Maniok, Süßkartoffel. https://de.wikipedia.org/wiki/Maniok; https://de.wikipe dia.org/wiki/S%C3%BC%C3%9Fkartoffel
8. FAOSTAT (2022). Value of Agricultural Production. https://www.fao.org/faostat/en/#dat a/QV
9. Zahlen von 1840-1900: Entwicklung der Bevölkerung auf der Fläche des Deutschen Kaiserreiches in den Jahren von 1816 bis 1910 https://de.statista.com/statistik/daten/studie/112 7156/umfrage/entwicklung-der-bevoelkerung-in-deutschland-1816-1910/Zahlen von 1500 - 1840: Pfister U, Fertig G (2010) Zahl der Einwohner im Heiligen Römischen Reich deutscher Nation in den Jahren von 1500 bis 1840. In: Max-Planck-Gesellschaft. The Population History of Germany: Research Strategy and Preliminary, S 5. https://www.demogr.mpg.de/pap ers/working/wp-2010-035.pdf
10. McNeill WH (1999) How the potato changed the world's history. Soc Res 66:67–83
11. King GA, Kenward H, Schmidt E (2014) Smith D (2014) Six-legged hitchhikers: an archaeo-biogeographical account of the early dispersal of grain beetles. Journal of the North Atlantic 23:1–18
12. Daten nach: Feurtey A, Lorrain C, McDonald MC, Milgate A, Solomon PS et al (2023) A thousand-genome panel retraces the global spread and adaptation of a major fungal crop

pathogen. Nat Commun 14(1):1059. Karte: WIKIMEDIA COMMONS:Skimel; Simplified_blank_world_map_without_Antartica_(no_borders).svg CC0–1.0, gemeinfrei

13. WIKIPEDIA:Wheat production in the United States; https://en.wikipedia.org/wiki/Wheat_production_in_the_United_States#:~:text=Wheat%20is%20produced%20in%20almost,only%20China%2C%20India%20and%20Russia

14. Kansas Wheat (2014) Coming to America: wheat sailed with Columbus. https://kswheat.com/news/coming-to-america-wheat-sailed-with-columbus

15. WIKIPEDIA:Geschichte Nordamerika. Internet: https://de.wikipedia.org/wiki/Geschichte_Nordamerikas#Europ%C3%A4ische_Expansion_und_Kolonialzeit

16. Waterhouse WL (1929) Australian rust studies (Doctoral dissertation). University of Sydney, Australia

17. Waterhouse (1929)

18. Kislev ME (1982) Stem rust of wheat 3300 years old found in Israel. Science 216:993–994

19. GRDC (2016) Leaf rust in wheat. GRDC grownotes, Barton, Australia. https://grdc.com.au/__data/assets/pdf_file/0021/142545/grdc_tips_and_tactics_leaf_rust_web.pdf.pdf

20. Wellings, C. R., McIntosh, R. A., & Walker, J. (1987). Puccinia striiformis f. sp. tritici in eastern Australia-possible means of entry and implications for plant quarantine. Plant Pathol 36(3):239–241

21. Hamilton LM (1939) Stem rust in the spring wheat area in 1878. Minn Hist Soc Press 20:156–164

22. Roelfs AP (1978) Estimated losses caused by rust in small grain cereals in the United States: 1918–1976. Miscellaneous Publication No 1363. United States Department of Agriculture, Washington DC, USA, S 1–85

23. Leonard, KJ. Black stem rust biology and threat to wheat growers. USDA Minnesota, St. Paul. https://www.ars.usda.gov/midwest-area/stpaul/cereal-disease-lab/docs/barberry/black-stem-rust-biology-and-threat-to-wheat-growers/

24. Leonard KJ, Szabo LJ (2005) Stem rust of small grains and grasses caused by *Puccinia graminis*. Mol Plant Pathol 6:99–111

25. Russell E (2003) Evolutionary history: prospectus for a new field. Env Hist 8:204–228

26. Peterson PD, Leonard KJ, Miller JD, Laudon RJ, Sutton TB (2005) Prevalence and distribution of common barberry, the alternate host of *Puccinia graminis*, in Minnesota. Plant Dis 89:159–163

27. Pretorius ZA, Pakendorf KW, Marais GF, Prins R, Komen JS (2007) Challenges for sustainable control of cereal rust diseases in South Africa. Aust J Agric Res 58:593–601

28. Saari EE, Prescott JM (1985) World distribution in relation to economic losses. In: Roelfs AP, Bushnell WR (Hrsg) The cereal rusts: diseases, distribution, epidemiology, and control, Bd 2. Academic Press. Orlando, USA, S 259–298

29. Burdon JJ, Silk J (1997) Sources and patterns of diversity in plant-pathogenic fungi. Phytopathology 87:664–669

30. Leonard and Szabo (2005)

31. McAlpine D (1895) Systematic arrangement of Australian fungi. Department of Agriculture, Victoria, Melbourne, Australia; zitiert nach Kolmer JA, Ordoñez ME, German S, Morgounov A, Pretorius Z, Visser B, et al (2019) Multilocus genotypes of the wheat leaf rust fungus *Puccinia triticina* in worldwide regions indicate past and current long-distance migration. Phytopathology 109:1453–1463

32. Pole Evans IP (1911) South African cereal rusts, with observations on the problem of breeding rust-resistant wheats. J Agric Sci 4:95–104

33. WIKIPEDIA:Geschichte Südafrikas. https://de.wikipedia.org/wiki/Geschichte_S%C3%BCdafrikas

34. Kolmer JA, Ordoñez ME, German S, Morgounov A, Pretorius Z, Visser B et al (2019) Multilocus genotypes of the wheat leaf rust fungus *Puccinia triticina* in worldwide regions indicate past and current long-distance migration. Phytopathology 109:1453–1463

35. Kolmer et al. (2019)

36. Pole Evans (1911)

37. Menon R, Gonzalez T, Ferruzzi M, Jackson E, Winderl D, Watson J (2016) Oats—from farm to fork. Adv Food Nutr Res 77:1–55
38. Grant JF (1939) Implementing agriculture. Canad Geog J 18:181–207
39. Thaxter R (1890) Report of Mycologist. Connecticut Agricultural Experiment Station, Fourteenth Annual Report, New Haven, USA; zitiert nach Nazareno ES, Li F, Smith M, Park RF, Kianian SF, Figueroa M (2018) *Puccinia coronate* f. sp. *avenae*: a threat to global oat production. Mol Plant Pathol 19:1047–1060
40. Murphy HC (1935) Effects of crown rust infection on yield and water requirement of oats. J Agric Res 50:387–411
41. Miller ME, Nazareno ES, Rottschaefer SM, Riddle J, Dos Santos Pereira D, Li F et al (2020) Increased virulence of *Puccinia coronata* f. sp. *avenae* populations through allele frequency changes at multiple putative *Avr* loci. PLoS Genet 16:e1009291
42. Nazareno ES, Li F, Smith M, Park RF, Kianian SF, Figueroa M (2018) *Puccinia coronata* f. sp. *avenae*: a threat to global oat production. Mol Plant Pathol 19:1047–1060
43. Pole Evans (1911)
44. Karte von Dave Hodson und Yoseph D. Alemayehu (2024) aus dem *Global wheat rust surveillance & monitoring* des CIMMYT; mit Genehmigung der Autoren
45. Sotiropoulos AG, Arango-Isaza E, Ban T et al (2022) Global genomic analyses of wheat powdery mildew reveal association of pathogen spread with historical human migration and trade. Nat Commun 13:4315. https://doi.org/10.1038/s41467-022-31975-0
46. Liu X, Fuller D, Jones MK (2015) Early agriculture in China. A world Agric. 12:310–334
47. Sotiropoulos et al (2022). Abb. CC-BY 4.0
48. Alle Bilder von Franz Xaver Schubiger. Pflanzenkrankheiten. https://www.pflanzenkrankheiten.ch/; mit Genehmigung des Autors
49. Zaffarano PL, McDonald BA, Zala M, Linde CC (2006) Global hierarchical gene diversity analysis suggests the Fertile Crescent is not the center of origin of the barley scald pathogen *Rhynchosporium secalis*. Phytopathology 96:941–950
50. Linde CC, Zala M, McDonald BA (2009) Molecular evidence for recent founder populations and human-mediated migration in the barley scald pathogen *Rhynchosporium secalis*. Mol Phylogenet Evol 51(3):454–464
51. Daten aus Linde et al. 2009, Karte: WIKIMEDIA COMMONS:Petr Dlouhý, https://upload.wikimedia.org/wikipedia/commons/6/63/A_large_blank_world_map_with_oceans_marked_in_blue.svg, gemeinfrei
52. Skoglund P, Malmström H, Omrak A, Raghavan M, Valdiosera C, Günther T et al (2014) Genomic diversity and admixture differs for Stone-Age Scandinavian foragers and farmers. Science 344:747–750
53. Linde et al (2009)
54. Zaffarano et al. (2006)
55. Linde et al. (2009)
56. Zaffarano et al (2006)
57. Stukenbrock EH, Banke S, McDonald BA (2006) Global migration patterns in the fungal wheat pathogen *Phaeosphaeria nodorum*. Mol Ecol 15:2895–2904
58. Long T, Leipe C, Jin G, Wagner M, Guo R, Schröder O, Tarasov PE (2018) The early history of wheat in China from ^{14}C dating and Bayesian chronological modelling. Nature Plants 4:272–279
59. Stukenbrock et al (2006)
60. Feurtey A, Lorrain C, McDonald MC, Milgate A, Solomon PS et al (2023) A thousand-genome panel retraces the global spread and adaptation of a major fungal crop pathogen. Nat Commun 14(1):1059
61. Feurtey et al. 2023. Abb. 2, CC-BY 4.0, unverändert
62. Stam R, Sghyer H, Tellier A, Hess M, Hückelhoven R (2019) The current epidemic of the barley pathogen *Ramularia collo-cygni* derives from a population expansion and shows global admixture. Phytopathology 109(12):2161–2168

63. Mohammadi M, Gibbs AJ, Hosseini A, Hosseini S (2018) An Iranian genomic sequence of Beet mosaic virus provides insights into diversity and evolution of the world population. Virus Genes 54:272–279
64. Biancardi E, Panella LW, Lewellen RT (2012) *Beta maritima*: The origin of beets. Springer, New York, USA
65. FAOSTAT (2022). Food Balance – Food supply quantity (kg/capita/yr); Maize and maize products. https://www.fao.org/faostat/en/#data/FBS
66. McCann JC (2001) Maize and Grace: History, Corn, and Africa's New Landscapes, 1500–1999. Comp Stud Soc Hist 43(2):246–272
67. Mir C, Zerjal T, Combes V et al (2013) Out of America: tracing the genetic footprints of the global diffusion of maize. Theor Appl Genet 126(11):2671–2682
68. McCann JC (2001) Maize and Grace: History, Corn, and Africa's New Landscapes, 1500–1999. Comp Stud Soc Hist 43(2):246–272
69. Mir et al (2013)
70. Miracle MP (1965) The introduction and spread of maize in Africa. J Afr Hist 6(1):39–55
71. Miracle (1965)
72. McCann (2001)
73. Mir et al. (2013)
74. Mir et al. (2013)
75. Barbot J. A description of the coast of North and South Guinea …, zitiert nach Miracle (1965)
76. WIKIPEDIA:Pellagra. https://de.wikipedia.org/wiki/Pellagra
77. WIKIPEDIA:Guineische Wälder Westafrikas. https://de.wikipedia.org/wiki/Guineische_W%C3%A4lder_Westafrikas
78. WIKIPEDIA:Taro. https://de.wikipedia.org/wiki/Taro
79. McCann 2001
80. WIKIPEDIA:Geschichte São Tomés und Príncipes. https://de.wikipedia.org/wiki/Geschichte_S%C3%A3o_Tom%C3%A9s_und_Pr%C3%ADncipes
81. WIKIPEDIA:Geschichte São Tomés und Príncipes
82. WIKIPEDIA:Kaffee. https://de.wikipedia.org/wiki/Kaffee#Verbreitung_der_Kaffeepflanze
83. Anonym (o. J). Haiti – Einstiger Star des Kaffeesektors. https://www.kaffeezentrale.de/haiti
84. Daten nach: National History Museum (o. J). Seeds of trade. Daten: https://www.nhm.ac.uk/resources/nature-online/life/plants-fungi/seeds-of-trade/images/maps/coffee.gif; Karte: WIKIMEDIA COMMONS:Skimel, CC0-1.0, https://commons.wikimedia.org/wiki/File:Simplified_blank_world_map_without_Antarctica_(no_borders).svg
85. Die Geschichte des brasilianischen Kaffees. https://brasilienportal.ch/wissen/brasilien-report/kurz-reportagen/die-geschichte-des-brasilianischen-kaffees/
86. WIKIPEDIA:Vanille. https://de.wikipedia.org/wiki/Vanille_(Gewürz)
87. Kunkel, A. (o. J). Kaffee zweitwichtigstes Handelsgut nach Erdöl? Die überfällige Korrektur einer Legende …https://worldcoffee.info/kaffee-zweit-wichtigstes-handelsgut-nach-erdoel-korrektur-einer-legende
88. Die folgenden Absätze stammen aus: Talhinhas P, Batista D, Diniz I, et al (2017) The coffee leaf rust pathogen *Hemileia vastatrix*: one and a half centuries around the tropics. Mol Plant Pathol 18(8):1039
89. Silva DN, Várzea V, Paulo OS, Batista D (2018) Population genomic footprints of host adaptation, introgression and recombination in coffee leaf rust. Mol Plant Pathol 19(7):1742–1753
90. Silva MDC, Guerra-Guimarães L, Diniz I et al (2022) An overview of the mechanisms involved in Coffee-*Hemileia vastatrix* interactions: Plant and pathogen perspectives. Agronomy 12(2):326. https://doi.org/10.3390/agronomy12020326,gemeinfrei
91. Avelino J, Cristancho M, Georgiou S et al (2015) The coffee rust crises in Colombia and Central America (2008–2013): impacts, plausible causes and proposed solutions. Food security 7:303–321
92. Karte: https://gd.eppo.int/taxon/HEMIVA/distribution; Daten: Adapted from Schieber E, Zentmyer GA (1984) Coffee rust in the Western Hemisphere. Plant Dis. 68:89–93. http://tsftpc.com/blog/2013/5/4/hemileia-vastatrix-or-coffee-rust

93. Ramírez-Camejo LA, Keith LM, Matsumoto T et al (2022). Coffee leaf rust (*Hemileia vastatrix*) from the recent invasion into Hawaii shares a genotypic relationship with Latin American populations. J Fungi 8(2):189. Kompletter Absatz

94. Ramírez-Camejo et al (2022)

95. Nayar NM (2010) Chapter 2: The Bananas: Botany, Origin, Dispersal. Hortic Rev 36(3):117–164

96. Daten nach: Ordóñez N (2018) The phylogeography of the banana Fusarium wilt pathogen *Fusarium oxysporum* f. sp. *cubense,* chapter 4 in: *A global genetic diversity analysis of Fusarium oxysporum f. sp. cubense*, the Panama disease pathogen of banana, Diss. Wageningen, The Netherlands, S 72; https://edepot.wur.nl/453455; Karte mit webchart.net erstellt

97. Drenth A, Kema G (2021) The vulnerability of bananas to globally emerging disease threats. Phytopathology 111(12):2146–2161

98. FAOSTAT (2023). Data. Production. Crops and livestock products. Crops primary. Banana. https://www.fao.org/faostat/en/#data/QCL

99. Drenth A, Kema G (2021) The vulnerability of bananas to globally emerging disease threats. Phytopathology 111(12):2146–2161

100. Drenth and Kema (2021)

101. EPPO Global Database. *Fusarium oxysporum f. sp. cubense* Tropical race 4 (FUSAC4), photographer: Fernando *Garcia Bastidas;* Genehmigung des Autors liegt vor.https://gd.eppo.int/taxon/FUSAC4/photos

102. Datenquelle: Drenth and Kema (2021), ergänzt nach EPPO Global Database (2023) *Fusarium oxysporum* f. sp. *cubense* Tropical race 4 (FUSAC4); https://gd.eppo.int/taxon/FUSAC4/distribution

103. EPPO Global Database (2023) *Fusarium oxysporum* f. sp. *cubense* Tropical race 4 (FUSAC4). Distribution. https://gd.eppo.int/taxon/FUSAC4/distribution

104. WIKIMEDIA COMMONS:Dr.Scott Nelson. File:Black Leaf Streak.jpg. https://commons.wikimedia.org/wiki/File:Black_Leaf_Streak.jpg. CC0, gemeinfrei

105. Marin DH, Romero RA, Guzman M, Sutton TB (2003) Black Sigatoka: an increasing threat to banana cultivation. Plant Dis 87(3):208–222

106. Strobl E, Mohan P (2020) Climate and the global spread and impact of bananas' black leaf Sigatoka disease. Atmosphere 11(9):947, gemeinfrei

107. Marin et al (2003)

108. Strobl and Mohan (2020)

109. Drenth and Kema (2021)

110. Bebber DP (2019) Climate change effects on Black Sigatoka disease of banana. Philos Trans R Soc B 374(1775):20180269

7

Die große Globalisierung

Moderne Migration und ihre Folgen

Das Ausmaß der modernen Migration

Es ist unter Fachleuten heute unbestritten, dass der weltweite Handel zu einem nie gesehenen Austausch von Pathogenen, Parasiten und Pflanzen führt. Der neuseeländische Wissenschaftler Philip E. Hulme überschrieb seine zusammenfassende Veröffentlichung zu diesem Thema mit *Trade, transport and trouble,* also Handel, Transport und Ärger [1]. Seit 1970 hat sich das internationale Handelsvolumen allein an Trockenfracht, die mit Schiffen transportiert wird, von 1,2 Mrd. auf fast 8 Mrd. metrische Tonnen gesteigert, entsprechend stieg die Zahl an Containern bis auf 851 Mio. (Abb. 7.1).

Auf und in diesen riesigen Containermengen können sich natürlich Unmengen von fremden Organismen festsetzen, auch wenn es sich dabei nicht um landwirtschaftliche Güter handelt. Hinzu kommt das Ballastwasser der Frachtschiffe, das nachweislich fremde Algen, Fische, Muscheln und Krebse in neuen Gewässern verbreitet.

Diese schier unendlichen Handelsströme und die Globalisierung der Märkte bringt landwirtschaftliche Produkte in Regionen, die Tausende von Kilometern von ihrem Produktionsort entfernt sind. Im Jahr 2019, also vor der COVID 19-Pandemie und dem russischen Krieg in der Ukraine, gab es 92.295 Handelsschiffe, die weltweit rund 11 Mrd. Tonnen Fracht umschlugen [6]. Von dieser Tonnage erreichte der weltweite Getreidehandel, einschließlich Weizen, Grobgetreide und Sojabohnen, 471 Mio. Tonnen (2018). Die Exporte werden von wenigen Ländern dominiert, die Importe sind regional sehr unterschiedlich, wobei Ost- und Südasien 45 % des Gesamtvolumens abnehmen [7]. Das bedeutet, dass auch Krankheitserreger und Schädlinge in großen Mengen von Amerika und Europa nach Asien transportiert werden können.

Darüber hinaus ist der Geschäfts- und Tourismusverkehr ein wichtiger Faktor für die Verbreitung von Krankheitserregern und Parasiten mit oder ohne Wirt.

T. Miedaner, *Anthropogene Ausbreitung von Pflanzen, ihren Pathogenen und Parasiten*, https://doi.org/10.1007/978-3-662-69715-3_7

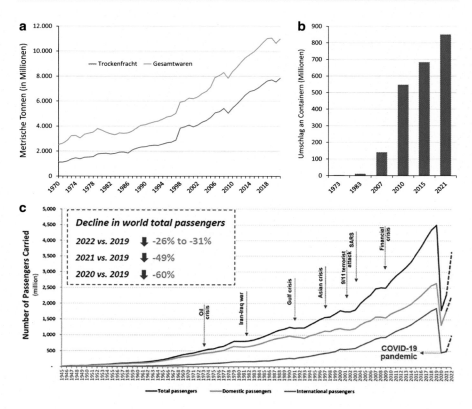

Abb. 7.1 Weltweiter Warenumschlag: **A** Entwicklung der löschen Trockenfracht und Gesamtwaren 1970–2021 [2], **B** Entwicklung der Anzahl weltweit umgeschlagener Container 1973–2021 [3, 4], **C** Weltweites Passagieraufkommen 1945–2022 [5]

Umfang, Geschwindigkeit und Reichweite des heutigen Reiseverkehrs sind beispiellos. Anfang der 1990er Jahre überquerten jährlich etwa 500 Mio. Menschen internationale Grenzen [8], im Jahr 2019, also vor der COVID 19-Pandemie, reisten 4,5 Mrd. Menschen mit dem Flugzeug, davon absolvierten 1,8 Mrd. Menschen einen internationalen Flug [9] (Abb. 7.1). Hinzu kommt das internationale Luftfrachtaufkommen, das 2022 bei rund 60 Mio. metrischen Tonnen lag [10]. Auch wenn nur rund 5 % der weltweiten Fracht mit Flugzeugen transportiert wird, so gibt es doch weltweit rund zwanzigmal mehr Flughäfen als Häfen und die Fracht wird dabei, anders als bei Häfen, direkt ins Innere der Kontinente befördert [11]. So fanden sich bei 725.000 Funden von Schädlingen an der US-Grenze zwischen 1984 und 2000 nur 9 % an Häfen, aber 73 % an Flughäfen mit doppelt so vielen Schädlingsfunden, die im Gepäck von Passagieren gefunden, wurden als in der Fracht [12]. Das ist auch nicht verwunderlich, wenn man die Dichte der Flugrouten sieht (Abb. 7.2).

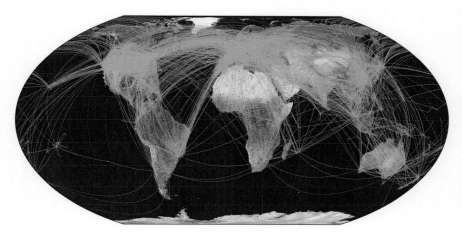

Abb. 7.2 Internationale Flugrouten im Jahr 2020 [13]

Verglichen mit früher reisen wir heute in einem ungeheuren Ausmaß. Die französische Bevölkerung beispielsweise hat ihre räumliche Mobilität in den letzten 200 Jahren um den Faktor 1000 erhöht [14], und die Zahl der Ein- und Ausreisenden in Australien hat sich bis 1994 fast verhundertfacht [15]. Im Jahr 2019 reisten 100,5 Mio. US-Bürger ins Ausland, davon etwa 40 Mio. nach Übersee (einschl. Karibik, Mittelamerika) [16]. In derselben Zeit sind 69 Mio. Leute in die USA gereist. Und bei uns sieht es nicht anders aus. Vor Corona sind 60,8 Mio. Menschen aus dem Ausland nach Deutschland gereist, die meisten mit dem Auto, 32 % mit dem Flugzeug [17].

Durch den internationalen Reise- und Handelsverkehr werden natürliche Barrieren für die Ausbreitung von Arten überwunden. Insekten können sogar in den Radkästen einer Boeing 747B überleben, wobei die Mindesttemperaturen in den Radkästen zwischen + 8 °C und + 25 °C liegen [18]. Stechmücken *(Culex quinquefasciatus)*, Stubenfliegen *(Musca domestica)* und Mehlkäfer *(Tribolium confusum)* überleben dort auf internationalen Flügen 6–9 h lang zu 84–99 %.

Heute sind nur sieben Länder die größten Agrarexporteure, und jedes dieser Länder handelt mit etwa 77 % aller anderen Länder der Welt, was schon die dichte Verflechtung anzeigt (Abb. 7.3). Die USA, China und die europäischen Länder sind die Hauptakteure sowohl bei den Export- als auch bei den Importwerten. Obwohl China insgesamt der größte Agrarproduzent ist, weisen die USA die höchsten Exporte auf. Importe und Exporte zusammengerechnet nehmen die Niederlande den ersten Platz ein, wahrscheinlich aufgrund ihrer bedeutenden Rolle als europäisches Handelszentrum. Rotterdam und Antwerpen sind auch die größten Häfen Europas, hier wurden 28 Mio. Standardcontainer (2022) umgeschlagen [19]. Beim internationalen Handel folgen Brasilien, Deutschland, Frankreich, China, Spanien, Italien, Kanada und Belgien [20].

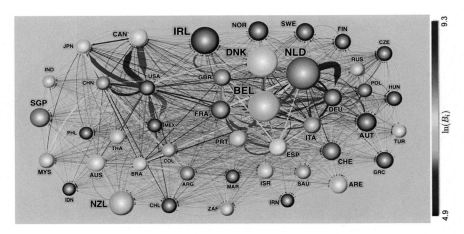

Abb. 7.3 Die wichtigsten 44 Länder im internationalen Agrar- und Lebensmittelhandelsnetz im Jahr 2007. Größe der Knoten und Dicke der Linien entspricht dem Handelsvolumen je Kopf der Bevölkerung (Import + Export) [21]

Für uns ebenfalls sehr wichtig sind die südeuropäischen Länder. So werden jährlich Millionen Tonnen Obst und Gemüse aus Spanien, Italien und Griechenland nach Nordeuropa transportiert. Allein Deutschland importiert jährlich schätzungsweise 6,2 Mio. Tonnen Frischobst und 4,9 Mio. Tonnen Frischgemüse, rund ein Viertel davon aus Spanien [22]. Aber auch zwischen den subtropischen und tropischen Ländern und den Hauptumschlagplätzen bestehen wichtige Handelsbeziehungen. Spargel aus Chile, Weintrauben aus Südafrika oder Bananen aus Costa Rica gehören in den Industrieländern des Nordens längst zum Alltag. Und jede Obst- und Gemüsepartie kann fremde Krankheitserreger und Schädlinge enthalten. Die USA exportieren ihre Produkte nicht nur nach Kanada und Mexiko, sondern auch nach China und Japan. Innerhalb Amerikas werden Frischprodukte (Obst, Gemüse) aus Mexiko, Kalifornien und Florida in den Norden der USA und nach Kanada verschifft.

Gegenüber dem Handelsnetz von 2007 ist das Volumen an Trockenfracht bis 2022 noch einmal um 50 % gestiegen. Und dabei haben die exportierten landwirtschaftlichen Produkte aufgrund der globalen Verflechtung noch um ein Vielfaches zugenommen (Abb. 7.4). Besonders auffällig ist die Zunahme bei Früchten, Gemüse und ganzen Pflanzen, die natürlich besonders häufig fremde Pathogene und Parasiten transportieren. Aber auch bei Getreide und Ölsaaten sind die Zunahmen weit überdurchschnittlich. Verarbeitete landwirtschaftliche Produkte sind dagegen weniger im Fokus, sie können aufgrund ihrer Verarbeitung oder ihres geringen Wassergehaltes kaum Schädlinge übertragen.

Wenn ein neuer Parasit oder ein neues Pathogen erst einmal in ein Land eingeschleppt wurde, gibt es vielfältige Möglichkeiten der Weiterverbreitung: auf Straßen mit LKWs und Autos, auf Schienen mit der Eisenbahn, durch landwirtschaftliche Maschinen oder auf natürlichem Weg durch Wind und Sporenflug.

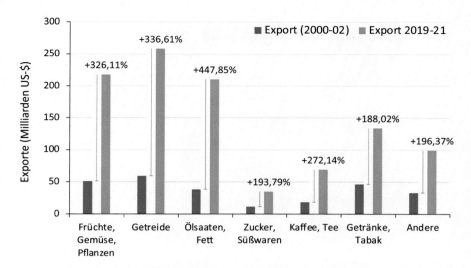

Abb. 7.4 Weltweite Entwicklung des Exports landwirtschaftlicher Produkte zwischen dem durchschnittlichen Basiszeitraum (2000–2002) und dem durchschnittlichen aktuellen Zeitraum (2019–2021) [23]

Im Folgenden werden einige Beispiele für die menschengemachte globale Verschleppung von Pathogenen und Parasiten besprochen. Es geht dabei um den Versand von Erde von China in die USA (Sojabohne/Nematode), die Ausdehnung des Anbaugebietes einer ursprünglich europäischen Kulturpflanze und ihres Schadpilzes (Raps/Schwarzbeinigkeit), den Getreidehandel (Brusone-Krankheit/ Weizen, Sorghum/Mutterkorn), Flugverkehr (Mais/Maiswurzelbohrer, Heerwurm) und (inter-) kontinentale Luftströmungen (Weizen/Roste).

Der Wurm und die frühe Globalisierung

Auch wenn in der Öffentlichkeit der Eindruck entsteht, dass die Globalisierung eine Sache des 21. Jahrhunderts ist, gab es auch schon frühere Phasen. Am 1. Juni 1856 fuhr erstmals ein Dampfschiff von Hamburg über den Atlantik nach New York. Die Reise dauerte jetzt nur noch 16 Tage und das war ein erheblicher Schub für den globalen Handel. Damit begann die Welt enger zusammenzuwachsen. Ein Zeichen dafür ist die Verbreitung eines tierischen Schädlings von Ostasien nach Nordamerika.

Der Sojabohnenzystennematode (*Heterodera glycines*, Abb. 7.5) hat sich wahrscheinlich in China, der Herkunft der Sojabohne, oder Japan entwickelt und ist von dort aus in die Neue Welt gelangt [24]. Die Krankheit wurde erstmals 1915 in Japan gemeldet, aber der Nematode war schon viele Jahre zuvor bekannt und wurde ursprünglich für den nah verwandten Zuckerrübennematoden *(H. schachtii)* gehalten [25].

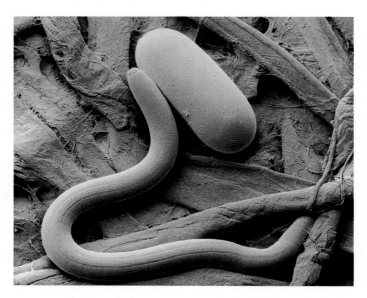

Abb. 7.5 Der Sojabohnenzystennematode mit einem Ei im Rasterelektronenmikroskop [27]

Schädliche Fadenwürmer
Fadenwürmer oder Nematoden leben häufig im Boden, einige davon besiedeln Kulturpflanzen. Sie dringen in die Wurzeln ein, entziehen den Pflanzen Nährstoffe und nutzen sie zur Vermehrung. Dabei treten bei den Pflanzen Deformationen, Kümmerwuchs, Verfärbungen und Welke auf, häufig nesterweise. Vorbeugend hilft gegen Nematodenbefall nur eine weite Fruchtfolge, sodass die anfälligen Kulturpflanzen beispielsweise nur alle fünf Jahre angebaut werden. Chemisch bekämpfen lassen sich Nematoden in Deutschland nicht. Für Kartoffelnematoden gibt es resistente Sorten, die allerdings nur bestimmte Rassen umfassen und deshalb nicht vollständig wirken.

Der erste Fund aus den USA stammte von 1954. Mehrere US-Berichte besagen, dass in der zweiten Hälfte des 19. Jahrhunderts Erde aus China und Japan importiert wurde, um die typischen Knöllchenbakterien (Rhizobien) zu untersuchen [26]. Dies sind spezielle Bakterien, die Stickstoff aus der Luft in pflanzenverfügbaren Stickstoff umwandeln. Wenn die Sojabohnenfelder damit angeimpft werden, spart dies erheblich Dünger und erhöht die Bodenfruchtbarkeit. Diese Erde aus Ostasien wurde an verschiedene landwirtschaftliche Versuchsstationen und Wissenschaftler in den USA geschickt.

Der Nematode könnte damit mehrmals importiert und in der Erde an viele Orte verteilt worden sein, wo er jahrelang unbemerkt blieb und einheimische Unkräuter, Buschklee und Sojabohnen infizierte. Erst durch den intensiven Sojabohnenanbau, der in den USA nach dem Zweiten Weltkrieg einsetzte, wurde der Nematode zu einem Problem. Zuerst wurde er 1954 im New Hanover County in North Carolina entdeckt [28]. Bis 2008 hatte er 57 Counties in 13 US-Staaten besiedelt. Heute hat er sich praktisch über die gesamte Anbaufläche von Sojabohnen in den USA ausgedehnt. In Kanada wurde er zuerst 2009 und 2013 in den beiden Staaten Ontario und Quebec gefunden, heute hat er sich auch nach Manitoba und Prince Edward Island ausgebreitet.

Die möglichen Verbreitungswege des Wurms sind vielfältig. Die Datenbank CABI [29] listet auf: Saatgut, Keimlinge, Stängel, Rhizome, Wurzeln, Erde. Da die Nematoden in der Erde leben, ist ein Langstreckentransport in Töpfen oder Pflanzcontainern kein Problem. Selbst am Saatgut können sie anhaften, was mit dem bloßen Auge nicht zu sehen ist, sondern nur unter dem Lichtmikroskop. Aber wer untersucht schon alle Schiffsladungen von Soja mit dem Mikroskop? Außerdem befällt der Nematode neben Soja noch 63 andere Pflanzenarten, darunter auch Zuckerrübe, eine Vielzahl anderer Leguminosen, Geranien, Hirtentäschelkraut.

Heute ist er in den USA, China und Japan weit verbreitet, vor allem in den Gebieten, in denen Sojabohnen im großen Stil angebaut werden (Abb. 7.6). In den USA gilt er als einer der gefährlichsten Sojaschädlinge und kann Ertragsverluste von 30 % verursachen. Er breitet sich immer noch in neue Gebiete aus, wie zum Beispiel kürzlich in Südamerika festgestellt wurde. So scheint er in Brasilien bereits weit verbreitet zu sein und wurde sogar aus Italien gemeldet und damit erstmals in der EU [30]. Allerdings konnte er sich dort aus unbekannten Gründen noch nicht ausbreiten.

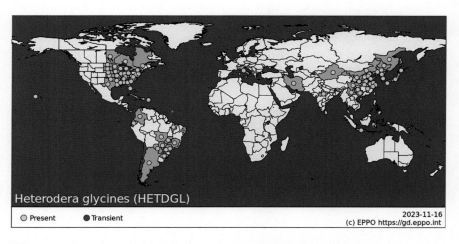

Abb. 7.6 Verbreitung des Sojabohnenzystennematoden; Stand 16.11.2023 [31]

Reise des Maiszünslers (*Ostrinia nubilalis*) nach Nordamerika

Der Hauptgrund, warum der unscheinbare Schmetterling *Ostrinia nubilalis* in den USA *European corn borer* (ECB) genannt wird, ist tatsächlich seine Herkunft aus Europa. Und dies ist kein Mythos oder üble Nachrede. Der Maiszünsler wurde erstmals 1796 von Jacob Hübner in Ungarn und Österreich entdeckt, ohne dass die Wirtspflanze genannt wurde [32]. Er ist ein Insekt, das viele Wirtspflanzen befällt und in Europa, Nordafrika und Westasien heimisch ist (Abb. 7.7) [33]. Um 1835 wurde der Maiszünsler in Europa zum ersten Mal als bedeutendes Schadinsekt in Mais, Hopfen, Hirse, Hanf und Sorghumhirse beschrieben [34]. Die letztgenannten Kulturen könnten bereits vor der Einführung von Mais in Europa im 16. Jahrhundert ein Reservoir des Maiszünslers gewesen sein.

Nach Nordamerika kam der Maiszünsler wahrscheinlich durch Sorghum-Hirse *(Sorghum bicolor)* aus Ungarn oder Italien [37], die der Herstellung von Hausbesen diente. In den Jahren 1909 bis 1914 wurden mindestens 12.000 t in die USA eingeführt. Die ersten Tiere entdeckte ein Insektenforscher 1917 in der Nähe von Boston (Abb. 7.8). Der Besitzer der Gärten erwähnte, dass das Insekt schon seit drei bis vier Jahren Schäden verursachte, und da bereits ein Gebiet von etwa 100 Quadratmeilen befallen war, wurde das Datum der Ankunft auf etwa 1910 geschätzt. Tatsächlich fanden Bundesinspektoren in den Jahren 1920–23 mehrmals lebende Larven des Maiszünslers im oberen Teil der Hirse [38]. Seine frühe Verbreitung in Nordamerika ist gut dokumentiert [39] (Abb. 7.8). Der großen genetischen Vielfalt des Insekts nach zu urteilen, scheint der Maiszünsler mehrmals nach Nordamerika eingeschleppt worden zu sein [40].

Heute schädigt er Mais in allen Anbaugebieten östlich der Rocky Mountains mit erheblichen Verlusten für die Landwirte. Er war einer der wesentlichen Gründe für die Einführung von gentechnisch veränderten (gv) Mais in den USA 1996. Bis heute ist dieser gv-Mais äußerst wirksam gegen die Raupe und wurde deshalb 2023 auf 93 % der Maisanbauflächen in den USA ausgesät [41].

Abb. 7.7 Maiszünsler: Die gefräßige Raupe (links) [35] und der unscheinbare Schmetterling (rechts) [36]

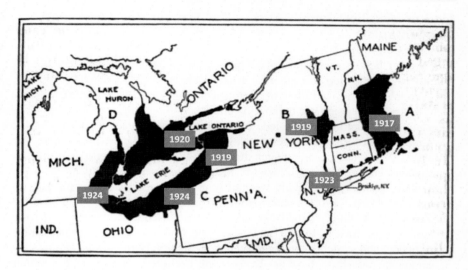

Abb. 7.8 Karte des ersten Auftretens des Maiszünslers in Nordamerika bis zum 1. Januar 1925. A. Neuengland, B. Östliches New York, C. Eriesee, D. Kanada [42]; die Jahreszahlen wurden vom Autor eingefügt

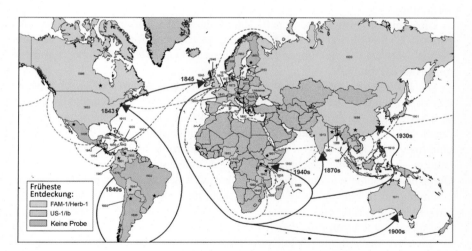

Abb. 7.9 Weltkarte der frühen Verbreitung der Kraut- und Knollenfäule. Die Jahreszahlen innerhalb jedes Landes geben das Datum des frühesten bekannten Exemplars von FAM-1 an. Die gestrichelten roten Linien zeigen repräsentative Handelsrouten des britischen Empire um 1932. Die blauen Pfeile zeigen den wahrscheinlichsten Migrationsweg der FAM-1-Linie. Die Sterne in jedem Land geben den ungefähren Ort des ersten aufgezeichneten Ausbruchs an, sofern bekannt [45]

Und er zirkuliert immer noch – Der Erreger der Kraut- und Knollenfäule

Der Erreger der Kraut- und Knollenfäule der Kartoffel, *Phytophthora infestans*, der im 19. Jahrhundert vor allem in Irland Hunger und Tod durch die mehrfache Vernichtung der Kartoffelernte verursachte (s. Kap. 5), ist auch heute noch nicht besiegt. Da er sich nur durch infizierte Knollen oder Pfropfreiser über weite Strecken ausbreiten kann, kann jede Infektion mit einem neuen Stamm außerhalb des Ursprungs des Erregers nur eine menschengemachte Migration darstellen. Mithilfe der DNS-Genotypisierung kann die weltweite Ausbreitung einzelner Stämme durch menschliche Aktivitäten inzwischen sehr genau verfolgt werden.

Kentaro Yoshida aus England war mit seinem internationalen Team der Erste, der aus infizierten Kartoffelblättern von 11 Herbarien, Pflanzensammlungen, aus der Zeit von 1845 bis 1896 die DNS untersuchte und Genomsequenzen des Krankheitserregers nachwies [43]. Er fand, dass alle Proben dieselbe Mitochondrien-DNS hatten und nannte den verursachenden Stamm Herb-1 (von Herbarium). Später konnte dasselbe anhand des Kerngenoms nachgewiesen werden, den Stamm nannte man jetzt FAM-1 von dem englischen Wort *famine,* das Hunger bedeutet. Damit war der Verursacher der Kartoffelkrise in Irland und Kontinentaleuropa dingfest gemacht. Es war auch der erste Stamm, der sich nachweislich weltweit verbreitete.

Dies zeigten zwei Wissenschaftlerinnen der North Carolina State University, Amanda C. Saville und Jean B. Ristaino, in jahrelanger Forschung [44]. Sie sammelten weltweit alle Sichtungen der wichtigsten *Phytophthora*-Stämme, beginnend mit FAM-1 (Abb. 7.9).

Die Karte zeigt, dass der Stamm wahrscheinlich aus Peru 1843 nach Boston/ USA kam, von dort nach Europa transportiert wurde und später sich praktisch weltweit verbreitete. Er trieb zuerst in Europa sein Unwesen, war aber schon 1901 in Japan, 1911 in Australien und 1913 in Indien nachweisbar. In den 1940/50er Jahren fand man ihn noch in einigen afrikanischen Ländern. Schon in den 1930er Jahren hatte er es nach China geschafft. Der jüngste Fund stammte 1987 aus Malaysia. Die neueren Funde wurden alle mithilfe der DNS-Sequenzierung auf die Übereinstimmung mit FAM-1 geprüft. Damit zirkulierte FAM-1 über 144 Jahre mit den infizierten Kartoffelknollen durch die ganze Welt. Er ist damit einer der langlebigsten und erfolgreichsten Pilzgenotypen, die wir überhaupt kennen. Dabei kommt er als Klon vor, der sich nie sexuell vermehren konnte. Allerdings sind nicht alle 100 historischen Proben, die untersucht wurden, völlig genetisch identisch [46]. Auf seiner weltweiten Reise hat sich FAM-1 schon angepasst und verändert, es fanden sich in der Studie 85 Subtypen, die aber so wenig unterschiedlich waren, dass sie immer noch eindeutig als FAM-1 zu erkennen waren.

Europa war als Brückenkopf für die weltweite Verbreitung von FAM-1 verantwortlich und die Wissenschaftlerinnen brachten das mit den Handelsrouten des Britischen Empire in Verbindung (Abb. 7.9). Überall dort, wo die Briten ihre Schiffe hinschickten, fanden sich bald darauf auch Hinweise auf FAM-1. Die Kolonialherren drängten die Einheimischen zum Kartoffelanbau, wo immer es klimatisch möglich war, denn das war für sie die billigste Variante der Versorgung der Bevölkerung mit Nahrung. Dafür gibt es zahlreiche historische Belege. Da in den feuchten (Sub)tropen aber selbst in Höhenlagen Kartoffeln wegen der vielen Krankheiten kaum langjährig zu vermehren sind, mussten immer wieder neue Pflanzknollen aus der Heimat nachgeordert werden. Und damit kam unweigerlich auch die Kraut- und Knollenfäule per Schiff. „Angesichts der großen Ausdehnung des britischen Empire" schreiben die Autorinnen zusammenfassend, „ist es wahrscheinlich, dass viele Einschleppungen des Erregers das Ergebnis von Kartoffeltransporten auf britischen Schiffen waren…" [47].

Der Genotyp FAM-1 dominierte die Pilzpopulation bis in die 1930er Jahre [48]. Dann begann sich ein neuer Klon weltweit durchzusetzen, US-1, der erstmals 1931 in den USA bei Kartoffeln nachgewiesen wurde. Bis Ende der 1950er Jahre war FAM-1 fast vollständig durch US-1 verdrängt, wahrscheinlich durch den Versand und den Austausch von Kartoffelknollen für die Resistenzzüchtung. US-1 erreichte nach dieser Studie schon 1952 England (Abb. 7.10). Die frühesten bekannten Nachweise aus Afrika stammen aus dem Jahr 1953 in Kamerun und Nigeria. In Asien stammt die älteste US-1-Probe aus dem Jahr 1952 in China, in Südamerika

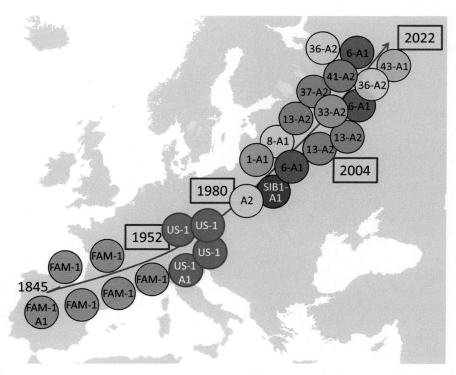

Abb. 7.10 Verbreitung der *Phytophthora*-Stämme in Europa von 1845–2022. Die Häufigkeit der Genotypen ist durch mehrfache Nennung symbolisiert; A1 bzw. A2 bezeichnen die unterschiedlichen Paarungstypen [60]

aus Bolivien (1944). Damit hatte sich US-1 in kurzer Zeit auf alle Kontinente verbreitet. Er wurde in dieser Studie nicht in Australien/Ozeanien nachgewiesen, aber von dort waren auch nur wenige Proben vorhanden. Vergleicht man die Daten von FAM-1 mit US-1, dann zeigt sich, dass letzterer rund 60 Jahre den Kartoffelanbau dominierte, von 1931 in den USA bis zur jüngsten Probe aus Indien von 1991 [49]. Heute ist er in den meisten Ländern, wenn überhaupt, nur noch in geringen Anteilen vorhanden.

Beide Genotypen, FAM-1 und US-1 wurden auch auf Tomaten nachgewiesen, wo sie eine Blatt- und Fruchtfäule hervorrufen. Die weltweite Verbreitung dieser Tomatenkrankheit geschah in neuerer Zeit, da Tomaten, im Gegensatz zu Kartoffeln, den langen Transport mit Dampfschiffen nicht überleben konnten. Und mit den Samen kann sich der Erreger nicht verbreiten.

Später wurden andere *Phytophthora*-Stämme pandemisch, wie etwa SIB-1, der 1996 aus Sibirien kam und heute einer der am weitesten verbreiteten Genotypen ist, der auch in Europa, China, Korea, Thailand, Japan und Polen beobachtet wird [50]. Der Stamm US-8, der im Nordwesten Mexikos entdeckt wurde und sich in den frühen 1990er Jahren als dominierender Stamm in den USA erwies, wurde einige Jahre später auch in Kolumbien gefunden [51] und rund zehn Jahre später von moderneren Stämmen abgelöst.

Eine weitere wichtige Migration mit weitreichenden Folgen fand Ende der 1970er/Anfang der 1980er Jahre von Mexiko nach Europa statt. Bisher war weltweit nämlich nur ein Paarungstyp, A1, verbreitet. Damit war nur eine klonale Vermehrung möglich, zur sexuellen Fortpflanzung müssen nämlich beide Paarungstypen, A1 und A2, auf derselben erkrankten Pflanze vorkommen (s. Box). Und A2 gab es bisher nur in Mexiko. Dies sollte sich aber ändern und an den Folgen tragen wir noch heute.

Paarungstypen
Bei Pilzen gibt es keine Geschlechtschromosomen, wie bei Säugetieren, sondern nur einzelne Gene, die das Geschlecht bestimmen. Diese führen zu Paarungstypen. Zur sexuellen Vermehrung müssen zwei unterschiedliche Paarungstypen auf derselben Pflanze infizieren.

In der Schweiz wurde der A2-Paarungstyp erstmals 1981 in einem Satz an Pilzstämmen gefunden [52]. Die wahrscheinlichste Erklärung war der Versand infizierter Kartoffelknollen von Mexiko nach Europa. Nach dem ersten Fund wurden zahlreiche Sammlungen untersucht und es stellte sich heraus, dass das erste Isolat des Paarungstyps A2 bereits 1980 in der damaligen Deutschen Demokratischen Republik (DDR) und 1981 auch in den Niederlanden und Großbritannien gefunden wurde [53]. Innerhalb weniger Jahre wurde der A2-Typ dann in vielen weiteren europäischen Ländern und bis Anfang der 1990er Jahre in praktisch allen Kartoffelanbauländern nachgewiesen.

Aufgrund der deutlich höheren genetischen Anpassungsfähigkeit des Erregers durch Kreuzung wurden 2020 in Europa nicht mehr nur ein, zwei, sondern mindestens 25 Genotypen beobachtet (Abb. 7.10), wobei der Paarungstyp A2 rund 65 % der gesamten Population 2022 ausmachte [54]. Diese Vielfalt der europäischen Isolate erinnert nun an die Populationsstruktur in Zentralmexiko, wo ebenfalls viele verschiedene und komplexe Rassen von P. *infestans* existieren [55].

Der Paarungstyp A2 ist jedoch nicht auf Europa beschränkt, sondern kommt heute in Asien, Afrika, Europa, Nord- und Südamerika vor [56]. In Indien wurde er erstmals 1986 an Kartoffeln nachgewiesen [57]. In den Jahren 2009 und 2010 verursachte eine neue Rasse im indischen Bundesstaat Karnaka erstmals schwere Ausbrüche an Tomaten mit Verlusten von bis zu 100 % [58]. Alle untersuchten Isolate wiesen identische DNS-Fingerabdrücke mit der Linie EU13_A2 (auch bekannt als Blue_13) auf. Diese hochaggressive Linie war in Europa seit 2004 bekannt und ist am wahrscheinlichsten durch den Transport von Pflanzkartoffelknollen aus dem Vereinigten Königreich und dem restlichen Europa nach Indien gelangt. Indien importierte 2005 und 2006 375 t Pflanzkartoffeln aus dem Vereinigten Königreich und 2006 und 2007 125 t aus den Niederlanden, beides Länder, in denen diese Linie zu diesem Zeitpunkt dominierte [59].

Bekämpfung der Kraut- und Knollenfäule
Diese Krankheit ist auch heute noch eine große Herausforderung. In der konventionellen Landwirtschaft werden Fungizide gespritzt, die von der Pflanze aufgenommen werden und sehr wirksam sind. Die Spritzung erfolgt in Abhängigkeit vom Wetter. Je nässer eine Saison ist, umso öfter muss behandelt werden. Dies gilt in noch größerem Maße für den Ökologischen Landbau, der Kupfer spritzt. Da dies nur auf der Blattoberfläche wirkt, muss der Schutz nach jedem Regen erneuert werden. Es gibt nur sehr wenige resistente Sorten, die meisten sind mittelanfällig. Dies liegt daran, dass der Pilz sehr variabel ist und sich schnell an einfach vererbte Resistenzen anpasst (s. Kap. 11).

EU13_A2 wurde nur ein Jahr nach der Erstbeschreibung in Europa auch im Südwesten Chinas entdeckt und dominierte dort von 2005 bis 2009 die Population [61]. Heute ist EU13_A2 aus Bangladesch, Nepal, Pakistan und Myanmar bekannt und verdrängt langsam US-1 in Ostafrika [62]. Die meisten Genotypen können heute auch große Schäden bei Tomaten anrichten (Abb. 7.11).

Die teils interkontinentale Wanderung aller dieser Rassen ist heute mit hoher Wahrscheinlichkeit auf den weltweiten Handel mit Kartoffeln, vor allem Pflanzkartoffeln, zurückzuführen, der schon in der Kolonialzeit einsetzte. Da sich *Phytophthora* nur über kurze Distanzen zwischen den Feldern verbreiten kann, ist die heutige globale Verbreitung ausschließlich durch den Menschen verursacht. Besonderes Augenmerk muss dabei auf die Saatkartoffeln gelegt werden, da diese ja sofort wieder in den Boden kommen. Die fünf weltweit wichtigsten Länder exportieren 87 % der weltweit verbrauchten Saatkartoffeln, das allermeiste kommt

Abb. 7.11 *Phytopthora infestans* ist inzwischen auch eine weit verbreitete Tomatenkrankheit, hier als Braunfäule bekannt [63], dabei werden auch die Früchte zerstört [64]

aus Nordeuropa (Abb. 7.12). Die Hauptabnehmerländer sind arabische Staaten und Israel, aber natürlich genügen schon kleine Lieferungen, um Pathogene zu übertragen. Hinzu kommt der weltweite Handel mit frischen Kartoffeln, aber die landen meist direkt im Kochtopf. Deshalb ist der Handel mit Saatkartoffeln für die Übertragung von Krankheitserregern am bedeutendsten.

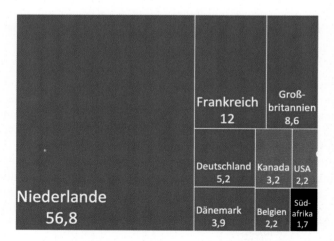

Abb. 7.12 Anteil der zehn wichtigsten Länder am Export von Saatkartoffeln 2022 (in %); Farbcodierung nach Kontinenten [65]

Neben dem Transport von Pflanzknollen ist auch die Migration über infizierte Tomatenpflanzen ein möglicher Weg für die Fernausbreitung des Erregers. Dies führte 2009 zu einer Pandemie in den USA, ausgelöst durch die weite Verbreitung des Pilzstammes US-22 über infizierte Tomatenpflanzen eines einzigen nationalen Lieferanten, die in großen Einzelhandelsgeschäften im gesamten Nordosten verkauft wurden [66].

Eine Maisrasse wird mit der Hybridzüchtung global

Corn Belt Dent, so heißt die wichtigste Maisrasse der Welt. Es gibt Tausende von Sorten, die deren genetisches Material enthalten (s. Box). Und obwohl es noch (mindestens) 284 andere Maisrassen gibt, ist diese die weltweit erfolgreichste, was die Maiszüchtung der gemäßigten und subtropischen Klimazonen angeht. Sie entstand, wie der Name vermuten lässt, im Mittleren Westen, dem sogenannten Maisgürtel *(corn belt)* der USA in den 1800er Jahren aus der Kreuzung zweier anderer Maisrassen, den *Northern Flints* und den *Southern Dents*. Der *Northern Flint* lässt sich bis ca. 1000 v. u. Z. in den Südwesten der USA zurückverfolgen [67]. Er verbreitete sich dann bei den indigenen Gruppen in den *Great Plains,* wanderte um 600 n. u. Z. östlich des Mississippi und war um 1000 n. u. Z. im gesamten Osten der USA anzutreffen. Die *Southern Dents,* die während der Kolonialzeit im Südosten der USA vorherrschend waren, wurden um 1500 von spanischen Konquistadoren aus mexikanischen Quellen über Kuba eingeführt. Von dort verbreitete sich die Maisrasse 1539 nordwärts nach Florida, 1560 nach South Carolina und 1570 in das Gebiet der Chesapeake Bay bei Washington DC [68]. Da der Flint- oder Hartmais rund 2500 Jahre vor dem Dent- oder Zahnmais in die USA kam und die beiden Rassen dann weitere 250 Jahre voneinander isoliert waren, haben sie sich genetisch sehr unterschiedlich entwickelt. So ist Flintmais besser an das kühle, feuchte nordöstliche Klima angepasst, er reift früher und trocknet aufgrund seiner Kornanordnung auf dem Kolben schneller ab. Beim Dentmais sind die Körner kompakt an der Ähre angeordnet, sie haben tiefe Eindellungen, die an einen (Pferde-)Zahn erinnern, daher auch der Name *dent* für englisch „Zahn" (Abb. 7.13). Aufgrund seiner längeren Wachstumsphase bringt der Dentmais im Durchschnitt höhere Erträge als der Flintmais.

Die Rassen des Mais
Durch die jahrtausendelange Selektion vieler indigener Völker gibt es rund 300 Rassen. Sie unterscheiden sich anhand ihrer Herkunft, Kornform, Kornfarbe, Inhaltsstoffe und ökologischen Ansprüche. Die wichtigsten für die Züchtung sind *Corn Belt Dent, Southern Dent, Mexican Dent, Tusons, Caribbean Flint, Northern Flint, Flours, Argentine Flint (‚Cateto'), Yellow Flint, European Flint.* Da wiederum jeder Bauer früher etwas anders selektierte, gibt es innerhalb dieser Rassen Hunderte von Landsorten. Eine molekulargenetische Studie zeigte, dass es in Amerika eigentlich nur vier,

Abb. 7.13 Die zwei für Europa wichtigsten Rassen des Mais: Dent- oder Pferdezahnmais (links), Flint- oder Hartmais (rechts)

nicht-verwandte Gruppen gibt: Mexikanisches Hochland, Tropisches Tiefland (Karibik, Kolumbien, Brasilien, Venezuela, Mexiko), Anden (Peru, Bolivien, Ecuador) und Nördliche USA.
Vigouroux et al. (2008). *American J Botany, 95* (10), 1240–1253.

In den 1800er Jahren gab es noch keine Maiszüchtung. Die mehr zufällig erfolgte Kreuzung zwischen den beiden Rassen führte aber zu einer Hybridwüchsigkeit, die den *Corn Belt Dent* mit einer überlegenen Leistung ausstattete [69]. Keine andere Maisrasse ergibt so hohe Erträge und so ist es kein Wunder, dass ein großer Teil der weltweit verfügbaren Maissorten auf dieser einen erfolgreichen Population beruhen. Es gibt aber auch noch einen anderen Grund und der hat direkt mit der Methode der Hybridzüchtung zu tun.

Die Hybridzüchtung wurde 1908 unabhängig voneinander von den beiden Amerikanern George H. Shull und Edward M. East entwickelt. Sie beobachteten nicht nur die Hybridwüchsigkeit (Heterosis), die die Nachkommen weitaus besser macht als ihre Eltern, sondern machten erste Anstrengungen dieses biologische Phänomen, das schon Charles Darwin rund fünfzig Jahre zuvor beschrieben hatte, gezielt zu nutzen. Dazu ist es am besten, wenn man den Fremdbefruchter Mais zur Inzucht zwingt und über fortgesetzte Selbstbefruchtung sogenannte Inzuchtlinien entwickelt und auf ihre Leistung prüft.

Stammen diese von zwei möglichst verschiedenen Ausgangspopulationen, dann ist die Hybridwüchsigkeit am höchsten. Sie ist aber nur in der ersten Nachkommengeneration (F1-Generation) maximal verwirklicht, deshalb muss man die gewünschte Kreuzung jedes Jahr neu erstellen und der Landwirt muss jedes Jahr neues F1-Saatgut kaufen. Dies führt zu höheren Kosten, aber wenn man die richtige Kombination von Inzuchtlinien wählt, erntet man mit den Hybriden 15 bis 20 % mehr als mit den elterlichen Ausgangspopulationen. Und das lohnt die höheren Saatgutkosten für den Landwirt und in Folge den höheren Aufwand für den Züchter.

Diese anspruchsvolle Züchtungsmethode hatte einige Tücken und so dauerte es bis in die 1930er Jahre, dass sie wirklich angewendet wurde. Dann aber erwies sie sich als so erfolgreich, dass sie nach und nach alle anderen Methoden verdrängte (Abb. 7.14). Man sieht an der Grafik deutlich, wie es mit den Kornerträgen mit steigendem Hybridanteil bergauf ging. Ab dem Jahr 1960 gab es in den ganzen USA praktisch nur noch Maishybriden und in dieser Zeit hatten sich die US-Erträge gegenüber 1930 mehr als verdoppelt. Nach der Ansicht mancher Ökonomen wurden die hohen Kosten des Zweiten Weltkriegs für die USA durch diese enorm gesteigerten Maiserträge mitfinanziert.

Die Amerikaner unterstützten während des Kalten Krieges im Wettstreit mit der (damaligen) Sowjetunion alle Staaten, die ihnen wohlgesonnen waren mit dem Knowhow ihrer Maiszüchtung. Das geschickte Hantieren mit wissenschaftlicher Expertise, freiem Zugang zu ihrem Maismaterial und dem gezielten Training von ausländischen Experten beschleunigte die weltweite Verbreitung der Hybridzüchtung (Tab. 7.1). Damals war noch ein großer Teil der US-Maiszüchtung an öffentlichen Einrichtungen angesiedelt.

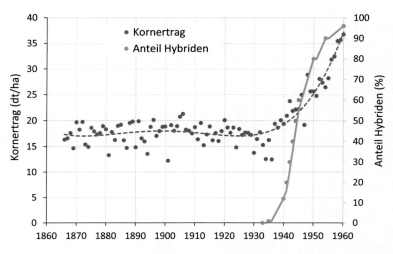

Abb. 7.14 Entwicklung der durchschnittlichen US-Maiserträge von 1900 bis 1960 (blau) [70] und der Anteil an Hybriden (orange) [71]

Tab. 7.1 Jahr, in dem der Anteil an Hybriden rund 50 % der Maisanbaufläche in ausgewählten Ländern erreichte [72]

Land	Jahr
USA	1944
Brasilien (Sao Paulo), Südafrika, Italien	1965
Argentinien	1968
China	1974
Kenia	1980

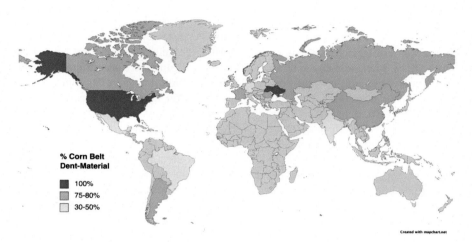

Abb. 7.15 Geschätzte Anteile von *Corn Belt Dent*-Material in den Maissorten ausgewählter Länder; grau = Anteil unbekannt [73]

Und der *Corn Belt Dent* war immer dabei. Er war in den USA die wichtigste Grundlage für die Hybridzüchtung und wurde bereitwillig exportiert. So beträgt heute der Anteil dieser Rasse an der weltweiten Maisproduktion rund 52 % (Abb. 7.15).

Obwohl die ersten europäischen Hybridmais-Züchtungsprogramme in den 1920er Jahren in Spanien eingerichtet wurden, verlief der Fortschritt langsamer als in den Vereinigten Staaten, da die umfassende Entwicklung von Hybriden erst kurz nach dem Zweiten Weltkrieg mithilfe des Marshall-Plans in Frankreich, Italien, den Niederlanden und Deutschland begann [74]. Vor und während der 1950er Jahre war der Maisanbau in Frankreich auf den Südwesten beschränkt. Hier konnte, ähnlich wie in ganz Südeuropa, aufgrund der größeren Wärme direkt das amerikanische Dent-Material eingesetzt werden, das oft aus Wisconsin, Michigan und Minnesota stammte. Gleichzeitig entwickelte die nationale französische Forschung eigene Inzuchtlinien aus lokalen Flint-Populationen (F2, F7).

Allerdings konnte in Nordwest-Europa das amerikanische *Corn Belt Dent*-Material nicht unmittelbar verwendet werden, weil es viel zu kälteempfindlich und zu spätreif war. Aber es wurde fleißig eingekreuzt, selektiert und für Entwicklung von Hybridsorten genutzt. Dazu nahm man als männlichen Partner den kühletoleranten und deutlich frühreiferen Flintmais, der sich seit dem 16. Jahrhundert in Deutschland an die Klimaverhältnisse angepasst hatte (s. Kap. 5) und als weiblichen Partner das *Corn Belt Dent*-Material. Die Kombination aus Kühletoleranz und früher Reife bzw. höheren Erträgen, die das europäische Flint- bzw. US-Dentmaterial mit sich brachten, war ein Erfolgsrezept und führte zu erfolgreichen Hybriden und dadurch zu einer enormen Ausweitung des europäischen Maisanbaus. In Frankreich zum Beispiel hat sich die Anbaufläche des Mais von der Zeit vor dem Zweiten Weltkrieg bis heute mehr als verfünffacht und in Deutschland stieg die Anbaufläche von 50.000 Hektar (1950) auf heute 2,5 Mio. Hektar. Nach Weizen ist Mais heute die wichtigste Fruchtart in Deutschland. Und der ursprüngliche *Corn Belt Dent* spielt, wenn auch in vielfacher Weise abgewandelt und verändert, immer noch eine entscheidende Rolle und ist in allen Hybriden weiterhin enthalten.

Dies gilt auch weltweit. Von den 48 Populationen, die von dem internationalen Weizen- und Maisforschungsinstitut CIMMYT für die Verbesserung von Mais in subtropischen und tropischen Klimazonen entwickelt wurden, enthielten 37 (77 %) Material aus dem Maisgürtel der USA [75]. Die öffentlich verfügbaren US-Maislinien aus der Rasse *Corn Belt Dent* haben dazu beigetragen, den Ertrag und die Stresstoleranz zu steigern und andere wichtige agronomische Eigenschaften bei tropischen Hybriden zu verbessern.

Die amerikanische „Erfindung" der Hybridzüchtung und seine bis heute überragende Leistung haben den *Corn Belt Dent* zur am weitesten verbreiteten und erfolgreichsten Rasse der Welt gemacht. Die Migration war hier also nicht nur auf den Mais beschränkt, sondern fand in Verbindung mit der entsprechenden Zuchtmethode statt. Ohne die Hybridzüchtung wäre die Geschichte eher so passiert, wie bei den anderen Fruchtarten, nämlich, dass man aus lokal vorhandenen Populationen einfach neue Sorten entwickelt hätte. Weil man bei der Hybridzüchtung aber mindestens zwei definierte und möglichst unverwandte Ausgangspopulationen (Genpools) braucht, wurde der *Corn Belt Dent* weltweit als mütterliche Erbkomponente eingesetzt.

Man kann das bedrohlich finden, wenn ein großer Teil der Welternährung auf nur einer einzigen Maisrasse beruht. Allerdings hat diese Rasse durch ihre Herkunft aus einer Kreuzung zweier anderer Rassen und die inzwischen über ein Jahrhundert andauernde Auslese auf regionale Besonderheiten eine riesige genetische Vielfalt. Anders wäre es auch gar nicht möglich gewesen, weltweit erfolgreiche Hybriden mit dem extrem hohen Anteil an dieser Rasse zu schaffen. Deshalb gibt es heute innerhalb des *Corn Belt Dent* zahlreiche Unterrassen, die es den USA erlauben, reine Dent-Hybriden zu züchten. Damit verfügen sie über die leistungsfähigsten Maissorten der Welt. In Wettbewerben der Landwirte wurden im Mittleren Westen der USA schon Kornerträge von sensationellen 386 dt/ha gemessen [76], der Durchschnittsertrag lag 2022 in den USA bei 117 dt/ha [77], was auch schon eine großartige Leistung ist. Hier werden die höchsten Maiserträge der Welt eingefahren, der weltweite Durchschnitt liegt nur bei 58 dt/ha [78].

Migration ist in der modernen Maiszüchtung nicht die Ausnahme, sondern die Regel. *Corn Belt Dent*-Formen aus den USA sind dabei immer noch führend, vor allem wenn es um südeuropäische Sorten geht. Trotzdem wird es langfristig nötig sein, auch diese sehr erfolgreiche Rasse durch neues Genmaterial zu ergänzen. Die Kunst dabei ist, die hohe Leistungsfähigkeit beizubehalten. Dazu könnte zum Beispiel Material aus den Anden oder aus den Tiefland-Tropen dienen. Es ist heute durchaus üblich, Maisformen aus der ganzen Welt auszutauschen, so lange es sich um ähnliche Klimazonen handelt. So kann brasilianischer Mais nicht in Deutschland verwendet werden, wohl aber in Süditalien oder Ungarn. Umgekehrt bietet sich für deutsche Maiszüchter Kanadischer Flint an, der die nötige Kühletoleranz, Frühreife und Leistung hat. Auch ein dosiertes Einfließen von subtropischem Material durch Kreuzung und Rückkreuzung mit deutschem Mais kann erfolgreich sein.

Weltweite Verbreitung von Raps und Schwarzbeinigkeit

Raps *(Brassica napus)* ist ein Beispiel für eine recht junge Kulturpflanze, die wahrscheinlich im 14. Jahrhundert in NW-Europa entstand und sich nach dem Zweiten Weltkrieg über die gesamte nördliche Hemisphäre ausbreitete [79]. Dementsprechend ist es leicht nachzuvollziehen, wie sich mit dem zunehmenden Anbau von Raps auch die dazu passenden Krankheiten und Parasiten ausbreiteten. Ein Beispiel ist die durch den Pilz *Leptosphaeria maculans* (anamorph *Plenodomus lingam,* syn. *Phoma lingam*) hervorgerufene Schwarzbeinigkeit.

Raps ist eine spontane Kreuzung zwischen Rübsen *(Brassica rapa)* und Kohl *(B. oleracea).* Während Rübsen und Kohl jahrtausendealte Kulturpflanzen sind, wurde Raps in den Niederlanden erstmals 1366 erwähnt [80]. Ab dem 17. Jahrhundert fand der Anbau in größerem Umfang statt. In Nordwestdeutschland und den Niederlanden war Raps im 16. und 17. Jahrhundert die wichtigste Ölpflanze. Zunächst diente er als Brennstoff für Öllampen und wurde als Schmieröl verwendet. Zu Beginn des 19. Jahrhunderts nahm der Rapsanbau zu, weil die Verwendung des Öls als Leuchtmittel immer beliebter wurde und den früher billigeren Waltran verdrängte. Ab Mitte der 1970er Jahre wurde Raps zu einer sehr wertvollen Ölpflanze für die menschliche Ernährung, da durch Züchtung schädliche Inhaltsstoffe (Erucasäure, Glucosinate) eliminiert wurden. In der Folge stieg das Interesse am Rapsanbau explosionsartig an und er verbreitete sich in Kanada (als *canola*), Russland, Indien, China und Australien.

Der Pilz *L. maculans* befällt generell viele Ölsaaten und Gemüsepflanzen der Gattung *Brassica,* wie die verschiedenen Kohlarten. Obwohl Raps eindeutig eine europäische Kulturpflanze ist, scheint sich der Erreger in den USA entwickelt zu haben. Die ersten Aufzeichnungen stammen aus den frühen 1900er Jahren über den Befall von Kohl in Wisconsin, USA [81]. Heute ist er eine Bedrohung für Brassica-Anbaugebiete auf der ganzen Welt, außer in China, wo er bis heute nicht eingeschleppt wurde, aber eine Schwesterart *(L. biglobosa)* gedeiht. Die weltweite Verbreitung des Pilzes wurde höchstwahrscheinlich durch wiederholte weltweite Saatgutübertragung verursacht [82], insbesondere wenn Saatgut anfälliger Sorten gehandelt wurde. In den neu besiedelten Gebieten kann man gut verfolgen, wie

Tab. 7.2 Verbreitung der Schwarzbeinigkeit bei Raps in Kanada [83]

Jahr	Provinz/Staat	Auftreten
1975	Zentral-Saskatchewan	3 weit voneinander entfernte Felder
1976–77	Zentral-Saskatchewan	Anstieg von 10 % auf 17 % aller Felder
1978–81	Zentral-Saskatchewan	10facher Anstieg der Befallshäufigkeit
1982	Zentral-Saskatchewan	Weitverbreitete Epidemie, bis zu 56 % Ertragsverluste
1986	Zentral-Saskatchewan	Starke Epidemie, 65 % der Felder betroffen (1984, 1985)
1984	SW Manitoba	Erstes Erscheinen
1985	SW bis NW Manitoba	36 % der untersuchten Felder
1988	SW bis NW Manitoba	Auftreten in 62 % (SW), 31 % (NW) der Felder
1986–87	Ontario	92 % (1986) bzw. 100 % (1987) der Felder

schnell sich der Erreger ausbreitet. Durch die Vergrößerung der Anbauflächen, insbesondere von hochanfälligen Sorten, und die damit verbundene Anhäufung von infizierten Pflanzenresten im Boden kommt es zu einem raschen Aufbau der Pilzpopulation, die innerhalb weniger Jahre große Gebiete betreffen kann. Ein gutes Beispiel ist Kanada (Tab. 7.2).

Hier begann der Rapsanbau auf größeren Flächen gemäß der staatlichen Landwirtschaftszählung 1956, vor allem in den Prärriestaaten (Saskatchewan, Alberta, Manitoba) [84]. Die Schwarzbeinigkeit wurde erstmals 1975 auf drei Feldern festgestellt. Innerhalb weniger Jahre war das zentrale Saskatchewan von dem Pilz kolonisiert und später auch Manitoba und Ontario. Wenn sich die Krankheit etabliert hat, sind sexuell gebildete Sporen, die in Fruchtkörpern auf infizierten Rapsresten entstehen, die Hauptinfektionsquelle. Heute findet sich die Schwarzbeinigkeit jedes Jahr in über der Hälfte der Rapsfelder in Kanada und den nördlichen USA [85]. In Australien wurde Raps 1968 mit kanadischen Sommersorten eingeführt. Die ersten Ausbrüche von Schwarzbeinigkeit traten bereits 1971 und 1972 auf und brachten den Rapsanbau völlig zum Erliegen, bis die Züchter resistente Sorten zur Verfügung stellen konnten [86].

Eine Analyse der weltweiten Population von *L. maculans* mithilfe von DNS-Markern gruppierte die Genotypen in verschiedene Populationen entsprechend den wichtigsten geografischen Regionen [87].

Bekämpfung der Wurzelhals- und Stängelfäule
Am allerwichtigsten wäre eine weitgestellte Fruchtfolge, die jedoch nicht ökonomisch ist. Deshalb baut man in der Regel alle drei Jahre Raps und das fördert die Krankheit, ebenso wie eine zu frühe Aussaat und pfluglose Bodenbearbeitung. Die chemische Bekämpfung ist mit Fungiziden möglich, sie ist aber im Herbst nicht wirtschaftlich und im Frühjahr schützt sie nur die oberen Blätter. Es gibt weniger anfällige Sorten, die bestimmte

Resistenzgene besitzen und/oder eine breite quantitative Resistenz haben (s. Kap. 11).

Der Ursprung des Erregers in den USA konnte bestätigt werden und die Einschleppungen nach Ostkanada, Europa und Australien waren unabhängig voneinander vonstatten gegangen. Die Population in Westkanada besteht nur aus wenigen Genotypen, was auf einen Flaschenhals (s. Kap. 1) hinweist, es wurden nur wenige Isolate hierher verschleppt, sie vermehrten sich dort klonal (asexuell), während sich der Erreger in vielen anderen Gebieten der Welt sexuell fortpflanzt und eine hohe genetische Variation aufweist.

Gleich mehrmals um die Welt – Gelbrost des Weizens

Der Weizengelbrost (*Puccinia striiformis* f.sp. *tritici*) kam bereits im Fruchtbaren Halbmond auf Wildgetreide und Weizenverwandten vor. In den USA wurde er erstmals um 1915 beobachtet [88] und verbreitete sich höchstwahrscheinlich durch menschliche Verschleppung aus Nordwesteuropa [89]. Bei sehr anfälligen Sorten kann der Pilz nicht nur die Blätter, sondern auch die Ähren befallen und Sporen bilden, die dann an den Samen haften (Abb. 7.16).

Die für Nordwesteuropa typischen Weizensorten wurden Anfang des 20. Jahrhunderts von europäischen Siedlern in die USA und nach Südamerika gebracht. Gelbrost hatte dort zunächst nur regionale Bedeutung, da es in diesen Gebieten im Frühjahr und Sommer zu warm für eine Infektion war [90]. Mit speziellen Rassen hat sich der Gelbrost aber auch in jüngerer Zeit über weite Strecken ausgebreitet (Abb. 7.17). Das Zentrum der Gelbrost-Diversität liegt in der Himalaya-Region und deren Umgebung, wo in einigen Gebieten auch die Berberitze vorkommt, die als Zwischenwirt zur sexuellen Vermehrung wichtig ist [91]. Die Untersuchung der DNS zufällig gesammelter Isolate ergab dort eine sehr hohe Unterschiedlichkeit zwischen ihnen. Außerdem wurde derselbe Genotyp nur sehr selten wiedergefunden, eigentlich hatten fast alle Isolate einen anderes DNS-Muster. Dies bestätigt indirekt eine sexuelle Fortpflanzung in dieser Region [92]. In Europa fehlt ein solcher Nachweis für Gelbrost noch, hier pflanzt sich der Pilz bisher nur ungeschlechtlich (klonal) fort.

Im Jahr 2011 wurde zum ersten Mal in Europa eine neue Gelbrostrasse entdeckt, die genetisch nicht mit den etablierten Rassen in Nordwesteuropa (*PstS0*) verwandt war. Sie wurde nach der ersten Weizensorte, an der sie entdeckt wurde, ,Warrior' (jetzt *PstS7*) genannt. ,Warrior' breitete sich schnell aus und machte nur ein Jahr später mehr als 50 % der gesamten europäischen Gelbrostpopulation aus [94]. Seine erhöhte Fitness war das Ergebnis einer schnelleren Vermehrung, einer höheren Aggressivität gegenüber anfälligen Sorten und einer Wirtsausweitung auf Triticale. In den Jahren 2014 bis 2016 kam es zu verheerenden Epidemien und nur der großflächige Einsatz von Fungiziden konnte größere Ertragsschäden verhindern. In Versuchen wiesen unbehandelte anfällige Sorten Ertragseinbußen von bis

Abb. 7.16 So zerstörerisch kann der Gelbrost des Weizens sein: Links eine resistente Sorte ohne Befall, recht eine anfällige Sorte mit sehr starkem Befall

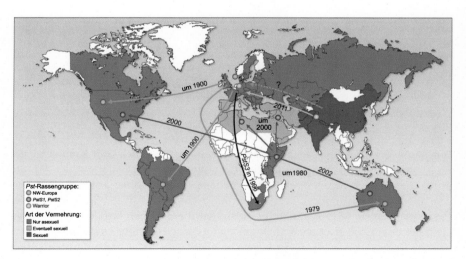

Abb. 7.17 Interkontinentale Wanderung wichtiger Gelbrostrassen und die wichtigsten Verbreitungswege [93]

zu 60 % auf. Verwandte dieser Rasse mit leicht unterschiedlichen Befallsmustern, insbesondere Warrior(–)*(jetzt PstS10)* dominieren bis heute in Europa [95].

Die Himalaya-Region ist nicht der einzige Gelbrost-Hotspot. Die wärmeliebenden Rassen *PstS1* und *PstS2* sind in Äthiopien entstanden und haben sich in den 2000er Jahren weltweit ausgebreitet (Abb. 7.17). *PstS1* wurde bereits in den 1980er Jahren in Rostsporensammlungen gefunden, *PstS2* tauchte später auf, wurde ab 2000 zur dominanten Rasse in Nordamerika und fand 2002 seinen Weg nach Australien [96]. Einige Jahre später wurde *PstS2* die dominante Rasse im Mittleren Osten und Zentralasien. Da beide Rassen an hohe Temperaturen angepasst sind, führte *PstS2* zu Epidemien in Westaustralien und im Südosten der USA, wo die Krankheit bisher unbedeutend war [97].

Neuere Untersuchungen haben gezeigt, dass beide Rassen deutlich aggressiver sind als bisher bekannte Rassen, mehr Sporen produzieren und bei höheren Temperaturen infizieren können als die alten nordwesteuropäischen Rassen [98]. Außerdem machten sie neue Resistenzgene im Weizen unwirksam. Die globale Migration spielt also beim Gelbrost bis heute eine wichtige Rolle (Abb. 7.17).

Bekämpfung der Roste bei Getreide
Obwohl sich die Roste für Laien nur an ihrer Farbe zu unterscheiden scheinen (s. Abb. 1.5), sind sie unterschiedlich schwer zu bekämpfen. Gelb- und Braunrost können mit chemischen Pflanzenschutzmitteln (Fungiziden) in Schach gehalten werden; es gibt sehr gute Mittel, bei denen ein bis zwei Anwendungen genügen. Für Schwarzrost gibt es keine zugelassenen Fungizide. Es gibt aber resistente Sorten. Allerdings ist diese Resistenz bei Gelbrost, der sich bei uns nicht sexuell vermehrt, deutlich dauerhafter als bei Braunrost, der eben dieses tut. Bei Braunrost beginnt schon wenige Jahre nach Einführung einer resistenten Sorte ein „Alterungsprozess", d. h. die Resistenz wird nach und nach unwirksam. Rund drei Viertel aller deutschen Winterweizensorten zeigen dagegen eine sehr gute Gelbrost-Resistenz. Für Schwarzrost ist dagegen die Resistenzbasis sehr gering, es gibt derzeit nur drei Gene in Weizen, von denen eines nur noch schwach wirkt (s. Kap. 11).

Ein besonderes Kapitel ist dabei der Gelbrost in Australien, ein Kontinent, der für Phytopathologen wie ein riesiges Laboratorium ist. Da dort weder Weizen noch Gerste oder deren direkte Verwandte natürlicherweise vorkommen, wurden alle Getreidepathogene von außen eingeschleppt (s. Kap. 6). Während der Braunrost bereits 1825 erstmals in Australien beschrieben wurde [99], trat der Gelbrost erst 1979 in Ostaustralien auf und es war eindeutig eine nordwesteuropäische Rasse (Abb. 7.17). Es ist wahrscheinlich, dass einige Sporen trotz strenger Quarantänemaßnahmen an der Kleidung von Touristen oder Geschäftsleuten ins Land gelangten [100]. Der Gelbrost breitete sich schnell in den Weizenfeldern aus, da wichtige australische Sorten damals hochanfällig waren und es kam zu großen Ertragsverlusten. Im Laufe der Zeit bildeten sich 20 Mutanten der eingeführten Rasse, die spezifische Resistenzgene befallen konnten, die Gene werden dadurch unwirksam. Dadurch kann man die Mutanten auch unterscheiden. Sie konnten sogar ein einheimisches Wildgras, das Gerstengras *(Hordeum spp.)*, besiedeln [101], das sie als dauerhaftes Reservoir nutzten. Da das Gras ausdauernd ist, kann sich der Pilz dort festsetzen und nach jeder Weizenaussaat aufs Neue wieder auf die Felder übergehen. Molekulare Marker zeigten, dass australische Gelbrost-Isolate, die über einen Zeitraum von 13 Jahren (1979 bis 1991) untersucht wurden, alle den gleichen Genotyp aufwiesen, was die Hypothese stützt, dass sie von einer einzigen Einschleppung stammen [102].

Eine zweite Invasion von Gelbrost fand 2002 in Westaustralien statt [103], höchstwahrscheinlich aus Nordamerika oder Ostafrika; letzteres könnte durch natürliche Ausbreitung über große Entfernungen mit vorherrschenden Winden erfolgt sein (Abb. 7.17). Das DNS-Muster der neuen Rasse unterschied sich völlig von den bereits in Australien vorhandenen Rassen. Diese Rasse war sehr erfolgreich und bis 2018 fanden sich sieben Abkömmlinge, die die Gelbrostpopulation Westaustraliens beherrschten.

Außerdem entdeckten die Forschenden noch zwei weitere Invasionen fremder Rassen [104]. 2017 kam eine neue Rasse aus Europa (*PstS10*, ‚Warrior(–)‘) und 2018 eine weitere Rasse (*PstS13* ‚Triticale 2015‘) entweder aus Europa oder aus Südamerika. Der Erst-Autor, Yi Ding von der Universität von Sydney, schreibt dazu in seiner Veröffentlichung:

„Damit setzt sich ein Trend fort, der sich aus den langfristigen Erhebungen zur Pathogenität von Getreiderosten ergibt: Die Häufigkeit des Auftretens exotischer Rassen nimmt im Laufe der Zeit zu, vermutlich im Zusammenhang mit Personenverkehr und dem versehentlichen Transport von Rostsporen auf kontaminierter Kleidung." [105]

Migration von Weizen-Schwarzrost in Eurafrika

Auch der Schwarzrost verbreitet sich wieder, nachdem man lange glaubte, ihn besiegt zu haben. Dies hing mit einem einzigen Gen zusammen, dem Resistenzgen *Sr31*. Es stammte ursprünglich aus Roggen und wurde schon in den 1930er Jahren in Deutschland durch mühsame Kreuzungsarbeit in den Weizen eingebracht. Der spätere Nobelpreisträger Norman Borlaug kreuzte dieses Gen in den 1960er Jahren in viele seiner Weizensorten ein, die er in die ganze Welt schickte, um vor allem im globalen Süden höhere Erträge zu ermöglichen.

Die „Grüne Revolution"
Die Einführung von neuen Sorten bei Weizen und Reis führte zusammen mit Fortschritten bei Bewässerung, Pflanzenschutz und Mineraldüngung in den Ländern des globalen Südens zu einer Verdreifachung der Erträge. Sie war u.a. getrieben von Kurzstrohgenen und bei Weizen dem Resistenzgen *Sr31* gegen Schwarzrost.

Er löste damit – und einigen anderen Genen – die „Grüne Revolution" aus (s. Box). Das Gen hielt mehrere Jahrzehnte den Schwarzrost fern, bis 1988 in einem abgelegenen Gebiet Ugandas eine neue Schwarzrostrasse auftrat, die erstmals in der Lage war, auch Sorten zu befallen, die das vermeintliche „Wundergen" trugen [106]. Dies fiel einem amerikanischen Phytopathologen auf, der zufällig vor Ort war und einen großen Sortenversuch besichtigte. Er schickte Proben zu dem Rostspezialisten Zak Pretorius nach Südafrika und der bestätigte 1999, dass es sich tatsächlich um eine neue, bisher unbekannte Rasse des Rostes handelte. Er nannte sie Ug99 nach ihrer Entdeckung in Uganda und dem Jahr, in dem er sie erstmals beschrieb.

Und jetzt trat die Migration der Rostsporen in Kraft. Denn von dem einen Feld in Uganda verbreitete sich die neue Rasse Ug99 in Windeseile im ganzen Osten Afrikas und darüber hinaus (Abb. 7.18). Im Jahr 2021 war praktisch die gesamte Ostküste Afrikas besiedelt und dazu einzelne Funde im Jemen, Iran und Irak aufgetaucht. Experten sahen anfangs die große Gefahr, dass sich die Rasse in Richtung der riesigen Weizenanbaugebiete Indiens, Kasachstans und Chinas weiterbewegen könnte. Denn in sehr vielen dortigen Sorten war *Sr31* die einzige Versicherung gegen Schwarzrost. Soweit kam es aus unbekannten Gründen allerdings nicht. Bis 2021 gab es nur noch einen weiteren Fundort außerhalb Afrikas an der irakisch-iranischen Grenze.

Allerdings hatten sich bis dahin bereits 15 Sub-Rassen aus der ursprünglichen Ug99-Rasse TTKSK gebildet [108]. Denn Ug99 veränderte sich ständig in Anpassung an die vorherrschenden Resistenzgene des Weizens. Dabei konnte sie immer mehr *Sr*-Resistenzgene „knacken". Sie reicherte neue Virulenzen (s. Box) an und wurde dadurch immer gefährlicher. Schon kurz nach ihrer Entdeckung gab es in Afrika kaum noch resistente Weizensorten und es kam zu großen Epidemien. Heute sind die Abkömmlinge von Ug99 in den gezeigten Gebieten allgegenwärtig und richten immer noch Unheil an, auch wenn es inzwischen resistente Sorten gibt. Das Beispiel zeigt sehr schön, dass windbürtige Erreger wie der Schwarzrost eigentlich nicht zu bändigen sind. Wenn sie dann noch die Möglichkeit der sexuellen Vermehrung haben, im Fall von Schwarzrost auf einheimischen Berberitzenarten, dann können sie sich wirklich schnell verändern. Es können sich Formen mit verschiedenen Virulenzen kombinieren und sich mit den Weizenzüchtern einen ständigen Wettlauf liefern. Im November 2023 wurde die Ug99-Rasse erstmals in Südasien, genauer in Nepal entdeckt [109].

Was sind Virulenzen?
Bei Rosten gibt es eine Gen-für-Gen-Beziehung. Ein Resistenzgen beim Wirt korrespondiert mit einem passenden Avirulenzgen des Rostes, der Rost kann nicht infizieren, weil der Wirt dieses Avirulenzgen erkennt und sich wehrt. Wird der Pilz aber durch eine Mutation des Avirulenzgens virulent, dann ist eine Infektion des Weizens möglich, das Resistenzgen ist damit unwirksam geworden.

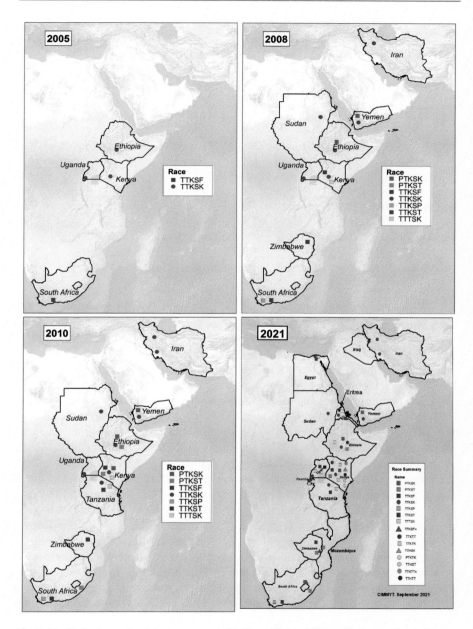

Fig. 7.18 Verbreitung der Schwarzrostrasse Ug99 und ihrer Abkömmlinge von ihrem Entstehungsort bis zu allen Ländern an der Ostküste Afrikas und darüber hinaus [107]

Tab. 7.3 Herkunft der in Europa am weitesten verbreiteten Rassen des Schwarzrostes (Stand 2022) [110]

Rasse	Erstes Erscheinen → Verbreitung	Vermutete Herkunft
TTRTF	2016 Italien → 7 Länder	Exotische Einwanderung aus Ostafrika und Westasien
TKKTF	2018 Italien → 13 Länder	
TKTTF ("Digalu")	2017 Kroatien → 9 Länder	Exotische Einwanderung aus Äthiopien 2013–14
TKKTF	2013 Deutschland → PL	Deutschland
RFCNC, HFCNC	2013 Deutschland → CZ, SK, HU	
>79 Rassen	Getreide, Gräser	Vom Zwischenwirt Berberitze

PL = Polen, CZ = Tschechische Republik, SK = Slowakei, HU = Ungarn

Aber Schwarzrost verbreitete sich nicht nur in Ostafrika, sondern seit einiger Zeit auch wieder in Europa. Es begann mit einer begrenzten Epidemie 2013 in Nord- und Mitteldeutschland. Damals waren vor allem Teile von Niedersachsen, Sachsen-Anhalt und Brandenburg betroffen. Der Schaden war nicht sehr groß, aber es war seit rund 50 Jahren das erste Mal, dass der Pilz wieder großflächig aktenkundig wurde. Ein internationales Konsortium konnte zeigen, dass die jetzt in Europa gängigen Rassen aus sehr unterschiedlichen Weltgegenden kamen (Tab. 7.3).

Teils waren es exotische Herkünfte, teils hausgemachte Isolate, die sich etwa von Deutschland aus nach Osten verbreiteten, entsprechend der vorherrschenden Westwindzone. Besonders beunruhigend ist die Rolle der Berberitze, die in diesem Projekt festgestellt wurde. So wurden neben den sechs Hauptrassen im selben Zeitraum mehr als 79 neue Rassen gefunden, die bisher nicht bekannt waren und durch sexuelle Vermehrung auf der Berberitze entstanden. Auch wenn nicht alle dieser neuen Rassen durchsetzungsfähig genug sind, um sich weit zu verbreiten oder auch nur erhalten zu bleiben, zeigt das doch, welches Potenzial in diesem Erreger steckt. Auch im Hinblick auf die Migration und eine kontinentale Verbreitung.

Ein weiterer beunruhigender Faktor ist, dass die Rassenzusammensetzung in verschiedenen europäischen Ländern unterschiedlich ist (Abb. 7.19). Dadurch kann mit der Windverbreitung der Sporen ein ständiger Austausch zwischen Ländern und Rassen stattfinden, der in Verbindung mit der sexuellen Vermehrung auf der Berberitze zu immer neuen Rassen führt.

Interessant ist auch die in Tab. 7.3 genannte ‚Digalu'-Rasse (TKTTF) [112]. Sie stammt wahrscheinlich aus dem Nahen Osten, da ähnliche Rassen schon in den 1990er Jahren in der Türkei auftraten und dort bis etwa 2012 vorherrschend waren. Inzwischen hat sich diese Rasse aber erheblich bis Äthiopien im Süden und Pakistan im Osten ausgebreitet (Abb. 7.20). Das Vorhandensein von Schwarzrostrassen

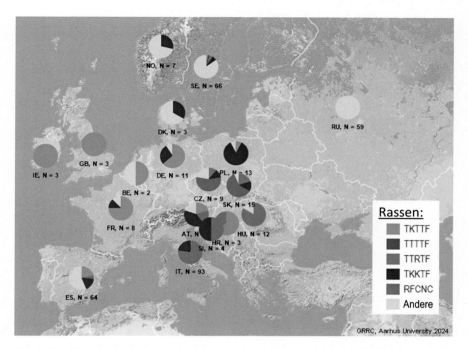

Abb. 7.19 Karte der Verbreitung der Schwarzrostrassen in Europa 2014–2022. Stand 11/2023 [111]

mit einem identischen Virulenzmuster in dieser riesigen Region deutet darauf hin, dass es einen ständigen Austausch von Sporen gibt. TKTTF-ähnliche Rassen wurden inzwischen auch in mindestens zehn europäischen Ländern gefunden, darunter auch in Deutschland (s. Abb. 7.19).

In Äthiopien hat diese Rasse eine verheerende Epidemie ausgelöst. Der erste bestätigte Nachweis erfolgte im August 2012, aber die Rasse blieb nur in geringer Häufigkeit erhalten und wurde bis Anfang Oktober 2013 nicht mehr gefunden. Mitte November 2013 begann eine schwere Epidemie bei der am häufigsten angebauten Sorte Digalu. Diese Sorte war resistent gegen alle Varianten von Ug99 und zusätzlich auch gegen Gelbrost, was sie besonders wertvoll machte. Allerdings erwies sie sich als hochanfällig gegenüber der neuen Rasse TKTTF, die mit den Ug99-Abkömmlingen nicht verwandt ist.

Die Sorte ‚Digalu' erlitt auf einer Fläche von mehr als 10.000 Hektar Ertragsverluste von bis zu 100 %. Trotz dieser Warnung war eine wirksame Bekämpfung auch in den folgenden Jahren nicht möglich, da es in Äthiopien damals einfach kein Saatgut von resistenten Sorten gab. Die Autoren ziehen aus diesem Beispiel den Schluss:

„Das Auftreten einer Schwarzrostrasse in einer Region und das Vordringen in eine neue Region kann verheerende Auswirkungen haben. Die Geschwindigkeit, mit der sich eine Epidemie entwickeln und ausbreiten kann, ist unglaublich hoch. Ohne resistente Sorten ist

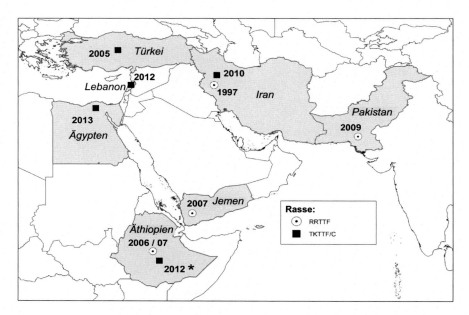

Abb. 7.20 Verbreitung zweier neuer Schwarzrostrassen; TKTTF bezeichnet die Digalu-Rasse [113]

eine wirksame Bekämpfung des Schwarzrostes vor allem in kleinbäuerlichen Anbausystemen praktisch unmöglich." [114]

Literatur

1. Hulme PE (2009) Trade, transport and trouble: managing invasive species pathways in an era of globalization. J Appl Ecol 46(1):10–18
2. UNCTADSTAT (2023) United Nations Conference on Trade and Development. Data Center. https://unctadstat.unctad.org/wds/ReportFolders/reportFolders.aspx?sCS_ChosenLang=en (15. Juli 2023)
3. Hulme (2009)
4. UNCTADSTAT (2023)
5. ICAO. International Civil Aviation Organization. https://www.icao.int/Newsroom/Pages/2021-global-air-passenger-totals-show-improvement.aspx
6. UNCTAD (2020) Review of marine transport 2019, S 11. https://unctad.org/system/files/official-document/rmt2019_en.pdf
7. UNCTAD (2020)
8. Wilson ME (1995) Travel and the emergence of infectious diseases. Emerg Infect Dis 1:39–46
9. Statista (2023) Number of scheduled passengers boarded by the global airline industry from 2004 to 2022. https://www.statista.com/statistics/564717/airline-industry-passenger-traffic-globally/
10. Statista (2023) Worldwide air freight traffic from 2004 to 2021, with an estimate for 2022 and 2023. https://www.statista.com/statistics/564668/worldwide-air-cargo-traffic/

11. Hulme (2009)
12. McCullough DG, Work TT, Cavey JF, Liebhold AM, Marshall D (2006) Interceptions of non-indigenous plant pests at US ports of entry and border crossings over a 17-year period. Biol Invasions 8:611–630
13. Quelle: Jung, T. Compare map projections, https://map-projections.net/license/wagner-4-airlinetraffic:fig; Genehmigung zum Abdruck liegt vor. Karte beruht auf: WIKIMEDIA COMMONS:Jpatokal. https://commons.wikimedia.org/wiki/File:World-airline-routemap-2009.png
14. Grübler A, Nakićenović N (1991) Evolution of transport systems: past and future. International Institute for Applied Systems Analysis. Research report / International Institute for Applied Systems Analysis : RR. – Laxenburg, Austria. ISSN 0378–9004, ZDB-ID 262996–3. https://core.ac.uk/download/pdf/33894957.pdf
15. Haggett P (1994) Geographical aspects of the emergence of infectious diseases. Geografiska Annaler: Series B, Human Geography 76:91–104
16. Condro Ferries (2022) U.S. Tourism &Travel Statistics 2023. https://www.condorferries.co.uk/us-tourism-travel-statistics
17. Deutschland.de (o. J.) Urlaub in Deutschland. https://www.deutschland.de/de/topic/leben/reisen-nach-deutschland-beliebte-urlaubsziele
18. Russell RC (1987) Survival of insects in the wheel bays of a Boeing 747B aircraft on flights between tropical and temperate airports. Bull WHO 65:659
19. PortEconomics (2022) Top-15 container ports in European Union in 2022. https://www.porteconomics.eu/top-15-container-ports-in-european-union-in-2022/
20. Silvestrini MM, Smith NW, Sarti FM (2023) Evolution of global food trade network and its effects on population nutritional status. Curr. Res. Food Sci., 100517
21. Ercsey-Ravasz M, Toroczkai Z, Lakner Z, Baranyi J (2012) Complexity of the international agro-food trade network and its impact on food safety. PLoS ONE 7(5):e37810. https://doi.org/10.1371/journal.pone.0037810.g004,freierZugang
22. DESTATIS (2023) 26 % aller Obst- und Gemüseimporte kamen 2022 aus Spanien. Pressemitteilung Nr. N044 vom 24. Juli 2023. https://www.destatis.de/DE/Presse/Pressemitteilungen/2023/07/PD23_N044_51.html (accessed Nov 14, 2023)
23. WTO (2022) World Trade Organisation. Charts – World trade in agricultural products https://www.wto.org/english/tratop_e/agric_e/ag_imp_exp_charts_e.htm
24. Hunt T (2008) *Heterodera glycines* (soybean cyst nematode). CABI compendium. https://www.cabidigitallibrary.org/ /10.1079/cabicompendium.27027
25. Noel GR (1986) The soybean cyst nematode. *Cyst nematodes*, 257–268. In: Lamberti, F., Taylor, C.E. Cyst Nematodes. Plenum Press, New York, London
26. Noel (1986)
27. WIKIMEDIA COMMONS:Agricultural Research Service (ARS). File:Soybean cyst nematode and egg SEM.jpg. https://commons.wikimedia.org/wiki/File:Soybean_cyst_nematode_and_egg_SEM.jpg, gemeinfrei
28. Tylka GL, Marett CC (2014) Distribution of the soybean cyst nematode, *Heterodera glycines*, in the United States and Canada: 1954 to 2014. Plant Health Progress 15(2):85–87
29. Gesamter Absatz: Hunt D (2008)
30. EPPO Global Database (2023) *Heterodera* glycines (HETDGL). Distribution. https://gd.eppo.int/taxon/HETDGL/distribution
31. EPPO Global Database (2023)
32. Caffrey D, Worthley L (1927) A progress report on the investigations of the European corn borer. US Dep Agric Bull No1476. United States Department of Agriculture, Washington, USA
33. Willett CS, Harrison RG (1999) Insights into genome differentiation: pheromone-binding protein variation and population history in the European corn borer (*Ostrinia nubilalis*). Genetics 153:1743–1751
34. Caffrey and Worthley (1927)

35. WIKIMEDIA COMMONS:Keith Weller, ARS: D k7834–3. File:Corn borer.jpg. https://com mons.wikimedia.org/wiki/File:Corn_borer.jpg, public domain
36. WIKIMEDIA COMMONS:Donald Hobern. File:Ostrinia nubilalis (7522031018).jpg. https://commons.wikimedia.org/wiki/File:Ostrinia_nubilalis_(7522031018).jpg. CC BY 2.0
37. Smith HE (1920) Broom corn, the probable host in which *Pyrausta nubilalis* Hubn. reached America. J Econ Entomol 13:425–430
38. Caffrey and Worthley (1927)
39. Hudon M, LeRoux EJ (1986) Biology and population dynamics of the European corn borer (*Ostrinia nubilalis*) with special reference to sweet corn in Quebec. I. Systematics, morphology, geographical distribution, host range, economic importance. Phytoprotection 67:39–54
40. Willett CS, Harrison RG (1999) Insights into genome differentiation: pheromone-binding protein variation and population history in the European corn borer (*Ostrinia nubilalis*). Genetics 153:1743–1751
41. Transgen (2023) USA: Gentechnik-Pflanzen auf 60 Prozent aller landwirtschaftlichen Flächen. https://www.transgen.de/anbau/2581.gentechnik-pflanzen-usa-anbau.html
42. Originalkarte und hinzugefügte Jahre aus: Caffrey und Worthley 1927
43. Yoshida K, Schuenemann VJ, Cano LM, Pais M, Mishra B, Sharma R, ... Burbano HA (2013) The rise and fall of the *Phytophthora infestans* lineage that triggered the Irish potato famine. Elife 2:e00731
44. Saville AC, Ristaino JB (2021) Global historic pandemics caused by the FAM-1 genotype of *Phytophthora infestans* on six continents. Sci Rep 11(1):1–11. Open access
45. Saville and Ristaino (2021) Die Karte wurde mit ArcMap 10.8 erstellt (http:// deskt op. arcgis. com). CC-BY 4.0
46. Saville and Ristaino (2021)
47. Saville and Ristaino (2021)
48. Saville and Ristaino (2021)
49. Saville and Ristaino (2021)
50. Guha Roy S, Dey T, Cooke DE, Cooke LR (2021) The dynamics of *Phytophthora infestans* populations in the major potato-growing regions of Asia–A review. Plant Pathol 70:1015–1031
51. Fry WE, Birch PRJ, Judelson HS, Grünwald NJ, Danies G, Everts KL et al (2015) Five reasons to consider *Phytophthora infestans* a reemerging pathogen. Phytopathology 105:966–981
52. Hohl HR, Iselin K (1984) Strains of *Phytophthora infestans* from Switzerland with A2 mating type behaviour. Trans Br Mycol Soc 83:529–530
53. Drenth A, Turkensteen LJ, Govers F (1993) The occurrence of the A2 mating type of *Phytophthora infestans* in the Netherlands; significance and consequences. Neth J Plant Pathol 99:57–67
54. EUROBLIGHT (2023) Genotype Frequency Chart. https://agro.au.dk/forskning/internati onale-platforme/euroblight/pathogen-monitoring/genotype-frequency-chart
55. Drenth et al (1993)
56. Naveed K, Khan SA, Rajput NA, Ahmad A (2017) Population structure of *Phytophthora infestans* on worldwide scale: a review. Pakistan J Phytopathol 29:281–288
57. Guha Roy S, Dey T, Cooke DE, Cooke LR (2021) The dynamics of *Phytophthora infestans* populations in the major potato-growing regions of Asia–A review. Plant Pathology 70:1015-1031
58. Chowdappa P, Kumar NBJ, Madhura S, Kumar MSP, Myers KL, Fry WE, Squires JN, Cooke DEL (2013) Emergence of 13_A2 Blue lineage of *Phytophthora infestans* was responsible for severe outbreaks of late blight on tomato in south-west India. J Phytopathol 161:49–58
59. EUROBLIGHT (2023)
60. Angaben nach Saville and Ristaino (2021) und EUROBLIGHT (2023). Karte: WIKIMEDIA COMMONS:cthuljew, Blank map of Europe, https://commons.wikimedia.org/wiki/File: Blank_map_europe_no_borders.svg, gemeinfrei
61. Guha Roy et al (2021)

62. Naveed et al (2017)
63. WIKIMEDIA COMMONS:Scott Nelson, File:Tomato late blight epidemic 1 (5816171557).jpg. CC0–1.0
64. WIKIMEDIA COMMONS:Scott Nelson, File:Tomato late blight fruit rot (5816739820).jpg. CC0–1.0
65. Daten von: Tridge (2023) Export of Seed Potato. https://www.tridge.com/intelligences/seed-potato/export
66. Fry WE, McGrath MT, Seaman A, Zitter TA, McLeod A, Danies G et al (2013) The 2009 late blight pandemic in the eastern United States – Causes and results. Plant Dis 97:296–306
67. Labate JA, Lamkey KR, Mitchell SE et al (2003) Molecular and historical aspects of corn belt dent diversity. Crop Sci 43(1):80–91
68. Troyer AF (2000) Origins of modern corn hybrids. Am. Seed Trade Assoc. Corn and Sorghum Res. Conf. 55:27–42
69. Labate et al (2023)
70. Corn Area Planted, Yield, United States: 1866–2022, https://usda.library.cornell.edu/concern/publications/c534fn92g, latest download April 10, 2023
71. Byerlee D (2020) The globalization of hybrid maize, 1921–70. J Glob Hist 15(1):101–122
72. Byerlee (2020)
73. Daten nach Smith JS, Trevisan W, McCunn A, Huffman WE (2022) Global dependence on Corn Belt Dent maize germplasm: Challenges and opportunities. Crop Science, 62(6):2039–2066. Karte: mapchart.net (frei verfügbar)
74. Smith et al (2022)
75. Smith et al (2022)
76. Behme D (2019) Wettbewerb – US-Farmer erntet 38,6 t/ha Mais. https://www.agrarzeitung.de/nachrichten/politik/wettbewerb-us-farmer-erntet-386-tha-mais-89554
77. USDA (2023) Crop Production. Historical Track Record – Crop Production.https://usda.library.cornell.edu/concern/publications/c534fn92g; latest download April 10, 2023
78. DMK (o.J.) Fakten. Statistik. Welt. Flächenertrag. https://www.maiskomitee.de/Fakten/Statistik/Welt
79. Schröder-Lembke G (1989) Die Entwicklung des Raps- und Rübsenanbaus in der deutschen Landwirtschaft. Verlag Th, Mann, Gelsenkirchen-Buer, Germany
80. Schröder-Lemke (1989)
81. Henderson MP (1918) The black-leg disease of cabbage caused by *Phoma lingam* (Tode) Desm. Phytopathology 8:379–431
82. Hall R, Chigogora JL, Phillips LG (1996) Role of seedborne inoculum of *Leptosphaeria maculans* in development of blackleg on oilseed rape. Can J Plant Pathol 18:35–42
83. Gugel RK, Petrie GA (1992) History, occurrence, impact, and control of blackleg of rapeseed. Can J Plant Pathol 14:36–45
84. Casseus L (2009) Canola – A Canadian Success Story. https://www150.statcan.gc.ca/n1/en/pub/96-325-x/2007000/article/10778-eng.pdf?st=RAieA1v1
85. Anonym (2022) Managing blackleg in canola. https://www.cropscience.bayer.ca/articles/2022/managing-blackleg-in-canola
86. Gugel RK, Petrie GA (1992) History, occurrence, impact, and control of blackleg of rapeseed. Can J Plant Pathol 14:36–45
87. Dilmaghani A, Gladieux P, Gout L, Giraud T, Brunner PC, Stachowiak A et al (2012) Migration patterns and changes in population biology associated with the worldwide spread of the oilseed rape pathogen *Leptosphaeria maculans*. Mol Ecol 21:2519–2533
88. Carleton MA (1915) A serious new wheat rust in this country. Science 42:58–59
89. Ali S, Gladieux P, Leconte M, Gautier A, Justesen AF, Hovmøller MS et al (2014a) Origin, migration routes and worldwide population genetic structure of the wheat yellow rust pathogen *Puccinia striiformis* f.sp. *tritici*. PLoS Pathog 10:e1003903
90. Schwessinger B (2017) Fundamental wheat stripe rust research in the 21st century. New Phytologist 213:1625–1631; open access

91. Ali S, Gladieux P, Rahman H, Saqib MS, Fiaz M, Ahmad H et al (2014) Inferring the contribution of sexual reproduction, migration and off-season survival to the temporal maintenance of microbial populations: a case study on the wheat fungal pathogen *Puccinia striiformis* f. sp. *tritici*. Mol Ecol 23:603–617
92. Ali et al. (2014b)
93. Schwessinger (2017) open access
94. Hovmøller MS, Walter S, Bayles RA, Hubbard A, Flath K, Sommerfeldt N et al (2016) Replacement of the European wheat yellow rust population by new races from the centre of diversity in the near-Himalayan region. Plant Pathol 65:402–411
95. GRRC (2023) Yellow rust tools – Maps and charts. Races – Changes across years. https://agro.au.dk/forskning/internationale-platforme/wheatrust/yellow-rust-tools-maps-and-charts/races-changes-across-years
96. Schwessinger (2017) open access
97. Walter S, Ali S, Kemen E, Nazari K, Bahri BA, Enjalbert J et al (2016) Molecular markers for tracking the origin and worldwide distribution of invasive strains of *Puccinia striiformis*. Ecol Evol 6:2790–2804
98. Milus A, Kristensen K, Hovmøller MS (2009) Evidence for increased aggressiveness in a recent widespread strain of *Puccinia striiformis* f. sp. *tritici* causing stripe rust of wheat. Phytopathology 99:89–94
99. McAlpine D (1895) Systematic arrangement of Australian fungi. Department of Agriculture, Victoria, Melbourne, Australia; zitiert nach Kolmer JA, Ordoñez ME, German S, Morgounov A, Pretorius Z, Visser B et al (2019) Multilocus genotypes of the wheat leaf rust fungus *Puccinia triticina* in worldwide regions indicate past and current long-distance migration. Phytopathology 109:1453–1463
100. Kolmer JA (2005) Tracking wheat rust on a continental scale. Curr Opin Plant Biol 8:441–449
101. Wellings CR (2007) *Puccinia striiformis* in Australia: a review of the incursion, evolution, and adaptation of stripe rust in the period 1979–2006. Aust J Agric Res 58:567–575
102. Steele KA, Humphreys E, Wellings CR, Dickinson MJ (2001) Support for a stepwise mutation model for pathogen evolution in Australasian *Puccinia striiformis* f. sp. *tritici* by use of molecular markers. Plant Pathol 50:174–180
103. Wellings CR, Wright DG, Keiper F, Loughman R (2003) First detection of wheat stripe rust in Western Australia: evidence for a foreign incursion. Australas Plant Pathol 32:321–322
104. Ding Y, Cuddy WS, Wellings CR et al (2021) Incursions of divergent genotypes, evolution of virulence and host jumps shape a continental clonal population of the stripe rust pathogen Puccinia striiformis. Mol Ecol 30(24):6566–6584
105. Ding et al (2021)
106. Singh RP, Hodson DP, Huerta-Espino J et al (2011) The emergence of Ug99 races of the stem rust fungus is a threat to world wheat production. Ann Rev Phytopathol 49:465–481
107. Singh RP, Hodson DP, Jin Y et al (2015) Emergence and spread of new races of wheat stem rust fungus: continued threat to food security and prospects of genetic control. Phytopathology 105(7):872–884. Open access. Die Karte des Jahres 2021 stammt aus: Pathotype Tracker – Where is Ug99? Status Summary: Ug99 Lineage – September 2021, https://rusttracker.cimmyt.org/?page_id=22
108. CIMMYT (2021) Pathotype Tracker – Where is Ug99? Status Summary: Ug99 Lineage – September 2021. https://rusttracker.cimmyt.org/?page_id=22
109. GRRC (2024) Successful surveillance results in early first detection of Ug99 in South Asia. https://agro.au.dk/forskning/internationale-platforme/wheatrust/news-and-events/news-item/artikel/successful-surveillance-results-in-early-first-detection-of-ug99-in-south-asia
110. Verändert nach Patpour M, Hovmøller MS, Rodriguez-Algaba J, Randazzo B, Villegas, D, Shamanin, VP, ... Justesen AF (2022) Wheat stem rust back in Europe: Diversity, prevalence and impact on host resistance. Frontiers in Plant Science 13. Zusammengestellt von K. Flath, Julius Kühn-Institut Kleinmachnow

111. GRRC (2023) Global Rust Reference Center. Stem rust tools. Maps and charts. Race Frequency Map. Aarhus University, Dänemark. https://agro.au.dk/forskning/internationale-platforme/wheatrust/stem-rust-tools-maps-and-charts/clades-frequency-map
112. Singh et al (2015)
113. Singh et al (2015)
114. Singh et al (2015)

Und es geht immer weiter… 8

Krankheiten aus der ganzen Welt und Insekten aus Amerika

Von Einfuhrkontrollen und Stichproben

In Deutschland gibt es vor allem zwei Einfallstore für fremde Schadorganismen: der Frankfurter Flughafen und der Hamburger Hafen. Während in Frankfurt/ Main vor allem frische Pflanzen, Obst- und Lebensmittellieferungen sowie Touristen und Einreisende ankommen, sind es in Hamburg Frachtcontainer und Schüttgutladungen, etwa von Sojabohnen und Getreide.

Seit 2019 gibt es eine neue, einheitliche EU-Pflanzengesundheitsverordnung. Dabei müssen alle Importe von Pflanzen ein gültiges Gesundheitszeugnis aufweisen. Ausnahmen sind nur Kokosnüsse, Ananas, Datteln, Durianfrüchte und Bananen, weil deren Schädlinge in Europa keine Wirte finden. Sogenannte Hochrisikopflanzen, bei denen häufig schädliche Erreger gefunden werden, sind Chilis, Mangos und Basilikum. Es gibt auch einige Pflanzenarten, deren Import aus Nicht-EU-Ländern generell verboten ist, etwa die meisten Nadelgehölze, Weinreben, Zitruspflanzen, Nachtschattengewächse, Kartoffelknollen, Obstgehölze.

Im Jahr 2018 gab es an den EU-Außengrenzen insgesamt 8720 Beanstandungen, die meisten wegen fehlender oder unzureichender Pflanzengesundheitszeugnisse [1]. In rund 20 % der Ladungen wurden Schadorganismen festgestellt (Abb. 8.1). Diese fanden sich meist in Obst und Gemüse. Hier können die Pathogene und Parasiten im Innern der saftigen Früchte auch längere Reisen überleben. Häufig gibt es nur geringe Befallssymptome oder gar keine. Auch Schnittblumen und Holzverpackungen sind geradezu Einfallstore für Schädlinge. Die meisten Beanstandungen bezogen sich auf Fruchtfliegen, gefolgt von weißen Fliegen, Thripse, Motten, Blattbohrer.

Die Zahl von jährlich rund 9000 Beanstandungen erscheint beachtlich. Wenn man aber weiß, dass allein im internationalen Postzentrum am Frankfurter Flughafen täglich rund 500.000 Sendungen aus dem Nicht-EU-Ausland ankommen, dann zeigt sich das ganze Ausmaß der Aufgabe. Und im Hamburger Hafen wurden 2022 rund 7,3 Mio. Standard-Container umgeschlagen [2].

© Der/die Autor(en), exklusiv lizenziert an Springer-Verlag GmbH, DE, ein Teil von Springer Nature 2024
T. Miedaner, *Anthropogene Ausbreitung von Pflanzen, ihren Pathogenen und Parasiten*, https://doi.org/10.1007/978-3-662-69715-3_8

Abb. 8.1 Ladungen aus
Nicht-EU-Staaten, bei denen
2018 Schadorganismen
festgestellt wurden [1]

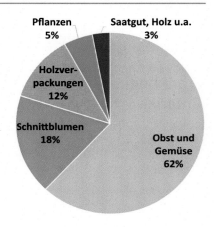

Der Gelbe Drache erobert die Neue Welt …

Huanglongbing oder kurz HLB ist der chinesische Name für eine gefährliche
Zitruskrankheit, der so viel wie „Gelber Drache" bedeutet. Sie erobert seit 2001
die Neue Welt. Die Krankheit war lange auf Asien beschränkt (Abb. 8.2), erste
Berichte stammten, unter anderem Namen, schon aus Indien im 18. Jahrhundert. In China wurde sie 1919 erstmals von dem amerikanischen Phytopathologen
Otto Reinking wissenschaftlich beschrieben, in Südafrika tauchte eine afrikanische Variante 1928 auf. Ihre Weltreise trat die Krankheit aber erst mit dem
zunehmenden Handel ab den 2000er Jahren an.

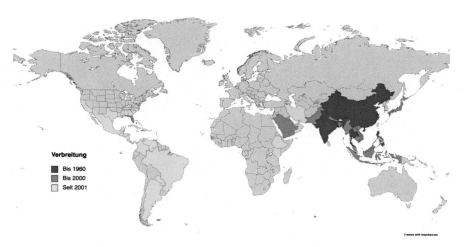

Abb. 8.2 Die Verbreitung der asiatischen Variante der Huanglongbing-Krankheit an Zitrus in
ihrer zeitlichen Abfolge; Stand 2022 [3]

Die Krankheit führt zum Gelbwerden von Blättern, daher der chinesische Name, zum Kleinbleiben von Früchten, die sich teilweise nicht umfärben, sondern grün bleiben, daher der englische Name *citrus greening* (Abb. 8.3). Der Baum leidet unter der Krankheit, Äste sterben ab, das Blattwerk dünnt sich aus und schließlich stirbt er innerhalb von Monaten bis Jahren.

Die Ursache ist ein zellwandloses Bakterium, das Phytoplasma *Candidatus liberibacter,* das in drei Stämmen vorkommt: *asiaticus, africanus, americanus,* wobei die asiatische Variante die gefährlichere ist und die stärksten Symptome verursacht.

Abb. 8.3 a HLB-infizierter Orangenbaum zu Beginn der Krankheit, **b** im Endstadium, **c** gelb verfärbte (chlorotische) Blätter, **d** HLB-infizierte Orange und verformte, kleine, grüne Früchte ohne lebensfähige Samen [4]

Übertragen wird das Phytoplasma vom winzigen Zitrusblattfloh *(Diaphorina citri),* einem eigentlich unschädlichen Insekt.

Interessant in unserem Zusammenhang ist, dass die Krankheit offensichtlich über Jahrhunderte nur in einigen Ländern SO-Asiens vorkam (Abb. 8.2). Eine erste kleinere Ausbreitungswelle fand seit den 1980er Jahren im asiatischen Raum bis nach Saudi-Arabien und dem Jemen statt, aber erst seit den 2000er Jahren hat die Krankheit ihren Weg in die Neue Welt gefunden.

Das ist dramatisch, weil Brasilien und die USA zu den größten Zitrusproduzenten der Welt gehören. Im Süden Brasiliens in der Region Sao Paulo wurde 2004 die erste infizierte Plantage gefunden [5]. Bereits ein Jahr später war die Krankheit in Florida angekommen, ein weiteres Jahr später in Kuba. Innerhalb einiger Jahre wurden Zitrusplantagen in der ganzen Karibik infiziert, dazu noch in Mittel- und weiten Teilen Südamerikas. Diese rasante Ausbreitung wird damit erklärt, dass in vielen Fällen der Zitrusblattfloh schon in großen Populationen vorhanden war, bevor das Phytoplasma kam. In Florida wurde er beispielsweise bereits 1998 entdeckt, also Jahre vor der Krankheit. Und es hat sich bisher immer gezeigt, dass, ist der Überträger erst einmal vorhanden, die Krankheit nicht mehr weit ist. In Florida hat sie die Produktionskosten nahezu verdreifacht, die Produktion sank um 74 %, was Milliarden US-Dollar an Einbußen und Kosten nach sich zog [6]. Die Zahl der Anbauer sank um 60 %. Wie sich der Zitrusblattfloh verbreitet, ist kein Geheimnis. Das nur wenige Millimeter große Insekt kann in jeder Orangenkiste enthalten sein und sich dann im Zielland unauffällig aus dem Staub machen.

In den Mittelmeerländern ist die Krankheit bisher noch nicht angekommen, obwohl der Zitrusblattfloh bereits mehrfach entdeckt wurde, zuerst auf den portugiesischen und spanischen Inseln und seit 2014 auch auf dem Festland [7]. Bei uns gehört der Gelbe Drache zu den Quarantänekrankheiten, die besonders kontrolliert werden (Abb. 8.4). Aber das will nicht viel heißen.

So wurde der Zitrusblattfloh schon mehrfach in legalen Pflanzenimporten in die EU entdeckt und illegale Importe von Zitruspflanzen bedeuten noch ein viel höheres Risiko. Deshalb sind sie auch verboten. Auch von Touristen mitgebrachte kleine, hübsche Zitruspflanzen können infiziert sein, denn die Infektion kann bis zu einem Jahr unentdeckt (latent) bleiben, also ohne Symptome, und trotzdem ist der betroffene Baum infektiös und es genügt, wenn er dann im Heimatland des Touristen von einem Zitrusblattfloh angestochen wird. In Florida hat sich die Krankheit auch über Gartencenter verbreitet, wo die hübsche Orangenraute *(Murraya paniculata)* gern für Hecken und Landschaftsgärten gekauft wird.

... und die Brusone-Krankheit des Weizens die Alte Welt

Der Pilz *Magnaporthe oryzae* verursacht, wie der lateinische Name schon sagt, eine Reiskrankheit, die weltweit verbreitet ist und auch schon in Südeuropa vorkommt. Er wurde auf Weizen erstmals 1985 im südlichen Teil Brasiliens, in den Provinzen Rio Grande do Sul und Paraná, beschrieben und heißt dann *Magnaporthe oryzae* Pathotyp *Triticum.* Die Krankheit, die er hervorruft, führt zu

Abb. 8.4 Nicht umsonst wird an den Grenzen davor gewarnt, Pflanzen, Blumen oder Früchte in die EU einzuführen

vorzeitig ausgebleichten Ährchen, bei anfälligen Sorten kann sie auch die ganze Ähre erfassen. Es kommt dann zu kleineren Körnern bis hin zu Totalausfällen (Abb. 8.5). Man nennt dies Brusone-Krankheit oder auch Weizenbrand *(wheat blast)*.

Der Pilz breitete sich bis 1990 in andere Weizenanbaugebiete Brasiliens aus und trat bald auch in benachbarten Ländern auf. Bis heute sind praktisch alle Weizenanbaugebiete in Südamerika mit einer Gesamtfläche von rund drei Millionen Hektar von dieser Krankheit betroffen, was zu erheblichen Ertragsverlusten führt [9]. Inzwischen kam es auch zu einer internationalen Verbreitung nach Bangladesh und Sambia, was direkt zu unserem Thema führt.

Der Pilz bildet je nach Wirtsart verschiedene Rassen. Der Wirtssprung zu Weizen ist ein ungewöhnlicher Vorgang. Er erfolgte aber nicht zufällig, sondern wurde unabsichtlich durch die Einführung einer neuen Weizensorte in Brasilien ausgelöst. Der Pilz befällt nämlich seine Wirte mithilfe zweier Eiweiße, die von den Genen *PWT3* und *PWT4* hergestellt werden. Die meisten Weizensorten hatten in ihrer Evolution „gelernt", diese Genprodukte als Gefahr zu erkennen und entwickelten weltweit die spezifischen Verteidigungsgene *Rwt3* und *Rwt4* [10]. Diese verhindern so effektiv eine Pilzinfektion, dass es bisher gar nicht bekannt war, dass *M. oryzae* überhaupt Weizen infizieren kann. Um 1980 verbreitete sich jedoch in Brasilien eine neue, ertragreiche Weizensorte (‚Anahuac'), der unglücklicherweise das Resistenzgen *Rwt3* fehlte. Sie war dadurch hochanfällig für ein Isolat des Pilzes, das bisher nur Weidelgras (*Lolium* spp.) befallen konnte. Der Pilz nutzte seine Chance innerhalb weniger Jahre, durch Mutation entstand ein alternatives Angriffsgen und nun konnte er massiv die „defekte" Weizensorte infizieren. Inzwischen hat

Abb. 8.5 Das typische
Symptom der
Brusone-Krankheit bei
Weizen [8]

man festgestellt, dass von 499 untersuchten alten Sorten aus der ganzen Welt nur rund 8 % keines der beiden Gene besitzen. Dagegen enthalten 77 % *Rwt3* und 87 % *Rwt4* [11], also sehr viele Weizensorten haben beide Gene. Immerhin hat sich der Pilz schon in Südamerika weit verbreitet. Jetzt kommt aber ins Spiel, dass brasilianischer Weizen ein Exportschlager für die ganze Welt ist (Abb. 8.6).

Abb. 8.6 Verbreitung der Brusone-Krankheit des Weizens. Stand März 2023 [14]

Was ist ein Isolat/Stamm?
Darunter versteht man jede Form eines Pilzes, gleich ob es eine sexuelle oder asexuelle Form ist, die im Labor gereinigt und kultiviert wird.

So wurde 2011 das erste Auftreten des Pilzes auf Weizen außerhalb Südamerikas aus Kentucky/USA gemeldet. Der Pilz wurde jedoch nur auf einer einzigen erkrankten Weizenähre gefunden und war genetisch einer einheimischen Weidelgras-Rasse ähnlich. Er zeigte auch nur eine geringe Verwandtschaft mit den DNS-Sequenzen der brasilianischen Weizenstämme [12], sodass die Experten noch nicht von Migration sprachen. Eher vermuteten sie eine Parallelentwicklung. Einen ähnlichen Fund machte man 2022 in Südwestdeutschland auf zwei Unkrauthirsen [13].

Im Jahr 2016 gelangte der Erreger jedoch in den Südwesten Bangladeschs (Abb. 8.6) und infizierte innerhalb weniger Wochen etwa 15 % der gesamten Weizenanbaufläche, wobei er zunächst in acht Distrikten auftrat [15]. Inzwischen konnte gezeigt werden, dass der Ausbruch in Bangladesch durch eine hochaggressive nahezu klonale Linie aus Südamerika verursacht wurde. Die Krankheit war 2021 bereits in 23 Distrikten des Landes verbreitet.

Bekämpfung der Brusone-Krankheit
Ob die Brusone-Krankheit jemals zu uns kommt, ist unklar. Im Moment scheint sie höhere Temperaturen zu bevorzugen, aber der Klimawandel schreitet voran. Da die Krankheit noch sehr jung ist, gibt es bisher nur eine effektive Resistenzquelle, die zufällig in dem wilden Weizen *Aegilops ventricosa* gefunden wurde. Sie ist bereits in Eliteweizen eingekreuzt und kann verwendet werden. Vorbeugend helfen eine weite Fruchtfolge und die Bekämpfung von Gräsern, die auch Wirte sind. In stark befallenen Gebieten werden mehrere Fungizide in Kombination eingesetzt, einmal als Beizung, um Frühbefall zu verhindern, und einmal als Spritzung zum Ährenschieben. Bei sehr günstiger Witterung für die Krankheit ist ihre Effizienz aber nicht ausreichend, sie müssen mehrfach eingesetzt werden. Es gibt auch schon Resistenzen gegen einige Fungizide (Abb. 8.7; s. Kap. 11).

Doch die Migration ging weiter. Die nächsten Ausbrüche erfolgten in einem anderen Winkel der Welt, nämlich 2018 in einem Distrikt in Sambia. Es war tatsächlich die gleiche Pilz-Linie verantwortlich wie in Bangladesch. Dies zeigen die DNS-Sequenzanalysen eindeutig (Abb. 8.7) [16]. Inzwischen hat sich auch hier der Pilz auf vier Distrikte ausgebreitet (2021). Dabei lassen sich die Isolate aus Bangladesch und die aus Sambia sogar auf dasselbe Ausgangsisolat aus Bolivien (B71) zurückführen. Es handelt sich also um eine pandemische Linie, die schon die halbe Welt umrundet hat. Da die Isolate aus beiden Ländern ein etwas

Abb. 8.7 Die Abbildung zeigt die genetische Verwandtschaft von Isolaten aus Südamerika (hellblau), Bangladesh (rot) und Sambia (ocker), die alle aus dem Klon B71 hervorgegangen sind; die migrierten Isolate sind noch anfällig für ein Fungizid (Strobilurin, grüner Punkt), die südamerikanischen Isolate nicht mehr (lila Punkt); diese Mutation beruht auf nur einem einzigen Nukleotidaustausch (Kasten) [17]

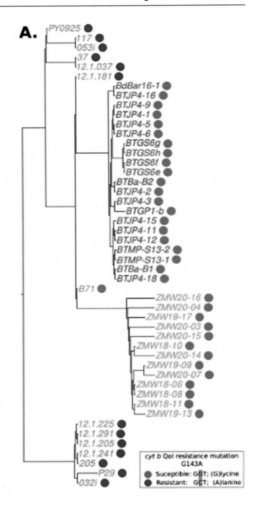

unterschiedliches Cluster bilden, kann man davon ausgehen, dass es zwei unabhängige Einschleppungen waren. Dabei sind diese Isolate noch anfällig gegen das Fungizid Strobilurin, während die südamerikanischen Isolate bereits Resistenzen entwickelten.

Es ist zu befürchten, dass die neu eingeschleppten Weizenisolate mit anderen Isolaten (Pathotypen) desselben Pilzes, die auf verschiedenen afrikanischen Hirsen bereits gefunden wurden, eine sexuelle Vermehrung einleiten und unter Umständen etwas ganz Neues entsteht, auf jeden Fall eine Vergrößerung der genetischen Diversität, was bei Pilzen immer eine schlechte Nachricht ist. In beiden Ländern breitete sich der Pilz anschließend weiter aus und infizierte Weizenfelder in benachbarten Regionen. Während die Ausbreitung innerhalb von Ländern und in Nachbarländer durch Windverwehung verursacht werden könnte, sind die Ausbrüche in Bangladesch und Sambia auf den Getreidehandel zurückzuführen.

Brasilien ist ein wichtiger Weizenexporteur, der zwischen 2006 und 2017 Weizen oder Weizen-Roggen-Mischungen in 65 Länder geliefert hat [18]. Zwischen 2008 und 2015 wurden ca. 425.000 t Weizen aus den brasilianischen Gebieten mit der Krankheit nach Bangladesch importiert. Dies war wohl der Auslöser für den interkontinentalen Transport dieses gefährlichen Erregers. Dabei ist immer wieder erstaunlich, wie schnell alles gehen kann. In Bolivien, woher das Ausgangsisolat stammte, trat die Krankheit erstmals 1996 auf und offensichtlich gab es einen Austausch zum Nachbarland Brasilien, sodass dieses aggressive Isolat damit in die florierende Exportwirtschaft kam. Eine andere Möglichkeit wäre, dass B71 aus Brasilien stammte, sich bis Bolivien verbreitete, und heute im Ursprungsland ausgestorben ist bzw. verdrängt wurde.

Diese interkontinentale Migration eines neu entstandenen Weizenpathogens wirft ein grelles Licht auf die mangelnde internationale phytosanitäre Überwachung von Getreidepartien durch Ex- und Importeure. Ohne eine strikte Quarantäne der betroffenen Länder mit einem absoluten Exportverbot für Weizen wird sich die Krankheit weiter ausbreiten und im schlimmsten Fall die Weizenanbaugebiete in Nordindien, China und im Hochland Ostafrikas erreichen.

Der Pilz benötigt (noch) relativ hohe Temperaturen zur Infektion, 30 °C bei mindestens 10 h Benetzungszeit mit einer Luftfeuchtigkeit von über 90 % [19], also typische Bedingungen der Subtropen. Wenn es aber über 40 h so feucht ist, kann er auch schon bei 25 °C erfolgreich sein. Simulationen gehen davon aus, dass Weizenbrand zwischen 2040 und 2070 auch die USA, Mexiko, Japan, Italien und Spanien besiedeln könnte [20]. Dadurch könnte bis zur Mitte des Jahrhunderts die weltweite Weizenproduktion allein wegen dieser Krankheit um 13 % zurückgehen.

Tierische Eroberer Europas und Afrikas – Maiswurzelbohrer und Heerwurm

An der Brusone-Krankheit des Weizens kann man sehen, dass immer noch neue Krankheiten mit menschlicher Hilfe den Atlantik überqueren. Und das gilt gerade auch für Insekten. Da wir heute Weizen in den gesamten gemäßigten Zonen und den Hochländern der Tropen und Mais eigentlich überall anbauen, können auch ihre Schädlinge weltweit Schaden machen, wenn sie durch menschliches Zutun verschleppt werden. Denn allein kommen sie natürlich nicht über den Atlantik. Und das geschah in den letzten Jahrzehnten bei Getreide in zwei spektakulären Fällen: Beim Maiswurzelbohrer, der aus den Anbaugebieten der USA zuerst auf den Balkan kam und inzwischen fast in ganz Europa schädigt und beim Heerwurm, der aus dem tropischen und subtropischen Amerika kommend innerhalb weniger Jahre Afrika eroberte, dort immense Schäden macht und sich schon bis Asien ausbreitete.

Der Westliche Maiswurzelbohrer (*Diabrotica virgifera virgifera*) ist in den USA wegen der hohen jährlichen Schäden als „Milliarden-Dollar-Käfer" bekannt

Abb. 8.8 Die Raupe (links) lebt im Boden von den Maiswurzeln, verpuppt sich dort und der aus-
gewachsene Westliche Maiswurzelbohrer sitzt hier auf den Narbenfäden des Mais (rechts), er kann
zu einem späteren Zeitpunkt auch den Kolben befallen [22]

(Abb. 8.8). Seine Larven fressen zunächst an den Wurzeln, die Pflanzen können
weniger Nährstoffe und Wasser aus dem Boden aufnehmen und verlieren ihre
Standfestigkeit („Wurzellager"). Später fressen die Käfer auch an Blättern, aber
vor allem an den weiblichen Narbenfäden und der männlichen Fahne. Dies stört
natürlich die Kornbildung, weil keine Befruchtung mehr erfolgen kann. Neben
Mais befallen die Käfer auch andere Gräser, wie manche Hirsen.

Der Maiswurzelbohrer hat seinen Ursprung höchstwahrscheinlich in Mexiko
[21]. Interessanterweise folgte er nicht dem frühen Maisanbau in Nordamerika,
der dort um 1000 v. u. Z. begann, sondern ist ein jüngerer Eindringling. DNS-
Daten zeigen, dass seine Population in Mexiko um 900 n. u. Z. einen schweren
Einbruch erlitt, der möglicherweise durch seinen Wirtswechsel von einer anderen
Pflanze zu Mais verursacht wurde.

Ein solch drastischer Wechsel führt oft zu einem „Flaschenhalseffekt" (s.
Kap. 1), da nur ein kleiner Teil der Insektenpopulation diesen mitvollziehen kann
und es dadurch zu einer Einschränkung der genetischen Diversität kommt. Dieser Zeitraum fällt auch mit der Intensivierung des Maisanbaus im Südwesten, den
Great Plains und den Eastern Woodlands der USA ab etwa 900–1000 n. u. Z.
zusammen. Maiswurzelbohrer waren im Südwesten der USA seit etwa dem Jahr
1500 präsent, und die letzte Population in der Region Colorado/ Great Plains entstand in der ersten Hälfte des 19. Jahrhunderts. Dies stimmt mit früheren Studien
überein, die eine geringe effektive Populationsgröße in Colorado schätzten [23].

In den 1950er Jahren ist der Maiswurzelbohrer dann in den eigentlichen Maisgürtel der USA vorgedrungen, wo er in den klassischen Maisstaaten Iowa, Illinois,
Indiana und Ohio die größten Schäden verursacht, aber auch in angrenzenden Staaten vorkommt [24]. Das Insekt hat sich also nicht allmählich mit dem Mais über
den nordamerikanischen Kontinent ausgebreitet, sondern folgte eher dem Muster eines invasiven Parasiten. Dennoch ist die enorme Ausbreitung in den USA

menschengemacht, denn der Maiswurzelbohrer wurde durch ständige Maismo-
nokulturen auf riesigen Flächen gefördert, die es ihm erst ermöglichten, sich
so massenhaft zu vermehren, dass er zu einem der schlimmsten Schädlinge des
amerikanischen Maisanbaus wurde.

Die Migration nach Europa wurde in den 1990er Jahren auf dem Balkan
bemerkt. Der Schmetterling wurde erstmals 1992 in der Nähe des Belgrader Flug-
hafens entdeckt [25]. Dies brachte man damals in Zusammenhang mit den Kriegen
in Kroatien und Bosnien, in denen die NATO einschließlich der USA militärisch
intervenierte. Man ging bei der Entdeckung davon aus, dass Eier oder Larven mit
verdrecktem Kriegsgerät aus den USA eingeflogen wurden. Und tatsächlich breitete sich der Käfer rasch in annähernd konzentrischen Kreisen aus (Abb. 8.9) und
machte jährlich einen erheblichen Geländegewinn. Die Modellierung der Generati-
onswachstumsraten ergab jedoch später, dass die erste erfolgreiche Einschleppung
viel früher, zwischen 1979 und 1984, stattgefunden haben muss [26].

Das Insekt erreichte bereits 1999 Kroatien, später dann Norditalien, überquerte
die Alpen und befiel schon ein Jahr später Maisbestände in der Schweiz. Kurz
darauf fand man ihn in Österreich nahe der slowakischen Grenze (2002) und im
selben Jahr im Pariser Becken in Frankreich. In Deutschland gelangen 2007 die
ersten Nachweise durch Fänge in Pheromonfallen [28].

Der Westliche Maiswurzelbohrer hatte Südbaden über die Schweiz und Frankreich erreicht und Bayern über Südosteuropa. Er galt sofort als Quarantäneschädling und es gab strikte Auflagen für die Landwirte. Doch es half alles nichts.
Obwohl an einigen Stellen der Käfer wieder ausgerottet werden konnte, nahm
seine Zahl in den Pheromonfallen immer mehr zu. Im Frühjahr 2014 wurde
schließlich offiziell sein Status als Quarantäneschädling aufgehoben. Das war
das Eingeständnis des Scheiterns, die Ausbreitung durch Quarantänemaßnahmen
verhindern zu können.

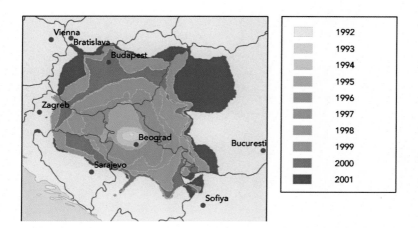

Abb. 8.9 Verbreitung des Westlichen Maiswurzelbohrers auf dem Balkan 1992–2001 [27]

Bekämpfung des Maiswurzelbohrers

In Europa kann der Maiswurzelbohrer einfach und effizient durch Fruchtfolge bekämpft werden. Wenn nur jedes zweite oder dritte Jahr Mais
angebaut wird, hat das Insekt keinen Wirt und stirbt auf dieser Fläche aus.
Beliebt ist das bei den Landwirten nicht, da sie gewohnt waren, jedes Jahr
Mais anzubauen und damit die höchsten Gewinne erzielten. In den USA
bringt der Wechsel zu Sojabohne nichts mehr, da sich das Insekt angepasst
hat und auch diese Kulturart befallen kann. Eine weitere Bekämpfungsmöglichkeit ist Gentechnik (s. Kap. 11). Allerdings passt sich das Insekt sehr
schnell an neue Gene an, sie müssen in Brasilien beispielsweise alle paar
Jahre gewechselt werden, um noch eine effiziente Bekämpfung zu bewirken.

Die Verbreitung schritt schnell weiter fort (Abb. 8.10). In jedem Jahr fanden sich
mehr Insekten als in den Jahren zuvor. In Baden-Württemberg waren es regelmäßig
rund viermal so viele wie in Bayern. In der pfälzischen Rheinebene ist der Käfer
ebenfalls bereits etabliert. Weiter nördlich ist dies noch nicht der Fall.

Man muss kein Prophet sein, wenn man annimmt, dass die Ausbreitung sich
bei steigenden Temperaturen nach Norden bewegt. Ähnlich ist der Maiszünsler
(Ostrinia nubilalis) in einigen Jahrzehnten von Südbaden bis an die Ostseeküste
vorgedrungen, heute wird er schon in Südschweden gefangen.

Neuere genetische Untersuchungen des Maiswurzelbohrers zeigten, dass er
mindestens fünf Mal unabhängig voneinander aus den nördlichen USA nach Südosteuropa, Nordwestitalien, Großbritannien, Paris und ins Elsass eingeschleppt
wurde („Invasionen", Abb. 8.11) [29]. Zwei weitere Ausbrüche wurden durch

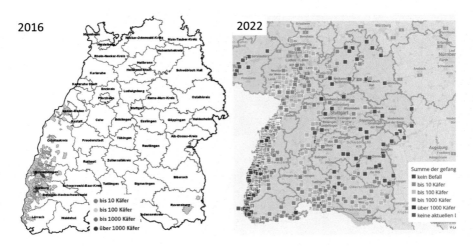

Abb. 8.10 Befallsgebiete in Baden-Württemberg anhand der Fänge in Pheromonfallen; deutlich
wird die rasche Ausbreitung in der klimatisch bevorzugten Rheinebene [30]

sekundäre Migration innerhalb Europas verursacht: Die Population aus Großbritannien breitete sich nach Paris-1 aus und die Population aus Südosteuropa nach Friaul im Nordosten Italiens. Die Ausbrüche in der Gegend um Paris und im Vereinigten Königreich sind heute erloschen, bevor sie sich ausbreiten konnten, und auch die Einschleppung aus dem Elsass hat sich nicht mehr ausgebreitet. Hier halfen die strengen Quarantänemaßnahmen bis auf Weiteres.

Die Invasion in Südosteuropa war vermutlich deshalb so erfolgreich, weil in der Anfangsphase der Einschleppung keine Überwachungs- und Quarantänemaßnahmen durchgeführt wurden [31]. Populationsanalysen mit DNS-Markern haben gezeigt, dass es in Venetien/Norditalien bereits zu einer Vermischung von zwei unabhängigen Invasionen gekommen ist [32]. Die genetische Variation ist hier viel höher als bei den ursprünglichen Epidemien. Das könnte eine Ursache dafür sein, dass heute bereits in Europa eine ähnlich große genetische Variation gefunden wurde wie in der Ursprungsregion, den nördlichen USA, wo der Käfer schon seit langem Mais parasitiert [33].

Inzwischen sind praktisch alle Maisanbaugebiete in Europa mit Ausnahme von Portugal betroffen, in Spanien wurde 2021 der erste Käfer gefunden (Abb. 8.11). Die Anbaustrategie musste von jahrelanger einseitiger Maismonokultur auf eine zwei- bis dreijährige Fruchtfolge umgestellt werden. Das muss aber keine Dauerlösung sein, denn der Maiszünsler ist sehr vielseitig. Im Mittleren Westen der USA hat sich nämlich eine neue Rasse etabliert, die Sojabohnen befällt, sodass die Fruchtfolge Mais – Soja dort nicht mehr zur Bekämpfung beiträgt [34]. Auch die Gentechnik (s. Kap. 11) hilft nur kurzzeitig. Der Maiswurzelbohrer hat in den

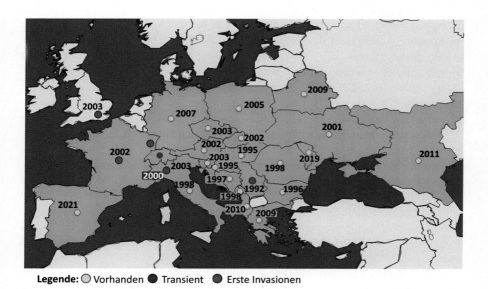

Legende: ○ Vorhanden ● Transient ● Erste Invasionen

Abb. 8.11 Verbreitung des Westlichen Maiswurzelbohrers in Europa mit dem jeweils ersten Nachweisjahr [35]

USA und Brasilien schon häufig Resistenzen gegen verschiedene Genkonstrukte auf der Basis des *Bt*-Eiweißes, das aus *Bacillus thuringiensis* stammt, entwickelt.

Trotzdem macht der Maiswurzelbohrer in Europa nicht die riesigen Schäden, die anfangs befürchtet wurden [36]. Dazu trugen das konsequente Monitoring und die wissenschaftliche Begleitung der Invasion bei, aber vor allem bewirkte der Zwang zur Fruchtfolge die Begrenzung des Schädlings. Das genügt derzeit, um den Lebenszyklus des Käfers zu unterbrechen, da er bei uns derzeit nur von einigen Getreide- und Grasarten leben kann. Ausgerottet wird er zwar nicht mehr, aber es wird ein größerer Populationsaufbau verhindert, der später kaum noch zu bekämpfen ist, wie in den USA.

Die Verbreitung des Maiswurzelbohrers in Süddeutschland war schneller als aufgrund der geringen Käferzahlen in den Pheromonfallen zu erwarten war [37]. Offensichtlich fand sowohl eine Ausbreitung über große Entfernungen als auch eine kontinuierliche Ausbreitung über kurze Distanzen statt. Die beobachtete durchschnittliche Ausbreitungsrate pro Jahr von 2007 bis 2011 wurde auf 30 km geschätzt.

Bezogen auf die ganze Welt, findet sich der Maiswurzelbohrer bisher nur in Kanada, den USA, Mexiko und Europa. Die anderen Kontinente sind bisher frei. Aber das will nichts heißen. Sehr häufig traten erste Funde in der Nähe von Flughäfen auf, was ein deutlicher Hinweis auf die Transportroute ist.

Auch der Herbst-Heerwurm (*Spodoptera frugiperda*) muss letzten Endes per Flugzeug von seiner angestammten Heimat nach Afrika gekommen sein. Er ist ein Paradebeispiel für die interkontinentale Verbreitung von Schädlingen durch den Menschen und die enormen Schäden, die sie in der Landwirtschaft der Empfängerländer anrichten kann. Er stammt ursprünglich aus dem tropischen und subtropischen (Süd-)Amerika. Der erste Nachweis außerhalb seines natürlichen Verbreitungsgebietes erfolgte 1797 in Georgia/USA. Seitdem gibt es unregelmäßige Ausbrüche in den USA [38]. Der Schmetterling überwintert in Texas und Florida, breitet sich dann nordwärts aus und erreicht gelegentlich Südkanada [39]. Dabei verursacht er Lochfraß an den Blättern, zerstört den Stängel und die unreifen Kolben (Abb. 8.12).

Bei Massenvermehrungen können die Insekten invasionsartig den Mais ganzer Regionen vernichten, daher auch ihr Name: Sie fallen dann „wie ein Heer" über die Pflanzen her. Je nach Wärme kann er im Jahr ein bis sechs Generationen bilden. Im Januar 2016 wurde der Heerwurm erstmals in Westafrika (São Tomé, Nigeria, Benin und Togo) entdeckt, Ende 2017 war er schon in 38 Ländern Afrikas zu finden [40] (Abb. 8.13) und es wird befürchtet, dass er bis zur Hälfte der gesamten Maisernte vernichten kann. Bis September 2018, nur gut zwei Jahre nach der ersten Einschleppung, war er schon in 46 afrikanische Länder südlich der Sahara vorgedrungen, darunter auch die eher abgelegenen Inseln Madagaskar, Seychellen und Réunion.

Vom afrikanischen Kontinent gelangte der Heerwurm über den Mittleren Osten auf den indischen Subkontinent und von dort nach Südostasien und China. Er erreichte im Mai 2018 bereits Südindien. Im Dezember 2018 drang er in China ein und ist nun in 18 asiatischen Ländern präsent. Im Januar 2020 gab es erste

Abb. 8.12 Schäden des Heerwurms bei Mais und die sieben Entwicklungsstadien (V1-V7) der Raupen [41]

Abb. 8.13 Die globale Verbreitung des Heerwurms; die Farben entsprechen dem jeweiligen Jahr, in dem der Heerwurm erstmals in den angegebenen Ländern aufgetreten ist (Stand Juli 2023) [42]

Nachweise von Inseln in der Torres-Straße (Australien), und innerhalb von vier Monaten hatte sich der schädliche Schmetterling in 11 Regionen in Queensland sowie in jeweils drei Regionen im Northern Territory und in Westaustralien ausgebreitet. Im Mai 2020 erreichte der Heerwurm Mauretanien, Timor-Leste, die Vereinigten Arabischen Emirate und den Nahen Osten. Im ersten Halbjahr 2021 wurde er im südlichen Pazifik auf Neukaledonien gefunden und mit den Kanarischen Inseln erstmals in Europa bestätigt [43]. Bis heute hat sich der Heerwurm in über 70 Länder ausgebreitet. Nach jetzigen Risikoanalysen hat er seine maximale Ausbreitung bereits erreicht, wenn man die Klimabedingungen zugrunde legt, die derzeit für seine Vermehrung erforderlich sind [44].

Neuere genomische Studien anhand der mitochondrialen DNS zeigen aber, dass der Heerwurm eventuell schon ein, zwei Jahre früher nach Afrika eingeschleppt wurde und auch eine mehrfache Einschleppung passiert sein könnte [45]. Danach könnte der Schmetterling nach der erfolgreichen Invasion asiatischer Länder sogar wieder zurück nach Ostafrika gekommen sein.

Das Insekt frisst mindestens 353 verschiedene Pflanzen, kann in einer Vielzahl von Lebensräumen überleben, hat einen großen Flugradius, eine hohe Fruchtbarkeit und entwickelt schnell Resistenzen gegen Insektizide und gentechnisch hergestellte *Bacillus thuringiensis* (*Bt*)-Konstrukte [46]. Es verursacht Milliardenverluste und bedroht die Nahrungsmittelsicherheit im gesamten globalen Süden.

Die weltweite Heerwurm-Population besteht aus zwei genetisch unterschiedlichen Stämmen, dem Mais- (C) und dem Reisstamm (R). Molekulare Untersuchungen in den neu besiedelten Regionen bestätigten den ausländischen Ursprung der Insekten. Durch die Analyse der Nukleotid-Diversität in zwei Genen fand der amerikanische Insektenforscher Rodney N. Nagoshi und sein Team eine hohe genetische Ähnlichkeit innerhalb der afrikanischen Populationen, was auf einen gemeinsamen Ursprung hindeutet [47]. Die Ursprungsregion wurde als Florida identifiziert und die Großen Antillen als wahrscheinliche direkte Quelle des westafrikanischen Befalls. Die zweite Untergruppe konnte keinem Ursprung zugeordnet werden. Die Autoren interpretierten ihre Ergebnisse als „eine kürzlich erfolgte Einschleppung einer kleinen invasiven Population des C-Stammes, die sich rasch in der nördlichen Subsahara-Region des afrikanischen Kontinents ausgebreitet hat" [48].

Darüber hinaus konnte die jüngste Invasion nach Indien durch molekulare Analysen mit Heerwurm-Populationen aus Florida (R-Stamm), Kanada, Ghana, Nigeria und Uganda in Mais in Verbindung gebracht werden [49]. Die DNS-Sequenzen verschiedener Individuen innerhalb der indischen Population waren identisch, was auf eine gemeinsame Abstammung weniger invasiver Tiere deutet. Die Autoren vermuten einen Eintrag über landwirtschaftliche Produkte. Auch bei den 2019 in China eingewanderten Insekten wurde durch DNS-Analysen von Populationen eine enge Verwandtschaft mit afrikanischen Käfern festgestellt [50]. Sie unterschieden sich aber bereits deutlich von amerikanischen Populationen.

Für die Fernübertragung der Käfer kommen nur menschliche Transportsysteme infrage. Obwohl der Schmetterling innerhalb von acht Stunden mehr als 400 km gegen den Wind zurücklegen kann [51], ist er nicht einmal mit Rückenwind in der Lage, den Atlantik aus eigener Kraft zu überqueren. Daher wird spekuliert, dass entweder erwachsene Tiere mit Reisegepäck oder Proviant oder Eier an Flugzeugteilen nach Westafrika gelangt sind [52]. In einer frühen US-Studie wurden mehr als 9000 Flugzeuge aus Südamerika und der Karibik, die auf dem Flughafen Miami/Florida landeten, untersucht. Dabei trugen 78 Flugzeuge Schmetterlingseier an der Außenhaut, wobei der Heerwurm die häufigste Art war [53]. An einem einzigen Flugzeug fanden sich bis zu 1000 Eier. Die Wahrscheinlichkeit, dass erwachsene Tiere einen Direktflug in den Radkästen oder Frachträumen überleben, ist ebenfalls hoch [54]. Eine alternative Route, nämlich der Transport in frischen Pflanzenteilen, ist unwahrscheinlich, da der kommerzielle Transport von Frischpflanzen von Nordamerika nach Westafrika sehr begrenzt ist [55]. Das Insekt kann jedoch als blinder Passagier im Handgepäck mitgeführt werden. Dabei müsste es sich entweder um mehrere Larven handeln, die sich am Zielort dann auf einer geeigneten Wirtspflanze verpuppen oder, was viel wahrscheinlicher ist, um befruchtete weibliche Schmetterlinge kurz vor der Eiablage *(pre-oviposition female moths)* [56].

Die subtropischen Länder mit den höchsten Importwerten von Nahrungsmitteln aus afrikanischen Ländern mit Heerwurmbefall sind China, Indien, Indonesien und in geringerem Maße Australien und Thailand [57]. Die Ankunftsländer mit den höchsten Passagierzahlen aus Afrika sind ebenfalls Australien, China, Indien, Indonesien und dazu noch Malaysia und die Philippinen. Diese Länder wurden bereits 2018 als wahrscheinliche Invasionsziele des Heerwurms identifiziert und die meisten von ihnen haben heute tatsächlich Probleme mit diesem Insekt.

Noch verhindern die niedrigen Wintertemperaturen eine dauerhafte Besiedlung Deutschlands, aber in südlichen Gebieten Europas, wie Andalusien, Sizilien oder Teilen Griechenlands und Portugals, könnte er heute schon das ganze Jahr überleben. Er benötigt dafür Temperaturen deutlich über 20 °C. Und es ist durchaus denkbar, dass er mit wärmer werdenden Temperaturen zumindest saisonweise bis zu uns wandert und Schäden verursacht. In Nordamerika verbreitet er sich in warmen Jahren in ähnlicher Weise bereits bis ins südliche Kanada und legt dabei in einer Vegetationsperiode in Etappen insgesamt 4000 Kilometer zurück. Da ist die Entfernung von Spanien bis nach Süddeutschland leicht zu schaffen, denn das ist Luftlinie nur etwa die Hälfte der Strecke. Und wenn man sieht, dass er fast ganz Afrika in weniger als zwei Jahren besiedelte, ist ihm das durchaus zuzutrauen. Der Käfer könnte sich zudem über die Zeit auch an etwas kühleres Klima anpassen und dann bei uns heimisch werden. Der Insektenforscher Wee Tek Tay aus Canberra/Australien schreibt dazu:

„Bei der Entwicklung neuer transkontinentaler Handelsrouten zur Förderung des Wirtschaftswachstums zwischen Handelspartnern müssen daher diese potenziellen Risiken erkannt und die Auswirkungen auf die Biosicherheit berücksichtigt werden, die mit der raschen Ausbreitung hochgradig invasiver Schädlinge und Krankheitserreger für Pflanzen, Tiere und Menschen verbunden sind und die das angestrebte Wachstum der Weltwirtschaft untergraben könnten."[58]

Blinde Passagiere im Holz

Da heute wirklich alles nur Erdenkliche über die ganze Welt transportiert wird, gibt es immer wieder Nischen, wo sich Pathogene und Insekten über Kontinente hinweg verbreiten und erhebliche Schäden in ihrer neuen Heimat anrichten können. Besonders eindrückliche Beispiele liefern Pilze und Insekten, die in (Forst-) bäumen siedeln.

So wurden zwei wichtige Krankheitserreger von Forstbäumen, nämlich der Kastanienrindenkrebs *(Cryphonectria parasitica)* und die Ulmenkrankheit *(Ophiostoma ulmi)*, im letzten Jahrhundert durch den Transport von infiziertem Pflanzenmaterial aus Japan [59] bzw. Europa [60] nach Nordamerika eingeführt. Der Kastanienrindenkrebs stammt ursprünglich aus Ostasien, wo er nur schwache Symptome auf der resistenten Japanischen *(Castanea crenata)* und Chinesischen Kastanie *(Castanea mollissima)* macht [61]. Als er Anfang des 20. Jahrhunderts in die USA eingeschleppt wurde, führte er dort zu einer dramatischen Epidemie und zerstörte innerhalb von 30 Jahren die ausgedehnten Kastanienwälder in den östlichen USA fast vollständig. Seit 1938 gibt es ihn auch in Europa, wo er aber nur deutlich geringere Schäden macht, weil die Pilzstämme hier nicht so aggressiv sind.

Ebenso dramatisch war das Ulmensterben in Europa und den USA, das durch den Pilz *Ophiostoma ulmi* verursacht wird, dessen Sporen durch den Ulmensplintkäfer von Baum zu Baum geschleppt werden. Der Pilz wurde um 1918 aus Ostasien in die Niederlande eingeschleppt und verbreitete sich dann über ganz Europa [62]. Im Gegensatz zu den resistenten ostasiatischen Ulmen, starben die Bäume hier in großem Umfang („Ulmensterben"). Durch Furnierstämme wurde der Pilz 1928 in die USA gebracht, wo er einen großen Teil der dortigen Ulmen vernichtete. Ebenfalls durch Furnierholz wurde gegen Ende der 1960er Jahre ein aggressiverer Stamm des Pilzes aus Amerika zurück nach Europa importiert, der auch die als resistent geltenden Pflanzen befiel. Er wird heute als eigene Art, *O. novo-ulmi* geführt. Etwa gleichzeitig kam eine neue aggressive Variante des Pilzes aus Asien nach Europa. In dieser zweiten Welle des Ulmensterbens wurden allein in England ca. 70 % des Ulmenbestandes, das sind rund 20 Mio. Bäume, durch den Pilz vernichtet.

In jüngerer Zeit wurde der in China und Korea beheimatete Asiatische Laubholzbockkäfer *(Anaplophora glabripennis)* erstmals 1996 in den USA und kurz darauf in Kanada nachgewiesen [63]. Nach Europa wurde der Käfer 2001 aus Asien nach Österreich eingeschleppt und konnte bisher nicht wieder ausgerottet werden. Bis 2022 wurde er in neun europäischen Ländern gesichtet, von Frankreich im Westen über Italien im Süden bis Finnland im Nordosten, auch in Deutschland gibt es mehrere Befallsherde [64].

Der Asiatische Laubholzbockkäfer wurde wahrscheinlich mit Verpackungsholz, vorzugsweise in Holzpaletten und Lattenkisten als Verpackung von chinesischem Granit, eingeschleppt [65]. Obwohl er seine Eier nur in lebenden Bäumen ablegt, kann er seine Entwicklung auch in Holzlatten abschließen. Ordnungsgemäß hitzebehandeltes Verpackungsholz würde eine Käferentwicklung während der

Verschiffung oder im Zielland verhindern. Leider wird dies oft nicht (oder nicht sorgfältig genug) durchgeführt.

Ebenfalls neu ist die Einschleppung des Erregers des Plötzlichen Eichentods *(Phytophthora ramorum)* in Europa und in den USA durch infizierte Zierpflanzen. Während das Ursprungszentrum des Erregers in den Gebirgen Ost- und Südostasiens liegt [66], konnte seine Verbreitung von Europa nach Nordamerika dank populationsgenetischer Analysen nachgewiesen werden.

Ein weiterer Weg für die Einschleppung von Schädlingen und Krankheitserregern über weite Entfernungen sind Truppenbewegungen während militärischer Operationen. Der stärkste Beweis für einen militärischen Einschleppungsweg eines Krankheitserregers ist der des Wurzelschwamms *Heterobasidion irregulare,* der von der 5. US-Armee-Division über Grünholz, das für Kisten und andere Militäreinrichtungen verwendet wurde, aus den östlichen USA nach Italien transportiert wurde [67]. Dieser Pilz befällt bevorzugt Koniferen und tritt seit den 1940er Jahren in der Umgebung von Rom auf. Die US-Truppen waren während des zweiten Weltkrieges in Castelporziano stationiert. Gegenüber seinem europäischen Verwandten *H. annosum,* dem Wurzelschwamm, hat er eine besonders hohe Fruchtkörperbildungsrate und kann sich besonders schnell auf totem Holz ansiedeln. Inzwischen konnte gezeigt werden, dass sich der invasive Pilz mit *H. annosum* fortpflanzt und Hybriden produziert. Auch die Einschleppung verschiedener Insekten wurde nachweislich durch das Militär verursacht [68].

In drei Jahren um die Welt – Der Mutterkornpilz des Sorghums

Sorghum ist nach Weizen, Mais, Reis, Soja und Gerste die sechswichtigste Nutzpflanze der Welt. Wie die anderen Getreide stammt auch Sorghum aus der Familie der Süßgräser. Es ist eine wichtige Nahrungspflanze für mehr als 500 Mio. Menschen in Afrika, Asien und Lateinamerika. Sorghum wird oft in dürregefährdeten Gebieten angebaut, da es trockentoleranter ist als Mais. In Afrika ist Sorghum die nach Mais am zweithäufigsten angebaute Getreideart.

Eine Krankheit, die Sorghum von altersher begleitet, ist das Mutterkorn. Ähnlich wie bei Roggen (s. Kap. 3) befällt der Pilz seine Wirtspflanze nur während der Blüte und infiziert auch nur die Eizelle, die daraufhin statt eines Korns ein schwarzes pilzliches Gebilde entwickelt, das Mutterkorn, wissenschaftlich Sklerotium. Es ist eine Zusammenballung von Myzel mit einer schwarzen Schutzschicht und dient der Überdauerung des Pilzes im Boden oder im Saatgut. Denn die besonders großen Sklerotien werden vom Mähdrescher häufig wieder hinausbefördert und fallen auf den Boden, während ein anderer Teil im Saatgut verbleibt. Beide Verbreitungsstrategien sind sehr erfolgreich, wie wir noch sehen werden.

Der Pilz wurde zuerst 1915 in Indien gefunden und 1924 in Kenia [69] (Abb. 8.14). Damals hieß er noch *Claviceps sorghi.* In der Zwischenzeit wurde er als unabhängige Art erkannt und heißt jetzt *Claviceps africana* nach seinem Ursprungsgebiet. Nach Indien hat er sich wohl über den Import des Sorghums

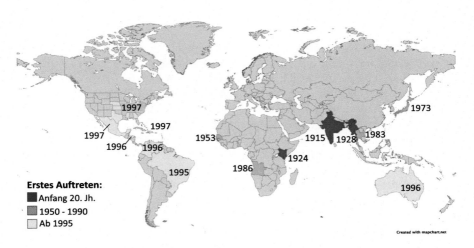

Abb. 8.14 Weltweite Verbreitung des Mutterkornpilzes von Sorghum; die Farben entsprechen der jeweiligen Periode, in der das Mutterkorn erstmals im angegebenen Land aufgetreten ist [71]

verbreitet. Wie das ganz genau geschah, ist bis heute unklar, aber er ist auf jeden Fall schon seit langem in diesem Raum. Innerhalb Asiens wurde er schon früh im heutigen Myanmar gefunden, spätestens in den 1970er Jahren erreichte er Japan. Er ist heute über ganz Sub-Sahara-Afrika und Südasien verbreitet.

Mitte 1995 wurde er erstmals außerhalb Afrikas und Asiens in Brasilien gefunden [70] und verbreitete sich rasant über Südamerika, erreichte 1996 Mittelamerika und im Jahr darauf Mexiko und die Karibik. Ende März 1997 wurde er im südlichen Texas erstmals auf Durchwuchspflanzen von Sorghum entdeckt. Später im Jahr fand man ihn, wenn auch noch sehr selten, auf kommerziellen Sorghumfeldern und einem nah-verwandten Ungras, dem Johnsongras *(Sorghum halepense).* Im August desselben Jahres hatte er die Große Ebene im nördlichen Texas erreicht. Das ist ein Vermehrungsgebiet für Hybridsorghum, wo 90 % der US-Sorten vermehrt werden. Hier konnte er sich besonders gut verbreiten, weil heute die meisten US-Sorten Hybridsorten sind, die auf dem Mechanismus der cytoplasmatisch-männlichen Sterilität (CMS) beruhen. Dabei enthält die Mutterpflanze keinen Pollen, denn sie soll zuverlässig von einer anderen Vaterpflanze bestäubt werden, um eine Hybride zu ergeben. Ohne Pollen ist sie aber hilflos dem Mutterkorn ausgesetzt, denn das infiziert vor allem unbefruchtete Eizellen. Es konkurriert dabei mit dem Pollen und nur wenn ein hohes Pollenangebot der Sorte zur Verfügung steht, kommt der Pilz nicht zum Zuge. Das ist aber gerade bei Saatgutvermehrungen nicht immer der Fall, weil häufig die Blühzeitpunkte der mütterlichen und väterlichen Komponente nicht exakt übereinstimmen.

In Afrika wurden bei der Erstellung von Hybriden Ertragsverluste von 20–80 % berichtet [72]. Aber auch auf kommerziellen Feldern der Landwirte spielt das Mutterkorn eine Rolle. Mutterkornverseuchtes Sorghum wird nicht gern von Tieren gefressen und kann durch die enthaltenen Ergotalkaloide sogar giftig wirken. Dazu passt eine Hypothese, dass genau das die biologische Funktion der Mutterkorn-Toxine ist. Sie sollen den Pilz und damit indirekt auch seine Wirtspflanze vor dem Gefressenwerden schützen. Das ist nicht ganz von der Hand zu weisen, wenn man weiß, dass auch auf Wiesengräsern Mutterkorn wächst.

Im Oktober 1997 erreichte der Pilz die großen Ebenen („Great Plains") von Kansas und Nebraska und hatte sich südlich auf die Sorghumfelder von Georgia und Mississippi ausgedehnt. Außerdem hatte er in der Zwischenzeit alle Anbaugebiete in Mexiko befallen. Gleichzeitig fand man ihn 1996 erstmals auch in Australien. Damit hatte er sich in weniger als drei Jahren über die Welt verbreitet.

Unter Berücksichtigung des Ausbreitungsmusters von *C. africana* in Afrika während der letzten 40 Jahre gehen Forschende davon aus, dass das ostafrikanische Hochland, eine Region nahe dem Zentrum des Sorghumanbaus, in der Mutterkorn weiterhin endemisch ist, das wahrscheinlichste Herkunftsgebiet ist [73]. Die Analyse von mehr Isolaten aus dieser Region könnte Aufschluss über den Ursprung der aggressiven Klone geben, die Sorghum jetzt weltweit bedrohen.

Die Ausbreitung des Sorghum-Mutterkorns kann anhand einer DNS-Untersuchung einer internationalen Kollektion von 87 Isolaten des Pilzes nachvollzogen werden. Sie ergab eine Einteilung in zwei Gruppen hoher genetischer Verwandtschaft (Abb. 8.15) [74].

Eine Gruppe umfasst die Herkünfte aus USA, Afrika und Mexiko, eine zweite Gruppe diejenigen aus Indien, Australien und Japan. Dies deutet darauf hin, dass die Einschleppung des Erregers nach Amerika und Australien aus zwei verschiedenen Quellen erfolgt sein könnte. Das Vorhandensein von Isolaten mit identischen Mustern in Südafrika und auf dem amerikanischen Kontinent zeigt, dass Afrika die Quelle für die Einschleppung des Mutterkorn-Erregers auf den amerikanischen Kontinent war [76]. Dies unterstützt auch die geringe genetische Distanz der Isolate von beiden Kontinenten.

Indien oder ein anderes südostasiatisches Land wie Thailand, wo *C. africana* ebenfalls vorkommt, ist der wahrscheinliche Ursprung der Einschleppung von Mutterkorn nach Australien. Ähnlichkeiten im DNS-Muster von Isolaten aus Indien und Australien unterstützen diese Hypothese. Dass die Ausbreitung

Abb. 8.15 Verwandtschafts-verhältnisse zwischen internationalen Isolaten von *C. africana* anhand ihrer DNS-Muster [75]

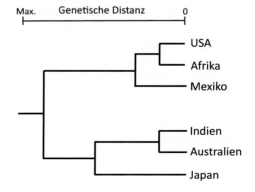

nach Südamerika und Australien praktisch gleichzeitig stattfand, kann ein Zufall gewesen sein.

Natürlich muss man sich fragen, wie der Pilz sich so schnell über Kontinente hinweg verbreiten konnte, nachdem er sehr lange Zeit auf Afrika und Südostasien beschränkt war. Zumal seine asexuell gebildeten Sporen sich nur kleinräumig über Insekten oder Regenspritzer verbreiten können. Die sexuell gebildeten Sporen werden zwar in die Luft geschleudert und können durch Winde verweht werden, aber sie sind nicht darauf ausgelegt über lange Strecken transportiert zu werden. So bleibt nur der Transport der Mutterkorn-Sklerotien durch Saatgutübertragung. Und das ist gerade heutzutage sehr effizient. Da Hybridsaatgut zentral in nur wenigen Regionen produziert wird, kann sich der Pilz dort hervorragend ausbreiten und fest im Boden etablieren. Bei Mutterkornbefall wird immer ein Teil des entstehenden Mutterkorns mit dem Saatgut mitgeerntet, häufig sind es nur kleine Bruchstücke in der Größe der Samen, die besonders schwer zu entdecken sind. Aber auch sie genügen, damit sich der Pilz, wenn er auf oder flach in den Boden eingebracht wird, dort etablieren und seine sexuelle Vermehrung vollenden kann. In der EU muss jede Saatgutpartie auf Mutterkorn geprüft werden, aber das ist nicht in jedem anderen Land alltäglich.

Die Rolle der Saatgutübertragung in der Migration

Für einen Pilz ist es ein absoluter Glücksfall, wenn er sich mit dem Saatgut verbreiten kann. Früher wurde das zwar nur zwischen Dörfern und allenfalls Regionen weitergegeben, heute wird es dagegen weltweit gehandelt.

Das Beispiel des Mutterkorns bei Sorghum zeigte, wie schnell dadurch eine weltweite Ausbreitung erfolgen kann. Denn das Hybridsaatgut von Sorghum muss vom Landwirt jedes Jahr neu gekauft werden, sodass darin verbleibende Mutterkörner durch den Saatguthandel weit verbreitet werden.

Die USA produzieren fast 75 % des weltweit benötigten Saatguts von Sorghum [77]. Etwa 90 % der Sorghum-Anbauflächen in Süd- und Mittelamerika sind mit Hybriden bepflanzt [78]. Damit werden auch am Saatgut hängende bzw. mit Saatgut verbreitete Pathogene weltweit gestreut.

Beim internationalen Saatguthandel von Feldfrüchten sind acht europäische Länder sowie USA und Kanada führend (Abb. 8.16). Sie machen über 70 % des gesamten Saatguthandels aus.

Bei den Tonnagen darf man nicht vergessen, dass es hier um den Saatguthandel geht, was nur einen winzigen Teil des gesamten Handels mit Agrarprodukten ausmacht, der für unsere Fragestellung aber entscheidend ist. Es kann sein, dass dieselben Partien sowohl beim Import als auch beim Export erfasst werden, weil Länder wie die Niederlande eben nicht alles, was exportiert wird, selbst produzieren, sondern tatsächlich damit im Wortsinne handeln. Dies spielt für unsere Betrachtung aber keine Rolle, weil jede Bewegung des Saatgutes zur Verbreitung von schädlichen Organismen in andere Regionen führen kann.

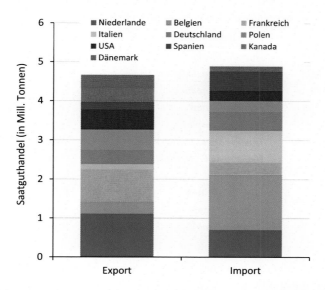

Abb. 8.16 Die zehn größten Länder im weltweiten Saatguthandel von Feldfrüchten einschl. Kartoffeln (Export/Import) und ihre Volumina 2020 [79]

Bekämpfung saatgutbürtigen Befalls
In der konventionellen Landwirtschaft geschieht dies seit den 1960er Jahren durch Beizung. Dabei wird das Saatgut mit chemischen Mitteln (Fungiziden) versetzt, die vorhandene Pilze abtöten und eine gesunde Jungpflanze garantieren. Sie wirken gegen alle wichtigen saatgutbürtigen Erreger. Im ökologischen Landbau ist dies nicht erlaubt. Hier gibt es die Möglichkeit der Warm- oder Heißwasserbeizung, die jedoch aufwendig und schwierig zu kontrollieren ist. Alternativ können in den Sorten einzelne Resistenzgene eingesetzt werden, die aber leicht von den Erregern überkommen werden.

Das Korn ist innerhalb der Pflanze ein besonders geschützter Bereich und nicht alle Schaderreger können über das Saatgut übertragen werden. Dies gelingt beispielsweise den meisten Viren nicht. Es gibt aber einige Schadpilze, deren Übertragungsstrategie gerade darin besteht, mit dem Saatgut verbreitet zu werden (Tab. 8.1).

Dazu zählen die hochspezialisierten Brandpilze des Getreides, die sich entweder im Korn ohne Symptome einnisten (Flugbrande) oder deren Sporen sehr penetrant außen auf der Samenschale haften (Steinbrande). Fusarium-Arten infizieren das unreife Korn während oder nach der Blüte und sind deshalb saatgutübertragen. Ihre Sporen haften nicht nur außen an, sondern können auch unter die Samenschale eindringen und sind dann nur noch schwer bekämpfbar. Das Mutterkorn

Tab. 8.1 Wichtige saatgutübertragene Pilzkrankheiten [80]

Krankheit	Lateinischer Name	Wirt
Schneeschimmel	*Microdochium nivale*	Getreide
Spelzenbräune	*Stagonospora nodorum*	Weizen
Streifenkrankheit	*Drechslera graminea*	Gerste
Ährenfusariosen	*Fusarium*-Arten	Getreide, Mais
Mutterkorn	*Claviceps purpurea, C. africana*	Getreide, Sorghum
Steinbrand	*Tilletia caries, T. controversa*	Weizen
Flugbrand	*Ustilago nuda, U. tritici, U. avenae*	Gerste, Weizen, Hafer
Hartbrand	*U. hordei*	Gerste
Ascochyta	Ascochyta-Arten	Erbse
Alternaria	Altenaria-Arten	Möhre
Phoma	*Phoma lingam*	Raps, Kohl

zählt zu einer weiteren Kategorie, die schwarzen Sklerotien werden einfach mit dem Saatgut transportiert.

Schließlich können Pilzsporen auch passiv und mehr oder weniger unabsichtlich übertragen werden, in dem sie außen am Saatgut oder an Kleidung und Geräten anhaften. Dies ist keine sehr effiziente Art der Übertragung, muss aber in der Vergangenheit immer wieder vorgekommen sein. Anders ist es nicht zu erklären, dass Pilze, die eigentlich zu ihrem Überleben auf grüne Pflanzen angewiesen sind, wie die Roste und der Mehltau, schon im 17. und 18. Jahrhundert nach Amerika, Südafrika und Australien kamen.

Literatur

1. Anonym (2020) Abgefangen. In: Forschungsfelder 2/20, Blaues Wunder – Wie eingeschleppte Schädlinge Pflanzen bedrohen. S. 26–27. https://www.bmel.de/SharedDocs/Downloads/DE/Broschueren/forschungsfelder-2-2020-blaues-wunder.pdf?__blob=publicationFile&v=7
2. Ulken C (2023) Containerumschlag. https://www.hafen-hamburg.de/de/statistiken/container umschlag/
3. Datenquelle: Alquézar B, Carmona L, Bennici S, Miranda MP, Bassanezi RB, Peña L (2022) Cultural management of huanglongbing: Current status and ongoing research. Phytopathology 112(1):11–25. Created with https://www.mapchart.net/world.html
4. Ghosh D, Kokane S, Savita BK, Kumar P, Sharma AK et al (2022) Huanglongbing pandemic: current challenges and emerging management strategies. *Plants*, *12*(1), 160. CC-BY 4.0 (Abb. 2, beschnitten)
5. Alquézar et al. 2022
6. Alquézar et al. 2022
7. Alquézar et al. 2022
8. Kamoun S, Talbot NJ, Islam MT (2019) Plant health emergencies demand open science: tackling a cereal killer on the run. PLoS Biol 17(6):e3000302
9. Singh PK, Gahtyari NC, Roy C, Roy KK, He X, Tembo B et al (2021) Wheat blast: a disease spreading with intercontinental jumps and its management strategies. Front Plant Sci 12:1467Singh et al. 2021

10. Anonym (2017) Der Sprung in den Weizen. Ein defektes Gen ermöglichte dem Pilz *Pyricularia oryzae* den seltenen Wirtswechsel. https://www.pflanzenforschung.de/de/pflanzenwissen/journal/der-sprung-den-weizen-ein-defektes-gen-ermoeglichte-dem-10826

11. Inour Y et al (2017) Evolution of the wheat blast fungus through functional losses in a host specificity determinant. Science 357, (7. Juli 2017), https://doi.org/10.1126/science.aam9654

12. Cruz CD, Valent B (2017) Wheat blast disease: danger on the move. Trop. plant pathol. 42:210–222. https://doi.org/10.1007/s40858-017-0159-z

13. Barragan AC, Latorre SM, Mock PG, Harant A, Win J et al (2022) Wild grass isolates of *Magnaporthe* (syn. *Pyricularia*) spp. from Germany can cause blast disease on cereal crops. *bioRxiv*, 2022–08

14. Datenquelle: Rhodes J (2023) Genomic surveillance urgently needed to control wheat blast pandemic spreading across continents. Plos Biol 21(4):e3002090 (Open access). Karte: https://www.mapchart.net/world.html

15. Islam MT, Croll D, Gladieux P et al (2016) Emergence of wheat blast in Bangladesh was caused by a South American lineage of *Magnaporthe oryzae*. BMC Biol 14:11

16. Latorre SM, Were VM, Foster AJ, Langner T, Malmgren A et al (2023) Genomic surveillance uncovers a pandemic clonal lineage of the wheat blast fungus. PLoS Biol 21(4):e3002052

17. Latorre et al. (2023), open access

18. Ceresini PC, Castroagudín VL, Rodrigues FÁ, Rios JA, Aucique-Pérez CE, Moreira SI et al (2019) Wheat blast: from its origins in South America to its emergence as a global threat. Mol Plant Pathol 20:155–172

19. Klös A (2024) Landwirten drohen Ertragsausfälle durch neue Getreidekrankheit. Agrarheute. Inernet: https://www.agrarheute.com/pflanze/getreide/landwirten-drohen-ertragsausfaelle-neue-getreidekrankheit-617175

20. Pequeno DN, Ferreira TB, Fernandes JM, Singh PK, Pavan W et al (2024) Production vulnerability to wheat blast disease under climate change. Nat Clim Chang 14:178–183

21. Lombaert E, Ciosi M, Miller NJ, Sappington TW, Blin A, Guillemaud T (2018) Colonization history of the western corn rootworm (*Diabrotica virgifera virgifera*) in North America: insights from random forest ABC using microsatellite data. Biol Invasions 20:665–677

22. Links: WIKIMEDIA COMMONS:Scott Bauer, USDA-ARS; https://commons.wikimedia.org/wiki/File:Diabrotica_virgifera_virgifera_larvae.jpg, CC-BY 3.0 rechts: WIKIMEDIA COMMONS:Tom Hlavaty, USDA-ARS; https://commons.wikimedia.org/wiki/File:Western_corn_rootworm.jpg, gemeinfrei

23. Lombaert et al (2018)

24. Lombaert et al (2018)

25. Bažok R, Lemić D, Chiarini F, Furlan L (2021) Western corn rootworm (*Diabrotica virgifera virgifera* LeConte) in Europe: current status and sustainable pest management. Insects 12:195

26. Szalai M, Komáromi JP, Bažok R, Barčić JI, Kiss J, Toepfer S (2011) Generational growth rate estimates of *Diabrotica virgifera virgifera* populations (Coleoptera: Chrysomelidae). J Pest Sci 84:133–142

27. FAO/EEA (2012) Spread of the western corn rootworm in Europe. https://www.eea.europa.eu/data-and-maps/figures/spread-of-the-western-corn-rootworm-in-europe

28. Freier B, Wendt C, Neukampf R (2015) Zur Befallssituation des Maiszünslers (*Ostrinia nubilalis*) und Westlichen Maiswurzelbohrers (*Diabrotica virgifera virgifera*) in Deutschland und deren Bekämpfung [Infestation status of European corn borer (*Ostrinia nubilalis*) and western corn root worm (*Diabrotica virgifera virgifera*) in their control in Germany]. J Kulturpfl 67:113–123

29. Ciosi M, Miller NJ, Kim KS, Giordano R, Estoup A, Guillemaud T (2008) Invasion of Europe by the western corn rootworm, *Diabrotica virgifera virgifera*: multiple transatlantic introductions with various reductions of genetic diversity. Mol Ecol 17:3614–3627

30. LTZ (2023) Landwirtschaftliches Technologiezentrum Augustenberg und ISIP e. V. Verbreitungskarten des Westlichen Maiswurzelbohrers in Baden-Württemberg, mit Genehmigung. https://ltz.landwirtschaft-bw.de/pb/,Lfr/Kulturpflanzen/Verbreitungskarten+des+Westlichen+Maiswurzelbohrers+in+Baden_Wuerttemberg

31. Ciosi et al. (2008)
32. Bermond G, Ciosi M, Lombaert E, Blin A, Boriani M, Furlan L et al (2012) Secondary contact and admixture between independently invading populations of the western corn rootworm, *Diabrotica virgifera virgifera* in Europe. PLoS ONE 7:e50129
33. Ciosi et al. (2008)
34. Onstad DW, Joselyn MG, Isard SE, Levine E, Spencer JL, Bledsoe LW, Edwards CR, Di Fonzo CD, Willson H (1999) Modeling the spread of western corn rootworm (Coleoptera: Chrysomelidae) population adapting to soybean-corn rotation. Environ Entomol 28:188–194
35. EPPO Global Database (2023) *Diabrotica virgifera virgifera* (DIABVI) https://gd.eppo.int/taxon/DIABVI/distribution. (letzte Aktualisierung: 28–09–2023); unabhängige Einschleppungen nach Ciosi et al. 2008
36. Bažok et al (2021)
37. Kehlenbeck H, Krügener S (2014) Costs and benefits of plant health measures against Diabrotica: experiences and estimations for Germany. J Appl Entomol 138(3):222–233
38. Wan J, Huang C, Li CY, Zhou HX, Ren YL, Li ZY et al (2021) Biology, invasion and management of the agricultural invader: fall armyworm, *Spodoptera frugiperda* (Lepidoptera: Noctuidae). J Integr Agric 20:646–663
39. Meagher RL, Nagoshi RN (2004) Population dynamics and occurrence of *Spodoptera frugiperda* host strains in southern Florida. Ecological Entomology 29:614–620
40. EPPO Global Database (2023): *Spodoptera frugiperda*. Distribution. https://gd.eppo.int/taxon/LAPHFR/distribution
41. Cock MJ, Beseh PK, Buddie AG et al (2017) Molecular methods to detect *Spodoptera frugiperda* in Ghana, and implications for monitoring the spread of invasive species in developing countries. Scientific Reports, 7(1), 4103. Bilder: Jayne Crozier, CC-BY 4.0
42. FAO (2022) Global action for fall armyworm control. Monitoring. Datenquelle: https://www.fao.org/fall-armyworm/monitoring-tools/faw-map/en/ (Juli 2023). Karte: https://www.mapchart.net/world.html
43. Anonym (oJ) Der Herbst-Heerwurm – Der Kampf gegen eine Plage, die durch den Klimawandel verschlimmert wird. https://www.bayer.com/de/news-stories/der-herbst-heerwurm-der-kampf-gegen-eine-weitere-verheerende-plage-inmitten-der
44. Senay SD, Pardey PG, Chai Y et al (2022) Fall armyworm from a maize multi-peril pest risk perspective. Frontiers in Insect Science 2:52
45. Tay WT, Rane RV, Padovan A et al (2022) Global population genomic signature of *Spodoptera frugiperda* (fall armyworm) supports complex introduction events across the Old World. Communications Biology 5(1):297
46. Wan et al. (2021)
47. Nagoshi RN, Goergen G, Tounou KA, Agboka K, Koffi D, Meagher RL (2018) Analysis of strain distribution, migratory potential, and invasion history of fall armyworm populations in northern Sub-Saharan Africa. Sci Rep 8:3710
48. Nagoshi et al. 2018
49. Kalleshwaraswamy CM, Asokan R, Swamy HM, Maruthi MS, Pavithra HB, Hegbe K et al (2018) First report of the fall armyworm, *Spodoptera frugiperda* (JE Smith) (Lepidoptera: Noctuidae), an alien invasive pest on maize in India. Pest Management in Horticultural Ecosystems 24:23–29
50. Gui F, Lan T, Zhao Y, Guo W, Dong Y, Fang D et al (2022) Genomic and transcriptomic analysis unveils population evolution and development of pesticide resistance in fall armyworm *Spodoptera frugiperda*. Protein Cell 13(7):513–531
51. Wolf WW, Westbrook JK, Raulston J, Pair SD, Hobbs SE (1990) Recent airborne radar observations of migrant pests in the United States. Philos Trans R Soc, B:619–630
52. Cock MJ, Beseh PK, Buddie AG, Café G, Crozier J (2017) Molecular methods to detect *Spodoptera frugiperda* in Ghana, and implications for monitoring the spread of invasive species in developing countries. Sci Rep 7:4103
53. Porter JE, Hughes JH (1950) Insect eggs transported on the outer surface of airplanes. J Econ Ent 43:555–557

54. Russell RC (1987) Survival of insects in the wheel bays of a Boeing 747B aircraft on flights between tropical and temperate airports. Bull WHO 65:659
55. Cock et al. 2017
56. Sidhu J, Muniappan R (1997) Overview of Fall Armyworm, *Spodoptera frugiperda*. IPM Lab. US AID. https://ipmil.cired.vt.edu/wp-content/uploads/2017/07/Muni-FAW-PPT-1.pdf
57. Early R, González-Moreno P, Murphy ST, Day R (2018) Forecasting the global extent of invasion of the cereal pest *Spodoptera frugiperda*, the fall armyworm. NeoBiota 40:25–50
58. Tay et al 2022
59. Milgroom MG, Wang K, Zhou Y, Lipari SE, Kaneko S (1996) Intercontinental population structure of the chestnut blight fungus, *Cryphonectria parasitica*. Mycol 88:179–190
60. Brown JK, Hovmøller MS (2002) Aerial dispersal of pathogens on the global and continental scales and its impact on plant disease. Science 297:537–541
61. Rigling D., Schütz-Bryner S., Heiniger U., Prospero S. (2014) Der Kastanienrindenkrebs. Schadsymptome, Biologie und Gegenmassnahmen. Merkblatt für die Praxis 54. Birmensdorf: Eidg. Forschungsanstalt WSL. 8 S. Kurzfassung: https://www.waldwissen.net/de/waldwirts chaft/schadensmanagement/pilze-und-nematoden/der-kastanienrindenkrebs
62. WIKIPEDIA:Ulmensterben. https://de.wikipedia.org/wiki/Ulmensterben
63. Hu J, Angeli S, Schuetz S, Luo Y, Hajek AE (2009) Ecology and management of exotic and endemic Asian longhorned beetle *Anoplophora glabripennis*. Agric Forest Entomol 11:359–375
64. Kraus G (2023) Situation von *Anoplophora glabripennis* in Europa. Bayerische Landesanstalt für Landwirtschaft. https://www.lfl.bayern.de/mam/cms07/ips/dateien/befallsgebiete_eur opakarte_stand_2023.01.01.bf.pdf
65. Hölling D (2015) Der Asiatische Laubholzbockkäfer in Europa. https://www.waldwissen.net/ de/waldwirtschaft/schadensmanagement/neue-arten/der-asiatische-laubholzbock-in-europa
66. Jung T, Horta Jung M, Webber JF, Kageyama K, Hieno A, Masuya H, Uematsu S, Pérez-Sierra A, Harris AR, Forster J, Rees H (2021) The destructive tree pathogen *Phytophthora ramorum* originates from the laurosilva forests of East Asia. J Fungi 7:226
67. Gonthier P, Warner R, Nicolotti G, Mazzaglia A, Garbelotto MM (2004) Pathogen introduction as a collateral effect of military activity. Mycol Res 108:468–470
68. Santini A, Maresi G, Richardson DM, Liebhold AM (2023) Collateral damage: military invasions beget biological invasions. Front Ecol Env 21(10):469–478
69. Bandyopadhyay R, Frederickson DE, McLaren NW, Odvody GN, Ryley MJ (1998) Ergot: a new disease threat to sorghum in the Americas and Australia. Plant Dis 82(4):356–367
70. Bandyopadhyay et al (1998)
71. Bandyopadhyay et al (1998). Karte: https://www.mapchart.net/world.html
72. Bandyopadhyay et al (1998)
73. Píchová K, Pažoutová S, Kostovčík M et al (2018) Evolutionary history of ergot with a new infrageneric classification (Hypocreales: Clavicipitaceae: *Claviceps*). Mol Phylogenet Evol 123:73–78
74. Tooley PW, Goley ED, Carras MM, O'Neill NR (2002) AFLP comparisons among *Claviceps africana* isolates from the United States, Mexico, Africa, Australia, India, and Japan. Plant Dis 86(11):1247–1252
75. Tooley et al. (2002)
76. Pažoutová S, Bandyopadhyay R, Frederickson DE, Mantle PG, Frederiksen RA (2000) Relations among sorghum ergot isolates from the Americas, Africa, India, and Australia. Plant Dis 84(4):437–442
77. Padgett S (o. J.). Export Sorghum. https://www.sorghumcheckoff.com/industry/international/ export-sorghum/
78. Bandyopadhyay R (o. J.). Sorghum Ergot Alert in the American Continents. In: International Agriculture and Rural Development: An Investment with Mutual Benefits for the U.S. and Developing Countries. A case study series developed by the Association for International Agriculture and Rural Development (AIARD). http://www.icrisat.org/what-we-do/crops/ PigeonPea/Archives/ergot.htm

79. ISF – International Seed Federation (2022) Export of seed for sowing by country – Calendar year 2020. https://worldseed.org/document/seed-exports-2020/
80. Wilbois K-P, Vogt-Kaute W, Spieß H, Müller K-J (2007) Entwicklung und Darstellung von Strategieoptionen zur Behandlung von Saatgut im Ökologischen Landbau. https://orgprints.org/id/eprint/15563/1/15563-03OE127_2-fibl-wilbois-2007-saatgutbehandlung.pdf

Springkraut, Götterbaum und Ambrosia

9

Invasive Pflanzen schädigen uns und unsere Umwelt

Nicht nur Pathogene und Parasiten verbreiten sich über die Welt. Das gilt auch für Pflanzen, denen dieses Kapitel gewidmet ist. Fremde oder nicht-einheimische Pflanzen sind erstmal diejenigen, die im untersuchten Ökosystem natürlicherweise nicht vorkommen. Als invasiv werden sie dann bezeichnet, wenn sie sich aggressiv in einer Umgebung etablieren, in denen sie nicht heimisch sind und dort Schäden machen. Wenn Pflanzen in einer neuen Umgebung landen, konkurrieren sie mit einheimischen Pflanzen und können erheblichen Einfluss auf andere Arten, Lebensgemeinschaften und sogar ganze Ökosysteme haben. Dabei können sie die Produktivität eines Standortes und die Nährstoffkreisläufe ändern, die Biodiversität reduzieren und auch erhebliche ökonomische Kosten verursachen [1]. Am erfolgreichsten sind in der Regel die Arten, die gut mit sehr unterschiedlichen Umweltbedingungen zurechtkommen.

Archäophyten sind Pflanzen, die schon lange hier heimisch sind, wobei Botaniker dabei das Ende der Eiszeit vor etwa 12.000 Jahren als Grenze ansetzen. Als Neophyten bezeichnet man alle Pflanzen, die nach 1492 zu uns kamen. Dadurch sind alle Arten, die von Kolumbus und seinen Nachfolgern nach Europa bewusst oder unbemerkt eingeschleppt wurden, schon nach der Definition *neo,* also neu. Diese im deutschen Sprachraum verbreitete Ansicht verdeckt, dass auch früher schon viele Pflanzen zu unterschiedlichen Zeiten aus fremden Regionen zu uns kamen. Dies begann mit Ackerbau und Viehzucht, wo mit den neuen Kulturpflanzen aus der Levante auch Unkräuter eingeschleppt wurden. Durch die zunehmende Rodung der Wälder und der Pflege von Wiesen und Äckern entstanden neue Lebensräume, die viele neue Pflanzen nutzten, die hier ursprünglich nicht heimisch waren, aber hervorragend daran angepasst waren, wie etwa Steppenpflanzen aus Osteuropa und Asien. Schöne Beispiele sind die heute sogenannten Unkräuter, manchmal auch neutraler „Ackerbegleitflora" genannt.

T. Miedaner, *Anthropogene Ausbreitung von Pflanzen, ihren Pathogenen und Parasiten*, https://doi.org/10.1007/978-3-662-69715-3_9

Von der Herkunft unserer Unkräuter

Da die Bandkeramiker und ihre Nachfahren noch sehr extensiv wirtschafteten und den Boden nicht wenden oder tiefgreifend lockern konnten, waren die Unkräuter vor allem mehrjährig. Dazu gehörten der Weiße Gänsefuß *(Chenopodium album)*, der Rainkohl *(Lapsana communis)*, der Floh-Knöterich *(Polygonum persicaria)* oder der Winden-Knöterich *(Fallopia convolvulus)* [2]. Dies änderte sich spätestens im Mittelalter mit der zunehmenden Intensivierung der Landwirtschaft, die durch das Bevölkerungswachstum angetrieben wurde. Und es wurde ab dem 8.-10. Jahrhundert n. u. Z. das Dreifeldersystem mit Winter-, Sommerfeld und Brache eingeführt, was erhebliche Auswirkungen auf die Unkräuter hatte. Jetzt wurden überwinternde Herbstkeimer gefördert wie etwa giftige Kornrade *(Agrostemma githago)*, Roggen-Trespe *(Bromus secalinus)* oder Kornblume *(Centaurea cyanus)*. In der Sommerung fanden sich dann im Frühjahr keimende Pflanzen wie Flughafer *(Avena fatua)*, Saat-Wucherblume *(Chrysanthemum segetum)* oder Acker-Senf *(Sinapis arvensis)*. Das Brachejahr nutzten dagegen lichtliebende Pflanzen, die relativ lange zum Ausreifen brauchen etwa Acker-Lichtnelke *(Silene noctiflora)* oder Acker-Schwarzkümmel *(Nigella arvensis)*.

Schon während der Jungsteinzeit stieg die Zahl der Unkräuter von 8 auf 120, wie archäobotanische Untersuchungen bei Ausgrabungen zeigen. Zum Hochmittelalter hin, als praktisch alle ackerfähigen Böden genutzt wurden, waren es schließlich mehr als 300 Arten [3].

Ab dem 18. Jahrhundert setzte der Wechsel zur verbesserten Dreifelderwirtschaft ein: Das Brachejahr wurde durch den Anbau von Raps, Kartoffeln, Futter-/Zuckerrüben oder Futterpflanzen ersetzt [4]. Dies förderte die einjährigen Arten und die größere Vielfalt der Ackerkulturen führte auch zu einem sehr großen Artenreichtum der Ackerbegleitflora. Seitdem wurde die Vielfalt durch die Intensivierung der Landwirtschaft, steigende Stickstoffdüngung und vor allem Einsatz von Unkrautvernichtungsmitteln (Herbiziden) stark verringert und es bleiben nur noch hartnäckige Steppenpflanzen übrig, wie die inzwischen herbizidresistenten Arten Amarant *(Amaranthus* spp.), Fingerhirsen *(Digitaria* spp.), Windhalm *(Apera spica-venti)* und Acker-Fuchsschwanz *(Alopecurus myosuroides)*. Auch Arten, wie Hirtentäschel *(Capsella bursa-pastoris)*, Acker-Hellerkraut *(Thlaspi arvense)*, Taubnessel *(Lamium purpureum)* und Persischer Ehrenpreis *(Veronica persica)* haben so kurze Entwicklungszeiten, dass bei ihnen die Bekämpfung oft nicht greift. Viele Unkräuter stammen aus dem südwestlichen Mittelmeergebiet, wie Kornblume und Kornrade, oder aus den Steppen Asiens, wie der Klatschmohn. Wir sehen sie heute als „einheimisch" an, obwohl sie das streng genommen nicht sind.

Im Gegensatz zu invasiven Arten sind die Unkräuter auf dem Feld in der Regel an bestimmte Kulturen und Ackerbedingungen gebunden. Sie werden nur selten auf andere Flächen ausweichen und sind deshalb nur für den Landwirt ein Ärgernis, nicht aber für die komplette Umwelt.

Echte Neophyten

Die Entdeckung Amerikas wurde nicht von ungefähr gewählt, um Archäo- von Neophyten zu trennen. Denn danach kamen sehr viele gebietsfremde Arten zu uns. Dabei wurde etwa die Hälfte der etablierten Neophyten absichtlich eingeführt [5], davon etwa 30 % als Zierpflanzen, weitere 20 % als land- und forstwirtschaftliche Nutzpflanzen. Die andere Hälfte kam als Beimischung im Saatgut oder Verunreinigungen im Warenverkehr.

Sehr viele Neophyten können bei uns nicht langfristig überleben und noch weniger Arten sich ausbreiten. Ökologen haben die sogenannte „Zehner-Regel" entwickelt: 10 % der eingeführten Arten halten sich hier unbeständig, 10 % davon können sich dauerhaft in naturnahen Lebensräumen etablieren, von diesen eingebürgerten Arten führen ca. 10 % zu Problemen [6]. Insgesamt werden also nur 0,1 % der neuen Pflanzen zu problematischen Invasoren. Denn invasive Pflanzen (oder Organismen) sind eben dadurch gekennzeichnet, dass sie sich nicht nur in fremden Lebensräumen etablieren, sondern sich dort so stark ausbreiten, dass sie negative Effekte bewirken. Sie sind „biologische Invasoren" [7].

In entlegenen Gebieten mit wenig Verkehr finden sich nur selten Neuankömmlinge. Je größer aber die Menschenkonzentration, Industrialisierung und Verkehrsdichte, desto mehr gebietsfremde Arten werden unbeabsichtigt eingeschleppt [8]. Vor allem im städtischen Gebiet gibt es viele ungenutzte, verwilderte Flächen (Ruderalstellen), die oft den Neuankömmlingen erste Möglichkeiten der Ausbreitung bieten. Bahndämme und Gleisanlagen, ungenutzte Wiesen im Flughafenbereich und verwilderte Flächen in Hafenanlagen sind prädestiniert für eine erste Ansiedlung fremder Pflanzen. So hat sich in Berlin die Zahl der neu eingewanderten krautigen Ruderalpflanzen innerhalb der letzten 200 Jahre mehr als vervierfacht, in Halle/Saale von 1848 bis 1984 verdreifacht [9].

Die Neuankömmlinge können sich dann gut ausbreiten, wenn sie wenig Ansprüche haben oder ähnliche Standortbedingungen wie in ihrer Heimat finden. Oft besetzen sie in der neuen Umgebung eine „Lücke", die bisher nicht genutzt wurde. Hinzu kommt, dass häufig ihre Fraßfeinde, ihre Schädlinge und Parasiten fehlen, sodass ihre Vermehrung nicht behindert wird, während die einheimischen Pflanzen genau damit kämpfen. Da die Invasoren sich nicht verteidigen müssen, können sie ihre gesamte Energie in die Fortpflanzung stecken.

Ein schönes Beispiel ist *creeping Charlie,* ein gefürchtetes Rasenunkraut in den USA (Abb. 9.1). Dabei handelt es sich um den bei uns heimischen Gundermann *(Glechoma hederacea),* den europäische Siedler als guten Bodendecker bewusst eingeführt haben. Heute gilt er in einigen Teilen Nordamerikas „als aggressives, invasives Unkraut in Wäldern und auf Rasenflächen" [10]. Auch in Europa wächst er unter ähnlichen Bedingungen, ist bei uns aber eher eine Bereicherung der Wiesenflora als ein Problem (Abb. 9.1). Im Mittleren Westen dagegen kann er den kompletten Rasen kapern, weil er als ausdauernde Pflanze reichlich Ausläufer macht und wegen seinem ausgedehnten Wurzelsystem durch Ausreißen nicht zu entfernen ist, wenn er sich erstmal etabliert hat. In Europa wird er durch zahlreiche

Abb. 9.1 Gundermann aus einer deutschen Wiese (links), die Zeichnung verdeutlicht einen Grund, warum er im Mittleren Westen gefürchtet ist: Er bildet Ausläufer (rechts) [12]

Insekten, die ihn als Nahrungspflanze nutzen, und durch (mindestens) vier parasitische Pilze in Schach gehalten, dazu zählt ein Rostpilz, zwei Arten von Echtem Mehltau sowie eine Ramularia-Art [11]. Außerdem fressen ihn auch Raupen von Schmetterlingen.

Typische Eigenschaften invasiver Pflanzen sind oft eine große Pflanzenhöhe, eine hohe Samenproduktion, schnelles Wachstum, eine schnelle Anpassung, eine effiziente Ausbreitung und eine hohe Stresstoleranz. Stärker gestörte und nährstoffreiche Standorte, wie Äcker, Wald- und Straßenränder oder Brachen sind oft reicher an invasiven Pflanzen als lange etablierte Ökosysteme, wie Wälder oder Moore.

Ein Beispiel dafür ist der Götterbaum *(Ailanthus altissima)* aus China, der schon vor 1800 in Deutschland eingeführt wurde. Er breitete sich erst so richtig nach dem Zweiten Weltkrieg aus, vor allem als „Trümmerbaum" auf den Schutthalden zerstörter Städte. Auch heute findet man ihn oft noch auf gestörten Flächen, an Bahngleisen, Brachen und Straßenrändern (s. Abb. 9.8).

In der neuesten Liste invasiver Arten der EU vom August 2022 [13] werden insgesamt 88 invasive Tier- und Pflanzenarten genannt, mindestens 46 von ihnen kommen in Deutschland wildlebend vor [14]. Das Bundesamt für Naturschutz (BfN) benennt für Deutschland 168 Tier- und Pflanzenarten, die nachweislich negative Auswirkungen haben oder haben könnten (Tab. 9.1).

Das Problem ist der weltweite Handel

Solange wir weltweit und ständig Unmengen von Gütern über die fünf Kontinente jagen, solange wird uns das Problem der Verschleppung von Pathogenen, Parasiten und Pflanzen erhalten bleiben. Und es gibt noch lange keine Sättigung, sondern es scheint sich noch zu verschärfen [16]. Da das größte Volumen an Gütern mit Schiffen transportiert wird, besteht ein Zusammenhang zwischen Schiffsfahrtsrouten und invasiven Arten (Abb. 9.2).

Tab. 9.1 Für Deutschland festgelegte Kategorien für Neophyten [15]

1) **Schwarze Liste – Invasive Pflanzen:**
a) **Warnliste** für in Deutschland noch *nicht* vorkommende invasive Arten (Vorsorgemaßnahmen stehen im Vordergrund)
b) **Aktionsliste** für in Deutschland bisher nur *kleinräumig* vorkommende invasive Arten (die weitere Verbreitung soll verhindert werden)
c) **Managementliste** für in Deutschland bereits *großräumig* vorkommende invasive Arten
2) **Graue Liste – Potenziell invasive Arten:**
a) **Handlungsliste:** (lokale) Maßnahmen sind trotz des derzeit noch ungenügenden Wissensstandes bereits zu begründen
b) **Beobachtungsliste:** Monitoring und Forschung stehen im Vordergrund, weitergehende Handlungen erscheinen aufgrund des geringen Kenntnisstands nicht gerechtfertigt zu sein
3) **Weiße Liste: keine Gefahr**

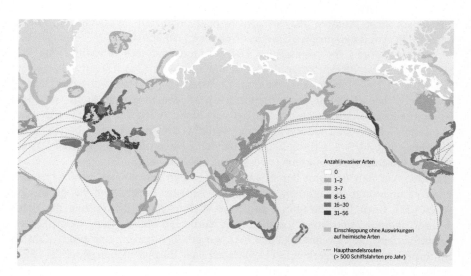

Abb. 9.2 Karte wichtiger Schifffahrtsrouten und die Verbreitung invasiver Arten (2017) [17]

Dabei können die fremden Organismen auf verschiedene Arten reisen. Einmal in den Containern und Schüttgutfrachtern, in denen Saatgut, Weizen, Soja oder Mais sowie Stückgut transportiert werden. Samen sind oft so klein, dass sie nicht nur im, sondern auch außen am Container anhaftend verschleppt werden. Zweitens an den Fracht- und Containerschiffen außen festhaftend und in ihren Ballastwassertanks. Das betrifft natürlich vor allem Arten, die in See- oder Brackwasser zu Hause sind. Und drittens auf treibendem Plastikmüll, der kreuz und quer über den Ozean cruist. Die Abb. 9.2 zeigt einen deutlichen Zusammenhang zwischen den Hauptschifffahrtsrouten und dem Vorkommen invasiver Arten. Besonders betroffen sind danach ganz Europa, die Küsten der USA und das südöstliche Australien.

Man kann auch einen Zusammenhang zwischen dem Handelsvolumen eines Landes und der Anzahl fremder Arten finden, denn Länder mit hohem Im- und Exportvolumen haben vielfältige Beziehungen in die ganze Welt und machen Invasionen wahrscheinlicher. Und dort wo besonders viele Handelsschiffe Regionen mit ähnlichen Umweltbedingungen verbinden, sind auch viele Neubürger zu erwarten. „Tatsächlich stimmen die Vorhersagen des Modells mit der Zahl der Arten, die über Ballastwasser eingeschleppt wurden, sehr gut überein" sagt der Autor dieser Studie, der Senckenberg-Wissenschaftler Hanno Seebens [18]. Allerdings ist es mit dem Ballastwasser noch relativ einfach, da dieses an Schiffe gebunden ist und ein überschaubares Volumen hat. Vorherzusagen, wo invasive Pflanzen als nächstes auftauchen werden, ist da schon viel schwieriger.

Woher kamen die invasiven Pflanzen?

Derzeit sind in Deutschland 2249 gebietsfremde Tier- und Pflanzenarten bekannt, von denen diese Autoren 181 als invasiv oder potenziell invasiv halten. Davon machen 28 Arten den größten Teil der Probleme [19].

Das Bundesamt für Naturschutz (BfN) untersuchte das Verhalten von 903 nicht-heimischen Pflanzenarten in Deutschland genauer [20]. Davon gelten heute 38 Arten (4,2 %) als invasiv, weitere 42 Arten (4,7 %) als potenziell invasiv (Abb. 9.3). Die Herkunft dieser Pflanzen ist bei den invasiven Arten vor allem Nordamerika, bei den anderen spielt das gemäßigte Asien die größte Rolle. Eher tropische Gebiete sind naturgemäß nur wenig vertreten, bei den übrigen Arten stammen rund 30 % aus Europa. Dabei handelt es sich oft um mediterrane Arten, die in Deutschland nur in kleinen Beständen etabliert sind.

Sieht man nun auf globaler Ebene nach, woher die meisten gebietsfremden Pflanzen ursprünglich stammen, dann ist die Antwort Europa und das gemäßigte Asien [22]. Bezüglich Europa ist das keine Überraschung, da von hier die Kolonisation anderer Kontinente, vor allem von Nord- und Südamerika, Südafrika und Australien, ausging. Dadurch kamen, wie wir gesehen haben, eine große Zahl an Kulturpflanzen und begleitende (Un-)kräuter aus Europa in den Rest der Welt. Selbst Büsche und Sträucher wurden in großer Zahl verpflanzt. Nach dieser Studie wurden 1839 Arten von Europa nach Nordamerika eingeführt und 1322 von Europa nach Australien (inkl. Tasmanien, Neuseeland, Neuguinea, Abb. 9.4). Das gemäßigte Asien umfasst SW-Asien einschließlich der Levante, Russland östlich des Urals, die südlich angrenzenden Staaten, die früher zur Sowjetunion gehörten, und China. Durch die unmittelbare Landverbindung konnte hier schon sehr früh eine Einwanderung von Pflanzen nach Europa und Afrika erfolgen.

Aber auch nach Nordamerika wurden viele Arten aus Europa und dem gemäßigten Asien importiert. In der Abbildung sind auch die Wanderungen von Pflanzen innerhalb der Kontinente berücksichtigt. Obwohl Nordamerika eine viel längere Einwanderungsgeschichte mit Europäern hat als der australisch-asiatische Raum, ist die Zahl an fremden Arten dort überraschend hoch. Die pazifischen Inseln

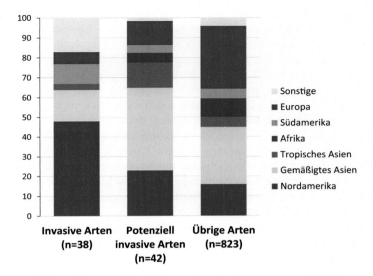

Abb. 9.3 Herkunft invasiver Pflanzen in Deutschland [21]

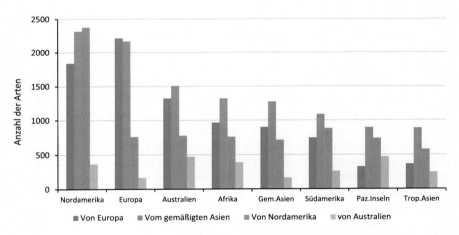

Abb. 9.4 Einwanderung von gebietsfremden Arten auf 8 (Teil-)Kontinente und ihre Herkunft aus Europa, dem gemäßigten Asien, Nordamerika oder Australien [23]

und Australien beherbergen relativ zu ihrer Größe die größte Anzahl an fremden Pflanzenarten.

Eine Erklärung wäre, dass die Flora in Australien aufgrund der spezifischen Umweltbedingungen (Trockenheit!) und ihrer langen Isolierung vom Rest der Welt so hochspezialisiert ist, dass sie die neuen Habitate, die durch Europäer erzeugt wurden (z. B. Felder, Schuttflächen, Bahngleise), nicht nutzen können und deshalb fremde Pflanzen sehr gute Chancen haben, sich durchzusetzen. Umgekehrt sind die australischen Pflanzen oft extrem gut an ihre Umgebung angepasst, sodass sie mit veränderten Bedingungen nur schlecht zurechtkommen. Ein geläufiges Beispiel aus dem Tierreich sind bodenbrütende Vögel, die in dieser großen Anzahl nur in Australien vorkommen. Oft bauen sie nicht einmal mehr Nester, sondern legen die Eier direkt neben dem Weg ab. Da hatten die europäischen Ratten und Katzen leichtes Spiel, was zur raschen Ausrottung zahlreicher Arten führte. So schädlich können Invasoren sein! Bei Pflanzen stellen sich die Effekte nicht ganz so schnell und für jeden sichtbar ein, können aber ähnlich dramatisch sein.

Umgekehrt ist neben Europa auch Nordamerika als Donor überrepräsentiert. Dagegen stammen besonders wenige invasive Pflanzen aus dem Süden, wie beispielsweise aus Australien. Aus Gebieten mit tropischen Bedingungen haben nur wenige Arten den Sprung nach Norden geschafft. So kamen aus Südamerika nur 399 Pflanzenarten nach Europa, nach Nordamerika waren es aufgrund der geografischen Nähe immerhin 1070 Arten. Natürlich werden von diesen gebietsfremden Arten nur wenige invasiv, aber je mehr Arten kommen, umso höher ist die absolute Zahl an Invasoren.

Wann und wie kamen die invasiven Pflanzen zu uns?

Bereits im 18. Jahrhundert wurde begonnen, massiv gebietsfremde Arten einzuführen. Dies intensivierte sich dann während der Industrialisierung als ein regelmäßiger Welthandel begann. So wurde beispielsweise die Wolle in Südafrika produziert und zur Verarbeitung nach Europa verschifft. Damit kamen fremde Samen ins Land. Zu der Zeit nahm man auch Erde als Ballast für Handelsschiffe. Diese wurde dann am Ziel einfach ausgekippt und mit ihr alle Lebewesen, ob fremd oder nicht.

Bis zum Zweiten Weltkrieg waren schon die meisten fremden Arten bei uns (Abb. 9.5). Sie kamen zu 50–65 % absichtlich durch Gartenbau und botanische Gärten zu uns, dabei handelt es sich meist um Zierpflanzen oder –gehölze [24]. Weitere wichtige Eintrittspforten für invasive Pflanzen sind die Forstwirtschaft und der Tierhandel, über den einige Wasserpflanzen gebracht wurden, die offensichtlich immer mal wieder freigelassen werden.

Interessant ist, dass die meisten invasiven Arten schon lange in Deutschland sind. So wurden die gewöhnliche Seidenpflanze und die Kanadische Goldrute schon um 1630 erstmals eingeführt (Tab. 9.2), die meisten Arten kamen im 19. Jahrhundert. Nur die Einführung des Großen Wassernabels ist jüngeren Datums.

Zwischen der Ersteinbringung einer Art und der erstmaligen Beobachtung einer Verwilderung dauert es relativ lange [25]. Im Durchschnitt von 456 gebietsfremden Arten, bei denen beide Daten bekannt sind, dauerte es 129 Jahre. Dies kann auch daran liegen, dass sich die neuen Pflanzen erst einmal an die hiesigen Wuchsbedingungen anpassen müssen, bevor sie invasiv werden. Dabei geht es naturgemäß bei krautigen, und vor allem annuellen, Pflanzen schneller als bei den langlebigen Bäumen. Bei invasiven Pflanzen verkürzt sich diese Spanne auf 74 Jahre. Aber es

Abb. 9.5 Zeitalter des
Erstauftretens von
verschiedenen Kategorien
gebietsfremder Pflanzen [26]

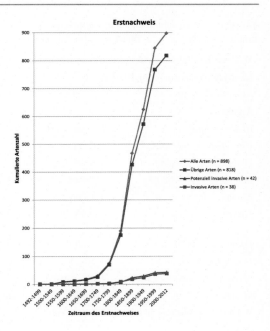

gibt auch Ausnahmen. So wurde der Kirschlorbeer schon um 1600 aus Südosteuropa als Gartenpflanze eingeführt. Aber erst 1985, also 385 Jahre später, wurde eine erste Verwilderung im Stadtgebiet gefunden. Und dann ging es schnell, die ersten großen Populationen finden sich seit dem Jahr 2000 und er neigt jetzt dazu, sich auch in Wäldern auszubreiten.

Wo sind die Probleme?

Neophyten leben bei uns außerhalb ihres natürlichen Ökosystems. Sie werden häufig von Raupen, Schnecken, Pflanzenfressern gemieden, oft sind nicht einmal die Pilze und Bakterien vorhanden, die in ihrer Heimat die tote organische Substanz abbauen. Dadurch sind sie heimischen Pflanzen überlegen.

Die meisten Pflanzen aus anderen Ländern werden bei uns nie zum Problem. Umso schlimmer sind die, die es dann doch werden. Dabei gibt es vor allem drei Probleme: sie verdrängen andere Arten, sie gefährden schützenswerte Lebensräume oder verursachen wirtschaftliche Schäden. In seltenen Fällen können sie gesundheitlich problematisch werden.

Und manchmal vereinigt ein Neophyt alle Probleme. Ein Beispiel ist der Riesen-Bärenklau *(Heracleum mantegazzianum),* der an Fluss- und Seeufern, Waldrändern, Waldlichtungen und Grünlandbrachen sehr dominant werden kann und dann keine anderen Pflanzen neben sich mehr zulässt (Abb. 9.6). Innerhalb weniger Wochen wächst er zu einer Höhe von über drei Metern, was zu einem völligen Überwuchern der Gegend führen kann. Bei Berührung verändert er die

Tab. 9.2 In Deutschland bedeutende invasive Pflanzen, deren Ersteinbringung und heutige Verbreitung (Verbr.), BfN = Bundesamt für Naturschutz

Wissenschaftlicher Name	Deutscher Name	Ersteinbringung	Verbr.
Invasive Arten nach der EU-Liste [27]			
Ailanthus altissima	Götterbaum	Um 1780	weit
Asclepias syriaca	Gewöhnliche Seidenpflanze	1629–1630	selten
Elodea nuttalli	Schmalblättrige Wasserpest	1854	Alle B
Heracleum mantegazzianum	Riesenbärenklau	(1849)	weit
Hydrocotyle ranunculoides	Großer Wassernabel	1975–1985	wenig
Impatiens glandulifera	Drüsiges Springkraut	1841–1854	weit
Koenigia polystachya	Flieder-Knöterich	–	?
Lagarosiphon major	Wechselblatt-Wasserpest/ Afrikanische Wasserpest	1906	einzeln
Ludwigia grandiflora	Großblütiges Heusenkraut	1835	selten
Lysichiton americanus	Gelbe Scheinkalla	1901	Kleinr
Myriophyllum aquaticum	Bras. Tausendblatt	1880–1887	wenig
M. heterophyllum	Verschiedenbl. Tausendblatt	1890–1899	punkt
Beispiele etablierter invasiver Pflanzen nach BfN [28]			
Acer negundo	Eschen-Ahorn	1699	weit
Cynodon dactylon	Gewöhnl. Hundszahngras	1712	einzeln
Elodea canadensis	Kanadische Wasserpest	1854	Alle B
Fallopia japonica	Japan-Staudenknöterich	1823–1872	weit
Quercus rubra	Rot-Eiche	vor-1773	einzeln
Robinia pseudoacacia	Robinie	Um 1670	weit
Rosa rugosa	Kartoffel-Rose	1808	Küste
Solidago canadensis	Kanadische Goldrute	1630–1651	weit
Beispiele potenziell invasiver Pflanzen nach BfN 28			
Ambrosia artemisiifolia	Beifußblättrige Ambrosie	(Um 1763)	Alle B
Buddleja davidii	Schmetterlingsstrauch	1896	weit
Lonicera tatarica	Tataren-Heckenkirsche	(ca. 1888)	einzeln

() Ersteinbringung nach Europa, diejenige nach Deutschland unbekannt
B = Bundesländer, kleinr = kleinräumig, punkt = punktuell, weit = weit verbreitet

Lichtschutzfunktion der Haut so sehr, dass es bei Kontakt mit der Sonne zu schweren Verbrennungen kommen kann. Außerdem wurden Hybriden mit dem heimischen, weit verbreiteten Wiesen-Bärenklau *(Heracleum sphondylium)* beobachtet, was diese einheimische Art gefährdet [29]. Eine dieser riesigen Pflanzen produziert durchschnittlich (!) 20.000 Samen, das heißt auf feuchten, nährstoffreichen Böden wird man ihn nie wieder los. Da er die Erosion an Flussufern fördert, entstehen zusätzliche Kosten.

Abb. 9.6 Einige sehr wüchsige invasive Pflanzen, die in Deutschland weit verbreitet sind: Riesen-Bärenklau an einem Bachlauf in Brandenburg (oben links), Japanischer Staudenknöterich an einem kleinen See (oben rechts) und Drüsiges Springkraut an einem Waldweg (unten), beides in Süddeutschland

Abb. 9.7 Die Beifuß-Ambrosie, auch Beifußblättriges Traubenkraut genannt, verbreitet sich global: Aufnahme von Blättern aus Hawaii (links) [31] und Blütenstände aus Hessen (rechts) [32]

Auch die Beifuß-Ambrosie *(Ambrosia artemisiifolia)* schädigt Menschen, weil
ihr Pollen hochallergen ist (Abb. 9.7). In USA nennt man sie deshalb *allergy plant*.
Selbst Menschen, die bisher keinerlei Allergie besessen haben, können durch ihren
Pollen allergisch werden. Da sie erst im Sommer blüht, verlängert sie dadurch
die Pollensaison für Allergiker erheblich. Sie eroberte bisher keine natürlichen
Lebensräume, breitet sich aber als Beimischung im Vogelfutter, mit Boden- und
Substrattransporten oder mit Mähmaschinen weiter auf gestörten Flächen aus [30].
Die Gefährdung der Biodiversität einer Landschaft erfolgt durch Konkurrenz,
Hybridisierung mit einheimischen Arten oder die Übertragung von Krankheiten
und Insekten. Manchmal können invasive Pflanze ganze Ökosysteme überwuchern
und einnehmen. So sondert das Wandelröschen, das in den Subtropen und Tro-
pen zu einer bedeutenden invasiven Pflanze geworden ist, wachstumshemmende
Stoffe in den Boden ab, die kein Wachstum anderer Pflanzen in der Nähe zulassen.
Der Staudenknöterich reduziert den Boden-pH-Wert so stark, dass ebenfalls nichts
mehr anderes in seiner Nähe wächst. Und der Eukalyptusbaum, der beispielsweise
auf der Iberischen Halbinsel invasiv ist, erhöht durch seine ätherischen Öle die
Brandgefahr bei Trockenheit.

Mögliche Probleme bei Neophyten

- Gefährdung der Biodiversität
- Negative Auswirkungen auf Ökosysteme
- Vermehrungs- und Ausbreitungspotenzial

Abb. 9.8 Ungepflegte Flächen sind oft das Einfallstor für invasive Pflanzen. Hier sind im Uhrzeigersinn die Kanadische Goldrute in verwahrlostem öffentlichen Grün, der Götterbaum am Stuttgarter Hauptbahnhof, der Gemeine Stechapfel auf dem Grundstück eines Neubaus und der blühende Sommerflieder im Rinnstein zu sehen

- Wirtschaftliche Auswirkungen
- Gesundheitliche Auswirkungen
- Förderung durch Klimawandel
- Volkswirtschaftliche Kosten

Nicht zuletzt verursachen invasive Arten auch volkswirtschaftliche Kosten. Nach einer umfangreichen Studie liegt der gesamte zwischen 1960 und 2020 in Europa entstandene Schaden bei 116,61 Mrd. EUR, er war am höchsten in Großbritannien, Spanien, Frankreich und Deutschland [33]. In der Bundesrepublik lagen die Kosten bei geschätzten 8,21 Mrd. EUR im genannten Zeitraum [34]. Dabei sind sie exponentiell mit der Zeit gestiegen, d. h. in den späteren Jahren entstanden sehr viel höhere Kosten als in den frühen Jahren. Diese bestehen aus den Kosten, die durch die direkten Schäden entstehen, die die invasiven Arten im jeweiligen Lebensraum machen und denjenigen, die durch Bekämpfungsmaßnahmen verursacht werden. In der Liste der zehn teuersten Invasoren gibt es europaweit nur zwei Pflanzen: die Beifuß-Ambrosie und das großblütige Heusenkraut *(Ludwigia grandiflora)*, eine Nachtkerzenart aus Südamerika, die in Gewässern lebt. In Deutschland kommt nach dieser Untersuchung nur eine Pflanze von den zehn schlimmsten Invasoren vor, die hochgiftige Tollkirsche *(Prunus serotina)*. Wirklich beunruhigend ist aber, dass in der Europäischen Union noch keine Sättigung mit fremden Arten erreicht ist, immer wieder finden neue Invasoren Möglichkeiten, sich hier festzusetzen [35].

Manchmal sind auch Gartenbesitzer oder das öffentliche Grünflächenamt schuld, wenn sich Invasoren ausbreiten (Abb. 9.8). Dies gilt etwa für die Kanadische Goldrute und den hübschen Sommerflieder. Viele wissen gar nicht, dass sich diese Arten trotz ihres Ziercharakters sehr aggressiv ausbreiten können. Die Goldrute findet sich inzwischen auch als Straßenbegleitflora oder in gestörten, naturnahen Bereichen. Der Sommerflieder kommt fast flächendeckend an den Ufern der Donau bei Linz vor und verbreitet sich auch in Süddeutschland. Die Verdrängung einheimischer Arten kann Auswirkungen auf das gesamte Ökosystem haben. Viele Insekten, wie Wildbienen und Schmetterlinge, haben sich auf ganz bestimmte Pflanzen spezialisiert und brauchen sie, um ihren Lebenszyklus zu vollenden. Wenn invasive Neophyten diese einheimischen Pflanzen verdrängen, verschwinden auch sie aus der Region.

Auch weltweit gesehen führen invasive Pflanzen zu einem Artenrückgang, da Arten lokal aussterben und die Vielfalt der Artengemeinschaften verloren geht. Die Floren von Gebieten derselben Klimazone gleichen sich immer mehr an. Es kommt zu einer globalen Vereinheitlichung der Artengemeinschaften [36]. Und mangelnde Diversität verringert die Widerstandsfähigkeit gegenüber Umwelteinflüssen, wie Trockenheit, Hitze oder Überschwemmung.

Einige invasive Pflanzen haben auch Vorteile. So sind Sommerflieder (Schmetterlingsstrauch), Drüsiges Springkraut und Kanadische Goldrute beliebte Nektarquellen, die oft mehr Nektar liefern als die einheimischen Pflanzen, was wiederum zu deren Verdrängung beiträgt.

Interessanterweise nehmen die Probleme häufig nach 50–100 Jahren invasivem Wachstum ab. Dann ist die Pflanze entweder nicht mehr so konkurrenzkräftig oder Pathogene und Parasiten aus ihrer ursprünglichen Heimat wurden eingeschleppt oder die einheimischen Schädlinge und Pflanzenfresser haben sich daran gewöhnt [37].

Was kann man dagegen tun?

Am besten wäre es natürlich, die Einwanderung invasiver Arten von Anfang an zu verhindern. Aber das ist bei unserem offenen Warenverkehr und den vergleichsweise wenigen Kontrollen praktisch nicht durchführbar. Die Bekämpfung gebietsfremder Arten ist oft schwierig, da sie anfangs nur vereinzelt wachsen und später, wenn sie dann auffällig werden, oft schon weit verbreitet sind. Die meisten invasiven Pflanzen der schwarzen Liste sind schon sehr lange in Deutschland und können kaum noch ausgerottet werden. Natürlich muss die Bekämpfung auf die Lebensweise der jeweiligen Art angepasst werden.

An erster Stelle steht immer die mechanische Bekämpfung, d. h. das Ausreißen oder Abmähen der Pflanzen vor Samenreife, gelegentlich erfolgt auch eine chemische Bekämpfung durch Herbizide. Dies ist jedoch nur bei einjährigen Pflanzen, die sich durch Samen verbreiten erfolgreich (z. B. Drüsiges Springkraut). Oft hilft in Naturschutzgebieten auch eine Beweidung durch Schafe. Bei Arten, die unterirdische Ausläufer bilden, wie etwa der Kartoffelrose oder der Kanadische Goldrute ist das nicht erfolgreich. Hier müsste man die ganze Pflanze samt Wurzeln ausgraben, was aber natürlich nur bei einer Anfangsbesiedlung möglich ist.

Auf jeden Fall sollte man eine absichtliche Ausbringung, etwa durch Anpflanzen im eigenen Garten, vermeiden, was aber gar nicht so einfach ist, da viele invasiven Arten als Zierpflanzen gelten und von kommerziellen Gärtnern verkauft werden (Sommerflieder, Götterbaum, Lorbeerkirsche). Wenn die Pflanzen dann flugfähigen Samen machen, sind sie kaum noch einzudämmen. Auch durch Vogelfutter werden Samen von invasiven Pflanzen weiterverbreitet (Ambrosie). Private Gärtner sollten ohnehin den Gartenabfall von invasiven Pflanzen niemals in der freien Natur oder auf dem Kompost entsorgen, sondern nur im Mülleimer.

Stadtgärtnereien, Landwirte und Besitzer von großen Grundstücken sollten niemals offene Flächen längerfristig sich selbst überlassen. Hier können sich besonders einfach die häufig anspruchslosen invasiven Pflanzen ansiedeln und vermehren. Über Samen und Wurzelausläufer verbreiten sie sich dann in die Umgebung. Die Bestände sollten ein- bis zweimal im Jahr gemäht werden, auch eine Beweidung kann erfolgreich sein. Seit die Deutsche Bahn aus Umweltschutzgründen keine Totalherbizide mehr versprüht, können auch Bahnanlagen vermehrt zu Biotopen von invasiven Pflanzen werden. So kann man Götterbaum und Sommerflieder häufig dort finden, aber auch in Ritzen von Gehwegplatten und an den Begrenzungen von Gärten (Abb. 9.8).

Neben diesen praktischen Hinweisen gibt es vor allem die Forderung, die Öffentlichkeit über die Gefahren invasiver Pflanzen aufzuklären und politische Zielsetzungen (s. Box). Mithilfe von Computermodellen versuchen Forschende die besonders gefährdeten Knotenpunkte im Handelsnetz zu ermitteln, die besonders überwacht werden sollten. Kombiniert man diese Modelle mit den Verbreitungsgebieten der Arten bzw. ihren ökologischen Ansprüchen, kann man die Gebiete vorhersagen, die besonders von biologischen Invasionen betroffen sein werden [38].

Es ist ein weltweites Problem

Im September 2023 erschien ein Bericht des Weltbiodiversitätsrates (IPBES, Intergovernmental Science-Policy Platform on Biodiversity and Ecosystem Services) über „Invasive gebietsfremde Arten und ihre Kontrolle" [39]. Daran haben 86 Expert:innen aus 49 Ländern vier Jahre lang gearbeitet und ihre Ergebnisse erhielten eine große Resonanz. In der Berichterstattung geht es dabei meist um Tiere, weil die für die Öffentlichkeit attraktiver sind als Pflanzen, aber unter den zehn weltweit schlimmsten Invasoren sind immerhin drei Pflanzen, die Wasserhyazinthe, der Japanische Staudenknöterich *(Fallopia japonica)* und das Wandelröschen *(Lantana camara),* das aus Südamerika kommt und sich in den gesamten Subtropen und Tropen ausbreitet, in Florida und Kalifornien ebenso wie in Indien und Australien. Es kommt inzwischen in mehr als 50 Ländern freilebend vor, bedroht die einheimische Biodiversität und gefährdet durch seine Giftigkeit Weidetiere [40]. Aus solchen Beispielen hat die Weltnaturschutzorganisation Empfehlungen abgeleitet (s. Box).

Übersicht
Empfehlungen der *Species Survival Commission* (SSC) der Weltnaturschutzorganisiation *(International Union for Conservation of Nature, IUCN):*

1. Bewusstsein vergrößern, dass invasive Arten eine große Gefahr darstellen
2. Vermeidung von Einschleppungen invasiver Arten als Problem mit hohem Stellenwert fördern, das zur Bekämpfung nationale und internationale Aktionen benötigt
3. Zahl der unbeabsichtigten Einfuhren minimieren und die ungenehmigte Einfuhr invasiver Arten verhindern
4. Versicherung, dass beabsichtigte Einfuhren gebietsfremder Arten, auch für wissenschaftliche Zwecke, genau auf ihre möglichen Auswirkungen auf die Biodiversität hin untersucht werden
5. Förderung von Programmen und Kampagnen gegen invasive Arten und die Verbesserung ihrer Effektivität

6. Förderung der nationalen und internationalen Rahmenbedingungen für nationale Gesetze und internationale Kooperationen zur Regulierung der Einschleppung invasiver Arten sowie deren Kontrolle
7. Förderung notwendiger Forschung und die Entwicklung und Veröffentlichung einer adäquaten Wissensbasis, um dem Problem invasiver Arten entgegenzuwirken.

Quelle: WIKIPEDIA:Biologische Invasion. https://de.wikipedia.org/wiki/Bio logische_Invasion

Die große Literaturstudie des IPBES identifizierte weltweit mehr als 3500 invasive Arten, darunter 1061 Pflanzen- und 141 Mikrobenarten. Der Bericht kommt zu dem Schluss, dass das Aussterben von 60 % der Tier- und Pflanzenarten durch invasive Arten verursacht oder zumindest begünstigt wurde. Dies führte allein 2019 weltweit zu Schäden von über 392 Mrd. EUR und rückwirkend haben sich allein die ökonomischen Schäden bisher in jeder Dekade vervierfacht [41].

Für Deutschland gibt das Bundesamt für Naturschutz (BfN) rund 168 Tier- und Pflanzenarten an, von denen etwa 90 invasiv sind. „Diese Zahlen sind sehr zurückhaltend", sagt dazu der IPBES-Experte Hanno Seebens. „Nach unseren Datenbanken haben wir in Deutschland mindestens 2600 etablierte gebietsfremde Arten, von denen ein Teil invasiv ist." [42].

Was der Bericht auch deutlich macht, ist, dass die Schäden immer noch größer werden, sowohl was die Ausrottung einheimischer Arten angeht als auch die Kosten und Auswirkungen auf die Lebensqualität. Er stellt auch fest, dass eine Ausrottung invasiver Arten nur bei deren langsamen Verbreitung in abgeschotteten Habitaten, etwa auf Inseln, erfolgreich ist. Bei Pflanzen kommt erschwerend der Samenvorrat im Boden hinzu, der sehr langlebig sein kann und jährlich neue Anstrengungen erfordert.

Literatur

1. Ferenc V (2023) The performance of and interactions among multiple co-occurring alien plant invaders and native species. Dissertation, Univ. Hohenheim, Stuttgart
2. LfL – Bayerische Landesanstalt für Landwirtschaft (2019) Ackerwildpflanzen – erkennen und beurteilen. 4. Auflage. https://www.lfl.bayern.de/mam/cms07/publikationen/daten/inform ationen/ackerwildkraeuter-erkennen-beurteilen_lfl-information.pdf (auch alle nachfolgenden Beispiele dieses Kapitels)
3. Zoldan J (1993) Ackerunkräuter – ein Spiegel der landwirtschaftlichen Entwicklung. Aus: Spektrum der Wissenschaft 7/1993, S 92. https://www.spektrum.de/magazin/ackerunkraeuter-ein-spiegel-der-landwirtschaftlichen-entwicklung/820947
4. LfL – Bayerische Landesanstalt für Landwirtschaft (2019)
5. LfU (o. J) – Bayerisches Landesamt für Umwelt. Neophyten – gebietsfremde Pflanzen. https://www.lfu.bayern.de/natur/neobiota/neophyten/index.htm#:~:text=Unter%20Neophyten%20w erden%20Pflanzen%20verstanden,denen%20sie%20natürlicherweise%20nicht%20vorkamen
6. LfU (o. J)

7. Kegel B (1999) Die Ameise als Tramp – Von biologischen Invasionen. Dumont. 512 Seiten
8. Kosmale S, Hövelmann T (2006) Neophypten – NABU Info. https://www.nabu.de/imperia/md/content/nabude/naturschutz/neophyten.pdf
9. Klotz S (1984) Phytoökologische Beispiele zur Charakterisierung und Gliederung urbaner Ökosysteme, dargestellt am Beispiel der Städte Halle und Halle-Neustadt. – Dissertation Martin-Luther-Universität Halle-Wittenberg. Zitiert nach: Brandes NEOPHYTEN IN DEUTSCHLAND, S. 44–54. https://www.nabu.de/imperia/md/content/nabude/naturschutz/neobiota_braunschweig.pdf
10. WIKIPEDIA: Glechoma hederacea. https://en.wikipedia.org/wiki/Glechoma_hederacea
11. WIKIPEDIA:Gundermann. https://de.wikipedia.org/wiki/Gundermann
12. WIKIMEDIA COMMONS:Eugen Warming https://commons.wikimedia.org/wiki/File:Warming-Skudbygning-Fig9-Glechoma-hederacea.jpg; gemeinfrei
13. EU (2022) Durchführungsverordnung (EU) 2022/1203 der Kommission vom 12. Juli 2022 zur Änderung der Durchführungsverordnung (EU) 2016/1141 zwecks Aktualisierung der Liste invasiver gebietsfremder Arten von unionsweiter Bedeutung. OJ L 186, 13.7.2022, S 10–13
14. NABU (2022) Marderhund und Götterbaum unter besonderer Beobachtung – Die EU-Liste invasiver gebietsfremder Tier- und Pflanzenarten. https://www.nabu.de/tiere-und-pflanzen/artenschutz/invasive-arten/unionsliste.html
15. WIKIPEDIA: Biologische Invasion. https://de.wikipedia.org/wiki/Biologische_Invasion
16. Seebens H, Blackburn TM, Dyer EE, Genovesi P, Hulme PE et al (2017) No saturation in the accumulation of alien species worldwide. Nat Commun 8(1):14435
17. WIKIMEDIA COMMONS: Petra Böckmann. https://commons.wikimedia.org/wiki/File:Karte_wichtige_marine_Handelsrouten_und_die_Verbreitung_invasiver_Arten.svg. Original: Meeresatlas – Daten und Fakten über unseren Umgang mit dem Ozean – 2017, S 21. https://www.boell.de/sites/default/files/web_170607_meeresatlas_vektor_v102_1.pdf. CC BY 4.0
18. Seebens H (2016) Wie kommt die Chinesische Wollhandkrabbe in die Nordsee?: Computermodelle verbinden Handelsrouten mit der Invasion fremder Arten. https://www.forschung-frankfurt.uni-frankfurt.de/64239492/FoFra_2016_02_Konkurrenz_der_Arten_Wie_kommt_die_Chinesische_Wollhandkrabbe_in_die_Nordsee.pdf
19. Haubrock PJ, Cuthbert RN, Sundermann A (2021) Economic costs of invasive species in Germany. NeoBiota 67:225–246
20. Nehring S, Kowarik I, Rabitsch W, Essl F (Hrsg) (2013) Naturschutzfachliche Invasivitätsbewertungen für in Deutschland wild lebende gebietsfremde Gefäßpflanzen. BfN-Skripten 352, Bonn, 202 Seiten. https://www.bfn.de/sites/default/files/BfN/service/Dokumente/skripten/skript352.pdf
21. Nehring et al (2013), Abdruckerlaubnis liegt vor
22. Haubrock et al (2021) Economic costs of invasive alien species across Europe. NeoBiota 67:153–190
23. Datenquelle: Van Kleunen M, Dawson W, Essl F et al (2015) Global exchange and accumulation of non-native plants. Nature 525(7567):100–103
24. Nehring et al (2013)
25. Nehring et al (2013)
26. Nehring et al (2013), Abdruckerlaubnis liegt vor
27. NABU (2022)
28. Nehring et al (2013)
29. Nehring et al (2013)
30. Nehring et al (2013)
31. WIKIMEDIA COMMONS:Forest & Kim Starr. CC-BY 3.0 https://commons.wikimedia.org/wiki/File:Starr_031108-3169_Ambrosia_artemisiifolia.jpg?uselang=de
32. WIKIMEDIA COMMONS:Robert Flogaus-Faust. CC-BY 4.0 https://commons.wikimedia.org/wiki/File:Ambrosia_artemisiifolia_RF.jpg?uselang=de
33. Haubrock et al (2021)
34. Haubrock et al (2021)

35. Haubrock PJ, Balzani P, Macêdo R, Tarkan AS (2023) Is the number of non-native species in the European Union saturating? Environ Sci Eur 35(1):48
36. Capinha C, Essl F, Seebens H, Moser D, Pereira HM (2015) The dispersal of alien species redefines biogeography in the Anthropocene. Science 348:1248–1251
37. S. Abrahamczyk, persönliche Mitteilung am 24.01.2024, Universität Hohenheim
38. Seebens (2016)
39. Roy HE et al (Hrsg) (2023) Summary for Policymakers of the Thematic Assessment Report on Invasive Alien Species and their Control of the Intergovernmental Science-Policy Platform on Biodiversity and Ecosystem Services. IPBES secretariat, Bonn, Germany. https://doi.org/10.5281/zenodo.7430692 Der komplette Bericht ist hier erhältlich: https://www.ipbes.net/ias
40. Day MD (2003) Lantana: current management status and future prospects. Australian Centre for International Agricultural Research. ISBN 978-1-86320-375-3, nicht länger verfügbar, zitiert nach: https://en.wikipedia.org/wiki/Lantana_camara#cite_note-Day-7
41. Roy et al (2023)
42. RND – RedaktionsNetzwerk Deutschland (2023). Invasive Arten sind massives Problem: Hunderte Milliarden Euro Kosten. https://www.rnd.de/wissen/invasive-arten-sind-massives-problem-hunderte-milliarden-euro-kosten-5VJSHOFUNZLWXPXUODSURVL4BI.html

Bekämpfung von Pflanzenkrankheiten

10

Wenn wir sie schon nicht mehr los werden, müssen wir wenigstens etwas dagegen tun

Wenn wir unsere Kulturpflanzen schon nicht sicher vor Neueinwanderung von Pathogenen und Insekten schützen können, müssen wir diese wenigstens effektiv bekämpfen. Dazu gibt es prinzipiell vier Möglichkeiten:

- Pflanzenbauliche Maßnahmen *Fruchtfolge, Bodenbearbeitung, Zwischenfrüchte, Saatzeit, Pflanzendichte, Düngung, neue Sorten*
- Chemischer Pflanzenschutz *Fungizide (gegen Pilze), Herbizide (gegen Unkräuter), Insektizide (gegen Insekten) usw.*
- Biologische Bekämpfung *Gegenspieler, Pheromone, Naturstoffe*
- Resistenzzüchtung und Gentechnologie *Resistente Sorten*

Zunächst sollen die Vor- und Nachteile dieser Maßnahmen besprochen werden [1], dann fragen wir uns anhand von einzelnen Krankheiten, die in diesem Buch behandelt wurden, was wirklich wirkt.

Der Pflanzenbau könnte es richten

Noch vor 60 Jahren gab es kaum eine andere Bekämpfungsmöglichkeit von Krankheiten und Insekten als die pflanzenbaulichen Maßnahmen, die von den Altvorderen übernommen wurden. Dabei handelte es sich um ein durchaus rationales Vorgehen, das sich an den damaligen (geringen) Möglichkeiten orientierte.

Seit den 1970er Jahren fand jedoch eine starke Intensivierung in der Landwirtschaft statt. Da sich diese vor allem an wirtschaftlichen Gesichtspunkten orientierte, kam es zu starken Vereinfachungen des Pflanzenbaus (Abb. 10.1). Außerdem wurde er mit maximalem Input geführt, was sich an der Mineraldüngung und dem chemischen Pflanzenschutz ablesen lässt. Zusätzlich wurde

© Der/die Autor(en), exklusiv lizenziert an Springer-Verlag GmbH, DE, ein Teil von Springer Nature 2024
T. Miedaner, *Anthropogene Ausbreitung von Pflanzen, ihren Pathogenen und Parasiten*,
https://doi.org/10.1007/978-3-662-69715-3_10

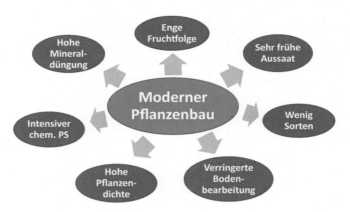

Abb. 10.1 Moderner Pflanzenbau orientiert sich vor allem an wirtschaftlichen Gesichtspunkten, was den Befall mit Schaderregern häufig fördert [2] (chem. PS = chemischer Pflanzenschutz)

die Landschaft ausgeräumt, Hecken, Säume, Randstreifen verschwanden. Dadurch kam es zu einer Kostensenkung und einer enormen Steigerung der Produktivität. Bis vor kurzem waren in Deutschland die Lebensmittel so billig wie fast nirgends sonst in der Europäischen Union. Allerdings hatte diese „Industrialisierung" der Landwirtschaft zahlreiche negative Folgen, die heute immer deutlicher sichtbar werden. Dazu zählt die Verringerung der Biodiversität in der Agrarlandschaft, die abnehmende Fruchtbarkeit von Böden, die Belastung des Grundwassers mit Nitrat und die zunehmende Resistenz von Pathogenen, Parasiten und Unkräutern gegen Pflanzenschutzmittel.

Diese Ökonomisierung der Landwirtschaft war politisch gewollt, weil die Produktion gesteigert werden sollte und große Betriebe wirtschaftlicher zu führen sind. Die Maßnahmen der Europäischen Union wurden damals nach dem Grundsatz „wachsen oder weichen" abgestimmt. Der Trend zu viel weniger, aber größeren Betrieben mit maximaler Intensität war nicht die Idee der Landwirte, sondern der Agrarpolitiker und Agrarökonomen.

Die Fruchtfolge ist eine wesentliche Stellschraube. Heute werden häufig nur noch drei Kulturpflanzen angebaut, z. B. Winterweizen – Wintergerste – Mais. Diese drei machen in Deutschland 67 % der Ackerfläche aus. Früher dagegen gab es Fruchtfolgen mit fünf oder gar sieben Pflanzenarten, wobei auch Sommergetreide (Hafer), Leguminosen (Erbsen, Ackerbohnen, Lupinen) und ein- bzw. mehrjährige Futterpflanzen (Luzerne, Kleegras, Weidelgras) einbezogen wurden, die heute kaum noch eine Rolle spielen. Besonders günstig ist zweijähriges Kleegras, da es durch die mehrfachen Schnitte effektiv die Unkräuter bekämpft.

Es ist unmittelbar einleuchtend, dass eine vielfältige Fruchtfolge weniger von Krankheiten geplagt wird als eine Fruchtfolge in der nur Getreide vorkommt. So gibt es regelrechte „Fruchtfolgekrankheiten", die nur auftreten, wenn dieselbe Pflanze zu oft auf derselben Fläche angebaut wird. Die sogenannten Fußkrankheiten bei Getreide gehören dazu, auch die Wurzelhals- und Stängelfäule bei

Raps, Kartoffelkrebs und praktisch alle Blattkrankheiten bei Mais. Den Erregern ist gemeinsam, dass sie direkt im Boden oder auf Pflanzenresten im Boden kürzer oder länger überdauern können. Bei vielen Pilzen geht das nur ein, zwei Jahre und dann ist es für sie günstig, wenn in kurzen Abständen dieselbe Wirtspflanze wiederkommt. Weltrekordhalter ist der Kartoffelkrebs, dessen Dauersporen im Boden 15–20 Jahre, vielleicht sogar bis zu 40 Jahre lebensfähig bleiben [3]. Auf durchseuchten Flächen ist so lange kein Kartoffelanbau mehr möglich.

Und warum gibt es dann keine vielfältigeren Fruchtfolgen mehr? Wie so vieles in der Landwirtschaft hat das ökonomische Gründe. Viele Kulturpflanzen sind aufgrund der Spezialisierung der Betriebe, des weitverbreiteten Ankaufs von fertig gemischten Futtermitteln oder einfach wegen fehlender Marktnachfrage nicht mehr rentabel. Übrig bleiben dann nur die international gehandelten Kulturen, wie Mais und Weizen, die beliebig exportiert werden können. Schon Roggen will außerhalb der Handvoll produzierender Länder kaum noch jemand. Außerdem ist der Anbau von vielen Kulturpflanzen bei uns einfach zu teuer, sie können viel billiger aus dem Ausland bezogen werden. Schauen Sie mal im Supermarkt, was eine Packung Erbsen, Bohnen, Linsen, Kichererbsen kostet. Das sind nur sehr geringe Beträge, weil sie aus Kanada, der Türkei oder Indien billig importiert werden. Auch Pflanzenöle gibt es auf dem Weltmarkt viel billiger als innerhalb der EU.

Neben der Fruchtfolge ist die Bodenbearbeitung ein entscheidender Faktor. Wenn die Pflanzenreste, die nach der Ernte übrig bleiben, eingearbeitet oder vergraben werden, sind sie erstmal entfernt und können dann, je nach Bodenart, mikrobiell abgebaut werden. Deshalb wurden früher die Felder im Herbst gepflügt, wenn Sommerkulturen (Mais, Zuckerrüben) angebaut werden sollten. Dies ist heute großflächig kaum noch der Fall, weil es Zeit und Geld (Diesel) kostet. Auch können die gepflügten Felder am Hang leicht erodieren, Bodenabtrag durch heftige Niederschläge führt zu großen Verlusten. Dafür bleiben die Erntereste dann einfach bis zur Neueinsaat oberflächlich auf dem Boden liegen oder werden nur ganz flach eingearbeitet. Es leuchtet ein, dass dies Schadpilzen und Insektenlarven zugutekommt, die in den Resten überwintern oder bis zur nächsten Aussaat überdauern. Der Anbau von Zwischenfrüchten würde das auch bei nur reduzierter Bodenbearbeitung verhindern, aber auch das kostet Geld und Zeit.

Die Saatzeit ist eine direkte Stellschraube für die Anfälligkeit von Pflanzen. Je früher die Saat, umso mehr Möglichkeiten gibt es für Schadpilze und Insekten anzugreifen. Hinzu kommt, dass eine frühe Saat von Wintergetreide noch vor Winter einen sehr dichten Bestand ergeben kann, der wiederum anfälliger für einen Befall ist. Dies gilt insbesondere, wenn der Herbst lang und warm wird. Dann sind die Getreidebestände schon vor Winter mit Mehltau, Fußkrankheiten und Rostpilzen befallen und werden dadurch erheblich gestresst. Die Winterhärte nimmt bei Winterkulturen (Wintergetreide, Raps) durch den Befall ab. Aber auch hier sind es wirtschaftliche Gründe, immer früher zu säen: Es führt zu höheren Erträgen.

Natürlich hat auch die Pflanzendichte einen Einfluss auf den Krankheitsbefall: Je dichter, desto höher. Die Gründe sind einfach: Die Luftfeuchtigkeit im Bestand ist höher, was den Pilzbefall fördert und die Pilze können sich leichter von Pflanze zu Pflanze übertragen. Durch die Möglichkeit der mineralischen Düngung neigt

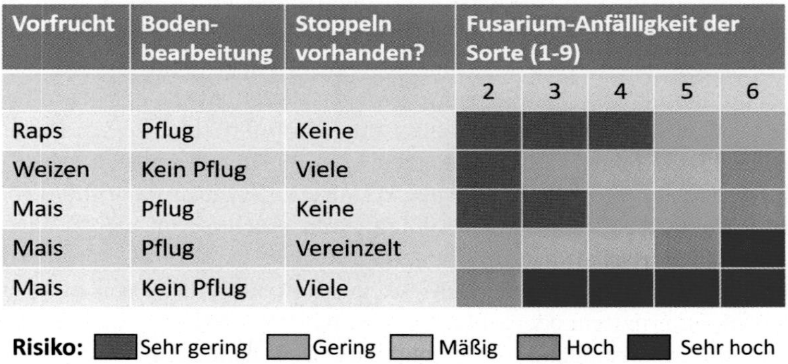

Vorfrucht	Bodenbearbeitung	Stoppeln vorhanden?	Fusarium-Anfälligkeit der Sorte (1-9)				
			2	3	4	5	6
Raps	Pflug	Keine					
Weizen	Kein Pflug	Viele					
Mais	Pflug	Keine					
Mais	Pflug	Vereinzelt					
Mais	Kein Pflug	Viele					

Risiko: ▉ Sehr gering ▢ Gering ▢ Mäßig ▢ Hoch ▉ Sehr hoch

Abb. 10.2 Zusammenwirken von Vorfrucht, Bodenbearbeitung und Sorte für die Vermeidung von Ährenfusariosen beim Anbau von Weizen (1 = kein Befall, 9 = maximaler Befall) [4]

man zu dichteren Beständen, die Ernährung kommt dann „aus dem (Dünger-) Sack". Aber dichte Bestände führen auch zu dünneren Halmen, größeren, wasserreicheren Zellen und damit einer höheren Anfälligkeit gegen Pilze und Insekten. Das gilt genauso für eine hohe Stickstoffdüngung. Beides bedingt sich gegenseitig.

Eine letzte Stellschraube ist die Wahl resistenter Sorten. Es gibt kein besseres Beispiel für das Zusammenwirken der pflanzenbaulichen Faktoren als das Risiko für einen Weizenbestand, mit Ährenfusariosen infiziert zu werden, wenn es zur Blüte regnet (Abb. 10.2).

Wurde als Vorfrucht Raps angebaut und die Stoppeln durch den Pflug vergraben, können anschließend Weizensorten mit einer Anfälligkeit von 6 noch ohne Risiko einer schweren Infektion angebaut werden. Bei Weizen als Vorfrucht und pflugloser Bodenbearbeitung sollten nur Sorten mit einer Anfälligkeit von 2–3 genutzt werden, weil sonst bereits ein größeres Risiko für eine Infektion und eine Verseuchung mit dem Mykotoxin Deoxynivalenol (DON) besteht. Hier wird der Einsatz von Fungiziden zur Blüte empfohlen. Etwas weniger Risiko bietet Mais als Vorfrucht, wenn der Pflug eingesetzt wird. Hier genügt zur Vorbeugung der Anbau resistenter Sorten. Selbst wenn nur vereinzelt Stoppeln noch auf der Erdoberfläche liegen, steigt das Risiko bereits an und es wird der Einsatz von Fungiziden empfohlen. Maximales Risiko dagegen gibt es bei Mais als Vorfrucht ohne Pflug, da dann die ganzen Stoppeln an der Oberfläche bleiben und die Infektionskette mit *Fusarium* für den nachfolgenden Weizen geschlossen ist. Bei feuchter Witterung kann der Pilz von den Maisstoppeln ausgehend direkt den Weizenbestand infizieren. Hier hilft nicht einmal der Einsatz von Fungiziden. Selbst bei der resistentesten Sorte gibt es bereits ein hohes Risiko.

Chemie als Allround-Lösung?

Seit dem Zweiten Weltkrieg entwickelt die Industrie ständig neue Pflanzenschutz-mittel für den vielfältigsten Einsatz. Im Jahr 2021 waren 950 Pflanzenschutzmittel zugelassen, die 281 verschiedene Wirkstoffe enthielten [5]. Eine staatliche Zulas-sung erfolgt nur nach intensiver Prüfung auf die potenzielle Gefährlichkeit für Mensch, Tier und Umwelt. Der Einsatz in der Landwirtschaft ist gewaltig. Er beträgt rund 30.000 t Wirkstoffe im Jahr. Demnach werden jährlich 2,4 kg Wirk-stoff je Hektar Anbaufläche auf Äcker und Dauerkulturen gespritzt. Das entspricht zwar nur 0,24 g Wirkstoff je Quadratmeter, zeigt aber auch, wie potent heutige Pflanzenschutzmittel sind.

Chemische Pflanzenschutzmittel haben zahlreiche Vorteile: Sie sind leicht ver-fügbar, relativ preiswert im Einsatz und bieten dem Landwirt eine große Sicherheit. Die meisten modernen Mittel werden von der Pflanze aufgenommen und sind dadurch in allen Pflanzenteilen verfügbar. Sie haben eine längere Wirkungsdauer als früher und sind dadurch noch zuverlässiger. Am einfachsten lassen sich ihre Vorteile bei der Saatgutbehandlung („Beizung") demonstrieren. Da in Deutsch-land jedes konventionelle Saatgut grundsätzlich chemisch gebeizt wird, treten Krankheiten wie Weizensteinbrand, Gerstenflugbrand oder Haferflugbrand prak-tisch nicht auf. Ganz anders ist dies im Ökologischen Landbau, wo auf die Beizung verzichtet wird, und genau diese Krankheiten ein großes Problem darstellen. Auch andere Krankheiten sind ohne chemische Bekämpfung schwer in den Griff zu bekommen, beispielsweise die Kraut- und Knollenfäule der Kartoffel *(Phytop-thora infestans)* oder die pilzlichen Krankheiten der Rebe. Hier müssen in feuchten Jahren auch die ökologischen Betriebe Kupfer und Schwefel spritzen. Dabei ist Kupfer nicht weniger bedenklich als chemische Pflanzenschutzmittel, weil es das Bodenleben erheblich stört und sich im Boden über die Jahre anreichert, ein Abbau findet praktisch nicht statt. Außerdem wirken diese anorganischen Mittel nur auf der Oberfläche der Pflanze, müssen also nach jedem Regen neu gespritzt werden.

Nachteile der chemischen Pflanzenschutzmittel sind der Eintrag in die Umwelt und mögliche Rückstände im Ernteprodukt. Beides ist natürlich unerwünscht und sollte bei ordnungsgemäßem Einsatz auch nicht vorkommen. Allerdings lässt sich der Abfluss nicht immer vermeiden. So finden sich immer wieder Pfla-nzenschutzmittel im Grundwasser, in Oberflächengewässern oder in Lebensmitteln. Ihre Konzentration liegt zwar in den allermeisten Fällen weit unter den erlaubten Grenzwerten, trotzdem wird es in der Öffentlichkeit immer erneut diskutiert. Hinzu kommt, dass sich in unseren Böden aufgrund der intensiven Landwirtschaft ein ganzer Cocktail von Pflanzenschutzmittelrückständen findet, deren Auswirkungen auf das Bodenleben kaum verstanden sind, da bei der amtlichen Prüfung immer nur das einzelne Mittel betrachtet wird, nicht jedoch das Zusammenwirken der Mittel, die gemeinsam in einer Vegetationsperiode gespritzt werden.

Eine rein auf Ökonomie basierende Landwirtschaft mitsamt ihren negativen Auswirkungen (s. Abb. 11.1) wäre ohne chemischen Pflanzenschutz überhaupt nicht möglich gewesen. Heute versuchen wir wieder von dem starken Einsatz von Pflanzenschutzmitteln wegzukommen. Nach den Plänen für einen *Green Deal* der EU-Kommission soll ihr Einsatz im Durchschnitt um 50 % reduziert werden. Im Ackerbau ist das durchaus realistisch, wenn die oben genannten Risikofaktoren vermieden werden. Chemische Pflanzenschutzmittel wären dann nur noch eine Art „Versicherung" bei sehr ungünstiger Witterung oder dem Auftreten neuer Pathogenrassen.

Apropos neue Rassen. Es ist ein wichtiger Aspekt des chemischen Pflanzenschutzes, dass Pathogene und Parasiten dagegen resistent werden können. Und das passiert immer häufiger, je öfter das chemische Mittel eingesetzt wird. Und es passiert bei Pilzen genauso wie bei Insekten und Unkräutern. Dabei gibt es zwei Wirkungsmechanismen der Pflanzenschutzmittel: Sie können ganz spezifisch nur einen Wirkort betreffen *(single site),* meist ist es ein für die Schadorganismen lebensnotwendiges Protein, oder sich auf viele verschiedene Wirkorte *(multi site)* innerhalb des Erregers beziehen. Erstere haben ein viel größeres Resistenzrisiko, da eine einzige Mutation im Erreger genügt, um eine Resistenz zu bewirken. So kam es nach der Einführung der damals völlig neuartigen Strobilurine 1996 bereits nach zwei Jahren zum Auftreten einer ersten Resistenz des Echten Weizenmehltaus (Tab. 10.1). Die Resistenzbildung ergriff allmählich andere Schadpilze und die Strobilurine wirken heute nur noch gegen die Getreideroste. Morpholine haben dagegen schon zwei Angriffspunkte und hier dauerte es 34 Jahre bis zur ersten Resistenzbildung [3]. In jedem Fall kommt es dann zu einer Wirkungslosigkeit der jeweiligen Stoffe. Im Gegensatz dazu werden die Pilze gegen die Azole erst allmählich resistenter *(shifting),* das heißt man braucht zwar immer höhere Mengen, um dieselbe Wirkung zu erreichen, die Mittel sind aber noch einsatzfähig. Das älteste *multi-site* Fungizid ist der Schwefel, hier gibt es keine Resistenzbildung, im Gegensatz zu den chemisch-synthetischen Fungiziden.

Dass in Tab. 10.1 der Echte Mehltau oder der Erreger der Blattseptoria häufiger auftaucht, ist kein Zufall. Sie gehören zu den Erregern mit dem höchsten Resistenzrisiko, d. h. sie können sich aufgrund ihrer großen genetischen Variation schnell an Fungizide anpassen, vor allem, wenn diese nur einen spezifischen Wirkmechanismus haben.

Es liegt aber auch am Lebenszyklus der Erreger, ob sie sich schnell anpassen können. Der Erreger der Blattseptoria weist viele Merkmale auf, die für pilzliche Pflanzenpathogene typisch sind. So verfügt er über ein gemischtes Fortpflanzungssystem, er kann sich sowohl sexuell als auch asexuell fortpflanzen und

Tab. 10.1 Beispiele für das Auftreten von Fungizidresistenzen oder Wirksamkeitsverlusten von Fungiziden bei Getreide

Jahr	Fungizidklasse	Erreger
1998	Strobilurine	Echter Mehltau
2004	Strobilurine	Blattseptoria
2006	Azole	Blattseptoria
2007	Strobilurine	Ramularia
2012	Carboxamide	Netzfleckenkrankheit
2015	Carboxamide	Blattseptoria
2017	Carboxamide	Echter Mehltau

dabei Unmengen von Sporen bilden. Zwischen den Pilzstämmen kann es zu einem beträchtlichen Austausch kommen, bis zu 30 % der Pilzpopulation am Ende einer Vegetationsperiode stammt aus sexueller Vermehrung [6]. Durch diese ständige Neudurchmischung des Erbmaterials wird die für die Anpassung an Fungizide erforderliche Zeit verkürzt. Es gibt bezogen auf ganz Europa keinen Wirkstoff mehr, der überall eine vollständige Wirkung gegen Blattseptoria hat. Deshalb sind heute in feuchten Jahren bis zu drei Behandlungen gegen diesen Erreger erforderlich, in Europa werden rund 70 % der Fungizide nur gegen diesen Pilz ausgebracht [7]. Auch gegen die Sprenkelfleckenkrankheit (Ramularia) wirkt kaum noch ein einzelnes Fungizid mehr. Hier sind, wie bei vielen anderen Erregern, Fungizidmischungen nötig und trotzdem schreitet die Resistenzentwicklung voran. Sprichwörtlich ist auch die Resistenz von Insekten gegen Insektizide, vor allem im Rapsanbau. Die seit Jahrzehnten eingesetzten Pyrethroide, die sich von einer natürlichen Substanz aus Chrysanthemenblüten ableiten, sind heute gegen Rapserdfloh, Rapsglanzkäfer, Gefleckten Kohltriebrüssler, Kohlschotenrüssler und die Grüne Pfirsichblattlaus kaum noch wirksam.

Hilft uns die Biologie?

Biologische Bekämpfung ist ein Überbegriff für sehr verschiedene Maßnahmen [8], die alle gemeinsam nicht als „chemisch-synthetischer Pflanzenschutz" gelten:

- Verwendung lebender Organismen, z. B. Nützlinge, Räuber, Krankheitserreger
- Nutzung von Pheromonen („Verwirrtaktik")
- Anwendung von Naturstoffen aus Pflanzen und Mikroorganismen

Während es im Garten-, Obst- und Weinbau viele, sehr erfolgreiche Anwendungen gibt, sind sie im Ackerbau sehr beschränkt. Dies liegt an den großen Flächen, die schwer zu kontrollieren sind und an den hohen Kosten. Einige wenige erfolgreiche Anwendungen sollen hier genannt werden.

Contans WG besteht aus 1×10^9 vitalen Sporen je Gramm des Bodenpilzes *Coniothyrium minitans*. Er besiedelt die Dauerkörper (Sklerotien) der Krankheitserreger *Sclerotinia sclerotiorum* und *Sclerotinia minor* im Boden und tötet sie ab. Das Mittel ist im Ackerbau, Gemüsekulturen und Zierpflanzen zugelassen. Die Sporenkonzentration wurde hier genannt, um zu zeigen, welche enormen Mengen zur biologischen Bekämpfung eingesetzt werden müssen, um erfolgreich zu sein.

Ein anderes, erfolgreiches Beispiel aus der ersten Kategorie sind die Schlupfwespen der Art *Trichogramma brassicae,* die die Eier des Maiszünslers parasitieren. Diese werden entweder in Kügelchen verpackt mit Drohnen aus der Luft abgeworfen oder auf Pappkärtchen präpariert und per Hand an die Maispflanzen gehängt. In jedem Fall schlüpfen die Tiere aus, paaren sich und suchen dann aktiv nach Eiern des Schädlings. Diese belegen sie mit ihren eigenen Eiern und töten sie damit ab. Nach einiger Zeit schlüpft aus den parasitierten Eiern eine neue Nützlings-Generation, die wiederum neue Maiszünsler-Eier besiedelt.

Andere Schlupfwespen-Arten können auch gegen Apfel- und Pflaumenwickler, Lebensmittel- und Kleidermotten eingesetzt werden.

Pheromone sind weibliche Geschlechtshormone der zu bekämpfenden Arten (Apfel-, Traubenwickler, Borkenkäfer, Buchsbaumzünsler). Sie werden in den Beständen und an den Rändern der Obstplantagen oder Weinberge in Plastikkapseln ausgebracht. Die starken Gerüche locken die männlichen Falter an und verwirren sie so stark, dass es unwahrscheinlich ist, dass sie noch Weibchen finden und sich fortpflanzen können. Dadurch wird die Vermehrungsrate sehr stark gesenkt. Pheromone können auch als Monitoring-Instrument dienen, beispielsweise, um den Einsatz der Schlupfwespen dann zu terminieren, wenn die spezifischen Stadien der Schädlinge vorhanden sind.

Auch zur dritten Kategorie, der Anwendung von Naturstoffen, gibt es erfolgreiche Konzepte. Ein schönes Beispiel ist die Bekämpfung des Kartoffelkäfers im Öko-Anbau. Da hier keine chemisch-synthetischen Insektizide eingesetzt werden dürfen, bleibt nur die biologische Bekämpfung. Dazu sind zwei Verfahren gängig. Einmal der Wirkstoff Azadirachtin, der aus den Samen des tropischen Neembaumes stammt. Er wirkt wie ein Insektizid und wird von den Kartoffelkäferlarven einfach mitgefressen. Dadurch kommt es zu einer dauerhaften Fraßhemmung, die Larven wachsen nicht mehr und können sich nicht mehr häuten.

Die zweite biologische Bekämpfungsmöglichkeit des Kartoffelkäfers ist ein Präparat, das inaktive Überdauerungsformen des Bakteriums *Bacillus thuringiensis* subsp. *tenebrionis* enthält. Dieses wird durch Feuchtigkeit aktiviert und durch den Blattfraß von den Kartoffelkäferlarven aufgenommen. Die vom Bakterium gebildeten kristallinen Bt-Toxine durchlöchern die Darmwand des Insekts und die Darmbakterien töten es dann ab. Andere Unterarten des Bakteriums bekämpfen auch Larven von schädlichen Schmetterlingen (Maiszünsler, Maiswurzelbohrer) und Stechmücken. Es gibt auch Präparate, bei denen das Bt-Eiweiß (ohne Bakterien) direkt auf die Pflanzen gesprüht wird, der Wirkmechanismus ist derselbe. Dieses Konzept wird auch in der klassischen Gentechnik eingesetzt (s. u.). Bt wird seit Jahren sehr erfolgreich zur Bekämpfung der Rheinschnaken eingesetzt, das Mittel wird im Frühjahr mit Hubschraubern in den Auwäldern und auf stehende Gewässer versprüht.

So vorteilhaft biologische Bekämpfungsmaßnahmen wirken, so haben sie auch Nachteile. In der Regel wirken sie sehr spezifisch, also nur gegen eine Schaderregerart. Das kann man als Vorteil sehen, jede Maßnahme ist extrem zielgerichtet. Da aber im Ackerbau immer mehrere Erreger im selben Feld auftreten, würde deren Einsatz dann sehr komplex. Im Gewächshausanbau von Gemüse ist es meist nur ein Hauptschädling, der bekämpft werden muss. Außerdem hängt die Wirkung der biologischen Maßnahmen stark vom empfindlichen Entwicklungsstadium der Insekten und der Witterung ab. Und gegen die gängigen Schadpilze im Ackerbau gibt es keine anwendungsfertigen Konzepte. Da ist es für den Landwirt einfacher, resistente Sorten anzubauen.

Resistenzzüchtung ist Trumpf

Die Erhöhung der Widerstandsfähigkeit (= Resistenz) von Kulturpflanzen gegen Schaderreger kann auch genetisch durch Züchtung erfolgen. Dabei gibt es ganze Erregergruppen, die gar nicht anders bekämpft werden können. Dazu gehören Viren, Bakterien, Fadenwürmer (Nematoden). Hier sind keine chemischen Mittel vorhanden bzw. dürfen aus verschiedenen Gründen nicht eingesetzt werden. Gegen Viren gibt es gar keine chemische Bekämpfung, man kann nur die Virusüberträger (Vektoren) mit Insektiziden kontrollieren. Bei der Bekämpfung von Bakterien durch Antibiotika befürchtet man durch eine großräumige Anwendung in Garten- und Ackerbau ein schnelleres Versagen bei Tier und Mensch, deshalb sind sie verboten. Chemische Nematizide sind bei großflächiger Anwendung im Boden zu umweltschädigend und nicht mehr erlaubt.

Für die Resistenzzüchtung gelten ähnliche Bedingungen wie für die Fungizidresistenzen. Auch hier gibt es Resistenzmechanismen, die nur durch ein einziges Gen vererbt werden (monogen, qualitativ) und solche, die durch die gleichzeitige Wirkung vieler Gene (polygen, quantitativ) entstehen. Erstere sind züchterisch leicht zu bearbeiten, viele Erreger entwickeln aber rasch ihrerseits Resistenzen gegen diese Gene, die Sorte wird dann wieder anfällig. Zweitere sind für Züchter aufwendig und zeitraubend zu bearbeiten, aber sehr viel dauerhafter, da sie von den Erregern kaum überwunden werden.

Voraussetzung für eine erfolgreiche Resistenzzüchtung ist dabei das Vorhandensein von Resistenzquellen (Abb. 10.3). Das klingt zwar selbstverständlich, ist aber nicht immer gegeben. Bei den althergebrachten Krankheiten, wie Echter Mehltau oder Gelbrost bei Getreide, gibt es bereits im angepassten Zuchtmaterial ausreichende Resistenzen, hier genügt einfach die Kreuzung von resistentem mit anfälligem Material und die anschließende Auslese auf Resistenz.

Gibt es im einheimischen Zuchtmaterial keine Resistenzen, dann muss man in ausländischem oder exotischem Material suchen. Das sind dann Sorten, die etwa aus Afrika oder China stammen und nicht an unsere Produktions- und Klimaverhältnisse angepasst sind. Hier ist es nötig, mehrfache Rückkreuzungen mit dem angepassten Material zu machen. Nach jeder Rückkreuzung muss dann wieder auf die Resistenz selektiert werden. Handelt es sich dabei nur um ein Gen, dann kann auch mit DNS-Markern im Labor selektiert werden, was die erforderliche Zeitdauer halbiert.

Wird die Resistenz aber durch mehrere Gene verursacht, dann sind die Verfahren komplexer und langwieriger. Bei der Herkunft aus einheimischem Material wird eine mehrstufige Selektion erforderlich, die auf Resistenz ausgerichtet ist, aber auch auf hohen Ertrag und andere wichtige Merkmale. Dabei dauert es bis zu 8 Jahre bis das neue Material in einem Zustand ist, dass es konkurrenzfähig mit anfälligen, aber hochertragreichen Genotypen ist.

Bei der Herkunft aus exotischen Quellen dauert es noch deutlich länger. Hier müssen die Kreuzungsnachkommen zuerst auf Resistenz und Anpassung (Blüh-, Erntezeit, Standfestigkeit) selektiert werden, dann wird eine Rückkreuzung mit einheimischem Material erforderlich, gefolgt von einer Selektion auf Leistung

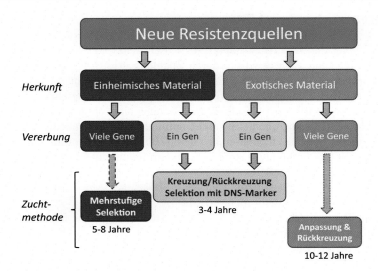

Abb. 10.3 Entscheidungsdiagramm für die Einbringung neuer Resistenzquellen in das Zuchtmaterial; in Abhängigkeit von der Herkunft des Materials und der Vererbung der Resistenz müssen unterschiedliche Zuchtmethoden eingesetzt werden, die unterschiedlich lange dauern

(Ertrag, Qualität). Je nach Herkunft der Resistenzquellen muss dieser Prozess noch mehrfach wiederholt werden, bevor eine konkurrenzfähige, resistente Sorte entsteht.

Auf jeden Fall ist die Züchtung resistenter Sorten eine langwierige Angelegenheit, die sich jedoch lohnt. Ziel muss es sein, möglichst dauerhafte Resistenzen zu erzielen (Tab. 10.2). Dies hängt von der Art der Vererbung ab (monogen/polygen) und den Eigenschaften des Erregers, wie bereits bei Blattseptoria besprochen. So wird die Resistenz gegen Ährenfusariosen durch viele Gene vererbt und ist zwar schwierig zu erzielen, dann aber sehr dauerhaft (Abb. 10.4). So ist sie bei der früher weit verbreiteten Sorte Bussard 20 Jahre lang auf demselben Niveau geblieben und hat sich auch bei den anderen Sorten als dauerhaft erwiesen. Bei Gelbrost gibt es beides: monogen und polygen vererbte Resistenz. Die vollständige Resistenz bei der Sorte Informer hat bis jetzt 6 Jahre gehalten, ob dies längerfristig so bleibt, muss abgewartet werden. Bei Opal und Genius hielt sie bis jetzt 13 Jahre, bei Benchmark war sie nach 7 Jahren unwirksam geworden.

Noch schwieriger ist es bei Braunrost, dauerhafte Resistenzen zu erzielen. Hier ist Genius noch eines der besten Beispiele, die Resistenz hat sich in 14 Jahren nur um eine Note verschlechtert. Bei Tobak war die anfangs hohe Braunrost-Resistenz nach 8 Jahren unwirksam geworden, bei Julius hat sie sich über 16 Jahre von resistent zu mäßig resistent gewandelt, ist aber nicht völlig verschwunden.

Tab. 10.2 Dauerhaftigkeit von Resistenzen (1 = kein Befall, 9 = vollständiger Befall) [9]

Sorte	Erstes Jahr	Letztes Jahr	Anzahl Jahre
Ährenfusarium			
Bussard	3	3	20
Toras	2	2	17
Anapolis	3	3	11
Axioma	3	3	10
Gelbrost			
Informer	1	1	6
Opal	2	2	13
Genius	2	3	13
Benchmark	2	7	7
Braunrost			
Julius	2	6	16
Genius	3	4	14
Tobak	2	8	13 (8)[a]

Resistenz: ☐ Hoch ☐ Mäßig ◼ Gering
[a] Nach 8 Jahren war die Resistenz bereits unwirksam geworden.

Abb. 10.4 Ein überzeugendes Beispiel für den Erfolg der Resistenzzüchtung gegen Ährenfusariosen bei künstlicher Infektion auf benachbarten Parzellen; links: wenig anfällige Sorte, rechts: hochanfällige Sorte; das Ausmaß der vorzeitig ausgebleichten Ähren zeigt den Grad der quantitativen Resistenz

Rettung durch Gentechnik?

In der konventionellen Züchtung können nur Pflanzenarten gekreuzt werden, die miteinander verwandt sind; die meisten Kreuzungen finden innerhalb einer Art statt. Die Methoden der Gentechnik können dagegen alle bekannten Gene der Natur nutzen, gleich, ob sie aus fremden Pflanzen, Tieren oder Bakterien stammen (Gentransfer) oder arteigene Gene so umgebaut werden, dass sie eine nützliche Eigenschaft bewirken (Genomeditierung).

Mit Genomeditierung kann man ein Gen gezielt ausschalten oder es so verändern, dass es eine neue Eigenschaft bewirkt. Dabei nutzt man zelleigene Reparaturmechanismen, sodass sich das Ergebnis nicht von einer natürlichen Mutation unterscheiden lässt. So kann man beispielsweise ein Gen, das Anfälligkeit für einen Virus bewirkt, in ein Gen umwandeln, das dem Virus keine Vermehrung in der Pflanze mehr erlaubt. Und das ist eine erfolgreiche Strategie, die es einer israelischen Arbeitsgruppe erlaubte, durch Veränderung eines einzigen Gens eine Resistenz gegen drei verschiedene Viren bei Gurken zu erreichen. Durch Veränderung genau desselben Gens in Gerste konnte auch eine Resistenz gegen die Gelbmosaikviren erzielt werden.

Was schon seit 1996 großflächig auf Äckern außerhalb Europas angebaut wird, sind Mais- und Baumwollsorten, die durch Gentransfer ein Gen des Bakteriums *Bacillus thuringiensis* erhielten und jetzt das nur für Insekten toxische Bt-Eiweiß selbst bilden. Dadurch werden zahlreiche schädliche Schmetterlinge der genannten Pflanzenarten bekämpft. Heute wird Bt-Mais gegen Maiszünsler und Maiswurzelbohrer weltweit in 14 Ländern angebaut [10], allein in den USA sind 88 % der Maisflächen mit Bt-Mais bestellt [11]. Noch erfolgreicher ist der Einsatz in Baumwolle, der in 18 Ländern erfolgt. Hier wird vor allem der Baumwollkapselwurm bekämpft. Der Anteil der Bt-Baumwolle an der weltweiten Baumwollproduktion betrug 2019 rund 80 % Prozent [12]. Es ist also sehr wahrscheinlich, dass ein T-Shirt oder Unterhemd, sofern es nicht ein Ökolabel trägt, aus gentechnisch veränderter Baumwolle hergestellt wurde.

Eine wirkliche Perspektive, und derzeit auch die einzige, wäre es, Gentechnik zu nutzen, um die Tropische Rasse 4 des Erregers der Panamakrankheit der Banane zu bekämpfen (s. Kap. 6). Die Banane entstand irgendwann vor ein paar Tausend Jahren spontan in einem südostasiatischen Dschungel durch Kreuzung zweier verschiedener Arten. Deshalb hat sie drei Chromosomensätze und macht keine Samen, was sie zum beliebten Obst macht. Außerdem werden, im Gegensatz zu fast allen anderen Früchten, die Blüten nicht befruchtet, die Bananen entstehen durch Jungfernzeugung. Beides verhindert eine klassische Züchtung der Banane. Bisher wurde immer nur auf Abweichungen von Klonen selektiert, die sich über lange Zeit gelegentlich finden. Leider wurde auf diese Weise aber bisher keine Resistenz gegen die genannte Krankheit gefunden. Es gibt bei wilden Bananenarten durchaus Resistenzen, aber die lassen sich eben nicht einkreuzen. Jetzt ist es Forschern der Queensland University of Technology in Australien in Zusammenarbeit mit niederländischen Kollegen der Universität Wageningen erstmals geglückt, ein solches Gen *(RGA2)* aus der Wildbanane *Musa acuminata* ssp. *malaccensis* in die beliebte Sorte Cavendish einzukreuzen [13]. Erste Feldversuche wurden in Australien schon 2012 gestartet und dauerten sieben Jahre. Erst im Frühjahr 2024 erfolgte die Zulassung dieser genetisch-modifizierten Banane in Australien [14]. Sie wird im Moment jedoch nicht vermarktet, sondern soll als „Rückzugsoption" aufbewahrt werden, falls die Krankheit auch in Australien so tödlich zuschlägt wie in anderen Ländern.

Inzwischen hat man festgestellt, dass die Cavendish-Banane auch selbst das Resistenzgen *RGA2* enthält, es ist aber kaum aktiv und kann die Besiedlung mit dem Pilz deshalb nicht verhindern. Durch Genomeditierung könnte das Gen so verändert werden, dass es wieder abgelesen wird und dann eventuell Resistenz bewirkt, das wäre zu beweisen. Solche Arbeiten sind schon im Gange.

Was wirkt gegen was?

Welche dieser Möglichkeiten der Bekämpfung besteht bzw. am besten wirkt, hängt vom jeweiligen Pathogen oder Insekt ab (Tab. 10.3).

Sieht man sich die einzelnen Krankheiten an, dann ist der Erfolg der einzelnen Bekämpfungsmaßnahmen sehr unterschiedlich. Gegen **Ährenfusariosen** würden pflanzenbauliche Maßnahmen sehr gut wirken, dazu dürfte man keinen Mais als Vorfrucht anbauen und müsste nach der Ernte eine möglichst tiefgreifende, wendende Bodenbearbeitung durchführen (s. Abb.). Dies würde schon fast zur vollständigen Bekämpfung der Krankheit führen. Trotzdem werden diese Maßnahmen großflächig nicht gemacht, da sie wiederum Geld und Zeit kosten und mit weniger Ertrag verbunden sind. Da die moderne Fruchtfolge häufig lautet: Weizen – Weizen – Mais wird mit jeder Alternative weniger Geld verdient. Außerdem kostet die Bodenbearbeitung Zeit und Diesel. Die chemische Bekämpfung funktioniert nur mäßig, obwohl Fungizide für diesen Zweck zugelassen sind. Durch

Tab. 10.3 Wirkung der Bekämpfungsmaßnahmen auf ausgewählte Krankheiten

Krankheit/Insekt	Pflanzenbau	Chemisch	Biologisch	Züchterisch
Ährenfusariosen	+++	+	—	++
Getreideroste	—	+++	—	+++
Ramularia	+	+	—	—
Mutterkorn	+	—	—	++
Maisbeulenbrand	++	—	—	+++
Kartoffelkrebs	—	—	—	++
Maiszünsler	+	+	+++	+
Maiswurzelbohrer	+++	—	—	—
Kartoffelkäfer	—	++	++	—
Heerwurm	—	—	—	—

Wirkung: ■ = sehr gut, ++ = gut, + = mäßig, ■ = funktioniert nicht/keine Konzepte vorhanden

Resistenzzüchtung sind sehr gute Sorten entstanden, diese werden aber in der Praxis kaum genutzt, da sie bisher noch zu lang und lageranfällig sind und etwas weniger Ertrag bringen.

Bei den **Getreiderosten** besteht eine echte Wahl zwischen hervorragend wirkenden Fungiziden und ebenso hervorragend resistenten Sorten. Dabei gibt es die Resistenz für den Landwirt umsonst, wenn er die Sorte kauft, Fungizide muss er extra bezahlen.

Ramularia bei Gerste tritt vor allem in Süddeutschland stark schädigend auf und ist kaum noch zu bekämpfen. Pflanzenbauliche Faktoren spielen nur eine untergeordnete Rolle und gegen die meisten zugelassenen Fungizide ist der Pilz zumindest teilweise resistent, selbst höhere Aufwandmengen wirken nur noch mäßig. Es gibt aber auch keine Resistenzquellen in einheimischem Material, sodass alle Sorten als mehr oder weniger anfällig gelten.

Gegen **Mutterkorn** bei Roggen können pflanzenbauliche Maßnahmen (Fruchtfolge, Bodenbearbeitung, einheitliche Bestände) nur bedingt eingesetzt werden, hier helfen aber die vorhandenen Sortenunterschiede von Note 2 bis 6 auf der 1–9-Skala.

Maisbeulenbrand ist eine Krankheit, die sehr gut durch Pflanzenbau und noch besser durch Resistenzzüchtung bekämpft werden kann. Er spielt heute im modernen Maisanbau nur eine geringe Rolle.

Kartoffelkrebs dagegen kann man nur züchterisch durch den Anbau resistenter Sorten in den Griff bekommen. Allerdings gibt es hier verschiedene Rassen (Pathotypen) und die Resistenzgene wirken pathotypspezifisch. Derzeit besitzen rund 40 % der in der EU zugelassenen Sorten Resistenz gegen Pathotyp 1, jedoch nur 4 % der Sorten zusätzliche Resistenzen gegen die Pathotypen 2, 6 und/oder 18 [15]. Aufgrund der langjährigen Resistenzzüchtung kommt Pathotyp 1 auf den Feldern kaum noch vor, umso wichtiger werden die anderen. Da es hier kaum Sortenresistenzen gibt, sind Quarantänemaßnahmen die einzige Form der Bekämpfung. Es gibt auch Sorten mit quantitativer Resistenz, die nur eine geringe Anfälligkeit besitzen. Sie bilden bei Befall mit Kartoffelkrebs keine oder nur kleine Krebswucherungen, die deutlich weniger Dauersporangien enthalten als die Wucherungen hochanfälliger Sorten [16].

Auch die Bekämpfungsmöglichkeiten von **Insekten** sind sehr artspezifisch. Gegen den Maiszünsler helfen alle bekannten Maßnahmen; wie bereits oben erläutert, wird derzeit in Südwestdeutschland vor allem die biologische Bekämpfung mit Schlupfwespen durchgeführt. Der Maiswurzelbohrer kann perfekt durch Fruchtfolge bekämpft werden, während gegen den Kartoffelkäfer biologische und chemische Mittel helfen. Im Hausgarten kann er auch durch Absammeln in Schach gehalten werden, bei großen Flächen verbietet sich das heute von selbst. Auch im Ökolandbau muss man spritzen, allerdings mit natürlichen Mitteln (s. o.). Der Heerwurm schließlich kann derzeit mit keiner Maßnahme bekämpft werden.

Internationalisierung und Netzwerke

Neben der Bekämpfung einzelner Pflanzenkrankheiten, die durch menschliches Zutun verschleppt werden, braucht es auch internationale Anstrengung, um das Ausmaß der Migration zu vermindern bzw. wenn das nicht möglich ist, ihre Wirkungen rechtzeitig zu erkennen und zu begrenzen. Dazu gehören: (1) eine Auswertung von großen Datenmengen, um das Auftreten neuer Pathogene vorherzusagen, (2) ein zuverlässiges System der Früherkennung, wenn die neuen Pathogene schon im Land sind, (3) eine Risikoanalyse, die aufgrund der Kenntnisse der Biologie der Pathogene und populationsgenomischer Untersuchungen die Ausbreitung modelliert und schließlich (4) ein Werkzeug zur Entscheidungshilfe, das Wissenschaftler und Landwirte warnt und konkrete Vorschläge zur Kontrolle macht (Abb. 10.5).

Dazu gehört eine intensive nationale und internationale Zusammenarbeit unter Einsatz aller zur Verfügung stehenden Techniken, von molekularen Untersuchungen im Labor über Feldbeobachtungen aus den verschiedensten Regionen bis hin zu Klimamodellen. Ziel ist die Erkennung und Überwachung neuer Pflanzenkrankheiten durch DNS-basierte Methoden und Einsatz von Sensoren zur Früherkennung bis hin zur Bürgerbeteiligung. Die genomische Überwachung von Pathogenpopulationen, Risikobewertung von neuen Krankheitserregern und Modellierung zur Vorhersage von Krankheitsausbrüchen mit besonderem Schwerpunkt auf Krankheiten und Insekten, die durch den Klimawandel gefördert werden, soll letzten Endes zu Warnsystemen führen, wenn neue Pathogene oder neue Rassen bereits bekannter Pathogene auftreten [17]. Solche Systeme wurden in den USA und Europa für die Kraut- und Knollenfäule der Kartoffel (EuroBlight, USABlight) und international für Weizenroste (Global Rust Reference Center, Borlaug Global Rust Initiative) eingeführt und müssen weiter ausgebaut und erweitert werden. Außerdem müssen nationale Maßnahmen zur Entscheidungshilfe eingeführt werden, die Warnsysteme für Anbauer und Wissenschaftler enthalten,

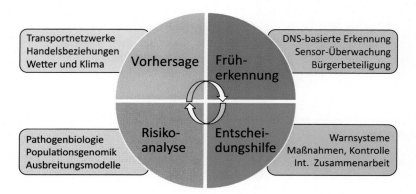

Abb. 10.5 Aufbau eines Netzes zur Vorhersage und Überwachung neu eingeschleppter Pflanzenkrankheiten

die Entwicklung neuer Pestizide oder biologischer Bekämpfungsmittel und die Auswahl neuer Wirtsresistenzen mithilfe der internationalen Wissenschaft. Der Erfolg dieser Maßnahmen sollte permanent kontrolliert werden.

Nur durch den Einsatz aller national und international verfügbaren Erkenntnisse und Methoden können neue Schädlinge effektiv bekämpft und ihre negativen Auswirkungen auf die Ernährungssicherheit begrenzt werden. Das Ganze sollte datenbasiert in einfach zu bedienenden Apps zusammengefasst und ständig aktualisiert werden. Dazu gehört auch eine besonders intensive Mitarbeit der westlichen Industrieländer, die über das nötige Knowhow verfügen, um ernährungsbedingte Krisen von Menschen durch neue Pflanzenkrankheiten im globalen Süden abzuwenden. Solche drohen derzeit etwa in Westafrika durch ein dort einheimisches Kakaovirus *(cacao swollen shoot virus)*, in Ostafrika durch die letale Maisnekrose *(maize lethal necrosis disease)* und in ganz Afrika durch den Heerwurm, die beiden letzteren stammen aus Südamerika und stammen aus anthropogener Migration.

Was wir aus der COVID 19-Pandemie für die Verhinderung von Pandemien bei pflanzlichen Erregern gelernt haben sollten
„Die Ganzgenomsequenzierung (WGS) kann erfolgreich zur Überwachung von Krankheitserregern sowie zur Entwicklung von Präventions- und Kontrollstrategien eingesetzt werden. Um sich auf Pandemien vorzubereiten, ist eine weltweite Integration von genomischer, klinischer und epidemiologischer Echtzeit-Überwachung vonnöten. Die Zusammenarbeit und der Austausch von Daten zwischen Laboren, Behörden, Datenbanken und der wissenschaftlichen Gemeinschaft sind wichtig. Dabei sollten ethische Vorschriften beachtet und die Daten öffentlich verfügbar und nutzbar sein. Die internationale Harmonisierung von Methoden und Nomenklatur sowie ein zeitnaher Datenaustausch sind von Bedeutung, um eine koordinierte globale Reaktion auf grenzüberschreitende Bedrohungen durch Pathogene und Parasiten zu ermöglichen. Investitionen in Laborkapazitäten, Schulungen von Fachkräften und eine umfassende digitale Infrastruktur für die gesammelten Informationen sind notwendig."
Struelens MJ, Ludden C, Werner G, Sintchenko V, Jokelainen P, Ip M. (2024) Real-time genomic surveillance for enhanced control of infectious diseases and antimicrobial resistance. Front Sci 2:1298248.

Literatur

1. Miedaner T (2021) Gesunde Pflanzen – ohne Chemie?! Auf der Suche nach neuen, nachhaltigen Wegen. AGRIMEDIA, Erling Verlag, Clenze, S 311
2. Nach einer Idee von: Augustin B, Hehne M (2023) Feldhygiene und Standortfaktoren. S 9–16. In: Bräutigam V, Schretzmann R, Henke W (Hrsg) Feldhygiene. Bundesinformationszentrum Landwirtschaft des BMEL. https://www.ble-medienservice.de/solr/search/index/?q=Feldhygiene

3. Miedaner T (2018) Management von Pilzkrankheiten im Ackerbau. Erling Verlag, Clenze, AGRIMEDIA, S 280

4. Nach Brandfaß C, Weinert J, LWK Niedersachsen, zitiert bei Käufler F, Wiesler F, Augustin B, Fricke E (2023) Bestandes-/Kulturführung. In: Bräutigam V, Schretzmann R, Henke W (Hrsg) Feldhygiene. Bundesinformationszentrum Landwirtschaft des BMEL. https://www.blemedienservice.de/solr/search/index/?q=Feldhygiene

5. UBA (2023) – Umweltbundesamt. Pflanzenschutzmittel in der Umwelt. https://www.umwelt bundesamt.de/daten/chemikalien/pflanzenschutzmittel-in-der-umwelt#zugelassene-pflanzens chutzmittel

6. Fones H, Gurr S (2015) The impact of Septoria tritici blotch disease on wheat: An EU perspective. Fungal Genet Biol 79:3–7

7. Torriani SF, Melichar JP, Mills C, Pain N, Sierotzki H, Courbot M (2015) *Zymoseptoria tritici*: a major threat to wheat production, integrated approaches to control. Fungal Genet Biol 79:8–12

8. Miedaner T (2021)

9. Bundessortenamt (jeweiliger Jahrgang). Beschreibende Sortenliste Getreide, Mais, Öl- und Faserpflanzen, Leguminosen, Rüben, Zwischenfrüchte, Bundessortenamt, Osterfelddamm 80, 30627 Hannover

10. Transgen (2023a) Was mit Gentechnik möglich ist: Pflanzen, die sich selbst gegen ihre Schädlinge schützen. https://www.transgen.de/anbau/473.bt-konzept-gegen-schaedlinge.html

11. Transgen (2023b) USA: Gentechnik-Pflanzen auf 60% aller landwirtschaftlichen Flächen. https://www.transgen.de/anbau/2581.gentechnik-pflanzen-usa-anbau.html

12. Transgen (2023a)

13. Transgen (2018) „Licht am Ende des Tunnels" – Erfolg im Kampf gegen Bananen-Krankheit https://www.transgen.de/aktuell/2685.banane-panama-krankheit-gentechnik.html

14. Burton L (2024) Genetically modified banana resistant to Panama disease given approval for Australian consumption. https://www.abc.net.au/news/2024–02–16/australia-approves-first-genetically-modified-banana-panama-tr4/103476986

15. Bundessortenamt (2023) Beschreibende Sortenliste Kartoffel. S. 26–27. Bundessortenamt, Osterfelddamm 80, 30627 Hannover. https://www.bundessortenamt.de/bsa/media/Files/BSL/BSL_Kartoffel_2023.pdf

16. Bundessortenamt (2023)

17. Ristaino JB, Anderson PK, Bebber DP, Brauman KA, Cunniffe NJ, Fedoroff NV et al (2021) The persistent threat of emerging plant disease pandemics to global food security. Proc Natl Acad Sci USA 118:e20222391. https://doi.org/10.1073/pnas.2022239118

Kulturpflanzen, Krankheiten, Klimawandel

11

Wie alles mit allem zusammenhängt

Die weite Reise

Die Kulturpflanzen, die uns heute ernähren (Tab. 11.1), haben in der Tat weite Reisen hinter sich. Sie stammen aus Eurasien, Afrika, Mittel- und Südamerika. Wir haben alle Pflanzen, die uns nutzen, aus der ganzen Welt zusammengesammelt und bauen diese auch weltweit, entsprechend der jeweils optimalen Klimazone, an.

Anpassungen an andere Standorte sind in gewissen Grenzen durch Züchtung möglich. So ist heute ein Freilandanbau von Mais und Tomaten in Deutschland problemlos und ertragreich möglich, obwohl sie beide aus Mexiko stammen. Nur bei typisch tropischen Früchten (Reis, Maniok, Erdnuss) sind Grenzen gesetzt, obwohl es auch schon Anbauversuche in Deutschland gibt.

Die Anbauflächen der zehn Nahrungspflanzen in Tab. 11.1 machen rund 65 % der gesamten weltweiten Ackerfläche aus. Dies zeigt, wie verletzlich unsere Ernährung durch die Konzentration auf wenige Kulturarten geworden ist. Schließlich gibt es weltweit rund 7000 Pflanzenarten [2], die irgendwann und irgendwo einmal kultiviert und angebaut wurden.

Und es sind nicht nur die Kulturpflanzen gereist, sondern auch ihre Pathogene und Parasiten. Auch bei ihnen kann man eine Rangfolge der wichtigsten Erreger vornehmen und zwar nach den Ertragsverlusten, die sie verursachen (Tab. 11.2).

Diese Krankheiten spielen auch global eine wichtige Rolle. Selbst wenn die Zahlen gering erscheinen, summieren sie sich, da oft mehrere Krankheiten gleichzeitig auftreten. So werden die gesamten Ertragsverluste durch Krankheiten bei Weizen auf 25 % und bei Kartoffeln auf 13 % geschätzt, doch das sind nur Mittelwerte, die bei Epidemien noch viel höher ausfallen können. Außerdem sind hier Gerste, Raps oder Zuckerrübe als wichtige Kulturpflanzen gar nicht berücksichtigt.

Tab. 11.1 Die zehn Nahrungspflanzen mit den größten Anbauflächen weltweit 2022 [1]

Kulturpflanze	Anbaufläche (ha)	Herkunft
Weizen	219.153.830	SW-Asien
Mais	203.470.007	Mexiko
Reis	165.038.826	(Süd-)China
Sojabohne	133.791.633	China, Japan
Gerste	47.147.005	SW-Asien
Sorghum	40.762.472	Äthiopien
Raps	39.965.053	Europa
Bohnen	36.792.490	Mexiko
Maniok (= Cassava)	32.043.055	Mexiko/Brasilien
Erdnuss	30.536.263	Anden

Tab. 11.2 Die zehn schädlichsten Krankheiten, die durch Pilze und Viren in Nordwest-Europa bei Weizen, Mais und Kartoffeln verursacht werden; bei Mais Daten aus China [3]

Krankheit – Kulturpflanze	Schadorganismus	Ertragsverlust (%)	Herkunft
Gelbrost – Weizen	*Puccinia striiformis*	5,82	SW-Asien
Blattseptoria – Weizen	*Zymoseptoria tritici*	5,51	SW-Asien
Kraut- u. Knollenfäule – Kartoffel	*Phytophthora infestans*	4,90	Mexiko/Anden
Schleimkrankheit – Kartoffel	*Ralstonia solanaceum*	3,75	
Fusarium-Stängelfäule – Mais	*Fusarium-* Arten	3,28	Eurasien
Gerstengelbverzwergungsvirus – Weizen		3,26	
Braunrost – Weizen	*Puccinia triticina*	2,50	SW-Asien
Echter Mehltau – Weizen	*Blumeria graminis*	2,19	SW-Asien
Dürrfleckenkrankheit – Kartoffel	*Alternaria solani*	1,83	
Turcicum-Blattdürre – Mais	*Setosphaeria turcica*	1,02	Eurasien

Gesunde Pflanze, gesunder Mensch

Seit einiger Zeit verfolgt die Weltgesundheitsorganisation das One Health-Konzept (s. Kasten). Es basiert auf der Erkenntnis, dass der Mensch nur in einer gesunden Umwelt mit gesunden Tieren selbst gesund bleiben kann. Dieses Konzept muss aus unserer Sicht um die „Gesunde Pflanze" ergänzt werden, denn das Leben auf der Erde basiert auf Pflanzen. Die Umwelt schließlich umgibt alle drei Systeme, Mensch, Tier und Pflanze.

Übersicht

> „Der One-Health-Ansatz basiert auf dem Verständnis, dass die Gesundheit von Mensch, Tier und Umwelt eng miteinander zusammenhängt. [...] Im Mittelpunkt stehen die Schnittstellen zwischen Menschen, Nutz- und Haustieren, Wildtieren und den Ökosystemen, in denen sie leben."
> https://www.bmz.de/de/themen/one-health

Pflanzen dienen unserer Ernährung (Kohlenhydrate, Eiweiß, Fett), der Erzeugung von pflanzlichen Produkten (Fasern, Öle, Alkohol, Rausch- und Arzneimittel) und zum Füttern unserer Nutztiere. Welchen Einfluss Pflanzenkrankheiten auf die Ernährung der Menschen haben, zeigte schon das historische Beispiel der Kraut- und Knollenfäule der Kartoffel, die 1845–47 zum Tod von rund einer Million Iren und zur Auswanderung von weiteren 1,5 Mio. Iren führte. In früheren Zeiten gingen schon geringere Ertragseinbußen mit Hunger und Tod einher. Dies gilt heute noch. Die Unterbrechung der Weizenexporte aus der Ukraine durch den russischen Angriffskrieg zeigte eindrücklich, wie stark wir von den derzeit produzierten Mengen an landwirtschaftlichen Gütern abhängig sind: Es kam in manchen Ländern des Nahen Ostens, Afrikas und Südostasiens zu massiven Preissteigerungen des Weizens bis hin zu Brotknappheit, weil nicht mehr genug Rohstoff verfügbar war.

Und auch heute noch können Pflanzenkrankheiten die Nahrungsbasis ganzer Völker gefährden. Eine Hungerkatastrophe durch den plötzlichen Ausbruch des Weizenschwarzrostes 2010 in Äthiopien konnte nur verhindert werden, da durch internationale Hilfe 3,2 Mio. US-$ für Pilzbekämpfungsmittel (Fungizide) ausgegeben wurden. Es waren mehr als 600.000 ha Weizen betroffen und ohne Fungizide wären bis zu 70 % der Ernte zerstört worden [4]. Auch die großen Rostepidemien des Kaffees 2008–11 in Kolumbien und 2012–13 in Zentralamerika brachten viele Kleinbauern an den Rand des finanziellen Ruins, da der Kaffeeanbau für sie die einzige Verdienstmöglichkeit ist. Rund 1,7 Mio. Arbeiter verloren ihre Jobs [5]. In den ärmsten Staaten Guatemala, Honduras und El Salvador musste 2013 sogar das Welternährungsprogramm eingreifen, um akuten Hunger zu verhindern [6]. So verheerend können auch heute noch Pflanzenkrankheiten sein!

Heute stehen wir mit dem zunehmenden Bevölkerungswachstum von inzwischen 8 Mrd. Menschen wieder vor dem Problem, alle Menschen gesund zu ernähren (was schon bisher nicht vollständig gelungen ist). Und wenn die Vereinten Nationen erwarten, dass im Jahr 2037 etwa neun Milliarden Menschen auf der Erde leben werden und 2058 sogar zehn Milliarden Menschen [7], dann wird sich dieses Problem noch verschärfen. Umso wichtiger ist es, die Epidemien von Pflanzenkrankheiten zu verhindern.

Die Widerstandsfähigkeit des Menschen (Resilienz) hängt direkt mit einer gesunden Ernährung zusammen. Schlecht, mangel- oder gar unterernährte Menschen werden leichter von Infektionskrankheiten und tierischen Parasiten befallen. Ihr Immunsystem kann sich nicht mehr so gut wehren und die Auswirkungen der Krankheit sind viel einschneidender bis hin zum vorzeitigen Tod.

Von besonderer Bedeutung ist dabei die zunehmende Mobilität von Menschen, Gütern, Tieren und Pflanzen, sei es in der Luft, zur See oder an Land. Wie in den vorigen Kapiteln ausführlich dargelegt, führt das zur globalen Verbreitung von Pflanzen und deren Pathogenen und Parasiten, aber auch zur raschen Verbreitung menschlicher Krankheiten. Wir können heute jeden größeren Ort der Welt innerhalb von 30 h erreichen, die rasche Verbreitung von SARS-CoV-2 ist schon heute ein Lehrbeispiel für die Folgen. Auch die unglaublich großen landwirtschaftlichen Warenströme, von denen nur 1–2 % an den Grenzen kontrolliert werden können, öffnen die Tore für die Verschleppung von Pathogenen und Parasiten. Und die sind immer besonders gefährlich, wenn sie in einer neuen Umgebung landen, da es hier in der Regel keine Gegenspieler gibt.

Ein weiterer Nachteil, den Pflanzenkrankheiten den Menschen bringen können, sind Mykotoxine, also Giftstoffe, die durch den Befall von Pflanzen mit schädlichen Pilzen entstehen. Diese Mykotoxine sind für Mensch und Tier schädlich (Tab. 11.3).

Aber es gibt auch bakterielle Erreger, die Pflanzen nicht oder nur am Rande befallen, aber mit Pflanzen oder pflanzlicher Nahrung übertragen werden. Dazu gehören Salmonellen im Kartoffelsalat ebenso wie die schädlichen *Escherichia coli*-Stämme aus unbehandeltem Apfelsaft, die EHEC (enterohämorrhagische *Escherichia coli*) verursachen. Sie produzieren ebenfalls Toxine, die beim Menschen schwere Krankheiten hervorrufen können (Toxikosen). Weitere Beispiele sind Ausbrüche von Shiga-Toxin-produzierenden *Escherichia coli* O157:H7 auf Kopfsalat und Spinat oder *E. coli* O104:H4-Infektionen in Deutschland, die von Bockshornkleesamen und –sprossen aus Ägypten ausgelöst wurden [9], Salmonellose bei frischen Melonen, Tomaten und Peperoni, Hepatitis A auf grünen Zwiebeln und *Listeria monocytogenes*-Infektionen bei Melonen [10].

Und schließlich gibt es noch einige wenige pflanzliche Krankheitserreger, die auch Menschen infizieren können (Tab. 11.4). Meist handelt es sich bei den Betroffenen um immunsupprimierte Menschen, wie etwa Krebs- oder AIDS-Patienten, die Erreger nennt man dann opportunistisch.

Tab. 11.3 Die wichtigsten Mykotoxine, die bei Mensch und Tier Schäden hervorrufen [8]

Mykotoxine	Verursacher	Vorkommen	Wirkungen
Aflatoxine	*Aspergillus*-Arten	Nüsse, Getreide	Karzinogen
Trichothecene Zearalenon Fumonisine	*Fusarium*- Arten	Getreide, Mais	Erbrechen, Immunsuppression, Fruchtbarkeitsprobleme, karzinogen
Alternariol AAL-Toxine	*Alternaria*-Arten	Getreide, Gemüse, Früchte	Karzinogen
Ochratoxine Patulin	*Penicillium*-, *Aspergillus*-Arten	Kaffee, Bier, Wein, Kernobst	Nierenerkrankungen, karzinogen
Mutterkorn -alkaloide	*Claviceps purpurea*	Roggen u. a. Getreide	Krampfseuche, Wahnvorstellungen

Tab. 11.4 Pflanzliche Erreger, die auch menschliche Krankheiten hervorrufen können [11, 12]

Erreger	Pflanze	Mensch
Fusarium oxysporum	Welkekrankheit bei Gemüse	Fieber, knötchenartige, hämorrhagische Hautläsionen, Pneumonie
Fusarium solani	Kartoffeln, Erbsen, Süßkartoffeln	Hautläsionen, Keratitis, Augeninfektionen
Aspergillus flavus	Mais, Erdnuss, Pistazien u. a	Fieber, Pneumonie, Lungenmykose
Alternaria spp.	Holzfäule	Atemwegs-, Haut-, Nagelinfektionen
Penicillium spp.	Lagerfäule	Lungeninfektionen
Verticillium sp.	Welkekrankheit Raps	Augeninfektionen

Alle unsere Nutztiere (außer Lachse, Forellen) sind Pflanzenfresser. Deshalb werden Pflanzen auch angebaut, um Tiere zu ernähren. In Deutschland werden 60 % des Weizens und Roggens, 90 % der Gerste und 100 % von Triticale und Mais verfüttert, sei es als Grün- oder als Körnerfutter. Auch dabei spielen die von Pilzen gebildeten Mykotoxine eine große Rolle, es sind dieselben, die auch für den Menschen gefährlich sind (s. Tab. 11.3). Sie führen beim Tier zu denselben Symptomen, fallen jedoch stärker ins Gewicht als beim Menschen, weil die Tiere zu sehr viel höheren Anteilen mit Getreide gefüttert werden. Auch hier gibt es eine Wechselwirkung mit der Haltungsform und der Hygiene im Stall. Kränkliche, gestresste und schlecht ernährte Tiere werden sehr viel stärker von Mykotoxinen geschädigt als gesunde Tiere in gesunder Umgebung. Besonders stark betroffen sind bei allen Mykotoxinen die Schweine, Rinder können durch ihre komplexen Mägen die Mykotoxine bis zu einer ziemlich hohen Konzentration im Futter abbauen, ohne geschädigt zu werden. Menschen sind durch die Toxikosen der Tiere nicht gefährdet, da die genannten Mykotoxine nicht ins Fleisch oder tierische Produkte übergehen. Eine Ausnahme ist nur Aflatoxin M, das sich in der Milch finden kann.

Vielfältige Auswirkungen der Klimakrise

Der Klimawandel, wie er beschönigend genannt wird, oder die Klimakrise, wie es richtigerweise heißen müsste, verändert wirklich alles. Die jahrhundertelange und andauernde Einbringung von CO_2 in die Atmosphäre durch die Verbrennung fossiler Stoffe hat unsere Erde so weit aufgeheizt, dass selbst eine Erhöhung der Temperatur um 2 Grad womöglich nicht mehr eingehalten werden kann. Im Moment sind wir in Deutschland statistisch gesichert schon bei 1,6 Grad angelangt [13]. Im 21. Jahrhundert waren bisher alle Jahre außer 2010 wärmer als der langjährige Durchschnitt (Abb. 11.1). Das Pariser Klimaziel (Erhöhung um maximal 1,5 Grad) rückt damit für Deutschland in weite Ferne.

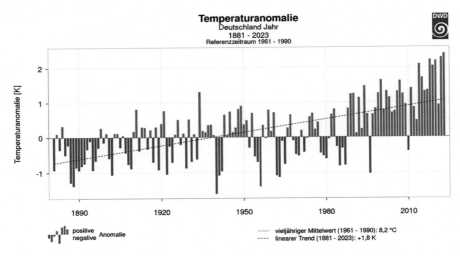

Abb. 11.1 Temperaturanomalie in Deutschland von 1881–2023: Abweichung der Jahrestemperatur vom langjährigen Durchschnitt 1961–1990; K = Kelvin (entspricht Grad Celsius) [14]

Dies führt in Zusammenhang mit unserer Fragestellung zu schwerwiegenden Konsequenzen bei Pflanze, Mensch und Tier:

- Vorhandene Krankheitserreger und Insekten passen sich entweder an wärmere Bedingungen an oder wandern nach Norden ab;
- Neue Krankheitserreger aus (sub-)tropischen Gebieten werden bei uns heimisch;
- Ungünstige Umweltbedingungen des Wirtes (z. B. Hitze-, Ozonstress) vergrößern die Schäden durch Krankheitserreger und verändern die Qualität der Ernteprodukte;
- Krankheitserreger machen schnellere Entwicklungszyklen, produzieren mehr Vermehrungseinheiten und werden dadurch gefährlicher;
- Neue Überträger von Krankheiten (Vektoren), wie die Anopheles- und Tigermücke oder tropische Zecken, die Menschen mit Malaria und gefährlichen Viruskrankheiten infizieren, siedeln sich an. Dies gilt auch für pflanzenbesiedelnde Zikaden, die gefährliche neue Krankheitserreger, wie Proteobakterien oder Phytoplasmen, übertragen.

Einige Pflanzenkrankheiten und -parasiten wandern nach Norden, weil es ihnen bei uns zu warm wird; im Gegenzug drängen neue Erreger und Insekten aus dem Süden nach, denen es bisher bei uns zu kalt war. Das kann man schön am Maiszünsler und dem Maiswurzelbohrer beobachten (s. Kap. 7 und 8). Der Maiszünsler kam ursprünglich nur in den wärmsten Gebieten Südwestdeutschlands vor, in den letzten 50 Jahren hat er sich allmählich nach Norden ausgebreitet, erreichte 2001 Mecklenburg-Vorpommern und 2015 die Nordseeküste [15]. Heute kommt er auch in Dänemark und Schweden vor. Auch der um 1992 neu nach Südosteuropa eingeschleppte Maiswurzelbohrer aus den USA erweitert sukzessive sein Vorkommen in Europa. Er wurde 2007 erstmals im Rheintal und in Bayern gesichtet, hat sich hier etabliert und einzelne Fänge gibt es schon aus Nordrhein-Westfalen. Im Zuge des Klimawandels wird er sich mit ziemlicher Sicherheit genauso weiterverbreiten wie der Maiszünsler. Übrigens werden die ersten Funde des Maiswurzelbohrers in einem neuen Land oft in Flughafennähe gemacht. So war es in Belgrad bei der vermutlichen Ersteinschleppung (s. Kap. 8) und in Paris und London zwei weitere Male. Dies ist ein deutlicher Hinweis, wie er ins Land kommt und macht erneut die große Rolle des internationalen Flugverkehrs für unser Thema deutlich.

Man darf nicht vergessen, dass sich die Insekten- und Pathogenpopulationen auch an veränderte Temperaturen anpassen können. Dies beobachten wir gerade beim Gelbrost, der früher nur im maritimen Klima Norddeutschlands, etwa bis auf die Höhe von Hannover schädlich war. Eine neue Rasse aus dem Himalaya-Gebiet, die 2011 erstmals in Europa auftauchte, war deutlich wärmetoleranter als die alten europäischen Rassen und heute haben wir massive Probleme mit Gelbrost auch in Süddeutschland, in Norditalien und selbst in Spanien. Eine ursprünglich subtropische Pilzkrankheit des Mais, die Turcicum-Blattdürre, die 1995 erstmals in Südbaden epidemisch auftrat, ist heute die wichtigste Pilzkrankheit des Mais im Süden Deutschlands.

Dann gibt es noch pflanzenschädliche Insekten, die sozusagen auf „dem Sprung" sind, um nach Deutschland zu kommen. Aufhalten kann sie niemand, höchstens die noch zu kühlen Winter. So wurde der Mittelmeer-Maiszünsler *(Sesamia nonagrioides),* der ähnliche Schäden macht wie unser einheimisches Insekt, schon vereinzelt in Baden gefunden. Mit zunehmender Klimaerwärmung kann er sich über die Alpen ausbreiten und den Mais unter Druck setzen. Noch viel schlimmer wäre eine Invasion des Herbst-Heerwurms *(Spodoptera frugiperda).* Er befällt bevorzugt Mais und Sorghum, aber noch Hunderte von anderen Pflanzenarten (s. Kap. 8). Von Südamerika ausgehend ist er 2016 wahrscheinlich mit dem Flugzeug in Westafrika gelandet und hat in wenigen Jahren ganz Sub-Sahara-Afrika, Ägypten, Indien, China und Taiwan erobert. So könnte der Schmetterling innerhalb einer Nacht mit Unterstützung geeigneter Winde die EU erreichen [16] oder durch landwirtschaftliche Produkte eingeschleppt werden.

Durch den globalen Transport von Waren und Menschen steht auch den Pathogenen und Parasiten die ganze Welt offen. Die EU beobachtet derzeit 18 pflanzenschädliche Insekten und zwei Bakterien als prioritäre Quarantäneschädlinge und versucht, deren Einfuhr und Verbreitung zu verhindern [17]. Dazu zählen verschiedene Fruchtfliegen, Bock- und Prachtkäfer, der Heerwurm, Huanglongbing *(Citrus greening)* und das Feuerbakterium *Xylella.*

Schon längst kämpfen wir in Deutschland mit Schaderregern aus den fernsten Winkeln der Erde, Beispiele sind wärmeliebende Insekten (Tab. 11.5), die durch den Klimawandel und die Erhöhung der Durchschnittstemperatur bei uns begünstigt werden und von denen einige auch die milderen Winter überleben

Tab. 11.5 Beispiele klimasensitiver Insekten in Deutschland [18]

Trivialname	Lateinischer Name	Herkunft
Mittelmeerfruchtfliege	*Ceratitis capitata*	Kenia
Rote Austernschildlaus	*Epidiaspis leperii*	Europa
Marmorierte Baumwanze	*Halyomorpha halys*	Ostasien
Grüne Reiswanze	*Nezara viridula*	Ostafrika
Baumwollkapselwurm	*Helicoverpa armigera*	Südeuropa
Tomatenwolllaus	*Pseudococcus viburni*	Australien oder Südamerika (?)

können. Andere werden über Importe von Obst und Gemüse jedes Jahr neu eingeschleppt, weil die riesigen Warenströme landwirtschaftlicher Produkte nur noch sehr punktuell auf Gesundheit kontrolliert werden können.

Bisher waren kalte Winter ein natürlicher Schutz vor subtropischen Krankheitserregern und Insekten, übrigens auch vor Massenvermehrungen einheimischer Blattläuse, Schadinsekten und Mäusen. Mögliche Überwinterungsquartiere für kälteempfindliche Insekten sind Kleingärten und deren Häuschen, Scheunen, Lagerräume.

Und auch wenn Sie die Namen in Tab. 11.5 noch nie gehört haben, so sind die Tiere bereits in Deutschland etabliert und lassen sich auch durch Quarantäne- und Spritzmaßnahmen nicht mehr ausrotten. Ein Hotspot ist wiederum die klimatisch begünstigte Rheinebene. Es geht jetzt nur noch um die Frage, wie schnell sich die Insekten ausbreiten und Schäden machen können. Und das hängt auch von ihrer Möglichkeit zur Überwinterung ab. Bei der Mittelmeerfruchtfliege ist das noch unklar. Sie wird auch regelmäßig durch importiertes Obst eingeschleppt. Da sie ursprünglich aus Kenia stammt, hat sie sehr hohe Wärmeansprüche. Wie auch die nachfolgenden Insekten verursacht sie vor allem Saugschäden, die den Pflanzen Nährstoffe entziehen und hässliche Flecken auf den Früchten hinterlassen.

Beispielhaft sollen drei weitere dieser Insekten kurz betrachtet werden, die ein durchaus unterschiedliches Einwanderungsverhalten zeigen. Die rote Austernschildlaus ist schon seit mindestens hundert Jahren im südlichen Oberrheingraben zu finden. Bisher war sie kein Problem, aber mit den zunehmend steigenden Temperaturen ändert sich das allmählich. Sie schädigt Mirabelle, Zwetsche, Pfirsich und Birne. Allerdings ist sie außer dem ersten Larvenstadium immobil und kann sich nicht fortbewegen. Dadurch breitet sie sich nur sehr langsam aus.

Die Marmorierte Baumwanze ist da schon deutlich weiter (Abb. 11.2). Sie wurde um 2004 aus ihrem Ursprungsgebiet China nach Zürich/Schweiz eingeschleppt und 2011 erstmals in Deutschland in Obstanlagen gefunden (Bremerhaven, Karlsruhe) [19]. In Bremerhaven fand sie die Pflanzeninspektion in Transportkisten aus den USA. Diese drei völlig unterschiedlichen Invasionsorte zeigen schon, dass der Schädling mehrfach importiert wurde. Das bestätigt auch die genetische Untersuchung mit mindestens fünf unterscheidbaren Einschleppungen nach Europa.

Abb. 11.2 Marmorierte Baumwanze(links) [20], Grüne Reiswanze (rechts) [21]

Auch in die USA wurde die Marmorierte Baumwanze bereits 1996 eingeschleppt und dort zum bedeutenden Schadinsekt. Sie wird sehr einfach passiv durch Fahrzeuge und Warenhandel verbreitet. Da die Populationen in den Etablierungsgebieten ständig wachsen, ist eine Verschleppung in andere Regionen, gerade mit zunehmenden Temperaturen, zu erwarten.

Im Gegensatz zu dieser hohen Mobilität, ist die Ausbreitung der Grünen Reiswanze (Abb. 11.2) aus Ostafrika zum Glück bisher sehr schleppend gewesen [22]. Sie ist bereits seit 1979 in Deutschland nachgewiesen und wurde immer wieder an einzelnen Orten entlang des Rheins gefunden. Das änderte sich Mitte der 2010er Jahre schlagartig und sie breitet sich jetzt im Rheintal aus und gilt zwischen der Schweiz und dem Niederrhein inzwischen als etabliert. Sie befällt vor allem Hülsenfrüchte, Gemüse und Obst und ist relativ empfindlich gegenüber tiefen Wintertemperaturen. Die explosionsartige Vermehrung der Grünen Reiswanze in den letzten Jahren lässt aber darauf schließen, dass der Klimawandel sie kräftig unterstützt. Interessant ist der Unterschied im Ausbreitungsverhalten der beiden Baumwanzen. Während die Marmorierte Baumwanze offensichtlich menschliche Infrastruktur nutzt, um sich passiv über weite Strecken zu verbreiten, wurde das bei der Grünen Reiswanze nur selten beobachtet.

Am deutlichsten zeigt sich der Klimawandel beim Auftreten tropischer Insekten, die gefährliche Krankheiten übertragen, etwa der Asiatische Tigermücke. Ursprünglich in den süd- und südostasiatischen Tropen und Subtropen beheimatet [23], verbreitet sie sich seit den 1990er Jahren auch in Europa (Abb. 11.3).

Sie ist als Überträgerin gefährlicher Viruserkrankungen des Menschen bekannt, etwa dem Zika-, Chikungunya- und dem Dengue-Virus [23]. Sehr schön sieht man auf der Karte, wie zuerst Südeuropa besiedelt wurde, jetzt auch die wärmeren Gebiete Deuschlands. Selbst in den Benelux-Ländern wurde sie schon öfter gefunden, auch wenn sie dort noch nicht etabliert ist. Noch überträgt sie bei uns

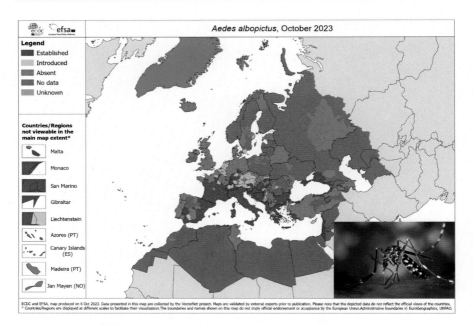

Abb. 11.3 Auftreten der Asiatischen Tigermücke in Europa [24] und ein Bild des Insekts [25]

keine Krankheiten, aber das kann sich schnell ändern, wenn die einheimische Mückenpopulation auf erkrankte Menschen trifft, die sich in den Tropen mit den entsprechenden Viren angesteckt haben und sich die Viren auch bei uns im Insekt halten bzw. vermehren können.

Ein Blick zurück …

In der Rückschau haben sich zu allen Zeiten Pathogene und Parasiten verbreitet, meist durch Zutun des Menschen (Tab. 11.6).

In vorgeschichtlicher Zeit sind die Bauern bei Verlagerung ihrer Höfe/Dörfer sicher nur ein paar Kilometer weitergewandert, sodass der Wind die entsprechenden Krankheitserreger (Roste, Mehltau) mittransportierte. Den Rest erledigte dann jahrtausendelang der Saatguttransport und -handel. Übrigens können auch Erreger, die eigentlich nicht saatgutbürtig sind, passiv an den Körnern haften bleiben und dann mitübertragen werden. Bei starkem Gelbrostbefall lässt sich das schön beobachten. Und wenn man liest, dass im 19. Jahrhundert Weinflaschen in Getreidestroh eingewickelt von Europa nach Australien transportiert wurden, dann lässt sich vorstellen, dass auch Krankheitserreger auf diesem Wege gereist sind.

Es ist kein Zufall, sondern menschengemacht, dass heute alle Krankheiten von Weizen und Gerste, die aus SW-Asien oder Europa stammen, auf allen Kontinenten vorkommen, auf denen diese Kulturpflanzen angebaut werden. Das begann

Tab. 11.6 Beispiele für die Verbreitung von wichtigen Krankheitserregern und Insekten in den verschiedenen Zeitaltern

Krankheitserreger	Wirtsarten	Art der Verbreitung
10.000 – 3000 v. u. Z. (SW-Asien → Eurasien)		
Roste, Mehltau	Getreide	Wind, Erntegut
Septoria-Blattdürre	Getreide	Saat-/Erntegut
Mutterkorn	Roggen u. a	Saat-/Erntegut
50 v. u. Z. – 1492 n. u. Z (S-Europa → N-Europa)		
Kornkäfer	Getreide	Saat-/Erntegut
15.–18. Jahrhundert (Amerika → Europa)		
Beulenbrand	Mais	Saat-/Erntegut
18.–19. Jahrhundert (Europa → Welt)		
Roste, Mehltau	Getreide	Erntegut
Maiszünsler	Mais, Hirse	Stängel
19.-20. Jahrhundert (Nordamerika → Europa)		
Kraut-u. Knollenfäule	Kartoffel	Knollen
Schwarzbeinigkeit	Kohl, Raps	Saat-/Erntegut
Echter/Falscher Mehltau	Weinrebe	Pflanzgut
Reblaus	Weinrebe	Pflanzgut
Kartoffelkäfer	Kartoffel	Schiffstransporte
21. Jahrhundert (Globale Verbreitung)		
Maiswurzelbohrer	Mais	Flugzeug
Heerwurm	Mais u. v. a	Flugzeug
Brusone. Weizenbrand	Weizen	Erntegut
Asiat. Laubholzbockkäfer	Viele Bäume	Verpackungsholz

mit den ersten Siedlern im 16. Jahrhundert und mit molekularen Methoden lässt sich beispielsweise zeigen, dass auch heute immer wieder einmal neue Rassen des Gelbrostes nach Australien kommen, sei es mit Windströmungen oder durch menschliches Zutun.

… und in die Zukunft

Die Migration wird auch in Zukunft weitergehen. Spätestens seit dem Zweiten Weltkrieg können durch das exponentiell steigende Frachtaufkommen Pathogene und Parasiten mit LKWs, Schiffen und Flugzeugen, Frachtcontainern, selbst mit den Passagieren reisen. Eine Modellierung zeigte, dass schon in wenigen Jahr(zehnt)en praktisch alle pflanzlichen Pathogene und Parasiten, die es weltweit gibt, in allen Klimazonen, die für sie geeignet sind und in denen ihre Wirte wachsen, verbreitet sein werden. Dies bezeichnet der Autor als „Sättigung" [26]. Die Abb. 11.4 zeigt dies für einzelne Länder.

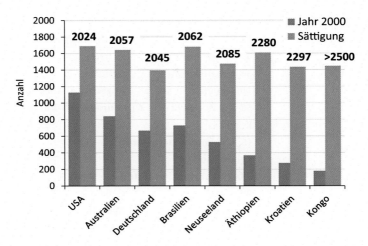

Abb. 11.4 Anzahl der Pathogene und Parasiten im Jahr 2000 und geschätzte Anzahl, die bis zur Sättigung erreicht wird; über den Säulen steht das Jahr, in dem die vollständige Sättigung voraussichtlich vollendet ist [27]

So ist in den USA im Jahr 2000 eine Sättigung von 67 % erreicht, bereits 2024 wird die vollständige Sättigung erwartet. In Deutschland sind wir davon noch etwas weiter entfernt. Für diese Berechnung ist weniger die Größe der Länder oder ihre Lage, sondern vor allem die Intensität ihrer internationalen Handelsbeziehungen entscheidend. Und die ist für die USA eben sehr viel höher als für den Kongo, der mit nur 13 % Sättigung berechnet wurde. Auch die räumliche Entfernung spielt kaum eine Rolle, so ist Neuseeland zwar erst zu 36 % mit Pathogenen und Parasiten gesättigt, Australien aber schon zu 51 %. Interessant ist, dass in praktisch allen Ländern etwa die gleiche Zahl von Pathogenen und Parasiten vorkommen kann.

Wenn man fragt, wie nah einzelne Schaderreger an der vollständigen Sättigung sind, so ist der Nematode *Meloidogyne incognita* ganz weit vorne [28]. Er kam im Jahr 2000 bereits in 143 von 193 möglichen Ländern vor und hatte damit 74 % aller möglichen Länder besiedelt. Einen ähnlich hohen Wert erreicht der Getreidemehltau, der bereits in 79 % der möglichen Länder (98 von 124) Schaden anrichtet. Davon ist der Pilz *Fusarium avenaceum* beispielsweise noch weit entfernt. Er besiedelte im Jahr 2000 erst 64 von 192 möglichen Ländern (33 %).

Literatur

1. FAOSTAT (2024) Data. Production. Crop and livestock products. Food and Agriculture Organization of the United Nations. https://www.fao.org/faostat/en/#data/QCL. Zugegriffen: 28. Mai 2024
2. Becker H (2019) Pflanzenzüchtung. 3. Aufl. E. Ulmer Stuttgart
3. Savary S, Willocquet L, Pethybridge SJ, Esker P, McRoberts N, Nelson A (2019) The global burden of pathogens and pests on major food crops. Nature Ecology & Evolution 3(3):430–439

4. Hodson D, Hundie B, Woldeab G, Girma B, Badebo A et al (2014) Cultivating success in Ethiopia: The contrasting stripe rust situation in 2010 and 2013 https://globalrust.org/geogra phic/ethiopia (ganz nach unten scrollen)
5. Koehler J (2018) Coffee Rust Threatens Latin American Crop; 150 Years Ago, It Wiped Out An Empire. npr. https://www.npr.org/sections/thesalt/2018/10/16/649155664/coffee-rust-threatens-latin-american-crop-150-years-ago-it-wiped-out-an-empire
6. Avelino J, Cristancho M, Georgiou S, Imbach P, Aguilar L, Bornemann G et al (2015) The coffee rust crises in Colombia and Central America (2008–2013): impacts, plausible causes and proposed solutions. Food Security 7:303–321
7. BPB (2022) – Bundeszentrale für Politische Bildung. Acht Milliarden Menschen. https://www.bpb.de/kurz-knapp/hintergrund-aktuell/516150/acht-milliarden-menschen/
8. Miedaner T, Krähmer A (2023) Umweltgifte. Springer, Heidelberg
9. BfR (2011) – Bundesinstitut für Risikobewertung. EHEC O104:H4-Ausbruchsgeschehen in Deutschland aufgeklärt: Auslöser waren Sprossen von aus Ägypten importierten Bockshorn-kleesamen. https://www.bfr.bund.de/de/presseinformation/2011/21/ehec_o104_h4_ausbruchs geschehen_in_deutschland_aufgeklaert__ausloeser_waren_sprossen_von_aus_aegypten_imp ortierten_bockshornkleesamen-82843.html#:~:text=Das%20EHEC%20O104%3AH4%2DA usbruchsgeschehen,niedersächsischen%20Gartenbaubetrieb%20Sprossen%20hergestellt% 20wurden
10. Fletcher J, Leach JE, Eversole K, Tauxe R (2013) Human pathogens on plants: Designing a multidisciplinary strategy for research. Phytopathology 103:306–315
11. Fletcher J, Franz D, LeClerc JE (2009) Healthy plants: necessary for a balanced 'One Health' concept. Veterinaria Italiana, 45(1):79–95. Ergänzt durch diverse Quellen
12. Zhang N, O'Donnell K, Sutton DA, Nalim FA, Summerbell RC, Padhye AA, Geiser DM (2006) Members of the *Fusarium solani* species complex that cause infections in both humans and plants are common in the environment. J Clin Microbiol 44(6):2186–2190
13. DWD (oJ) – Deutscher Wetterdienst. Klimawandel. https://www.dwd.de/DE/klimaumwelt/kli mawandel/klimawandel_node.html
14. DWD (2024) – Deutscher Wetterdienst. Klimatologischer Rückblick auf 2023: Das bisher wärmste Jahr in Deutschland. https://www.deutschesklimaportal.de/SharedDocs/Kurzmeldu ngen/DE/DWD/2024/DWD_Rueckblick_2023_20240201.html
15. Miedaner T (2022) Gesunde Pflanzen – ohne Chemie?! Erling-Verlag, Clenze
16. Wang J, Huang Y, Huang L, Dong Y, Huang W, Ma H et al (2023) Migration risk of fall armyworm (*Spodoptera frugiperda*) from North Africa to Southern Europe. Frontiers in Plant Science, 14
17. Kahl D (2022) Liste der für die EU prioritären Quarantäne-Schädlinge. https://www.isip.de/ isip/servlet/isip-de/regionales/thueringen/pflanzengesundheit/quarantaene/liste-der-fuer-die-eu-prioritaeren-quarantaene-schaedlinge--304336
18. LTZ (oJ) Klimasensitive invasive Schadorganismen. https://ltz.landwirtschaft-bw.de/pb/,Lde/ Startseite/Arbeitsfelder/ProgRAMM#anker5628261
19. WIKIPEDIA:Marmorierte Baumwanze https://de.wikipedia.org/wiki/Marmorierte_Bau mwanze
20. WIKIMEDIA COMMONS: File:Brown Marmorated Stink Bug – *Halyomorpha halys*, C. F. Phelps Wildlife Management Area, Sumerduck, Virginia, April 8, 2021 (51264388681).jpg. Judy Gallagher, CC BY 2.0. https://commons.wikimedia.org/wiki/File:Brown_Marmorated_S tink_Bug_-_Halyomorpha_halys,_C._F._Phelps_Wildlife_Management_Area,_Sumerduck,_ Virginia,_April_8,_2021_(51264388681).jpg
21. WIKIMEDIA COMMONS: File:CSIRO ScienceImage 1463 *Nezara viridula*.jpg, CC BY 3.0. https://commons.wikimedia.org/wiki/File:CSIRO_ScienceImage_1463_Nezara_viridula. jpg?uselang=de
22. LTZ (oJ). Alle nachfolgenden Informationen in diesem Abschnitt
23. WIKIPEDIA:Asiatische Tigermücke. https://de.wikipedia.org/wiki/Asiatische_Tigermücke

24. ECDC (2023). European Centre for Disease Prevention and Control. *Aedes albopictus* – current known distribution: Oktober 2023. https://www.ecdc.europa.eu/sites/default/files/images/Aedes_albopictus_2023_10.png

25. WIKIMEDIA COMMONS: File:CDC-Gathany-Aedes-albopictus-1.jpg. James Gathany, CDC, Public domain, https://commons.wikimedia.org/wiki/File:CDC-Gathany-Aedes-albopictus-1.jpg

26. Bebber DP, Holmes T, Gurr SJ (2014) The global spread of crop pests and pathogens. Global Ecology and Biogeography 23(12):1398–1407; nach Tabelle S1

27. Eigene Darstellung nach Tabelle S1 von Bebber et al (2014)

28. Bebber et al (2014), nach Tabelle S2

Stichwortverzeichnis